臨川書店刊

藪内清著作集 第一巻

定本 中国の天文暦法

藪内清先生
（1982年５月14日　宮島一彦撮影）

目次

目　次

藪内清の研究業績

日本における科学史の研究は、いくつかの先駆的な仕事をのぞけば、一九三〇年代にはじまったが、藪内はその最初の世代の研究者に属し、中国科学技術史研究の開拓者となった。当時、科学史はしばしば他の学問分野の補助科学とみなされがちであったが、藪内はいちはやく独自の史観と研究方法を打ち樹て、数々の独創的な研究を生み出すともに、科学史をひとつの学問分野として確立せしめたのである。

藪内の業績にたいする国際的評価はつとに高く、一九七二年には国際科学史学会から、ジョージ・サートン賞を受与された。藪内は日本ではただ一人の、中国科学史の分野ではイギリスのJ・ニーダム博士についで二人目の、サートン賞受賞者である。

藪内の研究の中心は中国の天文暦法であり、それに附随して、日本、インドおよびイスラムの天文学に対しても関心を向けてきた。しかし、その研究は決して天文暦法の分野にとどまるものではなかった。一九四八年ごろから京大人文科学研究所で共同研究が始まり、中国科学技術史研究班を主宰するようになってから、藪内の視野は科学技術史全般に拡がり、共同研究者の協力を得て、古代から明清にいたる科学技術史の研究業績を発表した。ニーダム博士が中国科学技術史の分野別のすぐれた研究を行ったのに対し、藪内の業績のきわだった特色は編年史的研究にあった。それによって中国の科学技術を歴史的に展望することができ、科学技術史の面からの中国研究に大きな貢献を果したといえる。まず中国の天文暦法に関する研究から述べてゆくことにしよう。

中国の天文学は古くから発達したが、その研究分野は主として暦法と占星術のための天文観測の二つであった。とりわけ暦法は、中国に独特の政治イデオロギーと結びつき、国家の大典と考えられた。すなわち、受命改制というイデオロギーにもとづき、新王朝の成立とともに改暦を行うことが、秦漢以来、清王朝の時代まで続いてきたのである。こうして天文学研究は国家の手厚い庇護を受け、漢代に創設されて以来、国立天文台の活動は、王朝交替や異民族支配のあいだも、断絶することがなかった。こうした現象は、イスラム世界や中世ヨーロッパにはみられない。中国の天文学は政治と深く結びつくとともに、またそれを介してそれぞれの時代の社会や思想を鋭く反映した。藪内は中国の天文学のこうした独自性を明らかにし、中国史の具体的な展開を絶えず念頭において研究を進めてきたのである。

もちろん暦法は科学の一分野であり、その天文学的研究が必要であるのは言うまでもない。暦といえば、一年の月日や曜日を配当するグレゴリオ暦の如きものを、今日では想像しがちであるが、中国の暦法は、日月をはじめ水金火木土の五惑星の位置計算、さらには日月食の計算などを含めたものであり、現在でいえば天体暦に相当する。このなかでとくに日食の予報に対し、天文学者はもとより支配階級の人々も、深い関心を払った。そのため日月の位置を精確に観測し計算し、それによって日月食の予報を改良する努力が不断に重ねられてきた。こうした暦計算方法を、現在の理論天文学の立場から検討する必要があったのである。藪内は初期から今日にいたるまで、暦法の研究に精魂を傾け、数々のすぐれた達成を生み出してきた。

藪内はいわば歴史的研究と天文学的研究という二つの面から中国の天文暦法を研究したが、これは藪内の学問研究の立場をよくあらわしている。広く科学技術の全般について研究するばあいにも、それぞれの分野の立場からその内容を解明するとともに、歴史的観点を重視するのが、藪内の立場であったといえるからである。

藪内が一九四四年に刊行した著作A1は、隋唐時代の暦法をとりあげており、学位論文となったものである。隋唐時代には、一王朝一暦という従来の慣例を破って、隋代に二回、唐代に八回の改暦が行われ、それにともなって暦計算法に大きな改良が加えられた。日月に対して中心差が考慮されるようになり、またその位置計算に補間法が使用された。また日食計算にあたって月の視差が考慮された。こうした点を明らかにしたのがA1の天文学的内容であるが、そこに使われている補間法は、十九世紀ドイツの天文学者、ガウスの補間法の三次以上を無視したものと一致することを確かめた点が、とくに注目される。というのは、これは中世中国における科学の水準の高さを証明した最初の本格的な研究であり、第二次大戦後におこる、中国の科学技術にたいする歴史的評価のいわばコペルニクス的転回を予告し、先導するものだったからである。ちなみに、この著作は五惑星の位置計算に及んでいなかったが、後に論文B15においてそれを取扱い、天文学の水準の全般的な高さにもかかわらず、五星運動論は中国において未発達のままに終ったことを明らかにしている。

なお著作A1には、唐代に伝えられたインド天文学に関する、「九執暦」の研究が含まれている。これは後に英文で発表した論文B22の基礎となるものであり、インド天文学の研究を通じて、「九執暦」がインドの天文計算法を忠実に伝えたものであることを明らかにしている。

国家によって頒布された中国の最初の公暦は、漢武帝の太初元年（前一〇四年）の改暦による太初暦であった。この太初暦とそれを増補した三統暦の内容は、『漢書』律暦志に収められている。能田忠亮氏との共著になる、この『漢書』律暦志の詳細な研究が、著作A2である。中国の正史では、暦法はしばしば音律と結びつけられ、律暦志の巻に収められる。暦法と音律を統一的に把握しようとする、こうした体例がどのようにして可能となったかを明らかにするとともに、太初暦および三統暦の内容を徹底的に分析したものがこの共著であり、『漢書』律暦志の文章の全体にわたって詳しい札記を加えている。

A1には「殷周より隋に至る支那暦法史」と題する論文が収められているが、それは藪内の関心がつとに、中国の全歴史を通じて暦法史を展望することに向けられていたことをしめす。著作A3に収録された論文B1、B3―B7はそうした関心から生まれたものであり、中国の暦計算がどのように改良され発展したかを、また時代を背景とするそれぞれの特色がいかなるものであったかを、明らかにしている。なお論文B1は国際科学史学会の機関誌『アルシーフ』に英文で発表された。著作A3はこうした論文を収録するほか、その第三部において、中国の暦計算法を体系的に解説している。計算法についてのまとまった著作としては、唯一のものである。

中国の歴史時代としてもっとも古い王朝である殷の暦はいかなるものであったか、それを明らかにし、また復元しようとする試みはいくつもあるが、藪内も論文B13およびB14でそれを行っている。これは『殷暦譜』の大著を刊行した董作賓氏を批判すると同時に、周初の記日法に使用された生覇死覇の解釈について提案したものである。

暦計算以外については、天体観測を取扱った論文として、B16およびB2、B5がある。これらは中国における恒星の位置観測を記録した文献を取上げたものである。このうちB16とB2は、唐の『開元占経』に引用されている「石氏星経」の研究である。石氏は戦国時代の天文学者と伝えられ、従来この名を冠した星経（star catalogue）には前四世紀ごろの観測結果が含まれると考えられていた。この星経では、恒星位置を宿度、去極度、黄道内外度で表示しているが、この黄道内外度がきわめて特殊な黄道座標であることを確かめたのが、論文B16である。この座標はインド天文学にみられるもので、斜黄緯と呼ばれた。こうした事実を明らかにする一方、「石氏星経」が前七〇年ごろ、漢代の渾天儀の使用によって成立したことを示したのが、論文B2である。この結果は、近年フランクフルト大学自然科学史研究所員、前山保勝氏の、別の観点からする研究によって確認されたことを、附記しておきたい。論文B5は、宋代の三つの文献にみえる恒星観測記録についての研究である。

唐代にはインド天文学が伝わったが、元明時代になるとイスラム天文学が伝えられた。従来の通説では、イスラム天文学の影響が元の授時暦に及んだとされてきたが、論文B6とB10では、その影響が授時暦そのものの内容には及んでいないことを明らかにした。しかし同時に、元代の観測器械に対してはその影響があることを指摘し、論文B12において、イスラムの天文台と観測器械を取上げている。ところで、イスラムの天文学は『明史』回回暦法と『七政推歩』に訳出されており、この問題を論じたのが論文B19である。そこにはギリシアの天文計算法がそのまま伝えられていることが、明らかにされている。藪内によれば、唐代にはインド、元明にはイスラムの天文学が中国に伝えられたにもかかわらず、中国の伝統的な計算法にはなんの影響も与えていない。そこに中国の伝統の驚くべき強さがみられる。たとえば、「九執暦」にはアラビア数字の源流をなすインド数字や、ギリシア天文学に遡る正弦函数などが紹介されているが、中国の天文学にはなんら痕跡を残すことなく消え去っている。このようにインドやイスラムといった異質の要素を研究することによって、逆に中国における伝統の強固な核心を宣明したところに、藪内の研究のひとつの特色があるといってよい。なお明代には、十一世紀初頭のペルシアの天文学者クーシャールに帰せられる占星書が訳出されているが、それと原本にあたる文献とを部分的に比較研究したのが、論文B11である。論文B18では、中国に伝わったインドとアラビアの天文学の概要を、英文で紹介している。一九五九年にスペインで開かれた国際科学史学会では、この論文と同じ主旨の発表を行った。

日本の天文学史に関する主要論文として、ここでは六篇を挙げておく。論文B21は、江戸時代に西洋天文学がどのように輸入消化されたかを論じている。ちなみに、中国でも十七世紀以来、西洋天文学がイエズス会士によって輸入されたが、十分な成果を得ないままに終った。西洋天文学の輸入と、それに対する日本および中国の対応の仕方について論じたのが、論文B19である。これは香港の中文大学で開かれた国際科学史シンポジウムで発表された。このほか日本の天文学史については論文B21と、欧文で発表した論文B24、B26がある。一九七二年に明日香村で高松塚の壁画古墳が発掘されたが、藪内は文化庁の依頼を受け、古墳天井に描かれた星座の実地調査を行っている。論文B23はその成果である。古墳に星座を描くことは中国で盛んに行われており、それらとの比較を行ったのが、論文B24である。

はじめに述べたように、一九四八年ごろから中国科学技術史の共同研究が始まったが、最初に取上げたテーマは、明末の技術書『天工開物』の研究であった。これは中国の伝統的な生産技術をほぼ網羅した特異な書物であって、その訳文を作成するとともに、共同研究者が分担してそれぞれの生産部門について論文を書き、藪内が全体の展望を行うというかたちで、その研究報告をまとめた。著作A8として刊行されたのがそれである。つづいて魏晋以降、清末にいたる科学技術史の共同研究を主宰し、その報告を著作A9、A10、A11として刊行した。なおそれに先立ち、漢およびそれ以前についても共同研究を行い、その成果を『東方学報』京都第三十冊の「中国古代科学技術史の研究」特輯号として発表したが、藪内はそれを不十分であるとして、改めて殷周より漢代にいたる科学技術史を執筆し、著作A6として刊行した。殷周時代から開発されてきた科学技術の諸分野が漢代に集大成され、この時代に中国文明の基本的パターンが形成されるに至ったことを論じたものであり、天文学にみられるのと同じ発展の型が、科学文明全般についても成り立っていることを明らかにした名著である。以上述べてきた研究成果を、藪内は岩波新書A4にまとめ、一般の読者に対する啓蒙書として出版した。とくに中国の数学については、やはり岩波新書A7がある。藪内はきわめてアカデミックな研究のかたわら、その成果を通じての啓蒙をも決してゆるがせにしなかったことを、とくに附け加えておきたい。

日本における過去の中国史研究は、人文・社会の両面からする研究が主流であり、科学技術の面からの研究にはほとんどみるべきものがなかった。この点で藪内は中国研究の領域に新しい分野を開拓したものといえよう。

過去の中国は科学技術史のうえで大きな成果を挙げ、この面においても世界に広く貢献した。ことに日本のばあいは中国の圧倒的な影響を受けた。たとえば、『天工開物』に述べられている生産技術はほとんどすべて江戸時代にみられたもので、この事実からだけでも中国の恩恵を忘れてはならないだろう。しかし、藪内の指摘によれば、中国文明のパターンは二千年前の漢代においてほぼ形成され、その枠組みを基本的に打ち破ることはなかった。天文学についていえば、暦法を重視する立場から、宇宙論を中心とする理論天文学の発達は阻害され、暦計算法にかなりみるべき成果があったとしても、ルネサンス・ヨーロッパにみられたような天動説から地動説への展開、さらに近代天文学への展開は、ついに起らなかったのである。科学技術全般についてもこれに類似した現象がみられるのであって、多くの独創的成果があり、中世世界においてはそのきわめて高い水準を誇っていたにもかかわらず、中国では近代科学はついに誕生しなかったのである。藪内の仕事は、広く中国史の流れの中で、科学技術の発展のこうしたあり方を追求したものといえる。

はじめに触れたケンブリッジのニーダム博士は、『中国の科学と文明』のプロジェクトを計画し、すでに四巻六冊の著作を出版した。藪内は監訳者としてその訳書の刊行にあたり、十一冊の分冊からなるA13を完成した。この出版に傾けた藪内の努力には並々ならぬものがあり、それによって中国の科学技術の成果とニーダム博士の業績が、専門家以外にも広く知られるにいたったのである。

藪内清主要著作目録

A 単行本

A1 隋唐暦法史の研究 一九四四年 三省堂
A2 漢書律暦志の研究（共著） 一九四七年 全国書房
A3 中国の天文暦法 一九六九年 平凡社
A4 中国の科学文明（新書） 一九七〇年 岩波書店
A5 中国の科学と日本 一九七二年 朝日新聞社
A6 中国文明の形成 一九七四年 岩波書店
A7 中国の数学（新書） 一九七四年 岩波書店
A8 天工開物の研究（編著） 一九五三年 恒星社厚生閣
A9 中国中世科学技術史の研究（編著） 一九六三年 角川書店
A10 宋元時代の科学技術史（編著） 一九六七年 京大人文研
A11 明清時代の科学技術史（共編） 一九七〇年 京大人文研
A12 中国の科学（編著） 一九七五年 中央公論社
A13 ニーダム・中国の科学と文明一一冊（監訳） 一九七四―一九八一年 思索社

編著ではないが、一連の科学技術史の研究について、漢及びそれ以前に対し、『東方学報京都』三〇冊（一九五九）

が中国古代科学技術史の研究特輯号となっている。

B 論文

一九六九年ごろまでに定期刊行物その他に発表された中国の天文暦法に関する論文中の主要なものは、平凡社刊『中国の天文暦法』の第一部第二部に収録されている。次の通りである。

B1 漢代の改暦とその思想的背景
B2 漢代における観測技術と石氏星経の成立
B3 魏晋南北朝の暦法
B4 唐宋時代の暦法
B5 宋代の星宿
B6 元明の暦法
B7 西洋天文学の東漸
B8 唐代における西方天文学
B9 スタイン敦煌文献中の暦書
B10 元明時代のイスラム天文学
B11 クーシャールの占星書
B12 イスラムの天文台と観測器械

これ以外の中国関係の主要論文としては、

B13 殷代の暦法——董作賓氏の論文について　『東方学報京都』二一冊（一九五二）

B14 殷暦に関する二、三の問題　『東洋史研究』一五の二（一九五六）

B15 中国天文学における五星運動論　『東方学報京都』二六冊（一九五六）

B16 唐開元占経中の星経　『東方学報京都』八冊（一九三七）

B17 回々暦解　『東方学報京都』三六冊（一九六四）

B18 Indian and Arabian Astronomy in China　人文科学研究所二五周年記念号（一九五四）

B19 Comparative Aspects of the Introduction of Western Astronomy into China and Japan, sixteenth to nineteenth centuries　『香港崇基学報』七巻二期（一九六八）

B20 Researches on the *Chiu-chih li*——Indian Astronomy under T'ang Dynasty　*Acta Asiatica*（Tokyo）36（1979）

日本関係については、

B21 西洋天文学の影響　日本学士院編『明治前日本天文学史』学振刊（一九六〇）所収

B22 天文　朝日新聞社編・刊『日本科学技術史』（一九六二）所収

B23 星宿の同定　高松塚古墳総合学術調査会編『高松塚古墳壁画調査報告書』（一九七三）所収

B24 壁画古墳の星図　『天文月報』一〇月号（一九七五）

B25 L'Astronomie ancienne du Japon　*Physis*（Italy）5（1963）

B26 Astrology of Western Origin in Ancient Japan　*Scientia*（Italy）, Juillet-Août, 1966

以上

付記

この文章は藪内清先生の日本学士院会員推挙にあたり、学士院の会議の席上で読まれたものであり、依頼を受けて山田が執筆した。その際山田は、藪内先生にお願いして「藪内清主要著作目録」を作っていただき、その目録を解説する形式をとった。したがってこの目録はいわば「藪内清自選著作集」の目録ということができる。ここに著作集の刊行にあたり、あえて巻頭に収録し、藪内清先生の全業績を概観する一助としたい。

山田慶兒

第一編　中国の天文暦法

序文

いずれの古代文明でも、最初に科学として体系化された学問分野は天文学であった。もちろん中国のばあいも、その例外ではない。しかしこの学問が発展する過程や、その学問内容は、それぞれの文明でちがっていた。現在の科学はインタナショナルなもので、国家や国民によってとりあげられる科学は、それぞれに独特な性格をもつということはなく、その成果はすべての国で利用される。しかし過去の世界では、決してそうではなかった。天文学のばあいにも、それは国家を形成する民族の心情に根ざした、固有の発展をとげたといえよう。中国では、いまから二千余年前の漢代に、特色ある天文学のパターンが確立された。それは暦計算を中心とした天文学であって、本書の表題である「天文暦法」は、こうした中国天文学の特色を表現したつもりである。ヨーロッパの中世が宗教時代であったのに対し、中国では昔から政治中心の国家であった。それは現在もつづいているように思われる。天文学は、こうした政治国家の一翼をにない、暦計算を中心とした天文学が、一群の官僚によって研究せられてきた。何回となく行われた易姓革命を通じて、王立天文台の制度は、断続することなしにつづいた。それは世界史における、唯一の例外といえる。何十回という改暦が行われ、暦計算に必要な観測が、絶えず行われてきた。しかも、そうした努力が行われたにかかわらず、近代天文学は中国の土壌から芽生えなかった。近代科学の目ざましい発展をみている我々にとって、天文学はもとより、中国の文明は、長い歴史を通じて、ごく緩慢な速度で発展してきた。しかしそこには、ほとんど中国人だけの力によって、一つの文明が到達し得る限界にまで、天文学を推しすすめており、この事実はやはり賞賛されなければならないであろう。中国が他の文明から隔離されたことが、何といっても、中国文明の特殊性をつくりあげた主要な原因であった。易姓革命が何度行われようとも、それだけでは社会は大きく変らないし、従ってまた学問にも大きな飛躍は起り得ない。こうした事実を、中国の天文学が如実に示している。中国天文学は、こうした中国の歴史と密着しながら、それなりの発展を行ってきたのである。

本書の内容は、序論の末尾に述べておいた通り、筆者が過去に発表し、既刊の単行本に収録されなかった論文が主体となっている。この書物をいくぶん体系的なものとするため、新たに書き加えたものや、また単行本から抄録したものが、いくらか含まれている。本書はまた、三部から構成され、第一部は中国の天文暦法を漢代から清代までを展望したものであり、第二部は、敦煌暦を除いて、専らインドやイスラムなどの西方天文学の影響を論じ、第三部は暦計算の概略をまとめた。中国の天文暦法がどのように発展したか、西方天文学の輸入に対してどのように反応したか、さらに中国天文学の具体的内容が如何なるものであったか、をとりあげたのである。長く勤務した京都大学人文科学研究所を退職するにあたり、自らの記念出版としてまとめたものであり、この間に筆者が行ったささやかな業績の主要な部分を占める。山田慶兒さんが原稿の検討をして下さったことを感謝する。

出版を引受けて下さった平凡社、またいろいろと御骨折を頂いた同社の酒井春郎、石井雅男の両氏に厚く感謝したい。

一九六九年七月一日

藪　内　清

序論　中国における天文暦法の展開

一

いずれの古代文明にもみられるように、中国のばあいにも天文学は最初に学問として体系化された自然科学の分野であった。月のみちかけや、季節の移り変りがきわめて正しく循環することを知った古代の文明民族は、一月や一年の長さを基礎にして暦を組織することができた。中国では、その長い歴史を通じて太陰太陽暦が使用されたが、その原型はすでに殷代にでき上っていたと考えられる。中国の歴史時代における最初の王朝である殷帝国は前一六世紀のころにはじまるが、河南省安陽に遷都した前一四世紀からは甲骨文による暦日資料が残っており、それを通じて当時の暦法の基本的性格を知ることができたのである。ところで現行の太陽暦は古代エジプト文明にその起源を持つが、同じく古くから文明を築いたバビロンでは、中国と同じく太陰太陽暦を使用してきたのである。古いヨーロッパの中国学者のあいだで、中国の古代文明がバビロンの影響を強く受けたという説が行われたが、この説の当否は別として、バビロンと中国とは同じパターンに属する暦を使用したことは否定できない事実である。天文学のような精密科学については、その内容を詳しく検討することによって、一方から他方への影響をかなりな確実さを持って立証し得る可能性があると思われる。そうした源流の推定はわれわれにとって大きな興味を引くが、それだけに結論は慎重を要する。同じパターンの暦が使用されただけでは何らの結論を出すことはできないが、中国天文学における外来的要素の研究は、筆者の大きな関心の対象であったことを指摘しておきたい。

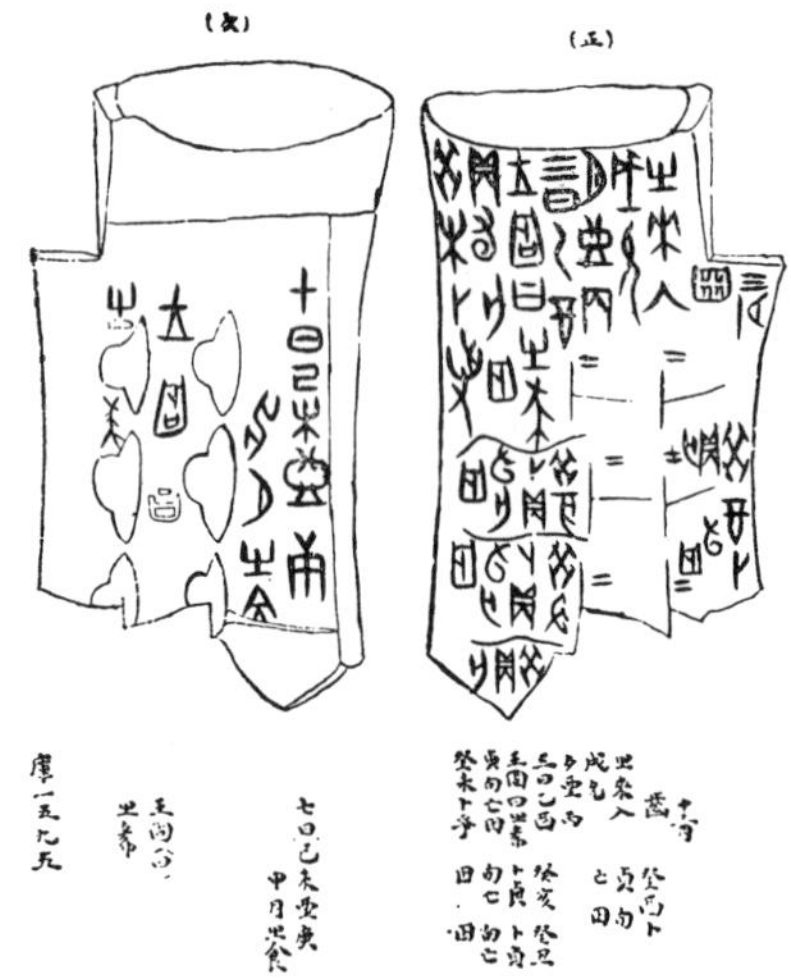

図1　月食記事のみえる甲骨文（『殷暦譜』）

殷代の記日法としては六〇をサイクルとする干支が使用され、また一〇日ごとに区切ってそれを「旬」と呼ぶことが行われた。甲骨文はすべて日の吉凶を占う卜辞であるが、しばしば某日より向う一〇日間の吉凶を占う卜旬の記事がみえている。[補遺]ところが周代のはじめ、金属器に鋳造された銘文、すなわち金文にはしばしば月相（lunar phase）を示すと思われる四種類の言葉がみえている。それは初吉、既生覇、既望、既死覇などの用語であり、それが日を示す干支と並んで用いられている。民国一六年に不幸な死を遂げた王国維は、これをもって一月を四分するものであるとし、よって西方起源の週日と結びつける新説を発表した。この説は若干の修正を経て、新城新蔵博士の「周初の年代」にとり入れられたが、筆者自身はこれらを週日とする説には賛同できないと考えている。これらはむしろ『漢書』律暦志にみえた劉歆の解釈に従うべきであって、既生覇、既死覇は一月を二分したものであり、初吉、既望はある区間を指すものでなく、むしろ特定の月相に応じた一日を指すものと考えている。[1]それにしてもこれらの用語は月のみちかけのあるステージを示す言葉であって、バビロンとのつながりは別としても、インドにおける黒分、白分などの用語との類似を思わせる。この点についても決定的な結論に到達していないが、タクラマカンの大砂漠を越えて、東西のあいだに古くからの交渉があったのではないかとの疑問は、絶えず筆者の脳裡に浮ぶのである。

天文学の誕生とその発展をうながした要因の一つは、たしかに社会の実用面からの要請があったためである。農事を成功させるために季節をあらかじめ正しく知る暦の作製は、農業社会にとって必要であったが、そうした経済的な要求からだけでなく、一般に社会生活を規制するために暦を作る必要があった。また古代社会では祭祀が重要視されるが、それを規則正しく行うことは暦の存在が前提となるであろう。しかし、天文学の発達はただそうした実用面からうながされるだけではなかった。自然現象の複雑さは、古代人にとっては人知を越えた不思議さであり、自然現象の中に法則性を把握する以前に、そこに超越者の摂理を読みとろうとした。暦を通じて天体運動の法則性を認めることはできたが、多くの異常な天体現象に対しては、そこに超越者の存在を感じとり、天体現象が人間の運命を支配するという思考が生れた。こうした思考を背景にして占星術が生れるのである。こうした占星術は、部分的には現在もなお生きているが、自然科学の発達しなかった古代社会では、占星術を肯定する思考は社会全体に広く行きわたっていた。こうした思考を前論理的と呼んでもよかろう。しかし、占星術と呼ぶものも、決して自然科学——天文学と無縁のものではない。古代の人々はもちろん、現在の未開社会の人々もまた、日食や彗星の出現などの現象に対し、これを不吉な前兆として大きな驚きを持つ。この種の記事は先秦の古典にもしばしば出ているところである。しかし、こうした驚異の事実があっただけで、そこに占星術が生れていたとはいえない。占星術は非合理的思考を基本とするが、しかし、なにがしかの体系を持っている。ある程度まで天文学が発達した段階になって、はじめてそうした体系化が行われ得るのである。ことに日月や惑星の運行に関する知識が得られてから後のことであった。占星術が天文学を生んだという議論もないわけではないが、実際には天文学発展のある段階で占星術が生れ、この占星術がまた逆に天文学の発達をうながすと考えるのが妥当であろう。

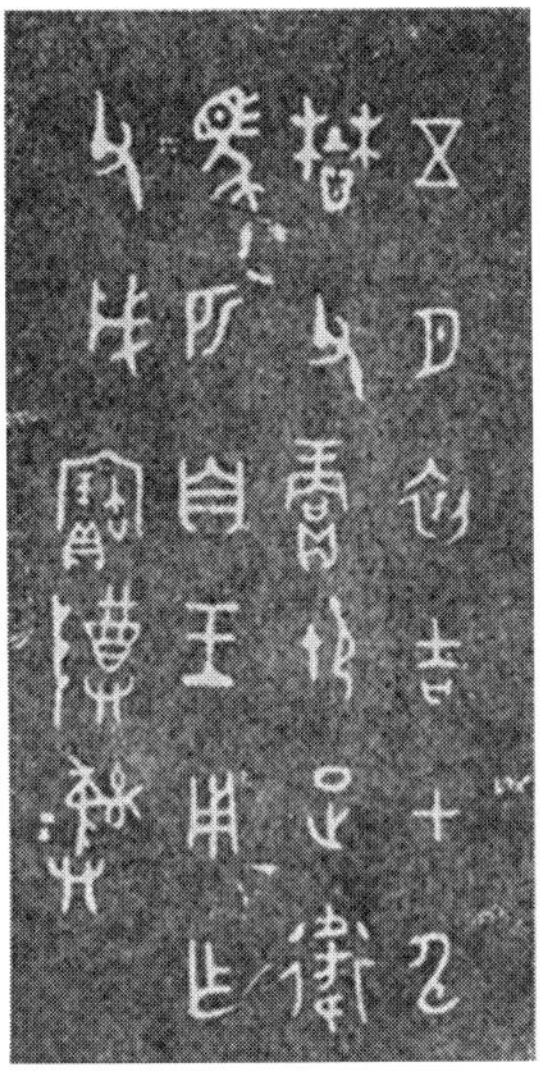
図2　周初の金文「五月初吉云云」（『殷暦譜』）

中国における占星術の誕生がいつであったかは確かでないが、そうした記事が多くみえる古典としては『左伝』や『国語』がある。これらの古典では、主として歳星（木星）の位置によって吉凶を占うのである。天空を一二に等分して十二次とし、その各々は地上の国々をそれぞれに支配している。こうした考えを中国では分野説と呼んでいる。[2] 歳星はほぼ一二年で天空を一周するから、毎年一次を運行する。歳星がどの次に来るかによって、国々の運命が占われるのである。占星術にも幾つかの種類があるが、個人の誕生時における天体の状態によって個人の運命を占うホロスコープ占星術に対し、天体現象によって国家や支配者の運命を占うものをJudicial astrologyと呼ぶ。中国の占星術では、ホロスコープ占星術は生れず、もっぱら後者が行われたが、バビロンの占星術もやはり同じ性格のものであった。ところで『左伝』の成立年代についてはこれまでいろいろと議論があったが、いま新城新蔵博士の研究に従って、少なくもその天文記事に関する限り、前四世紀半ばのころのものと考えておこう。[1] このころは中国の戦国時代にあたり、国内は戦争にあけくれたとはいえ、いわゆる百花斉放の時代であり、いとも花やかな文明が開花した時であった。はじめて惑星の運行に注意するようになった時代であるとともに、占星術と並んで、太陰太陽暦が一応の完成をみたのである。ギリシアの天文学者メトンの名で呼ばれるメトン周期（十九年七閏法）、さらにカリポスの名で呼ばれる七十六年周期（蔀部という）が中国でも知られるようになり、四分暦が完成されたのである。甲骨文によって殷代の暦法を研究した董作賓は、殷代にすでに四分暦が成立したとするが、あまりに殷代の文明を高く評価しすぎたものといえよう。殷代の太陰太陽暦は、大小月の配当、置閏法などがまだ十分に確立しておらず、絶えず天象に注意しながら、時々に誤りを訂正したものと思われる。こうした暦が、長いあいだに徐々に改良を加えられ、十九年法や七十六年法が考え出されたものと思われる。ところでこうした暦法上の知識についても、東西交流の問題が考えられるであろう。メトン周期はギリシア天文学者の名で呼ばれるが、その起源はバビロンにさかのぼる。メトン周期に関し、中国とバビロンのいずれが早く発見したかの問題は、しかしまだ最終的な結論には達していない。

二

西暦前三世紀の終りに秦の始皇帝は天下を統一した。始皇帝の希望にもかかわらず、この王朝は短期間で終りを告げたが、しかし、この王朝の下で行われた諸種の改革は次代の漢王朝に受けつがれ、さらにそれらが整備されて中国文明のパターンをつくる原動力となった。従来の封建制度を廃止して郡県を置き、官僚組織による政治支配がはじまったのも秦の時代であった。もちろんこうした制度の改変は、戦国時代を通じて徐々に醸成されてきたものである。戦国時代には占星術のような非合理的思考が生れたが、そうした思考ときわめて近い形而上学的な思想も多く発達した。鄒衍による五徳終始説の如きがそれである。このような形而上学的思想は、秦の時代になって政治思想として定立し、やがて暦法の面にも影響が現われてくる。王朝の交替にあたって新たに天命を受けたことを明示するため諸種の制度を改めることが行われるが、この受命改制というイデオロギーにおいて改正朔、すなわち改暦が重要なテーマとなった。ヨーロッパの中世では、ローマ法王による塗油の儀式によって皇帝の権威づけが行われたが、中国のばあいには皇帝自らが改制を行い、新たに天命を受けたことを明らかにした。こうした改制の中心に暦法がおかれた。暦法は新しい王朝のシンボルでもあった。まず始皇帝は、五徳終始説に基づいて秦は水徳を得たとし、それに応じて服色を黒、歳首を一〇月とすることとした。こうしたイデオロギーは中国独特のものであり、革命を正当づけ、時にはこれが革命を成功させる思想的背景ともなり得た。秦を受けついだ漢代には、その初期から受命改制の議論が盛んであったが、なお暦法改制にまで至らなかった。ところが前漢を通じて最も野心的な帝王であった武帝の時代になって、この改暦が断行されたのである。この時には五徳終始説に代って三正論が唱えられ、三のサイクルで歳首が交替する説が行われた(3)。漢は夏に復帰して、夏正を歳首とすることになり、それとともに武帝の太初元年(前一〇四)に太初暦が新たに制定された。これ以前の暦はすべて四分暦によって推算されたのである。②

一言でいえば、中国の文明は政治の支配下におかれたといえよう。天文学も決してその例外ではなかった。武帝の時代には董仲舒によって天人相関の説が唱えられ、天の意志によって政治を行うという政治理念が確立する。儒教は一尊となり、こうした政治理念は儒教と固く結びついた。天への強い信仰と結びついて、天体現象は天が支配者に下す前兆とみなすと同時に、支配者の行為が逆にまた天体現象に影響すると考えられた。天と人との間に深い相互関係が成立った。天はもとより自らの法則を持っており、それは具体的に暦法の形でとらえられるが、しかし天はまた自らの意志によって行動した。その意志は、人間の理解を越えた異常な自然現象――その一部としての天体現象として表示された。中国人にとって、自然現象のすべては人知による究明の対象となり得るものでなく、一種の不可知論が根底に根強く存在していたことを知らなければならない。

ところで、中国でいう暦法の意味について一言しておかなければならない。今日われわれがいう暦は、月日、週日、行事などを書きこんだカレンダーの類を意味する。従ってこのばあいの暦法は、月日の配当を計算する方法を意味する。一六世紀のヨーロッパで改暦が行われ、ユリウス暦からグレゴリオ暦に変ったが、このばあいには一年の長さを改め、従って閏日の数を減少させることであった。しかし、中国でいう暦法では、単に月日を配当するカレンダーの類を編纂する技術を説くものではなく、広く日月及び惑星の現象を数理的に取扱うのである。天の意志が天体現象によって示される以上、単に実用的なカレンダーを作るだけでなく、広く日月及び惑星の諸現象をとりあげることが要請されたのである。従って中国でいう暦法は、今日でいう天文計算表であって、歴代の正史における「律暦志」あるいは「暦志」にはこうした天文計算表の詳細が記述されており、これによって中国における数理天文学の内容を知ることができる。暦法がこのような性格を持っている以上、改暦といってもユリウス暦からグレゴリオ暦への移行といったものではなく、日月及び惑星にわたるすべての天文定数が改変されるのである。しかも暦法そのものが天への強い信仰と結びつき、暦法の権威を高めるため、これらの定数にしばしば形而上学的紛飾が行われたのである。漢代の改暦では天文定数を音律と結びつけて説いたことから、正史の巻名を「律暦志」と呼んだ。また唐代の大衍暦では、易数と天文定数を付会することが行われたが、これもまた暦法の権威を高める手段と考えられたのである。

天の意志に従うことを政治理念とした中国では、天の意志を示す天体現象がしばしば支配者もしくは支配階級の行動を制限したことはいうまでもない。またこうした政治理念と結びついて、暦法は国家の大典と考えられ、受命改制が行われる時の最も重要な問題として改暦がとりあげられた。もちろんこうした改暦の意味は、時代とともに幾分の変遷があったことが指摘される。漢代及びそれ以降しばらくのあいだは、改暦は容易に行われるものでなく、一つの暦法は一つの王朝のシンボルでさえあったが、晋代からだんだんに尊重の意識は薄れて行った。ことに南北朝にはいり、異民族が建てた北朝の王室の下では、一つの王朝の下で二度、三度の改暦が行われた。この傾向は唐宋の時代に至って、さらに強められた。

暦法を国家の大典として重んずることは、端的に天文学が政治の支配下にあったことを意味する。すべてを政治的に考えるという中国の思想的傾向は、天文学の発展に根本的な影響を持った。漢代に整備された官僚組織の中で、天文学者たちは役人としての地位を獲得した。それ以後、王立天文台の制度は、はるか後代まで続いた。この制度は、異民族が中国の一部もしくは全部を統一した時代にも中断されることなく存続した。こうしたことは他の文明には全くみられない現象であった。この王立天文台では、暦法をより正確にする研究が続けられるとともに、国家や支配者の運命を支配する天体現象を絶えず観測することが行われた。前者は正史における「律暦志」（または「暦志」）として書きとめられ、後者は「天文志」に記録された。こうして天文観測についての膨大な資料が現在まで残されており、その中には現代天文学に役立つものがある。しかし天文学の研究が官僚組織の中で制度として存続したことは、天文学に手厚い保護が加えられたことを意味するのであるが、それが必ずしも好結果を生んだとはいえない。政治的支配の下におかれた天文学は、一度でき上ったパターンがそのまま受けつがれる結果となった。革命のために王朝は絶えず交替したが、中国の政治や社会は大きく変革したわけではなかった。天体現象の観測と暦法の整備ということが中心課題であって、それ以外の天文学的領域はほとんど省みられなかった。それでも漢代のころには蓋天説や渾天説が行われて、宇宙構造論の問題がとりあげられたが、中国の文明が進展するにつれ、こうした分野は官僚としての天文学者からは全く無視されてしまうのである。ヨーロッパにおける天文学では、はじめギリシアにおいて天動説が唱えられ、これを基礎とした天文学が中世において行きづまり、やがて地動説の提唱によって大きく発展したことと比較すると、中国における天文学の運命はむしろ最初から悲観すべきものであったといえよう。[4]

それでは中国における天文学の発達はどのような特色を持ったか。天文観測に伴って観測器械が整備されたことはいうまでもないが、中国天文学の中心はやはり暦法であった。すなわちこの数理天文学の領域の中で、新しい天文学的事実の発見も幾つか行われた。後漢のころに月行遅疾（月の運動の不等）が知られたほか、東晋の虞喜による歳差の発見、北斉の張子信による日行盈縮（太陽運動の不等）の発見などがあったが、これらはいずれもギリシア時代、それも前二世紀のヒッパルコスが知っていたところで、西方と比べて高く評価することはできない。また天動説のようなモデルによって天体の運動を説明する理論は、ほとんどみられなかった。こうした理論や新しい事実の発見ではたしかにギリシアに劣るが、計算技術の面では幾つかのすぐれた創意をみることができる。たとえば隋の劉焯にはじまり、唐代に完成をみた補間法の如きが、その代表的な成果といえよう。中国の数理天文学は、現在流にいえば球面天文学にあたり、日月及び惑星の見掛けの運動を数理的に計算するのである。しかもこの計算技術の改良にこそ、中国の天文学者は多くの努力をささげてきたのである。もちろん中国天文学のすぐれた点はこれだけではない。しかし、ここでは最もいちじるしい特質を挙げたのである。

三

はじめに述べたように、殷周の時代にすでに西方との交渉を思わせるような材料が、天文学史の面で指摘される。はるか下って漢代のころにもそうした資料が見出される。漢武帝の太初元年に改暦が行われるが、この時に改暦に参加した天文学者が観測儀器によって新しい観測を行った。そうした観測儀器の中に渾天儀があったことが、記録に残されている。それ以前における代表的な観測器といえば、表とか髀とか呼ばれるもので、地面に垂直に立てた棒によって南中時の太陽の影を測り、主として冬至の日時を測定するためのものであった。ところが新しく登場してきた渾天儀は、いくつかの円環を組合せたもので、器械と呼ぶにふさわしい内容を持ったものである。漢代にはこれによって、天体の赤道座標を測ることが行われたのである。ところがこれとほぼ同じ構造のものが二世紀のギリシア天文学者プトレマイオスによって記述されている。すなわち彼が残した著述『アルマゲスト』においてアストロラボンと呼ばれるものであり、それが円環から組立てられているところから armillary sphere の名で現在呼ばれている。この器械は、プトレマイオス以前におけるギリシア最大の天文学者、前二世紀のヒッパルコスによっても使用されたものである。瑣末な点での相違を除いて、中国とギリシアのこの観測器械は全く類似するものである。ところで中国の渾天儀がいつから始まったかについて、一応疑問がある。それは『石氏星経』の成立と関係する。『石氏星経』は戦国時代の天文学者石申に仮托された星表であって、唐の開元年間に瞿曇悉達が集成した『大唐開元占経』の中に収録されている。この星表では、恒星の位置が去極度、入宿度、黄道内外度などで示されており、上田穣博士が去極度数の検討によって得られた結果では、西暦前四世紀半ばの観測結果であるとの結論が得られた。[3] これは石申の時代と考えられている時代に一致する。ところで度数による観測が行われるためには、どうしても渾天儀の存在を考えねばならず、従ってもし上述の結果が正しければ、前四世紀半ばに渾天儀が使用されたと考えねばならない。ところが前四世紀半ばの天文学的資料といえば『左伝』の歳星記事だけであって、それには歳星の位置を十二次に関して記述するにとどまり、度数のことにはふれていない。天体の位置を度数で示した古文献といえば、『淮南子』とか『史記』天官書であって、太初改暦のころ、もしくはそれ以後である。もちろん度数の採用はすこし以前から行われたと推定される[4][5]。それにしても、こうした事情のほかに、上田博士が行われた去極度の検討にも問題がある。全部の資料がすべて前四世紀半ばに該当するのではなく、かなりな部分はむしろ後二世紀のものとしなければならない。それにこうした資料の研究では、一応観測誤差が皆無として検討されているが、古代の観測ではかなりな誤差を前提としなければならない。筆者は同じ資料を再検討し、さらに上田博士によって処理されなかった黄道内外度をもあわせて取扱い、『石氏星経』の成立を前一世紀の前半と推定したのである。このように考えることによって、渾天儀による観測がはじめて太初改暦のころに登場する事実と一致することにもなると考えた。

ところで『石氏星経』において恒星の位置を示す三種の座標の中、黄道内外度が何であるかは、従来深く考えられなかった。筆者の研究によって、これは黄緯ではなく、インドの天文学でみられる極黄緯であることを確かめた[6]。極黄緯と並んで極黄経による測定値はすでに『後漢書』律暦志にみえており、このような特殊な座標系が中国とインドに現われる。しかし、この座標系がインドで使用されるのは五世紀以後であって、それに比べて中国は前一世紀にさかのぼるのである。西方において度数による観測が現われるのはギリシアであって、二世紀の『アルマゲスト』では一〇〇〇個あまりの星表が著録される。ところがこの星表では恒星の位置は現行の黄道座標を使って示されている。中国が赤道座標を中心とするのに対し、ギリシアにはじまりヨーロッパの中世で流行したものは、すべて黄道座標であった。この点では中国とギリシアは全く異質のものといえそうである。ところが前二世紀のヒッパルコスの時代には、中国と同じ極黄道座標が使用されたということが、近年になって紹介されたのである。座標系といったデテイルの点で中国とギリシアのあいだに一致が存在することは、渾天儀の類似とならんで、この二つの文明のあいだの交渉を強く暗示するように思われる。オットー・ノイゲバウアーはその名著 *Exact Science in Antiquity* の中で、二つの文明のあいだで類似した文化現象があったとしても、相互の交渉を肯定する証拠に乏しいばあいが多いことを述べた後、これに対し数学や天文学のような精密科学のばあいに数値や計算法の類似から明確な立証が可能であることを主張し、数学と天文学の伝達についての研究は、二つの文明間における関係を確立する最も強力な手段の一つである。と結論しているのである。このことからも時代の先後からみて、前一世紀のころ、それ以前のギリシア天文学の影響が遠く中国に波及したと推定するのも、決して不当とは思われない。

中国において西方天文学の影響が明らかとなるのは後漢以後である。まず仏教経典の翻訳を通じて古いインドの占星術が伝わったが、唐代になるとインドの天文計算法が紹介された。唐代には西域から渡来する人々も多く、ことに玄宗の時代にはインド人と思われる瞿曇悉達が中国の王立天文台長の職に就き、インド天文書の漢訳を行った。これが『大唐開元占経』の一巻として収録される「九執暦」である。インド天文学では、日月五星それに二隠星を含めて九惑星と呼んだが、九執はこれを意味する。この訳書には、ギリシアからインドに伝わった天文計算法が示され、ヒッパルコスにはじまる三角関数、特に正弦に当る数値表がある。そのほか現在アラビア数字と呼ばれるものの原型が説明されている。現行本にはすでに字形は脱落してしまったが、零を含めた一〇個の数字によって、すべての数値が書き表わせると述べられる。唐代には西域の文明が、その人とともに輸入されたに伴い、天文計算法のほかに注意すべき問題が少なくない。週日が伝わり、日曜日を示すのにソグド語の音訳である「密」もしくは「蜜」字が使われ、頒暦に書きこまれることがはじまった。また西方の占星術が伝わり、『宿曜経』のようなものが編纂されたり、日本における七曜暦の起源となったと思われる『七曜攘災決』などが書かれた。さらにまたホロスコープ占星術の類も輸入され、晩唐の文献にこの種の占星記事がみえている。

宋代には西方天文学の影響とみるべきものは全くみつかっていない。次の元代には、世祖の時代になってペルシアを支配したイルハーン国を通じかなり大量の西方天文学が伝わった。札馬魯丁の漢名で知られるペルシア人が元の回回司天台を主宰し、多くのイスラム系天文儀器を製作した。またペルシア語で書かれた書物が輸入され、その一部は漢訳されたようである。イスラム系の天文学者が仕えた回々司天台は、元より明に受けつがれ、清初に西洋天文学が伝わって消滅するのである。ところでイルハーン国における天文学研究の中心は、イランの西北方のマラガにナスィールッディーン・トゥースィーがフラグ汗の命を受けて作った天文台であって、ここには中国人の天文学者が在住していた。おそらくこうした天文学者を通じて、中国の天文暦法が伝わり、かなりな影響を与えた。これまでは主として西方からの影響であったものが、元のころになってはじめて中国からの輸出が行われたのである。

元代に漢訳されたイスラム系の天文書はすべて散逸してしまったが、明代になって訳されたものは現在にも伝わっている。その一つはイスラムの天文計算を示すもので、『明史』回々暦の条や『七政推歩』などに収録されている。他の一つは占星術に関するもので、『天文書四類』の名で伝えられている。

明末から清初に伝わった西洋天文学は、従来の輸入に比べて画期的なものであった。唐や元のころとちがって、ヨーロッパのすぐれた天文学が組織的に輸入されたのである。徐光啓、李之藻、李天経など中国人官僚の推進により、湯若望を中心とする耶蘇会士の努力によって、ヨーロッパ天文学のエンサイクロペディアともいうべき『崇禎暦書』の翻訳が完成したのである。しかし、徐光啓らが意図したことは、ヨーロッパの天文学を体系的に受け入れることではなく、この新しい天文学の定数や計算法を基礎にしながらも、これによって明代の大統暦と同じパターンの暦法をつくることであった。この計画は明王朝の滅亡によって挫折するが、次代の清王朝の下でついに成功し、順治二年から西洋の方法による時憲暦が一般に頒行されることになったのである。古くから国家の大典と考えられてきた暦法を、ともかく中国以外の方法によって計算することはまさに画期的なことであった。しかし中国側の受け入れ方は、伝統的な天文学の領域、すなわち暦法の面に限られていた。もちろん耶蘇会士たちは、ローマ法王によって異端と考えられた地動説の輸入に対しきわめて消極的であったが、中国側にもヨーロッパにおける新しい天文学の発展を受け入れる努力に欠けていた。乾隆時代には、日月の運動に限って、ケプラーの楕円説が紹介されたが、全般的にいえば清朝の天文学は『崇禎暦書』の範囲を越えることができなかったのである。

中国はその長い歴史を通じて、革命による王朝の交替はあった。しかし、その政治組織や社会の機構には本質的な変化はなかった。外国からの大きな影響はほとんどなく、官僚である天文学者たちは政府の保護に甘んじて、新しい分野の開拓に積極的ではなかった。こうしたことが、中国の天文学をついに暦法の分野に局限させる結果をもたらしたのである。

天文学という、一見超世俗的とみえる学問にも、政治や社会がいろいろな形で影響を与えていることを知り得たのである。暦法が天文学の中心となったのは、中国特有の政治理念から生れたものであった。末端の問題についていえば、中国の君主独裁制に呼応して、占星術において個人の運命を占う分野は発達しないで、国家や支配者の運命を占うjudicial astrologyだけが発達した。古くから高い文明を築いた中国では、君主を中心とする支配者の権力はあまりに強かった。人々はすべて政治的にものを考える傾向に慣らされてきた。天文学というものも、そうした社会に生きた人々の文化的所産であった。以下に述べようとする中国天文学の諸相は、中国の歴史の中から生れたものであった。そこに天文学史を歴史の一分野として考える根拠がある。しかし過去の中国のように他の文明から隔離されたところでは、社会組織を一変させることもできず、従ってまたそうした社会の上に築かれた天文学の革新も行い得なかったのである。自らの力で自らを根本的に変革することがいかに至難の業であるかを、改めて痛感するのである。

（1）殷代の暦法とそれに関連して周初の金文の月相記事については、小論「殷代の暦法——董作賓氏の論文について」（『東方学報』京都第二一冊　一九五二年刊）および「殷暦に関する二、三の問題」（『東洋史研究』第一五巻　一九五八年刊）を参照されたい。（いずれも本巻収録）
（2）小島祐馬「分野説と古代支那人の信仰」（『東方学報』京都第六冊　一九三六年刊）
（3）本書五五ページに引用した狩野直喜博士の論文を参照。
（4）能田忠亮『東洋天文学史論叢』（一九四三年刊）に収録された諸論文に詳しい。この種の宇宙構造論については、ほとんど発展がなく、本書では全くふれなかった。

以下に収録した論文は、序論にあたる「中国における天文暦法の展開」及び第三部を新たに書き加えたものを除き、すべて雑誌に発表し、ほとんどが単行本に収録されなかったものである。発表年次の古いものについては、もちろんその後の研究によって補修を加えておいた。またすでに単行本となった『隋唐暦法史の研究』（本著作集第2巻収録）、『中国中世科学技術史の研究』、『宋元時代の科学技術史』からも部分的に補ったが、できるだけ重複を避けた。本書の諸論文と原論文との関係を次に示しておこう。

一　漢代の改暦とその思想的背景　「両漢暦法考」（『東方学報』京都第一一冊　一九四〇年刊）を改題。
二　漢代における観測技術と石氏星経の成立　『東方学報』京都第三〇冊　一九五九年刊。特にその中の黄道内外度の解釈については、「唐開元占経中の星経」（『東方学報』京都第八冊　一九三七年刊）に最初の発表を行う。なおこの論文の内容は、一九五九年スペインにおける国際科学史学会で発表を行った。On the Development of Astronomy in Ancient China (*Actes du Neuvième Congrès International d'Histoire des Science*, pp. 617–21, 1959)（本著作集第7巻収録）
三　魏晋南北朝の暦法　「殷より隋に至る支那暦法史」（『東方学報』京都第一二冊　一九四一年刊。後に『隋唐暦法史の研究』に収録）よりこの時代の部分を摘録。
四　唐宋時代の暦法　「唐宋暦法史」（『東方学報』京都第一三冊　一九四三年刊）
五　宋代の星宿　『東方学報』京都第七冊　一九三六年刊。ただし原論文をかなり圧縮した。
六　元明の暦法　「元明暦法史」（『東方学報』京都第一四冊　一九四四年刊）
七　西洋天文学の東漸　『東方学報』京都第一五冊　一九四六年刊
八　唐代における西方天文学　上記単行本の内容を簡単に抄録したほか、「唐代における西方天文学に関する二、三の問題」（『塚本博士頌寿記念仏教史学論集』一九六一年刊に収録）によった。

九　スタイン敦煌文献中の暦書　『東方学報』京都第三五冊　一九六四年刊

一〇　元明時代のイスラム天文学　「中国におけるイスラム天文学」（『東方学報』京都第一九冊　一九五〇年刊）、「回々暦解」（『東方学報』京都第三六冊　一九六四年刊）

論文九、一〇については、英文の Indian and Arabian Astronomy in China（*Silver Jubilee Volume of the Zinbun Kagaku Kenkyusyo, 1954*）を参照されたい。またイスラム天文学は一九六二年、アメリカのコーネル大学で催された国際科学史学会で発表した。Islamic Astronomy in China（*Actes du Dixième Congrès International d'Histoire des Sciences*, pp. 555–58, 1962）（いずれも本著作集第7巻収録）

一一　クーシャールの星占書　『西南アジア研究』第一三号　一九六四年刊

一二　イスラムの天文台と観測器械　『文明の十字路』一九六二年刊　東京　平凡社

［増補注］

① 新城博士の仕事は『東洋天文学史研究』（一九二八年刊）にまとめられている。

② 陳久金・陳美東「臨沂出土漢初古暦初探」（『文物』一九七四年第三期）

③ 上田穣『石氏星経の研究』（東洋文庫論叢　第一二、一九三〇年）

④ 潘鼐「我国早期的二十八宿観測及其時代考」（『中華文史論叢』一九三七年）

⑤ 能田忠亮「礼記月令の研究」（『東洋天文学論叢』（一九四三年）に所収）

⑥ 藪内清「唐開元占經中の星經」（『東方学報京都』第八冊、一九三七年）

一　漢代の改暦とその思想的背景

漢代には前後二回にわたって改暦が行われた。一は前漢の太初改暦であり、二は後漢の元和改暦である。これらの改暦は、それぞれ異った動機から行われ、この動機の相違が採用された暦法なり、あるいは暦編纂に参画した人々の態度にいちじるしく反映しているように思われる。ここでは再度の改暦を通じて示された漢代の人々の態度を述べ、あわせて当時の一般的思潮に言及するが、また後漢時代における月の運行に関する知識の発展や、時刻に関する問題にふれようと思う。

一　前漢の暦法

前漢武帝の太初元年（前一〇四）夏五月に改暦の詔勅が下って太初暦が施行された。この太初暦は前漢の末に劉歆の手で増補されて三統暦と名を改めたが、[5] なお引き続いて元和二年（後八五）の後漢改暦まで施行された官暦である。この太初暦あるいは三統暦の定数は『漢書』律暦志（「漢志」と略記）に詳述され、その内容は明白である。ところでさかのぼって太初改暦以前にいかなる暦法が行われていたのであろうか。『史記』あるいは『漢書』の張蒼伝によると、漢初は秦の正朔（暦と同義）を受けつぎ、同じく顓頊暦を使用したという。[6] 春秋戦国の時代には周王朝は衰微し、諸侯の中には周の正朔を奉じないものがあり、従って暦法もはなはだ混乱したようである。漢初にもこの混乱の余波が残り、諸所に散在した暦家が自ら奉ずる暦法を固守する状態が続いた。黄帝・顓頊・夏・殷・周・魯などの名を冠した六暦が漢初に伝えられていた。「漢志」に「三代すでに没し、五伯の末、史官は紀を喪い、疇人の子弟は分散し、あるいは夷狄にあり、故にその記する所に、黄帝顓頊夏殷周及び魯暦あり」とみえ、またこれらの暦に関する著述があったことは『漢書』藝文志の記事にみえる。その後、これらの著述は散逸したが、「漢志」、『後漢書』律暦志（「続漢志」と略記）あるいは『唐書』暦志などに引用された断片的記載によって、これら六暦の本質をほぼ推察することができる。すなわち六暦はいずれも四分暦に属し、その間の相違は推算の起点——暦元を異にする点にある。[7] しかし、六暦の細部についてはなお問題が残っている。たとえば顓頊暦について『唐書』暦志にやや詳しい記載があるが、これには後世の付加があって、漢初のものとはいくぶん異っていると考えられる。さきに新城新蔵博士は、『史記』及び『漢書』にみえた漢初の朔日干支によって『唐書』暦志にいう顓頊暦が果たして漢初に施行されたものかどうかを検討されたが、その結果は否定的[8](補遺)であった。もちろん『唐書』暦志にいう顓頊暦も基本的には四分暦に属するものである。

以上述べてきたように、太初改暦以前の暦法はすべて四分暦に属するものであった。[9] 周知のように、四分暦の名称は一年の長さを三六五日四分日之一ととることによる。もちろん太陰太陽暦であるから一月の長さは朔望月を基準としており、また季節の調節は一九年間に七閏月を挿入することによって行われた。すなわち一九年の月数は二三五であり、従って一朔望月の値として $365\frac{1}{4}\times 19\div 235=29\frac{499}{940}$ 日を採用する。これら二つの基本定数はきわめてすぐれた値であるが、しかし精密値よりわずかに大きい。そのために同一の四分暦も長年にわたって使用すると、暦面と天象とが一致しなくなり、暦面に先んじて天象が起ることになる。すでに漢初の暦はそのような状態であり、朔に起るべき日食が、その前日たる晦または先晦一日に多く記録されている。[10] 従って暦計算という科学的立場からみても改暦の必要があった。しかし太初改暦は単にかかる科学的要請から行われたのではなく、さらに深い思想的背景があった。それは多分に形而上学的な受命改制の説がその背景にあった。旧王朝に代って新しい王朝が興ると、新たに天より命を受けたことを明らかにするため、新しい王朝は制度を改め天意に従うというのが、この説の内容である。しかも変革すべき制度の中で、正朔と服色がその中心をなしていた点に、いちじるしい特色がある。受命改制の思想は、戦国時代に鄒衍が唱えた五徳終始説にその起源を持ち、すでに秦の始皇帝によって実行に移された。すなわち始皇帝二六年に天下を統一して自ら皇帝と号し、秦は水徳を獲たとし、年始の朝賀を改めて一〇月朔に行い、服色は黒を尊んだ(11)。このような受命改制の思想は漢代に受けつがれ、漢王朝成立の初期からその制度をいかに改めて天意に応ずるかが論議された。はじめの高祖の時代には、秦の正朔、服色を受けついだが、ついで文帝になると、はじめ張蒼の主張に従って漢を水徳としたが、賈誼はむしろ土徳を獲たとし、それに応じて正朔、服色を改易する必要を論じた。魯人公孫臣もまた、五徳終始説によって同じ意見を上書したが、当時はたまたま内外多端であり、また文帝もこうした改制を断行する勇気がなかった(12)。

文帝、景帝の四〇年にわたる治世を受けて武帝が即位したころは、漢王朝の基礎は全く確立し、加うるに武帝の雄材大略をもって漢の最盛期に招来した。また一方、文帝のころから勃興しはじめた儒教は、武帝の下で董仲舒の意見が採用されてから、国家の正教としての地位を獲得するようになった。受命改制の思想は、さらにこの儒教を背景として有力なものとなり、正朔を改めることがいよいよ実行されることになった(13)。『史記』暦書には「王者の姓を易え命を受くるや、必ず始初を慎む。正朔を改め服色を易え天元を推本し、その意を順承す」とあり、さらに続いて古帝王の受命改制の次第を述べ、やがて太初改暦の事情に及んでいる。また『漢書』律暦志にも太初改暦の直前、武帝が児寛に「いまは宜しく何を以て正朔となし、服色は何を尊ぶべきであるか」を下問し、これに対して児寛は博士らと議して次のように答えている。「帝王が必ず正朔を改め服色を易うるは、命を天より受けたるを明かにする所以なり。

創業変改して制は相よらず」と。

　太初改暦は、実にかかる受命改制という指導原理の下に断行されたのである。もちろん、その根底に暦法の誤りを改め、人々に正しい時を授け、もって天意に従うことが前提となっていたことはいうまでもない。されば太初改暦にあたって、当時の暦の誤りを正すため、多くの治暦者が集まって暦編纂に必要な観測を行った。しかし、根本的には多分に形而上学的な政治思想――受命改制の説が改暦を推進する主因であって、これに比べて欠点の多い暦をやめて正しい暦を行うという科学的意図は、むしろ第二義的であったと考えられる。このような指導原理によって断行された太初暦に、形而上学的な潤色が加えられたのも、けだし当然といえよう。

　太初暦は、その定数からして八十一分法とも呼ばれる。すなわち、一朔望月の長さを$29\frac{43}{81}$日とするからである。四分暦と同じく十九年七閏の法を採用するから、前同様の計算によって一年の長さは$365\frac{385}{1539}$日となる。ところがもっとも基本的な八一の数字について、『漢書』律暦志には「その法は律を以て暦を起す」とみえ、十二律の一である黄鐘管の体積八一〇立方分と関係づけている。すなわち暦法の基本定数が風を移し俗を易えるものとして、儒教において礼と並んで重要視された楽律に結びつけられており、ここにも改暦を推進した指導原理の性格が顕著に反映している。中国歴代の正史が、『漢書』以後、律と暦と結びつけて「律暦志」の名で編纂したことは、こうした形而上学的思想によるものである。こうした事実と反対に、科学的な立場から四分暦と太初暦との基本定数を比較するならば、表1に示す通り、わずかながら四分暦の方がすぐれていることが指摘される。四分暦による暦日が漢初に適合しなくなったのは、むしろ長く使用してきて暦元が古くなったためであり、暦元さえ改めれば太初以後にも四分暦を引き続いて施行して何の不都合もなかったのである。しかし、それは太初改暦に参画した人々にはとうてい実行できな

表1　四分暦と太初暦との基本定数の比較

暦＼定数	1年	1月
四分暦	365.25000 d	29.53085 d
太初暦	365.25016	29.53086
現在値	365.24220	29.53059

いことであった。彼らにはどこまでも前代の暦法とちがった暦法を編纂しなければならなかった。そうでなければ受命改制という指導原理が明瞭にならないからである。しかし観測の結果によって得られた数値は、四分暦の値とほとんど一致していた。従って新暦が、四分暦と異るものであり、しかもさらに優れたものであることを表明するため、その定数を楽律に結びつけ、さらに度量衡に関係せしめて解釈したのである。度・量・衡の三者を有機的に結びつけるメートル法的思想は、中国では早く太初改暦の当時に誕生したのである。それはともかく、科学的な立場からは全く無用と思われるこの種の潤色は、当時の改暦の思想的背景から考えれば、きわめて当然なことであり、同時にまた必要なことであった。さらに一歩進んで考えれば、暦法自体の科学的内容よりも、むしろその潤色に当時の人々は重要な意味を認めていたといえる。

太初元年夏五月に改暦が行われ、この太初暦が前漢一代の暦法となった。しかし、漢初の四分暦はその基本定数において太初暦よりわずかにすぐれ、しかも前代より使用されて信奉する暦家もかなりあったことを考えれば、太初改暦の当初から太初暦に反対する議論が当然起り得るはずであった。そしてかかる反対が実際に起った。しかも意外なことには天文暦法を主宰する太史令の職にあった張寿王によって強硬に反対されたのである。彼は四分暦に属する殷暦をもって太初暦に代えようとした。太史令の職にありながら、張寿王は暦法に詳しくなかったとみえ、官暦派の人人の詰問にあって十分に答えることができなかった。後にはいたずらに誹謗するだけであったため、ついに法に問われることになった。これは元鳳年間（前八〇—七五）のことであるが、この事件の落着によって太初暦の地位ははじめて確立した。「漢志」に「漢暦（太初暦）はじめて起りてより、元鳳六年にいたり、三十六歳[編者注1]にして是非堅く定まる」と記している。この結果、官によって排斥された四分暦派の人々は野に下って依然として自説を主張し続けたようである。

漢末、哀帝平帝のころから儒教の経典に対して讖緯説を述べた緯書が世に現われ、その説が次第に有力となった。

哀平以前に劉向父子が宮廷の秘書を調査した時に讖緯書はまだなかったことからして、後漢の張衡は「図讖は哀平の際に成る」と論じている。緯書の成立については、これがだいたいの通説となっている。讖緯説の讖とは験の意で将来を預言する内容を意味し、緯は儒教の経に対する語で、讖緯家たちは緯をもって経を補足するものと考えていた。この讖緯説を記した文献は当時多く存在したのであるが、その後しばしば散逸して現在はその一部分をうかがえるに過ぎない。しかし、これらの断片によって讖緯説の概略を知ることができる。それによれば讖緯説の重要な一要素は暦数、暦運をもって受命や革命を説くことであり(14)、従って緯書にはしばしば暦法に関する記事がみえる。しかも特に注目すべきことは、この暦法がほとんど四分暦であるという事実である。すなわち、緯書の『春秋元命苞』、『易緯乾鑿度』には庚申元(暦元)、『春秋命暦序』、『尚書考霊曜』には甲寅元を用いた暦法の記載があるが、前者は後述する後漢四分暦のもととなるものであり、後者は殷暦と一致する。このことからみて、官暦とならなかった四分暦を信奉する人々は、漢末に興った讖緯説に結びつけて頽勢をもりかえそうとしたと考えられる。もともと漢代の天文暦算の学は占験的性質を帯びたもので、これが讖緯説に結びつくことはきわめて自然な成行であった。『後漢書』翟酺伝に翟酺が「尤も図緯天文暦算を善くす」とみえ、天文暦算が讖緯の学と密接な関係があったことを示している。このような関係はすでに前漢末にみられ、『後漢書』李王鄧来列伝にも、李通の父守が劉歆に仕え、星暦讖記を好んだとあることにもうかがわれる。このように讖緯説の発展について、暦法家ことに四分暦派の人々の貢献があったことを認めざるを得ない。「漢志」において劉歆の増補した「世経」に、殷暦のことがしばしば記載され、その不完全な点が指摘されている。このことは一面、劉歆のころかつて張寿王によって主張され、また緯書にとり入れられた殷暦が、依然として官暦に対抗する勢力を持っていたと考えられよう。しかもこの殷暦は、当時の官学として認められなかった讖緯家のあいだで支持され、やがて讖緯説の隆盛にともなって次第に勢力を持つようになった。

太初暦は、前漢末に劉歆の手で増補されて三統暦となったが、劉歆が三統暦を作った態度がいかなるものであったかを一言しておこう。『漢書』の撰者班固は三統暦をもって「推法密要なり」と激賞し、劉歆の文によって『漢書』律暦志を書いた。しかし暦学上の立場からみると、三統暦は決して感心したものではなかった。劉歆がもっとも努力したのは暦譜の記載であるといわれるが、この暦譜では『左伝』などの経文にみえた歳星（木星）その他の天象を三統暦の計算によって巧妙に説明している。班固が激賞したのは、恐らくこの点を指したのである。劉歆は『左伝』などの経文の説明には成功したが、それがためにかえって当時の天象を無視する結果に陥ったことが指摘される。たとえば冬至における太陽の位置を牽牛初度としたことは、そのいちじるしい例である。歳差の現象によって時代の経過につれ、冬至日躔の位置は黄道上を東から西に移動する。いま現在の歳差定数を用いて冬至日躔が牽牛初度にある年代を推定すると、それは前四五一年にあたり、劉歆当時の天象に比べて数度の誤差がある。劉歆が漢代における冬至日躔を知っていたと思われることは、「漢志」に冬至日躔が「牽牛の前、四度五分を進退す」という句によって推察できるが、経文を説明するため劉歆はあえて牽牛初度を冬至日躔として採用したものと思われる。もちろん冬至日躔を牽牛初度に置くことはいくぶん古い伝承によるものであろうが、歳差現象を知らない劉歆当時にあっては、現在の天象をすてて古伝によるということは、あるいはやむを得なかったことかも知れない。しかし、劉歆の立場は「天に順いて以て合を求むる」という治暦者のそれではなく、経文を疑わずにそれをいかに巧妙に説明するかにあった。劉歆は『左伝』を好み、『左伝』、『毛詩』、『逸礼』、『古文尚書』を学官に立てんとして大いに論争し、一時は旧章を改乱するものとして斥けられたが、平帝が即位して王莽が国政を執るに及んで、彼の願望が達成されたのである。このような経緯を念頭におけば、劉歆のとった態度はよく了解されるであろう。すなわち古伝によれば冬至日躔は牽牛初度にあり、また当時の天象はこれといくぶんちがっていても、歳差の天象を知らない当時にあっては、この両者の矛盾を説明する方法がない。この場合、二つの道がある。一は天に順うという治暦者の立場に立って現在の天象を規準にとることであり、他は経文の説明に好都合な古伝に従うことである。劉歆はむしろ後者の立場を重視し、この方針によって作られた暦法が、劉歆の反対論者を完全に説得することができた。当時の学問は、太初改暦の場合と同じく科学的であるということよりも、むしろ儒教の経典に重点をおいて判断したことがうかがわれる。また「漢志」の世経に、『左伝』にみえた歳星の位置を詳しく説明しており、それらが三統暦による推算と巧みに一致していることから、劉歆が『左伝』を偽作したという説が行われてきた。しかし、これらの説を唱える学者も、上述したような当時の科学がいかなる基礎の上に行われていたかを知る必要がある。その上で劉歆の所説を正しく理解することができると考えられる。しかし、過去の経典に判断の基準をおくということは、中国文化だけでなく、古代文化の特色である。暦法の合不合を決定するにも、経典の記事がいかに説明されるかに重点をおいたことは、こうした古代文化に共通な現象である。この点では現代の科学的認識とはよほど異っていたといえる。

二　後漢四分暦の施行

前漢の平帝が没すると王莽は孺子嬰を擁立したが、三年後には帝位を奪い、国号を新と称し、年号を始建国と呼んだ（後九）。しかしその政令が苛酷であったために、まもなく天下の人心を失い、前漢の仁政を慕う人々の反乱が諸処に起った。王莽が敗死してから二年後に、前漢高祖九世の孫である光武帝が漢室を中興し（二五）、後漢の始祖となった。王莽が帝位を簒奪した時、受命改制の説によって、始建国元年からは夏正一二月をもって正月歳首とし[15]、劉歆によって増補された三統暦を使用した。後漢になってからも同じ暦法が使われ、年月の長さにおいて太初暦と同一な三統暦は、すでに久しく施行されてきたために次第に天度と相違するようになった。光武帝の建武八年（三二）に朱浮、許淑らが改暦の必要を力説したが、天下初定の時にあたり改暦は実行されなかった。その後もしばしば改暦の議が行われた。ついに章帝の元和二年（八五）に至りその二月甲寅に改暦の詔勅が下り、いわゆる後漢四分暦が施行され、これが後漢一代の官暦となった。当時、この改暦の主宰者は賈逵であり、李梵、編訢などの専門家が実際の衝にあたった。元和改暦において採用された暦法は、その名の示す如く四分暦の一種であった。上述してきたように、前漢の太初改暦において、四分暦は官暦としての資格を失ったものであった。しかるに再び四分暦が採用されたのはいかなる理由によるのであろうか。もちろん天文定数の上からは、四分暦は太初暦にまさるものであり、さらに一年の長さがきわめて簡単なる分数で示されているから、計算の面からも四分暦が優れていた。しかし、四分暦の採用には、なお別の理由があった。

すでに述べたように、前漢末には讖緯説が大いに流行し、次第にその説が政治の表面に影響を及ぼしてきた。哀帝の時に王室の衰運が明らかになるにつれ、讖緯説を信奉する夏賀良、解光、李尋などは、その説に依って改元易号を主張し、哀帝はその言を容れ建平二年をもって太初元将元年とし、また自らは陳聖劉太平皇帝と称した(17)。夏賀良らは一時大いに帝の信任を受けたが、妄説をもって衆を惑わすことが多かったので、ついに誅せられたり流刑に処せられ、以上の改革は月余にして旧に復した。これは讖緯説の影響を示す一例にすぎないが、前漢末の政治的不安に乗じて讖緯説が大いに勢力を増してきたことがうかがわれる。漢は一時王莽の簒奪によって中断されたが、この王莽は自らを周公に比し、好んで儒教の経文を引いて自らの行為を修飾したが、その言行には讖緯思想に基づくものがはなはだ多かった。ことに始建国元年の即位にあたって群臣に与えた詔勅は全文ことごとく讖緯思想といえるもので、王莽自身は讖緯説の熱烈な信奉者であるとともに、この説を利用して民心を把握することに努めた(18)。儒教は前漢武帝の時に一尊となり、着々としてその国教としての地位を固めたが、王莽の時代には讖緯説の台頭が顕著となり、両者の交渉により思想的混乱状態がかもし出された。さらに一般民衆の中における勢力からいえば、むしろ讖緯説の方に信奉される要素があった。後漢の始祖光武帝も、王莽に劣らず讖緯説を信じた。『後漢書』光武帝紀によると、光武帝は年少のころ百姓仕事に精勤であって、兄伯弁からいつも侮笑されていた。この光武帝がいよいよ挙兵の決心をしたのは、宛人李通が図讖の説をもって光武帝を説得したからであった。さらにその後、彊華が赤伏符を奉じて光武に謁し、讖記によって光武が帝位につくことを予言した。こうしたことがあったがため、帝位についた後も大いに讖書を信じ、その説によって人を登用し、また反対に讖書を信じない者を貶黜するようなことがあった(19)。しかし、このために光武帝は非難されることがなかったのは、当時の一般がこのような行為を当然と考えたからである。劉歆によって経文に合せずと非難された図讖が、この当時にはかえって儒家の側にも利用された。たとえば、明帝、章帝の時の儒家である賈逵が、現在儒家の経典となっている『春秋左氏伝』を推奨した上書の中に、『左伝』が図讖に合致する点を挙げ、その一例として、『左伝』には漢をもって堯の後とする図讖の文に一致する明文のあることを述べている。讖緯の書は前漢末の世に現われたが、これをもって儒家の経典を補うものであり、さらに進んでは孔子の作とする説さえ行われるようになった。緯書の類には「孔子曰」として種々の讖文がみえており、讖緯の説を信奉する人々には儒教の経典と全く同じ権威が認められたのである。この風潮はまた儒家に反映し、前漢末の経説において讖緯説がとり入れられ、後漢時代にはこの傾向がいっそう強くなった。従って賈逵の論説も、いわば当時の風潮に随順したものといえる。章帝の時代、東平憲王蒼が勅命により、讖緯説をもって五経の章句を改正したようなことがあり、さらに後漢における儒学の大宗である鄭玄は、自ら緯書に注釈を施した。もちろん桓譚、王充、張衡などの知識人が讖緯排撃を主張したが、その勢力はきわめて弱く、全般的にみて後漢の社会には讖緯説あるいはそれを書いた緯書が儒教の経典に匹敵する勢力を持っており、この影響がまた元和改暦の過程にも反映した。まず『後漢書』律暦志にみえた元和改暦の詔勅には儒教の『尚書』とならんで『河図』、『尚書帝命験』、『春秋保乾図』などの緯書からの引用があり、それらの文によって改暦の必要が説かれている。この一事によっても、経とならんで緯が、聖人の法を説くものとしていかに尊重されていたかがうかがわれる。このようにして元和改暦に四分暦が再び登場した理由もおのずから明白となる。すなわち第一節に述べたように、太初暦との競争に敗れた四分暦派の人々は讖緯説に関係し、やがて讖緯説が盛んとなるにつれ、讖緯家に信奉された四分暦が表面に躍り出すことになったのである。かかる権威ある讖緯説の背景なしには、前漢において一旦官暦となり得なかった四分暦が、その後継者である後漢において復活することは到底あり得なかった。「続漢志」の延光論暦の条に「四分暦はもと図讖に起る」と述べているのは、明白に当時の実情を述べたものである。

以上のようにして四分暦は採用されたが、この元和改暦と前漢の太初改暦とはその根本的動機によほど大きな相違がみられる。太初改暦の動機は、在来の暦の誤りを正すというよりもむしろ民心を一新するという受命改制の思想が、より濃厚である。ところが後漢のばあいには、王朝自体が新しく命を受けたのではなく、漢を中興したのである。従って前漢の制度を踏襲すればよいのである。思想的な立場からは、改暦の必要は特に認められない。しかし、暦が天象と一致しなくなれば、農業を基礎とする社会にとって大きな問題となる。元和改暦はこのような誤りを正すという科学的な立場から行われたのである。この事情は特に「続漢志」の前半において明らかに看取できるのであって、「漢志」の記載がきわめて形而上学的であるのに対し、「続漢志」のそれは直截であり科学的表現といえよう。光武帝の建武八年に朱浮、許淑らが改暦を上奏したが、明帝の永平五年のころには暦面で実際の天象より一日の後れが目立ってきた。このころから張盛、景防、鮑鄴などが四分暦をもって推算して天象に一致する結果を得、次第に四分暦が有力となった。章帝の時になって、治暦の官にいた編訢、李梵らが四分暦を整理し、いよいよ改暦の運びになったが、なお暦元時の一一月を大月とするか小月とするかに問題があり、賈逵が主宰となって後者に決定し、四分暦は一般に施行されることとなった。以上が新暦施行への経過であるが、太初暦における暦面のずれはほぼ一日であったから、これを補正するのに次の方法が採用された。[20] 四分暦では一章一九年の三倍は 20819.25 日であり、この五七年の後には季節と朔とが再び同日に復帰する。さらにこの日数に 0.75 日を加えた 20820 日は、ちょうど六〇干支の倍数である。いま太初暦の暦元である太初元年より五七年前にあたる文帝後元三年（前一六一）を暦元にとれば、太初暦と同一干支の日に対し、季節と朔は0.75日だけ早くなる。このような方法で暦面と天象とを一致させたのが後漢四分暦であり、それは文帝後元三年庚辰歳をもって暦元とする。

この後漢四分暦は後漢一代の暦法となったばかりでなく、三国時代には蜀で行われ、これを加算すると前後一五八年にわたって施行された。

三　賈逵論暦とその科学的意識

『後漢書』律暦志には、元和改暦やそれ以後における暦法を中心とした諸問題の討議が集められている。ここにいう賈逵論暦は、元和改暦当時の論集であり、このほか永元論暦、延光論暦、漢安論暦、熹平論暦、論月食などの標目がみえる。この中で天文学的にみて最も興味があるのが賈逵論暦である。賈逵（三〇—一〇一）は、元和改暦時に暦法の専門家を統率する立場にあったが、むしろ儒家として著名であり、その学問的傾向は古文派に属し、特に『古文尚書』及び『左氏伝』を好んだことが『後漢書』本伝にみえる。また同時に図讖の説にも明らかであった。ところでこの賈逵論暦はその記述がはなはだ直截でいわば科学的記述の体をなしており、またその内容に科学的精神といったものが感得されるのであって、前漢の記述に比べていちじるしい差異がある。故に賈逵論暦をとりあげよう。

後漢四分暦は太初暦の暦元より五七年だけ古い文帝後元三年を暦元とし、それによって暦面の後れを修正したのであるから、太初暦に比べて後漢の天象によく一致したことはいうまでもない。しかし、四分暦をもって上にさかのぼる時には、その定数がいくぶん実際の値とちがうため、過去にさかのぼるほど天象との不一致は大きくなる。賈逵もそのことを述べているが、前漢の天象記事に対してすでに太初暦より悪く、さらに春秋時代になると二四事の中二三事まで、四分暦の推算が朔の日付に合致しないことを指摘している。この事実に対して賈逵は、天道に不斉があり、しかもその不斉がきわめて不規則であるがために数千万歳をつらぬく暦法を作ることは不可能であると論じ、要は現在の日月星辰に合するように暦法を作るべきであると論じている。さらに緯書『春秋保乾図』に「三百年斗暦改憲」とあるのを引き、一家の暦法は必ずや三〇〇年のあいだ行い得るもので、新暦をもって過去の天象を推算して一致しないのは当然であると考えている(22)。もちろんこのような考えは、現代科学の観点からは不都合と思えるが、実測を根拠にするという態度は高く評価しなければならぬ。上述のように前漢の劉歆は冬至日躔を牽牛初度にとり、当時の実測よりも古典に合致することを望んだ。これは歳差の事実を知らなかったため、古伝と実測との矛盾に陥って、このような結果になったのである。賈逵が「日月星辰の所在に合するを取るのみ」といって、古伝と実測とのあいだに矛盾があったばあい、断乎として実測を根拠にとることを言明した態度は、前漢の暦家の及ぶところではない。また以下に述べるように、後漢時代にはすぐれた科学的業績があげられており、一般に実証的な精神が後漢の学問の一潮流であって、その一つの現われが賈逵論暦にうかがわれるといえよう。

賈逵論暦において第二に注意すべきは、当時、月の運行についての知識がいちじるしく進んできたことである。これには観測法の変革が一つの契機となっている。すなわち前漢当時の観測はすべて赤道に関して行われたが、賈逵の時代には黄道銅儀がつくられ、黄道に沿った観測が行われることになった。それがために黄道に近い軌道上を動く月の運行が正確に行われるようになったと思われる。四分暦では朔望月の長さとして二九日半有奇の平均値を採用していたから、実際の月相と暦面とはしばしば一致しなかった。前漢の文献では月行（月の日運動）として一三度一九分度之七という平均値を記載しているが、この月行に不規則があることは、前漢甘露二年（前五二年）に耿寿昌が述べている。それによると月行は、二十八宿の牽牛・東井の間において最も疾く一五度に達し、婁・角の間では遅く一三度になるという。このように月行に遅疾があるため、暦面上は晦日で月が見えないはずなのに、月の運行が速くて西方に上弦の月が見えたり、また逆に朔日に下弦の月が東方に残っているようなことが起る。このような事実は前漢にも注意されており、『漢書』五行志に「晦に月が西方に現われるのを朓といい、朔に月が東方に現われるのを仄慝という」とみえる。しかし、耿寿昌の観測も不十分であるし、朓、仄慝という事実に対する前漢の説明もはなはだ非科学的なものであった。同じ五行志にみえた劉向の考えは、日、月をそれぞれ君と臣にあて、

朓とは疾なり。君舒緩なれば則ち臣驕慢なり。故に日行遅くして月行疾し。仄慝とは不進の意なり。君粛急なれば則ち臣恐懼す。故に日行疾くして月行遅し。

と述べている。すなわち儒家の天人相与の思想から解釈し、君臣の行為が日月の運行に反映するとみている。(23)劉向は前漢時代の有名な儒家であり、子劉歆と同じく図讖の説を排斥した人であるが、その自然現象に対する解釈は全く儒家の説を墨守している。以上が前漢の人々の多くが持っていた月行に対する知識であった。ところが後漢になって李梵、蘇統が観測によって得た結果は、画期的なものであった。すなわちまず月行の遅疾を生ずる場所は耿寿昌のいうように二十八宿の特定区域でないことを述べている。賈逵論暦からの原文を引用すれば、

月行を考校すれば、まさに遅速あるべし。必ずしも牽牛・東井・婁・角の間に在らず。またいわゆる朓・側匿(仄慝に同じ)にあらず。乃ち月の行く所の道に遠近あるに由る。出入の生ずる所、率ね一月にしてもとの疾処を移ること三度、九歳にして九道ひとたび復す。

とあり、その前半において耿寿昌の説を否定している。さらに「又」以下の文には劉向の所説を反駁している。この文によれば、月行に遅疾があるのは朓、仄慝というようなことでなく、月道に遠近があるためで、しかもその軌道上の運行では、だいたい一ヵ月でもとの疾処(現在の近地点にあたる)が三度移動し、九歳の中に月道を一周するというのである。(24)これは月の近地点の移動を述べたものであって、現代天文学の値では近地点の前進は八・八五年で一周

するから、「九歳に九道一復す」というのはほぼ正しい。また近点月は二七・五五日であるから、一近点月の間に三・一度ほど近地点が移動し、本文の「率ね一月にしてもとの疾処を移ること三度」というのに応ずる。この種の知識は、ギリシアでは前二世紀半ばの天文学者ヒッパルコスが知っていたが、中国では独立に発見されたのであろう。[25]後に張衡らが九道法に立脚して新暦を提出したのも、全く月の運行に対するこの新しい成果によったものと思われる。李弘らは張衡の説を駁して「九道を以て朔とすれば、月に比三大二小ありて、みな疏遠なり」と述べている。[26]平均朔望月による経朔法では、大月が二つ連続することはあっても、三大二小となることはない。従って張衡の提案は、実際の月相を規準にする定朔の法に類似するものであろう。この種の暦法がすでに後漢の時代に考案されていたことは注目に値する。

以上が賈逵論暦に述べられた主要な事実であるが、前漢時代と比較してみると、改暦の場合と同じくいちじるしい相違がみられる。月行の不規則という問題について、前漢では天人相関という儒家的イデオロギーで説明するのに対し、賈逵論暦ではその説を否定して正当な科学的解釈を下している。こうした科学的業績の背後にすぐれた科学的態度の片鱗をうかがうことができるのであって、賈逵によって代表された科学者群は中国科学史上、特に注意すべき存在であろう。[27]

四　後漢の時法

中国では古くから時間測定に漏刻が使用された。[28]『周礼』夏官に挈壺氏なる官があって漏刻を司ったことがみえる。漏刻の制度は前後漢を通じて通例、一日を等分して一〇〇刻とし、昼夜漏を区別していた。『隋書』天文志には前漢

武帝の時に、

冬夏二至の間は一百八十余日にして、昼夜の差は二十刻なり。大率、二至の後は、九日にして一刻を増損す。

という刻法を用いたという。すなわち一日を一〇〇刻とし、日中の最短なる冬至と最長なる夏至とでは昼夜の時刻差はそれぞれ二〇刻であり、従ってこれを冬夏至の間一八〇余日に均分すれば、ほぼ九日にして昼夜の時刻を一刻増減することになる。この制度はまた後漢光武帝の時代に踏襲された。「続漢志」では、昼夜は日出日入でなくて昏明によって定義され、しかも昏明はそれぞれ日入後及び日出前二刻半を意味していた[29]。これによると冬至の昼間は四五刻、夏至は六五刻であり、冬至より出発して九日一刻の割で昼漏を増せば一八〇余日を経て夏至の昼漏を得ることになる。しかし、この方法は平均によるもので、ごく粗雑な近似でしかない。後漢和帝永元一四年（一〇二）に待詔太史霍融が上書したところでは、二刻半あるいは三刻の大差を生じたという。この年には霍融と太史令舒承梵が勅命によって漏刻の制度を改めたが、それでは九日一刻の均分をやめ、太陽の赤緯が二・四度変化するごとに一刻を増減することにした[30]。いうまでもなく昏明の時刻は同一観測場所に対しては全く太陽の赤緯に関係するものであるから、赤緯の変化によって漏刻数を増減することは理論的に正しい。赤緯の変化二・四度を採用したのは、中国度で黄赤道の傾斜角が二四度であるから、冬至から夏至までの太陽赤緯の変化は四八度であり、これを二〇刻で割れば一刻二・四度の率となる。もちろん赤緯の変化に比例して、そのまま昏明の時刻が変化するわけではないから、この方法もまた一つの近似であるが、九日一刻の率に比べればはるかにすぐれ、同時に理論的にみても肯定できる。この漏刻の制度は永元一四年一一月以来施行されたが、後漢時代における天文学上の一収穫であった。

実際に漏刻で時刻を知るにはいかなる方法によったか。「続漢志」によると一年を通じて刻数を刻した四八種の箭を用いたという。『周礼』挈壺氏の条にみえた唐賈公彦の疏に、

器を以て四十八箭を盛る。箭は各々百刻あり。壺を以て水を盛り、箭上に懸け、節してこれに水を下す。水が一

刻を淹えば則ち一刻となる。四十八箭とは、蓋し二十四気を倍するを取れり。

とみえ、二十四節気の各々に対して二箭を使用したという。さらに鄭玄は挈壺氏の「分以日夜」の句に注して、

分つに日夜を以てすとは、昼夜の漏を異にするなり。……漏の箭は、昼夜共に百刻なり、冬夏の間に（箭に）長短あり、太史立成法に四十八箭なる者あり。

という。太史立成法とは「続漢志」にみえた上述の制度を指している。これによると昼夜によって箭を区別していたことが明白で、従って一年を通じて四八箭を用いた理由がわかる。当時はすでに、一日を昼夜通じて一〇〇刻に均分する方法のほかに、夜間に対しては昼間とは全くちがった均分法が行われていた。前漢の雑事を載せた後漢衛宏の『漢旧儀』(31)に、

昼夜漏起こる。……中黄門は五夜を持す。甲夜、乙夜、丙夜、丁夜、戊夜なり。

とみえ、夜間を五等分したもので、また五更と呼ばれた。なお以上の箭には、二十四節気における太陽の所在、黄道去極及び晷景、昏明の中星が刻されていたようであり、「続漢志」第三にはこれらの数値が記載されている。従って日晷による観測結果と比較し、また太陽その他、中星の時角なども容易に知ることができたのである。

五　結び

以上において両漢の暦法を概観してきた。『後漢書』律暦志には、賈逵論暦以外の論暦があるが、比較的重要でないので省略した。(32)また後漢の末年に劉洪が乾象暦を作ったが、この暦は三国呉で使用されたので、またここではふれなかった。前後漢の暦法を対比するに、まず改暦の事情において、前漢では受命改制という指導原理が要因となって

おり、後漢では暦の不正を改めるという科学的要求が原因となっている。採用された暦法についていえば、前漢ではそれ以前の暦法と全く異るものが採用され、しかもその天文定数には楽律に依拠した潤色が加えられており、これは改暦の動機からみてむしろ当然な結果であった。後漢の場合には、前漢太初改暦の際に棄却された四分暦が再び施行されたのであって、四分暦は太初暦にいくぶんまさる暦法であったが、単にそれだけの理由だけでなく、前漢末に盛んとなった讖緯説の背景によって採用が促進されたことが明らかである。

後漢の改暦は以上のように科学的要求が主因となっていたがために、たとえば賈逵論暦をとりあげてみると、そこには月の運行について画期的な発見が見出されるばかりでなく、当時の暦算家の態度にすぐれた科学的意識がうかがわれる。近人胡適は後漢王充の『論衡』を批判した文中において、賈逵らの科学的態度を特筆するとともにこの態度が王充の批判的精神に影響を及ぼしたと述べている(33)。賈逵自身は儒家であるとともに讖緯説を信奉した人であり(34)、また一般的にいって当時の社会には讖緯説は広く流行していた。讖緯説は荒唐無稽な説が多いのであるが、その間に鋭い批判的精神が発生していたことははなはだ興味ある現象である(35)。これはあたかも近世西洋天文学の黎明期に活躍したティコ・ブラーエやヨハネス・ケプラーなどが、すぐれた天文学者である反面、占星術を信奉したのと対比されるであろう。かかる批判的精神が後漢に発生した原因については、なお後考を待たねばならぬが、前漢の強権政治が崩壊して思想活動がきわめて自由な状態に置かれていたことが挙げられるであろう。従って後漢の学問は、儒教の立場からみれば讖緯説によって混乱があり、全般的には思想的統一を欠いていたようでもあるが、しかし一面においてきわめて健全な批判的精神を持った学者を見出すことができる。このような精神があったればこそ後漢は今にも崩れようとしながらも二〇〇年の命脈を保つことができたのではなかろうか。後漢時代における天文学上の収穫は、一は月の運行に関するもので、月の軌道が円運動でないことを知り、近地点の移動を発見したことであり、その二は時法の面ですぐれた改革を行ったことである。ことに月の運行については前漢に始った天人相関説に立脚した形而上学的解釈を棄てて、直接事物の真相を把握しようとした科学者群の努力に負うところが多かったことを銘記せねばならない。

（5）太初暦と三統暦の関係については異説があるが、太初暦は主として月日をいかに配当するかを取上げ、三統暦は年月の長さについては太初暦を踏襲し、それに日月食、惑星位置の計算などを増補したものと考えられる。このことは新城博士が主張されたところで、能田忠亮・藪内清共著の「漢書律暦志の研究」（『東方文化研究所研究報告』一九四七年刊）（本著作集第2巻収録）に詳しく論じた。

（6）『史記』張蒼伝の賛に、

張蒼。文学律暦。為漢名相。而紬賈生公孫臣等。言正朔服色事而不遵。明用秦之顓頊暦。何哉。

とみえる。『漢書』の文は少し省略がある。漢初に顓頊暦が使用されたことについて序論増補注②の論文参照。

（7）『後漢書』律暦志には、

黄帝造暦。元起辛卯。而顓頊用乙卯。虞用戊午。夏用丙寅。殷用甲寅。周用丁巳。魯用庚子。漢興承秦。初用乙卯。

とあり、すべて各王朝の暦はその暦元を異にするという。しかしこれらの暦はそれぞれの王朝の頒暦ではない。たとえば魯暦について、晋の杜預はこれを魯国の頒暦とする説を否定し、

今世所謂魯暦。不与春秋相符。殆好事者為之。非真也。

と述べている。

（8）漢初の六暦については新城新蔵博士に詳細な研究がある。『東洋天文学史研究』（一九二八年刊）に収録された二論文、「漢代に見えたる諸種の暦法を論ず」「戦国秦漢の暦法」を参照。顓頊暦の本質については、ことに第二の論文に詳しく論ぜられる。

（9）六暦のみならず、『淮南子』天文訓、『史記』暦書などに記載されたものも四分暦に属する。

（10）漢初における日食記事を検するに、

朔にあたるもの　五
晦にあたるもの　一九
先晦一日のもの　三

となっている（『東洋天文学史研究』五四七ページ）。

（11）『史記』始皇本紀二六年の条に、

始皇推終始五徳之伝。以為周得火徳。秦代周。徳従所不勝。方今水徳之始。改年始朝賀。皆自十月朔。衣服旄旌節旗。皆上黒。云云。

(12) 張蒼の説は、結果的には漢、秦はその徳を一にするものであるが、しかし、彼は秦を閏位とし、漢は直ちに周をつぐもので、周の火徳に対し漢の水徳を主張したのである。狩野直喜博士「五行の排列と五帝徳に就いて」(『東方学報』京都第五冊一九三四年刊、『読書籑余』一九四七年刊に収録)参照。また『史記』賈誼伝に、

賈生以為。漢興至孝文二十余年。天下和洽。而固当改正朔。易服色。法制度。定官名。興礼楽。乃悉草具其事儀法。色尚黄。数用五。為官名。悉更秦之法。孝文帝初即位。謙譲未遑也。

とある。また公孫臣のことは、たとえば『史記』暦書に、

至孝文時。魯人公孫臣。以終始五徳上書言。漢得土徳。宜更元改正朔易服色。

とみえる。なお正朔とは、もと年始(正月朔旦)の意であろうが、『史記』暦書ではまた広く暦の意とする。三正論では、暦法中、正月をいかにきめるかを重視する。改正朔の語も、この種の学説に関連するものであろう。

(13) 『漢書』郊祀志によると、武帝が即位するや趙綰、王臧などの儒者をして正朔・服色を改めようとしたが、竇太后が老子を好んで儒術を好まず、ために趙綰らは太后に殺された。太后の没後、董仲舒の対策により儒教は一尊となり、受命改制への機運が高まった。

(14) この点については杉本忠「讖緯説の起原及発達」一・二(『史学』第一三巻　一九三四年刊)。なお緯書の暦法については新城博士『東洋天文学史研究』四八六—九四ページ、武田時昌「緯書暦法考」(『中国古代科学史論』一九八九年刊所収)参照。

(15) 『漢書』王莽伝に、王莽が天子となり国号を新と称し、

其改正朔。易服色。変犠牲。殊徽幟。異器制。以十二月朔癸酉。為(始)建国元年正月之朔。以鶏鳴為時。服色配徳上黄。犠牲応正用白。使節之旄旛皆純黄。其署曰新使五威節。以承皇天上帝威命也。

とある。一二月を正月としたのは三正論によって殷正を採用したのである。王莽の末年地皇四年三月辛巳朔が『後漢書』光武紀には二月辛巳朔となっているから、王莽の敗死とともに夏正にかえったと思われる。汪曰楨『歴代長術輯要』巻四参照。

(16) 『漢書』李尋伝に、

李尋。字子長。平陵人也。治尚書。与張孺鄭寛中同師。寛中等守師法教授。尋独好洪範災異。又学天文月令陰陽事。

とあり、多く災異を述べた。また同伝に、

斉人甘忠可。詐造天官歴包元太平経十二巻。以言漢家逢天地之大終。当更受命於天。帝使真人赤精子。下教我此道。

とあるが、夏賀良はこの人の弟子である。解光も災異に通じた。哀帝の時に劉歆は、甘忠可の書は五経に合せざるが故に施行すべからずと述べた。三者は同一学派に属し、儒家（少なくとも古文派である劉歆）に反する讖緯思想の所有者であった。

(17)　この時に漏刻の制度を一日一二〇刻に改めたことが李尋伝にみえる。これも夏賀良らの建言による。『漢書』王莽伝では、居摂三年（後八年）に再びこの制度を復活した。中国の刻制は、ふつう一日一〇〇刻である。

(18)　王莽が讖緯思想を信奉していかに当時の民心に迎合したかについては、杉本忠「讖緯思想の起源及び発達」六、王莽と讖緯説（『史学』第一三巻　一九三四年刊）を参照。

(19)　趙翼『二十二史箚記』巻四、光武信讖書の項参照。

(20)　このことは「続漢志」に記述されるが、『元史』授時暦議の条に、

三統術。西漢太初元年丁丑。鄧平造。行一百八十八年。至東漢元和乙酉。後天七十八刻。

とあって、〇・七八日ほど後れていた。このずれを補正する方法は新城博士の所説によって記した。『東洋天文学史研究』五二六ページ参照。

(21)　三〇〇年の数は、『後漢書』郎顗伝によれば、四分暦の一紀一五二〇歳を五行に配当してその一に応ずるという。また王先謙の『後漢書集解』四十八校補に引くところの説では、

所謂斗暦者。即古法冬至日在建星。建星謂北斗也。

と述べているが、建星は南斗の近くにあり、北斗ではない。しかし、古代において北斗が重要視されたから、斗暦の斗は北斗を意味するのであろう。『春秋保乾図』には、また、「王者三百年。一蠲法」とあり、三〇〇年は単に暦法の存続期間をいうだけではない。しかし、三〇〇年の数が四分暦に由来しているのは注目すべきである。

(22)　「続漢志」の文を摘録すると、

天道参差不斉。必有余。又有長短。不可以等斉。……聖人必暦象日月星辰。明数不可貫数千万歳。其間必改更。先距求度数。取合日月星辰所在而已。故求度数。取合日月星辰。有異世之術。……一家暦法。必在三百年之間。

(23)　天人相与の思想は、前漢武帝に上った董仲舒の「対策」（『漢書』董仲舒伝）に、

春秋之中。視前世已行之事。以観天人相与之際。甚可畏也。国家将有失道之敗。而天廼先出災害。以譴告之。不知自省。又出怪異。以警懼之。尚不知変。而傷敗廼至。以此見天心之仁愛人君。而欲止其乱也。

とあり、政治が乱れると天が災異を下して警告するという考えで、天人の相関を認め、人道は天道に随順すべしとする。中国

民族に古くからあった思想であろうが、董仲舒以後、天人相与の思想は前漢儒説の一大特色となっている。

(24) 九道は月の軌道を意味し、黄白道の交点が一八・六年の周期で移動するのに伴い、交点の位置が二至二分四立の位置にある八個の月道と黄道とを含めて九道という。九道一復の文に続いて、「凡九章百七十一歳。復十一月合朔旦冬至」とあるが、あるいは当時、黄白道の交点が一章一九年をもって逆行する事実を知っていたかとも思われる。

(25) 飯島忠夫博士の『支那古代史論』第二三章に、梵の名はインド人を示し、李梵らの月行遅疾説はインド天文学の影響という。銭宝琮「漢人月行研究」(『燕京学報』第一七期　一九三五年刊)では、後漢時代に樊梵、高梵などの漢人がおり、従って飯島博士の所説を不当とする。

(26) 張衡の三大二小説は行われなかった。中国暦ではじめて定朔法が用いられたのは唐代からであり、それによれば四大三小の例がみられた。

(27) 前掲の銭宝琮の論文は、月相の解釈にも前漢の文献と「続漢志」のそれとには著しい飛躍があることを指摘する。たとえば前漢の『淮南子』天文訓では、

明者吐気者也。是故火日外景。幽者含気者也。是故水月内景。吐気者施。含気者化。是故陽施陰化。

とみえ、きわめて莫然と月が太陽の光を受けて輝くことを説く。これに対し「続漢志」第三には、

日月相推。日舒月速。当其同謂之合朔。舒先速後。近一遠三。謂之弦。相与為衡。分天之中。謂之望。以速及舒。光尽体伏。謂之晦。

と述べ、朔晦弦望に対し正しい解釈を示している。文中の衡字は、盧文弨の指摘のように衝字の誤りであろう。

(28) 中国の時間測定法その他について、さきに「中国の時計」(『科学史研究』第一九号　一九五一年刊)を書いた。しかし、これよりもいっそう詳しい記述が、J. Needham and others: *Science and Civilisation in China*, vol. 3, pp. 313-32, 1959 にみえる。

(29) 孫星衍校集の『漢旧儀』に、昏明を以て日出入前後二刻半としている。従ってこの規定は前漢にも行われた。

(30) 日出入の時角(τ)は太陽の赤緯(δ)及び観測地点の緯度(φ)に対して次式で与えられる。

$$\cos\tau = -\tan\varphi\ \tan\delta \qquad (1)$$

$$\therefore\quad \sin\tau = \sqrt{1-\tan^2\varphi\ \tan^2\delta} = \frac{\sqrt{\cos(\varphi+\delta)\cos(\varphi-\delta)}}{\cos\varphi\ \cos\delta} \qquad (2)$$

式(1)を微分して

$$\sin\tau\cdot\Delta\tau=\tan\varphi\frac{\Delta\delta}{\cos^2\delta}\qquad(3)$$

式(2)を式(3)に代入すると、

$$\Delta\tau=\frac{\sin\varphi\cdot\Delta\delta}{\cos\delta\sqrt{\cos\delta(\varphi+\delta)\cos(\varphi-\delta)}}\qquad(4)$$

式(4)の分母も赤緯の関数であり、赤緯の変化（$\Delta\delta$）による日出入の時間、従ってまた昏明の時間の変化（$\Delta\tau$）は *linear* な関係でない。

後漢の主都洛陽（$\varphi=+34^\circ.82$）において、δの若干値に対し、$\Delta\delta=2^\circ.37$（二・四度を換算したもの）に応ずる$2\Delta\tau$を計算すると、次の如くである。

$\delta=$	$23^\circ.66$	20°	25°	10°	5°	0°
$2\Delta\tau=$	1.2刻	1.1	1.0	1.0	0.9	0.9

すなわち太陽の赤緯が二・四度移るごとに一刻を増減するというのはきわめて正しい近似で、これによって生ずる誤差の最大は〇・二刻（現在の三分程度）である。

(31)『文選』巻五六、新漏刻銘の注に引用される。
また『東観漢記』孝明記にも、

甲夜読衆書。乙更尽乃寝。先五鼓起。率常如此。

とみえ、五更の名は後漢時代に使用された。

(32) 漢安論暦には、辺韶が再び太初暦を採用せんことを建議した文中に、

百七十一歳進退六十三分。百四十四歳一超次。与天相応。少有闕謬。

とあり、百四十四歳一超次は劉歆の超辰法を意味するが、始めの百七十一歳進退六十三分は、この年数の間に$\frac{63}{81}$日を減じ、太陽年の真値に合せんとする折中案であり、元の郭守敬の歳実消長法と類似する点に興味がある。

(33) 黄暉の『論衡校釈』付篇に収める胡適の論文「王充的論衡」に、

……這種実験態度。是漢代天文学的基本精神。……他（王充）又是很佩服賈逵的人。又很留心当時天文学上的問題。……王充的哲学的動機。只是対於当時種種虚妄和種種迷信的反抗。王充的哲学的方法。只是当時科学精神的表現。

とみえ、当時の科学的精神を強調する。

（34）『隋書』経籍志に緯書を論じ、ただ孔安国、毛公、王璜、賈逵が讖緯を否定したと述べているが、賈逵が讖緯に基づいて『左伝』を説いたことはすでに第二節に言及した。
（35）讖緯説と同じく、神秘的な道家の中から多くの科学的研究が生れた。この点については、筆者編『中国中世科学技術史の研究』（一九六三年刊）を参照されたい。

［編者注］
1 「漢志」にはこうあるが正しくは三十。

二　漢代における観測技術と石氏星経の成立

一　二十八宿・十二次・度数の成立

天文学が精密科学となるためには、天体の位置や運行を数量的に表現することが可能とならねばならぬ。そのためにはまず基準となる座標系の確立が必要である。中国のばあいには古くから赤道を基準とし、これを一二等分した十二次と、かなり不規則に分割された二十八宿との二種が考えられ、これらを基準にして天体の運行と位置が指示された。この二種類のいずれが古く、またその成立がいつの時代にさかのぼるかを決定することは困難な問題である。二十八宿は赤道を中心としてかなり広い範囲にちらばった有名な星座から成るもので、それらの幾つかは古くから知られており、十二次に比べて自然発生的な性格を持つもので、従って二十八宿は十二次よりも古くから始まったと考えられよう。十二次は『左伝』においてもっぱら歳星の位置を示すのに用いられており、いま新城博士の説に従って『左伝』の歳星記事を前四世紀よりの逆算とみるならば、歳星記事と結びついた十二次の成立はおそくも前四世紀にさかのぼる。これに対し二十八宿の成立年代については能田忠亮博士の研究がまず注目されよう(36)。博士は『礼記』月令における昏旦の南中星の記事から、月令の天象は前六二〇年を中心とした前後一〇〇年のそれに該当することを推定された。この昏旦の南中星はいずれも二十八宿の星であり、従ってこの結論が正しいとすれば、二十八宿の成立はおそくもこの期間にあったこととなる(補遺)。ただこの論証にはまだいくらかの問題が残っており、筆者自身は前七世紀の前後に二十八宿が成立していたとの結論になお若干の疑問を持っている。しかし前四世紀のころには惑星の運行が知られるようになり、魏の石申や斉の甘公などの有名な天文学者が出ていることであり、星占と結びついて科学的な天文学が芽生えた時であった。『史記』天官書に田氏が斉を奪い、韓・魏・趙が晋を三分したことを述べ、

並びて戦国となり、攻取に争い、兵革こもごも起り、城邑しばしば屠らる。因りて饑饉疾疫焦苦を以て、臣主ともに憂患す。それ禨祥を察し、星気を候うこと尤も急なり。

とあり、戦国の不安な状勢から天文観測が重んぜられてきたことを述べている。このころの星占がすでに科学的な天文学と結びついていることは天官書の他の記事からもうかがえることであり、同時に惑星の位置観測も行われたことであるから、二十八宿乃至十二次はその前提として成立していたものと考えねばならぬ。しかしこの時代の天文学は科学的にみて低い段階にあり、しかもその成果は比較的短期間に作り出され得るものと考えられるので、従って二十八宿や十二次も前四世紀以前をさかのぼることはあっても、それほど古い年代に帰着し得ないであろう。

二十八宿や十二次を基準として天文観測を行うばあいには、ごく粗雑な天体位置を知る程度であって、現在の天文学による検討の対象となるためには、さらに詳しい位置観測が行われなければならない。そのためには度数を導入する必要がある。周天を度数に分けることは『史記』天官書や『淮南子』にみえているが、それ以前に度数の存在を立証すべき文献は見当らない。しかし、天官書自体は先秦の伝統をとり入れて書かれたものであり、度数の使用は漢代になって始められたものではなかろうが、二十八宿や十二次の成立に比べ、いくぶん後れると考えるのが至当であろう[37]。中国流の度数は周天を三六五度有奇に分っており、この点で西洋の分割法、すなわち周天を三六〇度とするものと本質的に起源を異にする。太陽が一日に一度を動くとして、一年の日数に一致するよう周天度数を考えたのであり、太陽の位置観測と結びついたものと思われる。中国では古くから北極を中心として天が回転することを知り、従って北極を天の中心と考えたが、この北極から九〇度離れた赤道を最も基本的な大円と考え、周天度数の分割も最初はもっぱら赤道について行われた。太陽の運行にしても赤道についていい表わされ、十二次や二十八宿の宿度の如

きものもやはり赤道について示された。いま測定を赤道上の度数に限定するばあいには、ごく粗雑な観測器械に頼ることができたと考えられる。それには『周髀算経』にいう「表」もしくは「髀」、すなわちノーモン（gnomon）と漏刻がありさえすれば十分である。日周運動の結果として、赤道上の点は時間に比例した度数だけ東から西へ移動して行くから、二十八宿の赤道宿度の如きものは、表と漏刻に頼って観測できる。もちろん太陽の運行も、赤道上についてはこれら二種の器械で測定できる。しかし、太陽は黄道上を動いているため、季節によって赤道より南北に離れるが、この南北の度数になると、もはや表と漏刻だけでは観測できない。同様に二十八宿の距星が北極を離れている北極距離のごときは、やはり表と漏刻だけでは測定できない。ところで、これらの量を測定するに必要な観測器械が先秦のころにあったかどうかは疑問である。この問題に関連してとりあげられるのは、石氏の名を冠した『星経』である。『史記』天官書によると、石氏は魏の石申であり、前四世紀ごろの天文学者であった。彼は星占の必要から惑星運動に注意し、ほぼ同時代の斉の甘徳とならんで、当時最も傑出した天文学者であった。『史記』天官書の正義に劉向の『七録』を引き、「石申は魏の人、戦国の時、天文八巻を作る」とあるが、この書は失われた。しかし、彼の天文説は諸書に引用されており、ことに唐の瞿曇悉達によって編纂された『大唐開元占経』に多くの引用がみられる(38)。そこには多くの恒星の位置を度数によって与えており、これは『石氏星経』の名で知られている。しかし、この『石氏星経』が前四世紀の石申自身による観測によるかには大きな疑問がある。その理由は、当時すでにこのような位置観測が行われるほど観測技術が進歩していたとは思われないからである。H・マスペロは漢以前の天文学を論じた際(39)に、『開元占経』に引用された石申その他の天文説を重要な資料としたが、もし『石氏星経』が石申自身のものでないとすれば、マスペロの所説は再検討する必要があろう。従って先秦の天文資料として『開元占経』を評価するばあい、『石氏星経』の検討が必要となる。もちろん古い時代における観測技術の発展を知る上で、『石氏星経』は最も重要な文献の一つである。

十二次の問題について、なお次のことを付記しておこう。十二次は二十八宿とならんで、ほぼ同じ目的をもつ一段低い精密度の観測に有効なもので、従って両者を併用する必要はなく、そのいずれかがあれば十分である。他の古代文明民族のばあい、バビロンでは二十八宿が使われずに黄道十二宮がもっぱら使われた。この十二宮は、黄道を基準としている点で、赤道を基準にした中国の十二次とはちがっているが、周天を一二等分する点では全く一致している。またインドではヴェダの時代から二十八宿が使われており、西暦紀元後にはじめて十二宮が併用されるが、これは全くギリシア天文学の輸入による結果であった。これらの点を考えると、中国において二十八宿と十二次が併存する事実は、インドのばあいと同じように、十二次は西方から伝わった十二宮が中国でいくぶん修正されたのではないかとの疑問を持たせる。ことに十二次は先秦の古文献では『左伝』、『国語』にみえるだけであり、漢代になって再び文献にみえるようになるが、中国自体の天文学からみて副次的な役割しか果たしていない。しかし、十二次が西方からの伝来であるということを結論するには、まだ十分な資料がそろっていない。

二　石氏星経の年代

上述したような戦国時代の著名な天文学者として斉の甘公（名は徳）や魏の石申があり、それぞれ『天文占』及び『天文』八巻の著述があったという。四世紀のころ呉の太史令陳卓はこの二人と巫咸の伝統に従って星図を作り、さらに一世紀おくれて劉宋の銭楽之は天球儀を作り、全天の星を甘公、石申及び巫咸の星に色分けしたという(40)。巫咸は殷代に帰せられる伝説的人物であるが、おそらくこの人の名に付託して戦国時代に天文書が作られ石・甘とともに後世に伝えられたものと思われる。これらの人々の業績は多分に占星術的なものであったが、前漢の司馬遷に影響を与え、さらに後漢を経て陳卓や銭楽之に伝わった。中国における星図の知識は、これらの人々によってその基礎がおかれた。ところで『開元占経』中において石申に帰せられる古い星表、すなわち『石氏星経』は全天の星を二十八宿及び中、外官の星座に分け、それぞれの星座中の代表的な星の位置を度数によって与えている。この『石氏星経』は、かつて上田穣博士によって研究された。(41)博士は主として星の去極度数（北極距離）を手がかりとし、図式方法によってこれらの観測が行われた年代を検討された結果、これらの星経に記載された星の大部分は異った観測年代のものと推定される二群に分れると断定された。すなわち、一群は石申の時代と思われる前三六〇年ごろであり、他は後二〇〇年のものであり、ごくわずかのものはそのいずれにも属しなかった。この結果によって新城博士は前四世紀のころ石申が恒星位置の測定を行ったことを主張された。しかし上田博士の研究はきわめて巧妙なものであるが、なお検討の余地を残している。博士の方法では記載の数字は精密な観測による結果であるとの前提に立っている。もちろん観測誤差の程度を知る方法のない古代の観測では、この前提も一応やむを得ない。しかし、筆者がかつて行った「宋代の星宿」(42)の研究結果では、宋代の天文観測でも一度乃至二度の観測誤差は決して珍しいことではない。したがって宋代以前一〇〇〇年あるいはそれ以前の観測では相当の観測誤差を考慮する必要がある。観測誤差を無視した結果に大きな疑問があるほか、果して前三六〇年という時代に、『星経』に与えたような数値を得られるほど観測技術が進んでいたかにいっそう大きな疑問が持たれる。中国の古い観測技術である周髀の法(43)は、水平な地面に立てた一本の垂直棒を頼りに行う観測であって、これでは『星経』に記載された数値はとうてい求められない。どうしても渾天儀の如きものが存在することを前提としなければならない。渾天儀は前漢武帝の時代に落下閎が使用したと思われるが、それ以前にこの種の観測器が存在したことを立証する記事がなく、またこのような観測器が存在したとすれば、当然それに伴って考えられる天文学のいちじるしい発展を裏付ける傍証も持たない。また一方、上田博士によって後二〇〇年の観測と推定された一群にも疑問が持たれる。もちろんこのころには渾天儀も存在したことであり、観測技術の面から当然この種の資料が存在しても不合理ではないが、しかし上述したと同じ理由で、観測誤差をどの程度認めるかに問題がある。もし一度乃至二度の観測誤差が決して珍しくなかったとすれば、同じ『石氏星経』の資料を二つの年代群に分けて整理するよりも、むしろ同一の年代として取扱うべきが至当と考える。この『石氏星経』が引用されている『開元占経』(44)は、すでに歳差の知識があった唐代に成立したものであり、年代のちがった資料を同じ形式の下で、しかも何らの注意もなく引用することはあり得ないであろう。もちろん『開元占経』の撰者瞿曇悉達が参考にした『石氏星経』の原文に、すでに二つの異った年代のものが混入したとも考えられるが、しかしこのばあい観測誤差を無視した結論にはやはり賛成できない。

以上述べてきたように『石氏星経』の恒星位置は、若干の観測誤差を認めることにして、同一年代の観測として整理するのが妥当と思われる。ところで具体的にその年代をいつにとるべきであろうか。上田博士の研究によって一応その上限及び下限の年代が与えられているが、しかし、両者の平均年代というのでは大した意味がない。幸いにして『後漢書』律暦志の中に、一応『石氏星経』の年代を推定させる記事がある。すなわちその賈逵論暦の文に、

石氏星経に曰く、黄道規の牽牛初は、斗二十度にあたる。極を去ること二十五度、赤道に於ては斗の二十一度なり(45)。

とあり、ここにいう牽牛初は冬至日躔と同意語と思われ、従って上記の文は、黄道上における冬至日躔が斗二〇度、赤道上では二一度であることを、『石氏星経』の文によって述べたのである。ところで斗の距星は射手座φ星であり、その二一度が冬至点の赤経270°となるのは前七〇年ごろになる。「続漢志」には引き続いて元和二年八月の詔を引いているが、それには「石は離るべからず」とあり、当時石氏の所説が一種の権威と認められていたことがわかる。また後漢時代には緯書の類が権威として迎えられていたが、やはり賈逵論暦の中に緯書の一つである『尚書考霊曜』に冬至日躔が斗二二度なることを挙げ、さらに、

元和二年より永元元年に至る五歳中、日行を課して冬夏至に及ぶに、斗の二十一度四分一、古暦の建星、考霊曜の日の起る所に合す。その星間距度は、みな石氏の故事の如し、云云。

とある。ここで星間距度というのは二十八宿距星間の赤経差、すなわち二十八宿の宿度を指すものであるが、この宿度は年代とともにそれほど変化するものではない。この記事の最後の部分は、古い『石氏星経』に宿度についての数値があったことを意味するもので、しかもこうした数値がすでに元和、永元間以前の『石氏星経』に存在したことを意味する。またその前文は冬至日躔が斗二一度四分一となり、それは古暦及び『尚書考霊曜』の記述と一致するというのである。おそらくは前七〇年ごろに帰せられる斗二一度云云の値が、元和、永元の間において、依然として変りないことに一見奇異な感はあるが、観測もそれほど正確でなく、また歳差の知識もなかったこととて、あまり無理のない以上、従来の権威と考えられた値を採用することになったものと思われる。『尚書考霊曜』などの緯書は前漢末に起った讖緯説を説いたものであり、後漢時代には経書とならぶ権威を持つようになった。思うに讖緯説が成立するころに恒星の位置観測が行われ、その観測に権威を持たせるために石氏の名が付托されたのであり、その観測値は緯書とともに後漢の天文学者たちから多大の尊敬が払われたのであろう。以上のように考えて『石氏星経』の観測年代を一応前七〇年とし、その観測材料を整理しよう。⑦ところで『石氏星経』には、星の位置を示すのに去極度だけでなく、二十八宿に対してはそれぞれの宿度及び距星の黄道内外度があり、中、外官星に対しては入宿度及び黄道内外度がある。上田博士の研究では黄道内外度及び中、外官星の入宿度について十分な検討が行われなかったので、ここでは改めて全部の資料を研究の対象として検討を加えた。最近中国の席沢宗氏は唐の一行の距星観測を吟味した論文(46)において、『石氏星経』が前四世紀のものでなく、むしろ後漢時代に帰せられることを述べ、さらにそれを支持する五つの論拠を挙げている。その中の一つに、黄道の概念はおそく成立し、「続漢志」においてやっと二十八宿の黄道宿度の数値が出ており、それにもかかわらず『石氏星経』中にすでに黄道度数があることを注意している。しかし、す

でに『前漢書』天文志に、

日に中道あり、月に九行あり。中道は黄道、一に光道と曰う。

とあり、前漢時代に黄道という言葉があったことは否定できないであろう。なお席沢宗氏は黄道内外度の解釈について別に意見は述べられないが、それを黄緯とみるか、またさきの小論で述べた新解釈とのいずれがより適切であるかを、ここで再びとりあげよう。

三　石氏星経の吟味

二十八宿

『開元占経』の巻六〇から巻六三にわたって、二十八宿の距星の去極度、黄道内外度および各宿の宿度が記述されている。この中、亢宿距星の去極度および黄道内外度が欠けているが、他はいずれも三要素がそろっている。去極度は二例を除いて度以下の端数はなく、宿度はすべて度の読切りであり、黄道内外度は六例を除いて度以下の端数があり、端数は太半少強弱などの語で表わされる。この端数の意味は、さきの小論で述べたように、太・少はそれぞれ$\frac{3}{4}$および$\frac{1}{4}$であり、強・弱はそれぞれプラス$\frac{1}{12}$およびマイナス$\frac{1}{12}$を意味する。度数はすべて周天をほぼ三六五度四分之一と数えたもので、これを現在度に換算するには0.9856を乗ずる必要がある。まず星の同定が問題となるが、二十八宿の距星はほぼ一定しており、この同定された星に対し、便宜上前七〇年に対する去極度、黄道内外度および宿度（赤経差）を計算し、それと記事（観測値）とを比較しよう。ただ黄道内外度を黄緯とするばあいと、新解釈をとるばあいに分けて比較する。[8] 新解釈では、黄道内外度は赤道極を通る赤緯圏ＰＬに沿って測った黄道より

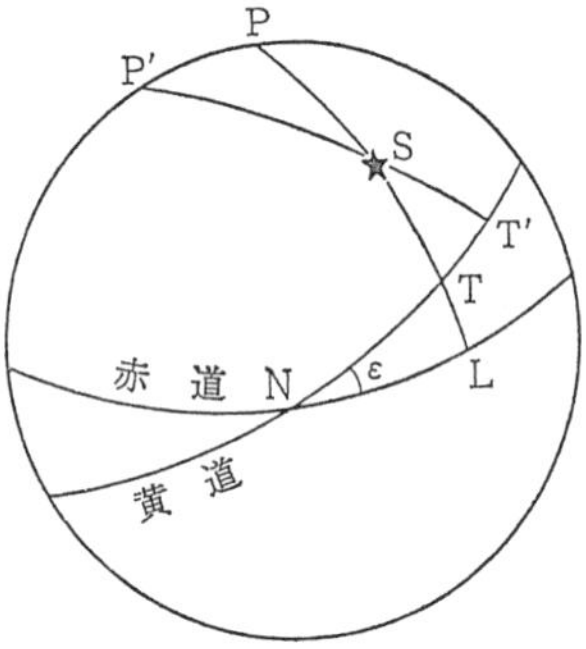

図3　黄緯と極黄緯

の距離STであり、星Sが黄道より北にあれば内度、南にあれば外度となる。Sの赤経赤緯をαおよびδとし、黄道の傾斜角をεとすれば、

$$\tan LT = \tan\varepsilon \ \sin\alpha$$

によってLTを求めると、新解釈による黄道内外度は、

$$ST = \delta - LT$$

となる。

いまこれを極黄緯と呼び、現在使用されている黄緯ST′と区別しておこう。なお『開元占経』には通行巾箱本のほかに、静嘉堂文庫に二部、東洋文庫に一部の写本が所蔵されており、これらを参照して、記事の数値を適宜訂正した。

次にその比較の結果を表2に示そう。

表2をみると、赤道宿度における記事と計算値との差は、三例を除いて一度未満であるが、去極度になるとかなり大きな差が目立ち、亢宿を除く二七宿の中で一度未満のものは一〇宿、一度から二度までが一四宿、二度以上のものが残りの三宿である。もちろん、この中には、奎宿のように数字を訂正したものがあり、他にも伝写のあいだに数字の誤りが起ったことも考えられるが、大勢は変らないであろう。そうすると想定した前七〇年という観測年代が不当でなかったかの疑問も考えられるが、しかし、去極度における差がほとんど一方的にマイナスであることは、観測年代が妥当でないことよりも、むしろ観測器械自体から起る系統的な誤差、たとえば去極度を測る起点の極軸がいくぶん真北極よりずれていたということに誤差の原因が考えられよう。いまこの誤差の原因を明確にすることは困難であるが、一度乃至二度の誤差は当時の観測からみてやむを得なかったものとみるべきであろう。いまこの程度の誤差を認めるとすれば、黄道内外度における記事と計算との比較は、極黄緯としたばあい（Ⅰ）と黄緯としたばあい（Ⅱ）

表2 『開元占経』の二十八宿距星

二十八宿距星			去極度（*P*）（70 B.C.）			宿度（赤経差 ⊿ α）（70 B.C.）				黄道内外度				
記	事	同定	P_0	P_c	P_0-P_c	α_0	$\Delta\alpha_0$	$\Delta\alpha_c$	$\Delta\alpha_0-\Delta\alpha_c$	O	I（極黄緯）	II（黄緯）	O−I	O−II
角	左角先	α Vir	89.67°	89.77°	−0.10°	174.73°	11.83°	11.81°	+0.02°	—				
亢	——	κ Vir	—	89.56	—	186.44	8.87	8.82	+0.05	** +5.4°	+3.3°	+2.9°	+2.1°	+2.5°
氐	西南	α Lib	92.65	95.95	−3.30	195.26	14.78	14.74	+0.04	+1.0	+0.7	+0.5	+0.3	+0.5
房	西南第二星	π Sco	106.45	107.94	−1.49	210.00	4.93	5.32	−0.39	−0.9	−5.6	−5.2	+4.7	+4.3
心	前第二星	σ Sco	106.94	108.23	−1.29	215.32	4.93	4.54	+0.39	−3.5	−4.0	−2.7	+0.5	−0.8
尾	東第二星	μ Sco	122.22	121.65	+0.57	219.86	17.74	19.06	−1.32	−15.0	−15.9	−15.1	+0.9	+0.1
箕	西北星	γ Sgr	116.30	117.36	−1.06	238.92	10.84	10.29	+0.55	−5.7	−6.7	−6.4	+1.0	+0.7
斗	魁第四星	φ Sgr	114.33	116.03	−1.70	249.21	25.63	26.33	−0.70	−2.5	−3.7	−3.7	+1.2	+1.2
牛	中央大星	β Cap	108.42	108.78	−0.37	275.54	7.89	7.88	+0.01	+4.7	+4.8	+4.8	−0.1	−0.1
女	西南第一星	ε Aqr	104.48	104.80	−0.32	283.42	11.83	11.47	+0.36	+7.9	+8.4	+8.4	−0.5	−0.5
虚	南星	β Aqr	102.51	102.79	−0.28	294.99	9.86	9.39	+0.47	+7.6	+8.9	+8.8	−1.3	−1.2
危	西南星	α Aqr	97.58	98.83	−1.25	304.38	16.76	16.25	+0.51	+9.6	+11.1	+10.8	−1.5	−1.2
室	南星	α Peg	83.78	85.03	−1.25	320.63	15.77	16.57	−0.80	+18.2	+20.5	+19.5	−2.3	−1.3
壁	南星	γ Peg	84.70	86.11	−1.41	337.20	8.87	8.35	+0.52	+12.3	+13.6	+12.3	−1.3	−0.2
奎	西南大星	ζ And	78.85*	77.16	+1.69	345.55	15.77	15.80	−0.03	+14.1	+19.1	+17.6	−5.0	−3.5
婁	中央星	β Ari	78.85	80.21	−1.36	1.35	11.83	10.93	+0.90	+11.8	+9.2	+8.4	+2.6	+3.4
胃	西南星	35 Ari	70.97	72.56	−1.59	12.28	13.80	14.73	−0.93	+11.8	+12.1	+11.2	−0.3	+0.6
昴	西南第一星	17 Tau	92.94	74.46	−1.52	27.01	10.84	11.07	−0.23	+4.2	+4.2	+3.9	0.0	+0.3
畢	左股第一星	ε Tau	76.88	77.80	−0.92	38.07	15.77	17.76	−2.00	−6.7	−3.0	−2.8	−3.7	−3.9
觜	西南星	φ Ori	82.79	84.50	−1.71	55.84	1.97	1.15	+0.82	−12.6	−14.5	−14.0	−1.9	−1.4
参	中央大星	δ Ori	93.14	94.25	−1.11	56.99	8.87	7.79	+1.08	−22.2	−24.5	−23.9	+2.3	+1.7
井	——	μ Gem	68.99	69.39	−0.40	64.78	32.53	32.77	−0.24	−2.5	−1.1	−1.1	−1.4	−1.4
鬼	西南星	θ Cnc	67.02	67.42	−0.40	97.55	3.94	3.97	−0.03	+0.7	−1.0	−0.9	+1.7	+1.6
柳	西頭第三星	δ Hya	75.89	79.35	−3.46	101.52	14.78	14.74	+0.03	−11.8	−12.6	−12.7	+0.8	+0.9
星	中央大星	α Hya	88.71	91.45	−2.74	116.26	6.80	6.69	+0.11	−21.0	−23.0	−22.6	+2.0	+1.6
張	——	υ Hya	95.61	96.63	−1.02	122.95	17.74	17.09	+0.65	−27.1	−26.9	−26.1	−0.2	+1.0
翼	中央西星	α Crt	97.58	98.18	−0.68	140.04	17.74	17.95	−0.21	−26.1	−23.9	−22.8	−2.2	−3.3
軫	西北星	γ Crv	97.58	96.23	+1.35	157.99	16.76	16.74	+0.02	−15.0	−15.6	−14.4	+0.6	−0.6

（*70度を80度に改む。**黄道内度を＋、外度を－とする）

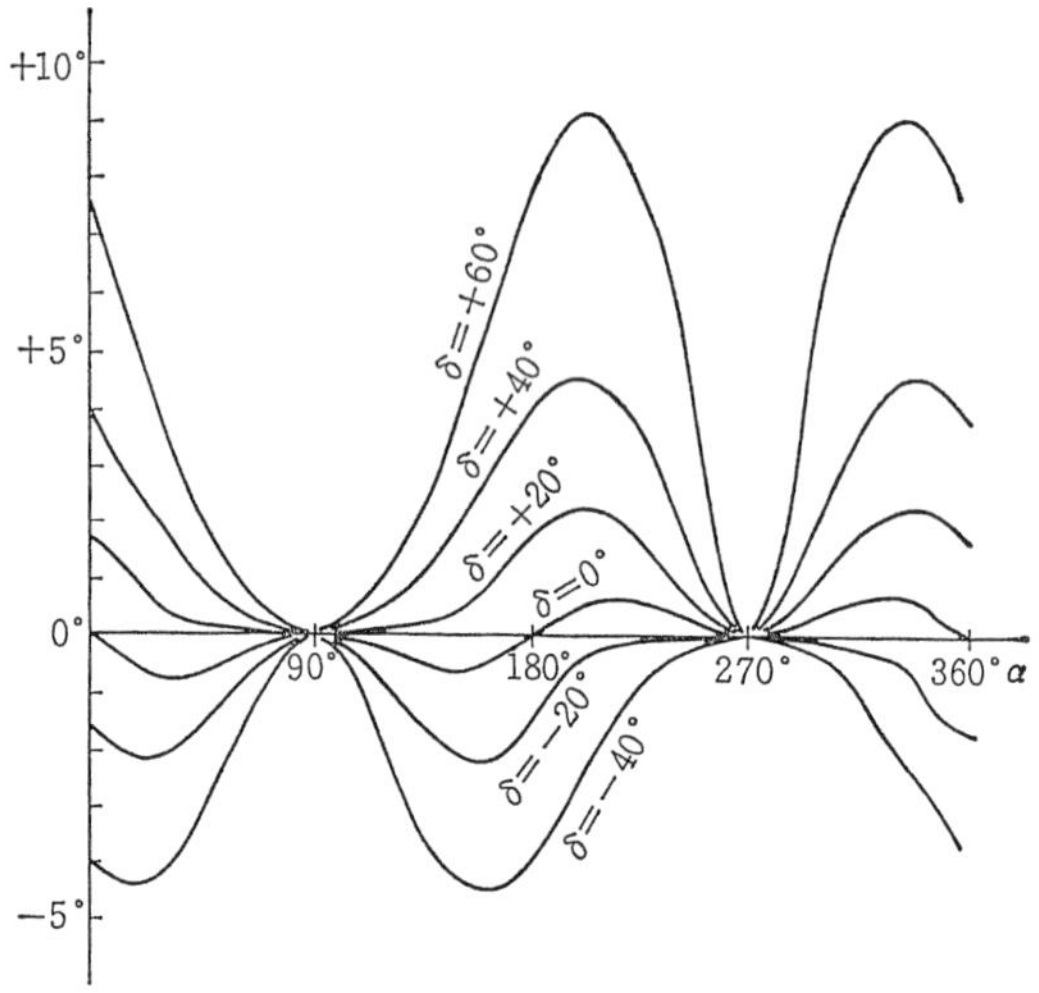

図４　極黄緯と黄緯との差と δ との関係

とのいずれにおいても、数例を除いてこの誤差の範囲内に含まれ、この表からでは両者のいずれが正しい解釈かは決定できない。一つの星に対し、解釈ⅠとⅡとの相違をその赤経 α 及び赤緯 δ の関数として計算し、それを図示すると図4となる。

これをみると、δ の絶対値が小さくなるにつれ、ⅠとⅡとの差は全般的に少ない。二十八宿は赤道に沿った星であるから、δ の値が小さく、ⅠとⅡとの差があまりきわだたない。従って二十八宿の星について、黄道内外度の解釈のいずれが正しいかを決定することは適切でない。次に中外官の星について比較を行おう。

中外官の星

『開元占経』の巻六五から六七までに石氏中官、巻六八には石氏外官の星の位置が与えられている。赤道より北にあるか南にあるかによって、中、外の星座（官）に分たれる。さらに詳しくいえば、巻六五は摂提一から王良三〇までの三〇座、巻六六は閣道三一から太微四六までの一六座、巻六七は三台五三から太一六二までの一〇座であり、現存の『開元占経』には四七から五二にわたる六座の記事が欠けている。

『開元占経』巻一〇七、石氏中官星座古今同異の条には石氏に帰せられる星座名があり、それと対照して欠除の星座は内屏、郎位、郎将、常陳それに不明なものが二つある。以上の六二座が石氏中官星であり、巻六八には庫楼に始まって稷三〇に終る外官星がある。二十八宿と石氏中外官を合せると一二〇座となり、これが石氏の名を冠した星座

表3　『開元占経』の中外官星の黄道内外度

星	同　定	黄　道　内　外　度（70 B.C.）				
		O（記事）	I	II	O−I	O−II
中　官						
1 摂提	η Boo	+31.5°	+31.2°	+28.5°	+ 0.3°	+ 3.0°
2 大角	α Boo	+33.8	+35.4	+32.2	− 1.6	+ 1.6
3 梗河　西	ρ Boo	+48.3	+47.2	+42.5	+ 1.1	+ 5.8
4 招揺	γ Boo	+56.2	+55.6	+49.5	+ 0.6	+ 5.7
5 玄戈	λ Boo	+52.2*	+62.8	+55.1	− 9.4	− 2.9
6 天槍	κ Boo	+70.0	+68.5	+58.9	+ 1.5	+10.1
7 天棓　柄	μ Dra	+71.0*	+80.0	+76.4	− 9.0	− 5.4
8 女牀	π Her	+55.2*	+61.8	+59.2	− 6.6	− 4.0
9 七公	β Boo	+58.7	+60.6	+54.3	− 1.9	+ 4.4
10 貫索	π Ser	+36.5*	+45.6	+42.7	− 9.1	− 6.2
11 天紀	σ CrB	+55.9	+57.9	+54.3	− 2.0	+ 1.6
29 騰蛇　啄星	Boss 5914	+52.5	+54.4	+50.7	− 1.9	+ 1.8
30 王良　西	β Cas	+56.2	+57.3	+51.3	− 1.1	+ 4.9
32 附路	γ Cas	+56.2	+54.7	+48.6	+ 1.5	+ 7.6
33 天将軍	γ And	+28.8	+30.4	+27.7	− 1.6	+ 1.1
34 大陵	11 Per	+39.7	+41.0	+36.9	− 1.3	+ 2.8
54 相	χ UMa	+36.5*	+44.5	+41.4	− 8.0	− 4.9
60 鈎陳	α UMi	+82.8	+83.0	+65.8	− 0.2	+17.0
外　官						
2 南門　右星	ζ Cen	−21.5*	−43.1	−38.9	+21.6	+17.4
14 北落	α PsA	−23.9	−22.5	−16.1	− 1.4	− 7.8
19 天苑　東北	53 Eri	−48.6	−46.8	−43.9	− 1.8	− 4.7
30 稷　　西星	o Vel	−67.3	−68.4	−66.3	+ 1.1	− 1.0

の総数である。

以上のように『開元占経』には中官五六座、外官三〇座、すべて八六座に対し、その中の代表星を選んでその位置を明記する。代表星としては各星座中からそれぞれ一星が選ばれるが、ただ北斗に対しては二星が選ばれ、従って位置の記載のあるものは八七星である。数例を除いて、いずれも去極度、入宿度及び黄道内外度の三要素が与えられる。これらの星が現在名で何にあたるかという同定の問題は、二十八宿の距星ほど簡単ではない。これについては上田博士、小川清彦氏、それに耶蘇会士及び筆者自身の研究が

名のあとの数字は、星座中の星数。特に記していないものは１星のみ。

星	同定	入宿度			去極度			極黄緯		
		O	C	O−C	O	C	O−C	O	C	O−C
31 閣　道(6)南　星	η Cas	4.9（奎）	7°.1	−2°.3	41°.6	41°.1	+0°.5	?	+52°.1	
32 附　路	γ Cas	3.0（奎）	1.9	+1.1	42.4	40.7	+1.7	+56°.2	+54.7	+1°.5
33 天将軍(11)大　星	γ And	15.3（奎）	16.5	−1.2	59.5	58.6	+0.9	+28.8	+30.4	−1.6
34 大　陵(8)	11 Per	6.2（婁）	7.3	−1.1	43.6	45.2	−1.6	+39.7	+41.0	−1.3
35 天　船(9)北　星	η Per	8.9（婁）	8.6	+0.3	42.9	44.4	−1.5	+41.6	+41.2	+0.4
36 巻　舌(6)北　星	ν Per	10.1（胃）	11.7	−1.6	55.2	56.2	−1.0	+22.4	+22.7	−0.3
37 五　車(5)西　星	ι Aur	3.0（畢）	4.0	−1.0	62.1	62.9	−0.8	+10.6	+10.7	−0.1
38 天　関	ζ Tau	0.0（觜）	−1.6	+1.6	72.4	72.9	−0.5	− 2.7	− 2.5	−0.2
39 南北河(6)中央星	β CMi	18.5（井）	18.4	+0.1	78.9	80.2	−1.3	−13.8	−13.8	0.0
40 五諸侯(5)西　星	θ Gem	2.0（井）	4.3	−2.3	56.2	56.8	−0.6	+11.1	+10.9	+0.2
41 積　薪	β Gem	21.2（井）	19.2	+2.0	60.6	59.9	+0.7	+10.6	+ 6.5	+4.1
42 積　水	65 Aur	11.8（井）	10.5	+1.3	54.2	52.7	+1.5	+12.6	+14.3	−1.7
43 水　位(4)南　星	74 Gem	19.2（井）	19.7	−0.5	71.5	70.0	+1.5	− 3.7	− 3.6	−0.1
44 軒　轅(17)大　星	α Leo	0.7（張）	0.5	+0.2	70.0	69.5	+0.5	+ 1.2	+ 0.4	+0.8
45 少　微(4)南　星	53 Leo	10.3（張）	11.2	−0.9	69.5	69.6	−0.1	+ 3.4	+ 2.9	+0.5
46 太　微(10)門右星	β Vir	8.9（翼）	10.4	−1.5	75.4	77.1	−1.7	+ 2.7	+ 0.7	+2.0
53 三　台　北　星	18 UMa	30.3（井）	31.6	−1.3	29.8	30.6	−0.8	+37.7	+35.8	+1.9
54　相	χ UMa	4.9（翼）	5.1	−0.2	31.1	31.4	−0.3	+46.3	+44.5	+1.8
55 太陽守(1)	φ UMa	13.1（張）	11.5	+1.6	35.0	35.4	−0.4	+38.4	+37.2	+1.2
56 天　牢(6)東　星	44 UMa	1.2（張）	2.9	−1.7	26.1	25.8	+0.3	+44.1	+44.6	−0.5
57 文　昌(6)西　星	ο UMa	15.5（井）	15.2	+0.3	25.4	26.4	−1.0	+42.9	+40.2	+2.7
58 北　斗(7)第五星	?									
極　星	α UMa	0.0（張）	1.5	−1.5	18.0	18.7	−0.7	?	+51.4	
59 紫微垣(15)右　星	?									
60 鈎　陳(6)	α UMi	8.6（壁）	11.0	−2.4	11.3	12.1	−0.8	+82.8	+83.0	−0.2
61 天　一	?									
62 太　一	?									

表4 『開元占経』の中官星（O：記事、C：計算値、70 B.C.）。第1行星座↗

星	同定	入宿度			去極度			極黄緯		
		O	C	O−C	O	C	O−C	O	C	O−C
1 摂　提(6)	η Boo	8°.1（角）	9°.0	−0°.9	58°.6	60°.4	−1°.8	+31°.5	+31°.2	+0°.3
2 大　角(1)	α Boo	2.5（亢）	3.8	−1.3	57.2	59.0	−1.8	+33.8	+35.4	−1.6
3 梗　河(3)西　星	ρ Boo	7.9（亢）	8.8	−0.9	37.5	39.4	−1.9	+48.3	+47.2	+1.1
4 招　揺	γ Boo	2.5（氐）	1.3	+1.2	40.2	41.6	−1.4	+56.3	+55.6	+0.7
5 玄　戈	λ Boo	1.0（氐）	−0.6	+1.6	32.0	33.6	−1.6	+62.1	+62.8	−0.7
6 天　槍(3)西　星	κ Boo	0.7（氐）	−1.3	+2.0	27.3	27.6	−0.3	+70.0	+68.5	+1.5
7 天　棓(5)柄　星	μ Dra	7.9（箕）	7.4	+0.5	31.5	31.9	−0.4	+79.8	+80.0	−0.2
8 女　牀(3)西　星	π Her	1.0（箕）	2.1	−1.1	49.3	49.2	+0.1	?	+61.8	
9 七　公(7)西　星	β Boo	4.4（氐）	10.5	−6.1	38.7	40.2	−1.5	+58.7	+60.6	−1.9
10 貫　索(9)上右星	π Ser	0.5（尾）	−1.3	+1.8	58.4	59.7	−1.3	+46.2	+45.6	+0.6
11 天　紀(9)西　星	σ CrB	4.9（尾）	4.9	0	50.8	49.3	+1.5	+55.9	+57.9	−2.0
12 織　女(3)大　星	α Lyr	10.8（斗）	12.6	−1.8	51.3	51.5	−0.2	+61.8	+62.0	−0.2
13 天市垣(22)門右星	υ Oph	0.7（尾）	−0.1	+0.8	92.9	91.5	+1.4	?	+14.2	
14 帝　座	α Her	15.3（尾）	15.5	−0.2	70.2	71.1	−0.9	+38.4	+38.8	−0.4
15 　候	α Oph	2.5（箕）	1.1	+1.4	72.7	73.7	−1.0	+37.5	+37.1	+0.4
16 宦　者(4)南　星	60 Her	11.8（尾）	12.8	−1.0	71.5	72.3	−0.8	+37.5	+37.0	+0.5
17 　斗　(5)第一星	?									
18 宗　正(2)南　星	β Oph	2.0（箕）	1.0	+1.0	82.8	82.2	−0.6	+27.1	+28.2	−1.1
19 宗　人(4)西南星	67 Oph	7.4（箕）	5.6	+1.8	83.8	84.5	−0.7	+27.6	+27.1	+0.5
20 　宗　(2)南　星	72 Oph	8.9（箕）	8.6	+0.3	77.9	78.4	−0.5	+33.3	+33.7	−0.4
21 東　咸(4)南　星	χ Oph	2.0（心）	2.7	−0.7	101.5	101.4	+0.1	+　2.2	+　3.7	−1.5
22 天　江(4)南　星	θ Oph	6.4（尾）	9.8	−3.4	109.4	110.1	−0.7	−　2.0	−　1.6	−0.4
23 建　星	π Sgr	7.1（斗）	7.3	−0.2	111.6	111.4	+0.2	+　1.0	+　1.7	−0.7
24 天　弁(9)西南星	4 Aql	6.7（斗）	6.0	+0.7	89.4	87.5	+1.9	+27.3	+25.5	+1.8
25 河　鼓(3)大　星	α Aql	22.4（斗）	23.1	−0.7	83.8	84.3	−0.5	+28.3	+29.4	+1.1
26 離　珠(5)北　星	1 Aql	0.0（女）	0.2	−0.2	92.6	94.5	−1.9	+19.7	+18.6	−1.1
27 瓠　瓜(5)西　星	ζ Del	0.2（女）	1.0	−0.8	80.3	80.5	−0.2	+32.5	+32.5	0.0
28 天　津(9)西　北	θ Her	2.0（斗）	2.4	−0.4	48.3	50.8	−2.5	?	+61.8	
29 騰　蛇(22)啄　星	Boss 5914	1.5（室）	2.0	−0.5	50.3	50.5	−0.2	+52.5	+54.4	−1.9
30 王　良(5)西　星	β Cas	0.5（壁）	0.8	−0.3	41.9	42.0	−0.1	+56.2	+57.3	−1.1

ある。[47] これら従来の研究を十分に参考し、一応同定し得た星について前七〇年における赤経赤緯を計算する。赤経に相等するものは、記事の入宿度であり、[48] 九〇度より赤緯を減じたものが去極度である。よってまず二つの量について、計算の結果と記事との比較を行い得る。もしこれらがほぼ一致すれば同定が正しかったことになり、反対に一致しないときには二つのばあいが考えられる。一つは同定が妥当でなかったためであり、他の一つは記述の数値に誤りがあるばあいである。後者については写本を参照して校訂するほか、伝写の誤りと思えるものを適宜訂正しなければならぬ。

ところで去極度及び入宿度の比較によって、ほぼ同定の誤りがないことを確かめた上で、次に黄道内外度に対し極黄緯（Iの解釈）もしくは黄緯（II）とするばあいについて記事と計算の結果を比較しよう。IとIIの解釈に対して、ほとんど差のみられないものを除き、特にIとIIとの差が二度を越すものについて比較を行うことにする。これならば観測誤差の問題は一応考慮の外において差支えなかろう。表3は、こうした諸例について、解釈I、IIによる計算と、記事との比較を表示したものである。記事における黄道内外度は、内度をプラスとし外度をマイナスとして区別した。

この表3でO−I及びO−IIがいずれも大きな値であるもの（＊印）はむしろ記事の数字を訂正するのが妥当と思われる。これを除いて考えると、差が同程度（符号を無視して）となる三例は別として、ほとんどすべてがIの解釈に適合し、IIの解釈はとうてい成立しない。ことに六〇鈎陳の如きは、IIでは一七・〇度の差を生ずるが、Iではよく適合する。この比較表からみて、黄道内外度はIの解釈に従うべきであることは全く決定的である。ここで中外官の星全体に対し、入宿度、去極度、黄道内外度の記事と計算との比較を表4及び表5にまとめておこう。もはや黄道内外度は極黄緯とすることが決定したので、黄緯とする場合の比較は省略しておこう。

表5 『開元占経』の中官星（O：記事、C：計算値、70 B.C.）

星	同定	入宿度			去極度			黄道内外度		
		O	C	O−C	O	C	O−C	O	C	O−C
1 庫　楼(10)西　北	δ Cru	0°.2（軫）	1°.6	−1°.4	138°.0	137°.4	+0°.6	?	−56°.1	
2 南　門(2)右　星	ξ Cen	13.8（軫）	11.6	+2.2	128.1	128.6	−0.5	?	−43.0	
3 平　(2)西　星	γ Hya	13.8（軫）	14.9	−1.1	98.6	101.7	−3.1	−11°.6	−14.8	+3°.2
4 騎官(27)西行北星	c^1 Cen	4.7（亢）	5.3	−0.6	113.8	114.2	−0.4	?	−65.1	
5 積　卒(12)西　星	144GLup	13.6（氐）	12.3	+1.3	122.5	123.4	−0.9	−20.9	−21.9	+1.0
6 亀　(5)頭　星	181GSco	?（尾）	8.0		129.1	130.5	−1.4	−20.7	−22.5	−1.8
7 傅　説(1)	λ Sco	12.6（尾）	9.7	+2.9	118.8	122.5	−3.7	−13.6	−14.0	+0.4
8 魚	G Sco	13.8（尾）	11.2	+2.6	120.2	123.2	−3.0	−11.8	−9.1	−2.7
9 杵　(3)北　星	θ CrA	1.7（箕）	3.0	−1.3	130.6	130.2	+0.4	−21.4	−19.0	−2.4
10 鼈　(14)右　星	β CrB	1.0（斗）	2.3	−1.3	127.6	129.1	−1.5	−13.8	−16.5	−2.7
11 九　坎(9)西　南	ι Sgr	14.3（斗）	16.5	−2.2	134.0	133.9	+0.1	−19.5	−20.2	+0.7
12 敗　臼(4)西　南	ι PsA	9.9（女）	9.6	+0.3	128.3	130.3	−2.0	−18.7	−18.3	−0.4
13 羽　林(45)西　星	υ Aqr	4.7（危）	4.3	+0.4	119.2	120.3	−1.1	−13.6	−11.4	−2.2
14 北　落	α PsA	8.9（危）	9.3	−0.4	128.9	129.4	−0.5	−23.4	−21.8	−1.6
15 土司空	β Cet	7.6（壁）	6.9	+0.7	118.5	119.5	−1.0	−23.9	−22.5	−1.4
16 天　倉(6)南　星	η Cet	4.7（奎）	5.2	−0.5	?	111.6		−17.7	−17.6	−0.1
17 天　囷(12)東　北	α Cet	6.2（胃）	6.9	−0.7	95.1	95.6	−0.5	−14.1	−13.8	−0.3
18 天　廩(4)南　星	ο Tau	11.1（胃）	11.9	−0.8	88.7	90.0	−1.3	−9.6	−10.2	+0.6
19 天　苑(6)東　北	53 Eri	1.0（畢）	0.1	+0.9	122.2	121.6	+0.6	−47.6	−46.8	−0.8
20 参　旗(9)南　星	π^5 Ori	9.4（畢）	9.1	+0.3	91.7	93.3	−1.6	−23.2	−21.1	−2.1
21 玉　井(4)西　南	?									
22 屏(?)北　星	ε Lep	0.7（觜）	−1.1	+1.8	116.3	117.1	−0.8	−46.1	−46.8	+0.7
23 厠　(4)西　北	α Lep	3.2（参）	3.6	−0.4	113.3	111.4	+1.9	−43.9	−42.3	−1.6
24 天　矢	ν^2 Col	6.9（参）	7.5	−0.6	121.2	121.9	−0.7	−52.2	−53.5	+1.3
25 軍　市(12)西　星	17 Lep	3.2（井）	3.4	−0.2	108.4	108.5	−0.1	−40.4	−40.7	+0.3
26 野　鶏	β CMa	7.9（井）	8.3	−0.4	109.4	109.1	+0.3	−42.1	−41.9	−0.2
27 狼	α CMa	12.8（井）	13.7	−0.9	105.2	106.0	−0.8	−42.1	−39.3	−2.8
28 弧　(9)西　星	59 CMa	15.8（井）	15.4	+0.4	120.5	122.5	−2.0	?	−55.9	
29 老　人	α Car	18.7（井）	19.9	−1.2	141.4	142.6	−1.2	−74.7	−76.2	+1.5
30 稷　(5)西　星	ο Vel	14.0（柳）	13.7	−0.3	136.0	136.7	−0.7	−67.3	−68.4	+1.1

四　渾天儀とその構造

『石氏星経』における黄道内外度が極黄緯であることは以上のように証明されたが、これは漢代における観測技術から必然的に生れたものといえる。中国で使用された代表的な測角器は渾天儀であるが(49)、古い時代のそれには黄緯を測る装置を欠いていた。渾天儀の構造を詳記したものとしては『隋書』天文志が最も古い。これには前趙の孔挺が光初六年（三二三）に製作した銅儀のことが書かれており、これは後に南朝梁の華林重雲殿に置かれていたという。記事によると、この渾天儀は四つの円環を組合せたもので、子午環、地平環、赤道環は固定し、これらの内部に南北極を軸として回転する双環があり、この双環の間に望筒があって南北に動き、星を観測し得るようになっていた。孔挺の渾天儀は黄道環を持たないから、これでは黄道座標の測定はできない。ところで孔挺以前に黄道座標の測定に使用された渾天儀は、後漢の永元一五年（一〇三）に作られた黄道銅儀である。この時には左中郎将の賈逵が主となって製作を指導し、でき上った銅儀によって二十八宿の黄道宿度を測定した。『後漢書』律暦志によると、次のようである。

角を以て十三度となす。亢は十、氐は十六、房は五、心は五、尾は八、箕は十、斗は二十四度四分度之一、牽牛は七、須女は十一、虚は十、危は十六、営室は十八、東壁は十、奎は十七、婁は十二、胃は十五、昴は十二、畢は十六、觜は三、参は八、東井は三十、輿鬼は四、柳は十四、星は七、張は十七、翼は十九、軫は十八。

もともと中国の天文観測は赤道座標に依拠し、『漢書』律暦志には二十八宿の赤道宿度があるが、黄道座標に関するものは「続漢志」の記述が最初である。赤道宿度は二十八宿の距星間の赤経差にあたるものであり、同様に考えると黄道宿度は距星間の黄経差と考えることができよう。ところが黄経差としたのでは、「続漢志」の数値と計算とはかなり相違し、したがって当然別の解釈が考えられねばならぬが、そのばあい容易に思いつくのは極黄緯と一対になる量である。すなわち図3（六八ページ）において、距星を通る赤緯圏が黄道を切る点Tの黄経をその極黄経と呼ぶならば、相隣る宿距星の極黄経差が、記事にいう黄道宿度に当るものであろう。いま春分点をNとし、星Sの赤経をα、黄赤道の傾斜角をεとすると、

$$\tan NT = \frac{\tan \alpha}{\cos \varepsilon}$$

によって極黄経が計算される。いま二十八宿の黄道宿度を、単に黄経差としたばあいと、別に極黄経差にしたばあいとについて、観測年次を一〇三年として記事と計算とを表6に比較しておこう。

この表6で明らかなように、黄道宿度を黄経差として解することは不都合であり、極黄経差とする時にきわめてよく一致する。このばあい、觜宿の距星はオリオン座φよりもγ星が採用されたと考えられる。ともかく黄道宿度を極黄経差とする解釈では、観測と計算との差はすべて一度（二例）およびそれ以下となり、この解釈の正しさを裏書きする。

以上の結果からみて、永元一五年に製作された黄道銅儀も単に黄道環が付加されただけで、星の黄緯及び黄経を測る装置、すなわち黄極を通る双環（その中に望筒がある）を欠いていたものと推定される。もともとこの時に作られた黄道銅儀は日月の運行を詳しく観測するためのものであり、太陽はもちろん黄道上にあり、月自身も黄道の近くを運行するから、黄経の代りに極黄経を代用してもほとんど変りはない。ところで黄極を通る双環を欠いているにしても、黄道を具えた渾天儀がいつに始まったのであろうか。『隋書』天文志によると、

漢孝和帝の時、太史揆候す。みな赤道儀を以てするに、天道とやや進退あり。以て典星待詔姚崇らに問う。みな曰く、星図に規法あり、日月は実は黄道に従う、官にその器なし、と。永元十五年に至り、左中郎将賈逵に詔して、乃ち初めて太史黄道銅儀を造らしむ。

表6　二十八宿黄道宿度表

距星		黄経（計算）	ΔL（黄経差）	極黄経（計算）	ΔL_1（極黄経差）	O（記事）	O−ΔL	O−ΔL_1
角	α Vir	177°.5	10°.6	175°.7	13°.7	12°.8	+2°.2	−0°.9
亢	κ Vir	188.1	10.6	189.4	9.5	9.9	−0.7	+0.4
氐	α Lib	198.7	17.8	198.9	15.7	15.8	−2.0	+0.1
房	π Sco	216.5	5.0	214.6	5.5	4.9	−0.1	−0.6
心	σ Sco	221.5	8.3	220.1	4.8	4.9	−3.4	+0.1
尾	μ Sco	229.8	14.9	224.9	18.7	17.7	+2.8	−1.0
箕	γ Sgr	244.7	9.0	243.6	9.6	9.9	+0.9	+0.3
斗	φ Sgr	253.7	13.9	253.2	24.1	23.9	+10.0	−0.2
牛	β Cap	277.6	10.3	277.3	7.1	6.9	−3.4	−0.2
女	ε Aqr	287.9	13.1	284.4	10.9	10.8	−2.3	−0.1
虚	β Aqr	301.0	6.0	295.3	9.0	9.9	+3.9	+0.9
危	α Aqr	307.0	20.1	304.3	16.0	15.8	−4.3	−0.2
室	α Peg	327.1	15.5	320.3	17.3	17.7	+2.2	+0.4
壁	γ Peg	342.6	11.7	337.6	8.9	9.9	−1.8	+1.0
奎	ζ And	354.3	13.2	346.5	17.4	16.8	+3.6	−0.6
婁	β Ari	7.5	13.0	3.9	11.9	11.8	−1.2	−0.1
胃	35 Ari	20.5	12.5	15.8	15.7	14.8	+2.3	−0.9
昴	17 Tau	33.0	9.0	31.5	11.4	11.8	+2.8	+0.4
畢	ε Tau	42.0	15.1	42.9	17.4	15.8	+0.7	−1.6
			12.5		15.6		+3.3	+0.2
觜	φ Ori	57.1	—	60.3	1.0	3.0	—	+2.0
	γ Ori	54.5	1.4	58.5	2.8		+1.6	+0.2
参	δ Ori	55.9	13.4	61.3	7.7	8.4	−5.0	+0.7
井	μ Gem	69.3	30.1	69.0	30.3	29.6	−0.5	−0.7
鬼	θ Cnc	99.4	4.7	99.3	3.4	3.9	−0.8	+0.5
柳	δ Hya	104.1	16.9	102.7	13.6	13.8	−3.1	+0.2
星	α Hya	121.0	8.4	116.3	6.4	6.9	−1.5	+0.5
張	υ Hya	129.4	18.2	122.7	17.0	16.8	−1.4	−0.2
翼	α Crt	147.6	5.8	139.7	18.7	18.7	+12.9	0.0
軫	γ Crv	153.4	24.1	158.4	17.3	17.7	−6.4	+0.4

とある。賈逵自身は永元一三年（一〇一）に死んでおり、『隋志』に永元一五年賈逵に詔して銅儀を作らせたというのは明らかに誤りである。さらに上文では「乃始造太史黄道銅儀」とあるが、「始」の字は「続漢志」にはない。「続漢志」には賈逵論暦の条があり、それには、

逵論に曰く、傅安らは黄道をもって日月弦望を度り、多く近し。史官は一に赤道を以て之を度り、日月と同じからず。いま暦の弦望に於て、差一度以上に至れり。輙ち以て変を為さんことを奏す、云云。

とあり、傅安がいつごろの人物かは不明であるが、「続漢志」に逵論がまとめられたのが永元四年とみえているから、少なくとも永元一五年以前に黄道銅儀に類するものが存在していたと考えられる。黄道上の位置を測定した傅安に対して、観測専門の役人である史官たちには黄道位置測定の渾天儀がなかったようである。永元一五年に造られたものが特に太史黄道銅儀と書かれているのはきわめて注意すべき点であって、一五年以前においても史官以外には黄道環を具えた渾天儀が存在したと思われる。中国の天文学史において、新しい天文学の観測や研究が、しばしば史官以外の非専門官吏の中から出ているが、これもそうした例の一つであろう。

賈逵論暦に述べられた、傅安以前に黄道環を具えた渾天儀が存在したかどうかは、現在のところはっきりしない。前漢以前のことはさておいて、漢代に渾天儀を使った人として伝えられるのは武帝の時の落下閎と、宣帝の時の耿寿昌である。『史記』暦書及び『漢書』律暦志には落下閎が「算をめぐらし暦を転ず」とあるが、渾天儀のことは明記されていない。前漢末の楊雄の『法言』に、

或ひと渾天を問う。曰く、落下閎は之を営み、鮮于妄人は之を度り、耿中丞は之を象る。

とあり、これを受けて書かれたと思われる『晋書』天文志「儀象」の条に、

漢太初におよび、落下閎・鮮于妄人・耿寿昌らは員儀を造り、以て暦度を考え、和帝の時に至り、賈逵は繋作し、また黄道を加う。

とみえる。賈逵によって黄道銅儀が造られた点に若干の疑問があることは上述したが、この文では落下閎、鮮于妄人、耿寿昌らが作った観測器を員（円に同じ）儀と呼び、これを渾天儀と解している。ただこの文では三人をいずれも太初改暦のころの人物としているが、改暦に参加したのは落下閎だけで、改暦後の元鳳三年（前七八）に至って新暦に対する反対があり、是非を立証するために主暦使者鮮于妄人らが観測に従事した。さらに耿寿昌が渾天儀を作ったと思われるのは甘露二年（前五二）のことである。すなわち「続漢志」に、

案ずるに甘露二年に大司農中丞耿寿昌奏す。図儀を以て日月行を度り、天運の状を考験す。日月の行は牽牛・東井に至り、日は（一）度を過ぎ、月行は十五度、婁・角に至り、日行は一度、月行は十三度、赤道然らしむ。これ前世の共に知るところなり。

とあって「晋志」にいう員儀は、ここでは図儀となっている。これを同じく渾天儀と解するとしても、それに黄道環があったかどうかは明らかでない。上の引用文でもし月行一三度までを耿寿昌の説とすれば、彼の測定はもっぱら赤道に依拠したものといえるであろう。落下閎や鮮于妄人の時代にも、はっきりと黄道環の存在を立証する資料はない。しかし、前述したように、「続漢志」に『石氏星経』を引いて、

黄道規の牽牛初、斗の二十度にあたる。極を去ること二十五度、赤道に於ては斗の二十一度。

とあり、冬至日躔の位置を赤道とならんで黄道に依拠した数値を与えている。赤道上で冬至日躔が斗二一度となるのは前七〇年のころであり、この値を黄道上の値に引直すことが行われていた。しかもこの引直しは、当時は数学的方法で変換されたのではなく、おそらくは黄道環を具えた渾天儀上で読みとったものと思われる。もちろんこれには黄道環だけがあり、黄極を通る環を欠いていたと思われる。このことからみて、黄道環を具えた渾天儀の使用はおそくとも前一世紀の前半にさかのぼることは、ほとんど否定できないであろう。

黄道に関して月の運行が詳しく知られたことによって、やがて後漢にはいって月の不等運動が知られ、その知識は

劉洪の乾象術にとり入れられた。後漢時代における天文暦法の発展は「続漢志」に詳しく述べられているが、ここでは張衡と渾天儀の関係について付記しておこう。『後漢書』巻八九の張衡伝に、彼が渾天儀を作ったことが記される。すなわち、

安帝かねて聞く、（張）衡は術学を善くすと。公車もて特に徴して郎中を拜す。再び遷りて太史令となり、遂に乃ち陰陽の妙を研覆し、璇璣の正を尽し、渾天儀を作る。

とある。この製作は安帝の時代のことと思われるが、『隋志』によると桓帝延熹七年（一六四）に銅をもって渾天儀を作ったことがみえる。ところで張衡は章帝の建初三年（七八）に生れ、順帝の永和四年（一三九）に没しており、従って延熹七年説は誤りである。『張衡年譜』の編者孫文青は、彼の渾天儀作製の年次を安帝の元初四年（一一七）としているが(50)、一応この説に従っておこう。また孫文青によると、この前年に張衡は小渾天を試作し、次年の元初四年に本式の渾天儀を作ったとする。この小渾天のことは張衡撰の『渾天儀』(51)にみえており、天球儀上に黄道及び赤道度数を明記し、別に南北極を通る竹蔑を移動させて黄道上の点の去極度数及びこの点に応ずる赤道度数を知り得るようにしたもので、いわば渾天説の原理を示した模型であり、直接に星を観測する渾天儀ではない。「隋志」渾天儀の条に、張衡の儀器の構造を説いて、

四分を以て一度と為す。周天は一丈四尺六寸一分。また密室中に於て、漏水を以て之を転ず。之を司る者をして、戸を閉して唱え、以て霊台の天を観る者に告げしむ。璇璣の加うる所、某星の始めて見る、某星のすでに中す、某星の今没すと、みな合符の如し。

とある。これでみると張衡の渾天儀は、恒星をちりばめた天球儀——すなわち後世では、ふつう渾象あるいは渾天象と呼ばれるものであり、それが漏刻の水を動力として自動的に一日一回転し、絶えず天空の状態と符合するように作られた装置であった(52)。同じく「隋志」渾天象の条には、天球儀としての渾天象の構造を説き、それは観測のための望

筒（衡という）を持つ渾天儀とは別物であり、さらに張衡の作ったものは渾天象であったと言っており、劉宋の何承天が二者を区別しなかったのは不都合であると非難している。このように「隋志」では張衡の作った儀器を渾天象（略して渾象）であるとし、観測器とはみていない。このように『後漢書』に張衡が作った渾天儀というのは、実は渾象のことであったらしい。しかし、それは簡単な天球儀ではなく、天度と相応じて自動的に回転し、さらに日月五星を黄道上に動かし得るもので、かなり精巧な機械装置であったと思われる。要するに後漢のころはもちろん、それ以後のある時期において、渾天儀と渾天象の区別は明白でなく、両者の区別がはっきりするのは「隋志」からであると思われる。しかも同じ渾象にしても、きわめて風変りなものがあったことは、やはり「隋志」の記事によって知られる。それに関連した文を引用すると、

宋文帝は元嘉十三年を以て、太史に詔し更めて渾儀を造らしむ。太史令銭楽之は、旧説を依案して、効を儀象に采り、銅を鋳て之をつくる。五分を一度となし、径は六尺八分少、周は一丈八尺二寸六分少、地は天中に在りて動かず。黄赤二道の規、南北二極の規を立て、二十八宿・北斗・極星を布列す。日月五星を黄道上に置き、之が杠軸をつくり、以て天運に象る。昏明の中星、天と相符す。

とあり、内側に大地を置き、外側に幾つかの円環を加えたもので、渾天説の原理を説明する複雑な装置であって、やはり張衡の流れを汲んだものといえる。この文に続いて、

梁末に文徳殿の前に置く。斯の制の如きを以て渾儀となすに至る。儀ならば則ち内に衡管を闕く。以て渾象と為すも、地は外にあらず。これ両法を参じて、別に一体をなす。器の用に就いて求むれば、なお渾象の流の如し。

として、やはり渾象の一種としているのは、後世の用語例からみて当然であろう。

五　インド天文学との相似点

『石氏星経』の黄道内外度が黄緯を示すものでなく、赤緯圏に沿って測った黄道までの距離である極黄緯であり、また「続漢志」にみえた黄道宿度が相隣る二十八宿の黄経差ではなくて、極黄緯と一対をなす赤緯圏と黄道とで測られた極黄経の差であることを知った。さらにこのような特殊な黄道座標系が中国における観測器械――渾天儀の構造と深いつながりのあることを論じてきた。このような極黄緯乃至極黄経は現在の天文学で使用されないばかりでなく、ギリシアの代表的な天文書『アルマゲスト』にもみられない。しかし、必ずしも中国に固有なものではない。インドの天文書として有名な『スールヤ・シッダーンタ』の中にも使用されており、極黄緯とか極黄経という用語は、実は『スールヤ・シッダーンタ』の英訳者バージェスの訳語を借りたものである。(53) 極黄経にあたる梵語は dhurva（polar longitude）、極黄緯のそれは vikshepa（polar latitude）と呼ばれる。なおこれらの値は観測から直接に求められたものでなく、観測から得られたものは赤経、赤緯であり、それから計算されたものと推定されるというが、(54) 英訳本にはこの推定の根拠を明らかにしていない。なおこの書の第一三章の標題は On the armillary sphere, and other instruments であり、インドの渾天儀の構造が説明されている。それによるとこの儀器は天空の状態を説明するために作られたモデルであって、バージェスの理解によれば、内部の地球のまわりに星を描いた天球があり、実際に天空を観測するための渾天儀ではないという。この天球儀には、北極と二分点及び二至点を通る二つの円環を支えとして、その上に赤道を含めて七個の等赤緯環及び黄道環が付加されており、しかも全体が水力で動かされ、天空の状態を刻々に再現するものであった。この構造からみると、張衡の装置と全く似たものであり、両者のあいだに顕著な類似がみられる。こうした装置のほかに、実際に星を観測する渾天儀があったことは疑いないが、『スールヤ・シッダーンタ』にはその記述がない。この『スールヤ・シッダーンタ』はその内容からみて五六〇年ごろの観測[55]に一致するというが、もともと『スールヤ・シッダーンタ』をはじめとする若干のシッダーンタ天文書は、プトレマイオス以前、すなわち西暦前におけるギリシア天文学の影響を大きく受けている。天体の位置を測定する渾天儀の如きものも、ギリシアから伝わったものであろう、ギリシアでは前三世紀のころエラトステネスによって渾天儀（armillary sphere）が作られ、前二世紀のヒッパルコスが使用した。この器械の詳しい記事は、二世紀のプトレマイオスの『アルマゲスト』にみえる。[56]すなわちその第五巻のはじめにアストロラボンと記述されているものである。これは南北極を通ってそのまわりに回転する子午環があり、その子午環上に黄極をとり、この黄極を通る円環とそれに直角な黄道環がある。このほかに黄極を通る二つの円環があって、その中の一つは最も内側にあって窺管がついている。構造はかなり複雑であるが、これは直接に黄緯および黄経を測定するもので、赤道座標を測定する装置を全く欠いている。天文学史の古典書となっているウォルフの書物[57]には、エラトステネスによって使用されたものは、プトレマイオスのものと全くちがって、もっぱら赤道座標の測定に用いられたもので、黄道座標の測定は不可能であったという。すなわち固定した子午環に赤道環が固定され、それに直角で南北極のまわりに回転する環があり、これに窺管がとりつけられていた。その後ヒッパルコスの時代になると、観測装置はかなり複雑化した。チンナーの説[58]によると、ヒッパルコスの観測器はメトロスコープと呼ばれ、九つの環から成立っていたという。プトレマイオスのアストロラボンはそれを簡単化し、黄道座標測定に必要な限度に環の数を減じたもののようである。しかし、原理的にみればギリシアのアストロラボンと中国の渾天儀とは同一のものであり、渾天儀を通じて両者の交渉が考えられよう。しかもヒッパルコスの時代に、ギリシアにも極黄経に相当するものが使用されていたという報告[59]があり、ギリシア、インドと中国との観測技術にはきわめて深いつながりがあったことが想像されるのである。武帝の西方経略のあと、渾天儀とそれによる天体位置の測定法が西方から伝わったということも十分に想定される。

六　結び

この論文では『開元占経』に収録された『石氏星経』が、前一世紀前半に行われた観測に基づくことを推論した。(補遺)それに先き立つ太初改暦のころから、天体の位置観測を行う渾天儀が導入され、これによって科学的な観測が行われるようになったと思われる。前漢末に起った讖緯説において天文学者はかなり重要な役割を果したが、これらの学者によって、前一世紀の観測記録を戦国時代の著名な天文学者石申に付託して石氏の名前を借りるようになったものであろう。さらに中国の渾天儀は、インド及びその源流となったギリシアの観測器と類似するものであることが注目される。『星経』には星の位置が去極度、入宿度及び黄道内外度の三要素で表わされており、この黄道内外度は極黄緯と呼ばれるものにあたり、過去のインドにも使用され、さらにギリシアのヒッパルコスの時代にも使われたらしい。この点で中国、インド、ギリシアには何らかのつながりが、すでに古くからあったことが想像される。さらにまた、後漢の張衡が自動的に回転する一種の天球儀様のものを作っているが、これとほぼ同じものが『スールヤ・シッダーンタ』にみえることを指摘した。こうした諸点の類似は、東西交流の結果によるものであろう。

(36) 能田忠亮「礼記月令天文攷」(『東方文化研究所研究報告』　一九三八年刊)

(37) 『漢書』律暦志には冬至日躔を牽牛初度としており、度数を使用する。これは前四五〇年ごろの天象であるが、これが当時の実測であるかどうかは立証できない。

(38) 『大唐開元占経』およびその星経の予報的研究は小論「唐開元占経中の星経」(『東方学報』京都第八冊　一九三七年刊)に発表した。筆者はこの論文で、下文に述べるように、黄道内外度が極黄緯であることを立証した。

(39) H. Maspero: L'Astronomie chinoise avant les Han. (*T. P.* Ser II, vol. XXVI, pp. 267–356, 1929)

(40)『晋書』天文志に「晋武帝時。太史令陳卓。総甘・石・巫咸三家。所著星図。大凡二百八十三官。一千四百六十四星。以為定紀。」とあり、また『宋書』天文志には「(元嘉)十七年。(銭楽之)又作小渾天。径二尺二寸。周六尺六寸。以分為一度。安二十八宿中外官。以白黒及黄三色為三家星。」とある。小渾天は天球儀の小さなもの。

(41) Joe Ueta: Shih Shen's Catalogue of Stars, the Oldest Star Catalogue in the Orient, *Mem. of the College of Science, Kyoto Imp. Univ.* vol. 13, pp. 35–66, 1930. および同氏『石氏星経の研究』(一九三〇年刊)

(42)『東方学報』京都第七冊　一九三六年刊。本書収録のものは、これを少しく圧縮した。

(43) 能田忠亮「周髀算経の研究」(『東方文化学院京都研究所研究報告』一九三三年刊)

(44)「唐開元占経中の星経」(『東方学報』京都第八冊　一九三七年刊)

(45) H・マスペロの上掲論文には、「続漢志」のこの記事によって、『石氏星経』の冬至日躔は牽牛初であるというが、この解釈は正しくない。同論文二八一ページ参照。

(46) 席沢宗「僧一行観測恒星位置的工作」(『天文学報』第四巻二号　一九五六年刊)

(47) 上田穣『石氏星経の研究』(一九三〇年刊)。『天文月報』巻二六、二七(一九三三、三四年刊)に発表された小川氏の論文がある。なお清朝の乾隆年間に耶蘇会士が恒星観測を行い、その資料は『儀象考成』に収録されたが、これらを現在の星と同定する仕事は上海徐家匯天文台のシュバリエおよび土橋八千太によって行われ、

Catalogue d'étoiles fixes observées à Pékin sous l'empereur K'ien-long, 1911.

として発表された。筆者の研究は「宋代の星宿」にみえる。

(48) プトレマイオスの『アルマゲスト』に収録された星表では、黄道座標が使用されているが、特に黄経に相当するものは、まず十二宮の名を挙げ、それぞれの宮における度数を挙げる。中国流の表現を使用すれば黄経は入宮度で与えられる。中国では、赤経の代りに、まず二十八宿名を記し、その宿にはいってからの度数、すなわち入宿度を与える。黄道と赤道のちがい、さらに十二宮と二十八宿のちがいはあるが、発想はよく似ている。

(49) 吉田光邦「渾儀と渾象」(『人文科学研究所創立記念論文集』一九五四年刊)参照。渾天儀はまた渾儀と略称する。

(50) 孫文青『張衡年譜』(民国二四年刊)八七ページ。

(51) 張衡の渾天儀一巻については、能田忠亮「漢代論天攷」(『東洋天文学史論叢』所収)に詳しい。この書は渾天の原理を説いたものであり、小渾天はそれに基づいて作られた模型とみることができる。小渾天については、能田氏同書二八三ページ参照。

（52） いわゆる demonstrational armillary sphere であるが、これが自動的に動かされる。こうした機械装置ははるか後代にも復原され、時には複雑な機構のものとなった。宋の蘇頌が作らせた水運渾天儀はこの種のものであり、ニーダム教授によって詳しくその構造が研究された。J. Needham and others：*Heavenly Clock Work*, 1960.

（53） 『スールヤ・シッダーンダ』は *J. of the American Oriental Society*, IV, pp. 141–498, 1860 に E. Burgess が英訳を行った。なおバージェスによると、同じ量に対し Colebrooke は apparent longitude and latitude という語を使ったという（三二〇ページ参照）。

（54） 前掲書三二一ページに、
And since it is probable that the latter（polar longitude and latitude）were actually derived by calculation from true declination and right ascension, ascertained by observation……
とある。

（55） C. R. Kaye：Hindu Astronomy（*Mem. of the Archaeological Survey of India*, 1924）には現存の『スールヤ・シッダーンダ』の完成を一〇〇〇年ごろとするが、しかし、その原形はおそらく六世紀ごろにでき上っていたと思われる。

（56） *Des Claudius Ptolemäus Handbuch der Astronomie*, rev. ed. 1963, Bd. 1, s. 255. 藪内清訳『アルマゲスト』上二〇〇ページ。

（57） R. Wolf：*Handbuch der Astronomie*, II, p. 117, 1898.

（58） E. Zinner：*Geschichte der Sternkunde*, p. 90, 1931.

（59） H. Vogt：Versuch einer Wiederherstellung von Hipparchus Fixsternverzeichnis（*Astr. Nachr.* Bd. 224, pp. 17–54, 1925）および O. Neugebauer：*Exact Sciences in Antiquity*, p. 176, 1952.

［増補注］

⑦ Y.Maeyama：On the Astronomical Data of Ancient China（ca.-100+200）A Numerical Analysis（Archives internationals d'Histoire des sciences vol.25,no97（1975）and vol.26,no98（1976）. なお、この論文の概要は藪内清「石氏星経の観測年代」（『中国科学史探索』一九八二年）にみえる。

⑧ 黄道内外度が黄緯でなく極黄緯（Polar latitude）であることは現在もはや疑う学者はいない。中国では斜黄緯という用語が使用される。増補注④の潘鼐氏の論文参照。

三　魏晋南北朝の暦法

後漢は献帝の建安二五年（二二〇）に滅び、三国鼎立の時代となった。隋唐に至るまでの間、一時的に晋による統一時代はあったが、四〇〇年に近い分裂の時代にはいった。ことに南北朝の時代には、南北の暦法はそれぞれ特色を持ち、南北対立の状態は暦法の面にも顕著に現われた。こうした時代の特色を、暦法の面から探ってみようと思う。(60)

一　三国時代の暦法

後漢の滅亡後に鼎立した魏、呉、蜀の各々はそれぞれに別個の暦法を採用した。漢の後継者をもって任ずる蜀では暦法の面でも後漢四分暦を踏襲したが、魏は景初暦、呉は乾象暦を使用し、それぞれ受命改制のイデオロギーに従って新たに天命を受けたことを天下に表明した。ここでは乾象、景初の二暦について述べる。

まず呉で使用された乾象暦は、後漢霊帝の光和年間に劉洪が創始した画期的な暦法であったが、それはさらに修正を経て献帝の建安一一年に完成された。後漢の儒宗として仰がれる鄭玄もこの法を受け、窮幽極微の術と考えて注釈を加えたというが、その書物はもはや伝わらない。それほどに優秀な暦法であったが、ついに後漢では施行されず、わずかに呉で用いられたにすぎない。しかし乾象暦を詳しく収録した『晋書』律暦志には、後世暦術の師法となったと推称している。「呉志」巻二、黄武二年（二二三）の条に、その年の春正月に「四分（暦）を改め、乾象暦を用う」

とみえる。「晋志」には、呉の中書令闞沢が劉洪の乾象暦を東萊の徐岳より受けて註解を加えたとあり、また呉の中常侍王蕃も劉洪の術が精妙であると推称している。ここにいう徐岳は『数術記遺』の撰者であり、王蕃は天球儀の作者として著名である。また闞沢は呉主に重用された人であり、『呉志』本伝によると、『乾象暦注』を著わして時日を正したとある。おそらく闞沢の推挙によって乾象暦が使用されるに至ったのであろう。劉洪の乾象暦が特に画期的な暦法であるというのは、月の運動における不等（inequality）をはじめて暦法にとり入れた点にある。[61] 太初及び四分暦では、月は毎日平均一三度有奇で天を動くという知識以上には出ていない。これでは月の位置を正しく知ることはできなかったが、後漢にはいって、月の運動の不等が研究され、近地点の近くで月の運動は速くなり、しかもこの近地点が移動することが知られた。また白道（月の軌道）と黄道とを区別し、しかも両者の交点が移動する事実も知られた。こうした知識が乾象暦にとり入れられた。

乾象暦では一近点月のあいだにおける月の運動を一日毎に表記している。この日転度分はいずれも赤道に関する値で、換言すれば月の赤経の日変化である。まず近地点にあたる日を起点とし、ここでは一日に最高一四度一〇分を動き、それより漸次減少し、起点より数えて一五日の付近（遠地点通過）で極小の一二度五分となり、再び漸次増加して近地点に到達する。このような月の運動変化を月行遅疾と呼んでいる。これによってこれまで平均位置しか知り得なかった月の位置が、よほど正確に与えられるようになった。なお近地点の移動は、乾象暦の定数ではほぼ八・九〇三年の周期で天を一周する。また黄白道の関係を論ずるにあたって、月行の三道ということを唱えた。すなわち白道が黄道を昇交点で切り、黄道の北を通って降交点に至るまでを陰歴と称し、次に降交点から昇交点に至る黄道の南に位置するものを陽歴と呼び、両者に黄道をあわせたものが三道である。乾象暦の月行三道術において兼数と称するものは、分母を一二とする白道上の緯度であって、その最大値は陰歴もしくは陽歴にはいってから八日目にあたり、六度一二分度之一に達する。黄白道の傾斜を明記した文献は、実に乾象暦にはじまる。与えられた定数から計算すると、一交点月として二七・一九三日なる値が採用される。また黄白道の交点は一八・六〇四年を周期として逆行し、一会八九三年間に四八周天を逆行することになる。この八九三年は九四一食年に相当し、よって乾象暦では九四一なる数値は朔望合数と呼ばれる。月行三道術には、陰・陽歴にはいってから、それぞれ一三日間にわたる毎日の緯度（兼数）が与えられる。月行遅疾術によって経朔（平朔）とは別に定朔を計算することも可能になり、さらに月行三道術を使えば定朔時に月が黄道を去るの度数を求めることができる。従ってまだ不十分であるが、日月食の推算を行うこともできるようになった。しかし、乾象暦では、三統暦と同じく食周期を用いる方法が採用されており、会月一一〇四五（四七章、八九三年）に一八八二回の食が起るものとしている。次に述べるように、食周期によらない食予報は景初暦にはじまるが、実はこの計算法はすでに乾象暦で準備されていたのである。[62]

乾象暦における五星の運行に関する知識は漢代の三統暦に比して一段と推歩しており、この点でもその優秀性がうかがわれる。魏で行われた景初暦と比較するに、五星の中、木土金水の四星について、乾象は景初にまさり、火星のみは景初がよい値となっている。この景初暦は泰始と名を改めて晋代にも施行されたが、晋の南渡以後、五星については乾象の五星術による計算を行ったとみえる。天文計算表としての中国暦法は、乾象暦に至ってやや完備した形となったが、特に月行術については後世の模範となった。乾象暦は呉の滅亡（二八〇年）まで、前後五八年間にわたって施行された。『元史』暦志には、「乾象術、建安十一年丙戌に劉洪つくる、行うこと三十一年、魏景初丁巳に至り、天に後るること七刻」とみえるが、漢および魏に行われたことはない。

次の魏の景初暦について述べよう。『魏志』明帝紀注に『魏書』を引き、はじめ文帝は漢の受禅によって即位したため、漢の正朔を受け改暦しなかったとみえる。ところが実際には、文帝即位の年号である黄初中に改暦論が起っている。すなわち太史丞韓翊が乾象暦に基づいて黄初暦を作り、これを中心とする論暦の模様は『晋書』律暦志に詳しくみえている。この論暦には徐岳、楊偉などが参加した。しかし、たまたま文帝の崩御に会い、黄初暦は施行されなかった。ついで明帝が即位したが、『魏志』高堂隆本伝注に『魏略』を引き、当時の太史が太和暦を作り、それについて高堂隆、尚書郎楊偉及び太史待詔駱禄のあいだで、たがいに激しい論戦があり、数年間続いたという。ようやく明帝の景初元年（二三七）に受令改制の説によって改暦が断行された。まずこの年の春正月壬辰に山茌県に黄龍が現われたため、魏は地統を受けたという説が行われ、それに基づいて建丑月を正月とし、従ってその年三月を孟夏四月とし、その月より景初暦を採用した。この歳首の改変は、景初三年に明帝が崩御するとともに再び夏正に復し、きわめて短期間のできごとであった。ところで新たに採用された景初暦は尚書郎楊偉の作で、『宋書』律暦志に楊偉の上表が載せられている。ところで『魏志』明帝紀には「太和暦を改めて景初暦となす」とあり、この点で幾らか問題があるが、太和暦はもともと太史某の作であり、かつて楊偉はこれを論難したもので、太和と景初の二暦は決して同一のものでなかろう。

楊偉の景初暦は、後漢末の劉洪が作った乾象暦を基礎にしている。採用された定数その他は、『晋書』及び『宋書』の律暦志に収録されているが、太初及び四分に比べ乾象では年月の長さをかなり削減したのに比べ、景初では幾分その値を増した。これは先きに韓翊が黄初暦を作った際に「乾象は斗分を減ずることはなはだ過ぎたり、後まさに天に先んずべし」として一年の長さを増したことと一致しており、乾象暦の一年が短かすぎることは当時の定説であったらしい。乾象術ではじめて月行の計算が詳細となったが、これを受けついだ景初暦では、さらに日食計算にいちじるしい進歩が見られる。すなわち日食去交限、日食虧起角及び食分多少を求める方法が創始された。食が起る条件として、黄白道の交点より一五度（赤道上で測る）以内に日月が位置することを必要とした。これは現在の食理論におけるinferior ecliptic limitの値に近い。このばあい食分は、一五を分母とした分数で表わされる。景初暦のなお一つの特色は、年月の長さにおける日の端数を、それぞれ別々に紀法、日法を用いて分母とするが、他の定数はすべて日法を使用し、計算を簡略化したことである。劉宋の著名な天文学者何承天は、景初は乾象より優ると述べたのも、理由のないことではない。景初暦は、魏の滅亡後も引き続いて晋の王朝で採用され、名を泰始暦と改めた。また、南朝の宋には永初暦と改名して続行され、一方北魏でも採用され、前後通算するに二一五年の長きにわたって官暦となった。なお蜀では、すでに述べたように、後漢の四分暦が行われた。清の張宗泰の論ずるところでは、蜀の日付は魏、呉に比べおおむね一日の差があったという。

二　晋代の暦法

晋は武帝泰始元年（二六五）にはじまるが、この年一〇月に魏の景初暦を、泰始暦と名を改めただけでそのまま踏襲した。事実上、魏の正朔を改めなかったのである。狩野直喜博士の所説を引用すると、(63)

この時分（晋のころ）から、夏殷周が互ひに正朔を改めたのは一時権宜の事で、夏以前は何れの時代も常に建寅の月を正月としたといふ説――これは王肅などの説もさうであります――が行はれ魏から晋それから宋と代が易りましても革命に尤重大視された三正によって「正」を改むると云ふ事が実際になくなり、後世になると犠牲、服色に某色を用ふるとか、祖臘の祭を某日になすといふ位の変更に留り、三正説の方からいっても、又五行説からいっても大した制度上の影響はありません。

とみえるように、王朝が改まるごとに改暦を行わねばならぬという儒家的理念が、晋代になるとよほど薄弱になってきた。武帝紀泰始二年九月の条には、晋は魏の禅譲を受けたから前代の正朔服色を用うべきであるとの有司の上奏があったことがみえるが、やはり受命改制のイデオロギーが強く主張されなかった。もちろん晋代にも暦論がなかったわけではなく、武帝の泰始一〇年の劉智、同じく咸寧年間に李修・夏顕が修めた乾度暦、下って東晋の時代に、穆帝の永和八年に著作郎王朔之が通暦を作ったことがみえる。また西晋の時代、杜預が長暦を作って春秋時代の暦日を論じたが、上文に述べた乾度暦のことは、杜預の『春秋釈例』にみえている。彼は暦法の知識を古典の解釈に適用した学者として著名である。

晋代の暦論にはほとんどみるべきものはないが、東晋の成帝の咸康年間（三三五—四二）に、虞喜がはじめて歳差を知ったことが注目される。虞喜は同一節気に対し、毎年太陽の位置が西へずれ、その割合は五〇年に一度であるとした。歳差定数としては決してよくないが、中国における歳差の発見者としての虞喜を見落すことはできない。従来の中国天文学では、一年の長さと周天の度数とは同一数字であったが、歳差の知識が導入されてからは、周天度数の数値は一年のそれよりわずかに大きくなり、両者の差によって歳差が与えられるようになった。

晋は北方の異民族によって北方を追われ（三一六）翌年から東晋の時代となる。北方でいわゆる五胡十六国の乱立時代となる。これらの異民族国家のあいだでは、やはり中国の伝統的暦法が行われた。その主要なものを挙げておこう。有名な学者としては、まず後秦の姜岌があった。彼は三八四年のころ三紀甲子元暦を作ったが、その概略は『晋書』に記載される。当然のことながら、これは景初暦の影響を強く受けている。

姜岌の三紀甲子元暦に比し、一段と重要なものは北涼趙𢾺の玄始暦である。この暦で特に注目すべきは、破章法の創始であった。従来の暦法では置閏法として十九年七閏法が使用され、ギリシアのメトン周期と同一な一九年の周期が章法の名で呼ばれた。一九年間に七個の閏月を置くのが、従来の方法であった。ところが趙𢾺は改めて章歳六〇〇年のあいだに二二一閏月を置くことにしたので、章法を破棄したという意味で、この新しい置閏法は破章法と呼ばれた。ふつう南朝の祖沖之が破章法を創始したといわれるが、年代的にみて趙𢾺が先んずる。玄始暦は北涼武宣王玄始元年（四一二）より施行されており、玄始暦の成立はこの年以前である。この破章法が祖沖之の大明暦に伝わり、それ以後の暦法はすべてこれを踏襲するようになった。

北魏の世祖は北涼を平定し、趙敺の玄始暦を得た。世祖はこの暦法が景初暦よりすぐれていることを知り、やがて玄始暦に改めたことが、『魏書』律暦志にみえる。なお『唐書』藝文志には、趙敺壬辰元術が著録され、また『金楼子』自序篇には「涼国太史令趙敺、乾度暦を造る。三十年にして心疾を以て卒す」とある。しかし、乾度暦は上述の如く、杜預の『春秋釈例』に晋李修・夏顗の撰とあり、なお検討を要する。

三　南北朝の暦法

五世紀の初頭から南北対立の時代がはじまった。北方には異民族支配の北魏王朝があり、南方には漢民族の建てた王朝が続いた。この時から隋の統一までの時代は、政治的な対立と並行して文化の様相の面にも南北それぞれの特色がみられ、暦法の面でも両者の相違がみられた。

南朝

劉裕（武帝）が東晋の譲りを受けて宋王朝を建てたのは四二〇年であった。宋書武帝本紀によると、即位の永初元年六月己卯に「晋の泰始暦を改めて永初暦となす」とあるように、名称だけを変えて晋の正朔をそのままに踏襲した。すでに述べたように、三国魏の景初暦が晋において泰始と名を変え、さらに宋において永初となったのである。武帝即位の詔に「欽しんで前王の憲章にしたがう」とあり、正朔のみならず、一般に郊祀天地、礼楽制度はみな晋典によった。続く宋の文帝は自ら暦数の学を好んだが、当時太子率更令の官にあった何承天は自ら新法を撰し、元嘉二〇年に上進した。彼はその亡舅徐広が既往七曜暦に記録した四〇年ばかりの観測資料と、自らの四〇年に及ぶ観測を基礎にして、次の五点について改革を行おうとしたことが、その上表にみえる。その第一は、月食観測によって日躔(太陽の位置)を推測し、景初暦が後漢四分暦をそのまま踏襲して冬至日躔を斗二一度とするのを改め、斗一七度とした。その二は、測量の結果、冬至の日時を景初より三日有余早めた。その三は景初暦では春秋分の昼刻が過半刻も相違し、春分のそれが長くなっているので、漏刻法を改めて同一の長さとした。第四に建寅の月を歳首とするゆえ、雨水を気首とし、斗分を雨水に太陽が位置する室に移して室分と呼び、また「諸法閏余一の歳を以て章首となす」ことにした。第五は従来の経朔(平朔)法では日月食が必ずしも朔望と一致しないので、月行の遅疾をとり入れて定朔望を決定しようとした。以上のような改革を意図した何承天の法は、太史令銭楽之、太史丞厳粲によって校定されたが、この二人の学者は第五の点について容易に賛同しなかった。何承天の説が理論的に正しいことを認めたが、定朔法を採用すると月に頻三大頻二小(大月が三個、小月が二個連続する)が起ることになること、また古典の記録でも日食は必ずしも朔と合致していないことなどから、「この一条は自らよろしく旧によるべし」と判断し、変革に賛成しなかった。また員外郎皮延宗も別の立場からこれに反対した。定朔望をきめる計算法は、すでに劉洪の乾象暦にみえているが、これによって実際に月の大小をきめることを提案したのは、何承天が最初である。これらの反対により、定朔の採用についての提案は何承天自らが撤回し、他の四点が新暦のいちじるしい改革点として採用された。この新暦は、元嘉暦の名の下に文帝の元嘉二二年(四四五)から施行された。この改暦の動機は、全く景初暦が天象と合致しなくなったことに原因がある。また従来の暦法で上元の時に日月五星がいずれも規準状態にありとし、それを計算の起点としていたが、元嘉暦では五星それぞれに別個の計算起点を採用した。さらに元嘉暦の創始として有名なのは計算技術の面で調日法を創始したことである。これは主として一月の長さを計算するにあたり、特にその日の端数を分数で表わすのに、観測値を強弱二つの分数ではさみ、この強率、弱率より進んで観測値に近づける方法である。⑨

元嘉暦施行の後、著作令史呉癸が劉洪の月行陰陽歴の法によって新術を作ったが、改暦は行われず、元嘉暦は斉を経て梁初の武帝天監八年（五〇九）まで行われた。ただ斉では元嘉暦の名を改めて建元暦と呼んだ。

有名な科学者祖沖之が大明暦を作ったのは、宋孝武帝の大明年間（四五七―六四）であった。彼は何承天の法による推算が天象と一致しなくなったことを指摘し、新法を作ったのである。この大明暦で特に注目すべき点は、閏法を改めたこと及び歳差を採り入れたことの二点である。すでに述べたように、北涼の趙䫵がはじめて十九年七閏の法を棄てて、章歳六〇〇年のあいだに二二一閏月を置くことにしたが、祖沖之はこれにならい、三九一年に一四四閏月を置くこととした。また歳差は東晋の虞喜によって発見されたが、これを暦法にとり入れたのは祖沖之であった。祖沖之の新暦では「謹しんで改易するの意は二あり、設法の情は三あり」と述べられているが、改易の二点は破章法と歳差であり、設法とは次の内容である。その一は子をもって辰首とし、従って上元の日躔を虚一度より始めたこと、その二は上元の日の始まりを甲子とし、その三は上元の時に日月五星、交会、遅疾などすべてが規準状態にあるとしたことである。いわゆる合璧連珠の上元を再び採用した。

祖沖之の新法に対し、宋武帝の寵臣であった戴法興が激しく非難を加え、新法による改暦は容易に行われなかった。たまたま大明八年に武帝の崩御に会い、ついにこの事業は中止された。宋の後をうけた斉、さらに梁のはじめまで、何承天の元嘉暦がそのまま使用された。梁武帝の天監三年に改暦の議がとりあげられた。祖沖之の子祖暅之は梁に仕えて員外散騎侍郎の職にあり、同時にすぐれた数学者、天文学者であったが、父の作った大明暦がよく天象に合致することを上奏した。ついで天監八年には再度上奏を行い、武帝はその意見をとりあげ、元嘉暦とその疎密を比較せしめることになったが、その結果、翌九年（五一〇）から大明暦が施行された。その後、大同一〇年になって、定朔法をとり入れた新暦を作る議があったが、たまたま侯景の乱があって改暦が中止された。この新暦は太史令虞劇が作ったが、この暦法の簡単な記載は『隋書』律暦志及び『大唐開元占経』にみえる。

祖沖之の大明暦は陳に受けつがれ、その滅亡（五八九）まで施行された。その詳細な内容は『宋書』律暦志及び

『遼史』暦象志に収録される。遼代に行われた賈俊の大明暦は、祖沖之のそれと同一であるとするのが、『遼史』の編纂者の見解であるが、この点は疑問である。

北朝

北魏は分裂して東西魏となり、さらに北斉、北周がその後を受けた。北魏を除いてはいずれもその存続期間は短かく、勢力も弱かった。しかし、造暦者は多く、改暦の頻繁なことは全く前代未聞であった。唐宋時代に多数の改暦が行われているが、その先蹤は北朝の時代にあったといえる。儒家的な受命改制のイデオロギーは衰微したが、それに代って再び讖緯思想が盛んとなり、これに刺激を受けて改暦が政治の面にとりあげられた。こうした点で、南朝とは全くちがった特色が、暦法の面にみられた。

まず北魏のはじめは景初暦を踏襲したが、北涼を平定した後は趙畋の玄始暦を得て、これを採用した。『魏書』律暦志によると、北魏太平真君の時代に、宰相ともなった崔浩が五寅元暦を造ったが、施行される以前に崔浩が誅されたとみえる。『魏書』崔浩伝及び高允伝によると、この暦は讖緯思想に結びつけた空論が多かった。概観するに、北朝では元嘉暦や大明暦に匹敵する善暦は作られていない。ついで高祖太和年間に張明預を太史令として暦事を綜括させ、また世宗景明年間に公孫崇らが、永明の初年には張洪、張龍祥（明預の子）らが新暦を作った。また別に李業興もひそかに新暦を作り、延昌四年には張洪、張龍祥ら三家の新暦が上進されている。神亀初年の崔光の上奏によれば、その後、三家の他に暦法を上進したものに、盧道虔、衛洪顕、胡栄、統道融、樊仲遵、張僧預の六家があったという。崔光はこれら九家の法を綜合して一暦とし、神亀暦と名づけて施行せんことを請うた。この暦法は、魏を水運とする五行説に付会し、北方水の正位にあたる壬子を上元とする暦法であった。ついで正光三年（五二二）一一月丙午の詔により、正光暦が新たに施行されることになった。この暦法は「九家共修」で、張龍祥、李業興がその中心であったというから、さきに崔光が奏請した神亀暦とほとんど同一内容のものであったと推定された。二人の中でも李業興が主となったことは、『魏書』李業興伝にみえ、彼は永安三年に造暦の功をもって長子伯の爵位を賜わっている。

正光暦はやはり魏の水徳に応じて壬子歳を上元とした。当時の暦法は、後の興和（甲子元）、天保暦など、いずれも五行説もしくは讖緯説に結びつけて作られており、讖緯説の流行に強く影響されている。ことに正光暦の主撰者である李業興は緯書を絶対的に信頼していた。科学的にみて正光暦はすぐれたものでなく、瑣末な問題をとらえて、技巧をこらすという風であった。ただはじめて七十二候を記載したことが注目されよう。玄始暦にならって破章法が採用されたが、五〇五年間に一八六閏月を置いた。しかし、歳差はまだ採用されてはいない。

正光暦が施行されてから北魏の滅亡（五三四）まで一二年間を経過するが、この王朝の後に分裂した東魏では興和元年まで、また西魏ではその滅亡（五五七）まで続行された。さらに西魏の後を受けた北周でも行われている。『隋書』律暦志に「西魏は関に入り、なお李業興の正光暦法を行う、周の明帝武成元年に至り、はじめて有司に詔して周暦を作らしむ」とみえる。時に明克譲、庾季才などが祖暅之の意見を採り、南北の暦法を会通して新暦を作ったが、なお周・斉のあいだの暦日には一日の差があったという。しかし、ともかく南北朝の末期になって、暦法上でも南北の交流がみられるようになったのである。なお明克譲の新暦の内容は知られていない。

上述したように、新たに鄴に都を移した東魏の時代にはいって、李業興は命を受けて再び興和暦を造った。この暦法は興和二年（五四〇）より東魏の滅亡（五五〇）まで施行された。この暦法は前の正光暦にさらに一段の技巧を施した程度で、ことに五星の推歩について欠陥があった。そのために田曹参軍の信都芳からの非難を受けたが、五星の推歩は正光暦に比べていくぶんよくなっていることが認められ、ついに官暦となったのである。

東魏の譲りを受けた北斉では、文宣帝の即位した天保元年にはなお興和暦を使用したが、その翌年（五五一）から宋景業の天保暦に改めた。「隋志」によると、文宣帝が即位すると、宋景業に命じて図讖に適合した暦法を作らしめ、よって宋景業が「斉の受録の期は魏の終るの紀に当り、三五を乗じて以て蔀となし、六七六に応じて以て章となすを得たり」と述べたので、文宣帝は大いに喜んだという。六七六の数は破章法の値で、六七六年に二四七閏月を置くことにした。その後、後主武平七年に至り董峻、鄭元偉は甲寅元暦を上進し、また張子信の弟子である劉孝孫、張孟賓の二人もそれぞれ新暦を作り、宋景業の法とたがいに争ったが、争論の確定しない中に北斉は滅んだ。ところで劉・張の師である張子信は、きわめて注目すべき学者であった。彼は北魏の末年から北斉にかけての人物であるが、葛榮の乱を避けて海島中に隠れ、三〇年ばかりにわたって日月五星の観測を行った。その結果、交食の理、五星の運行について前代の知識を更改し、ことに太陽の運行に不等があることを発見した(64)。いわゆる日行盈縮と呼ばれるものが、張子信によってはじめて知られた。すでに後漢末の劉洪が月行遅疾を暦法にとり入れたが、張子信の日行盈縮によって、定朔の計算は一段と詳しくなり、また節気についても恒気（平気ともいう）の他に定気を考えることが行われるようになった(65)。ただ張子信は暦法の編纂に至らなかったが、日行盈縮の知識は隋の劉焯の暦にとり入れられ、唐代以降の官暦においてすべて踏襲されることになった。北朝の天文暦法は、張子信によってはじめてその光彩を放つことができた。なお劉孝孫、張孟賓の暦法には張子信の知識がとり入れられたと思うが、その内容はもはや伝わらない。

一方、西魏を受けた北周では、そのはじめ北魏の正光暦を使用し、その後、明克譲の法を用いて武帝天和元年（五六六）に至った。この年、甄鸞は天和暦を上進し、直ちに施行された。甄鸞は『笑道論』の撰者であり、また数学者としても知られた。閏法として三九一歳一四四閏の率を採用したが、これは祖沖之の法と同一である。北周では、大象元年（五七九）から馬顕の大象暦（丙寅元術）が採用され、北周の滅亡を経て隋の開皇三年に至った。

四　結び

以上において四〇〇年にわたる魏晋南北朝時代の暦法の展開を簡単に述べてきた。この時代は中国の歴史において分裂の時代と称され、西晋の短かい統一を除いて、多くの国が乱立した。ことに北方では異民族支配の王朝が続いたが、このばあいにも中国の伝統に従って、暦法が重要視された。しかし晋代以降になると、受命改制という儒家的イデオロギーによる主張は弱まり、王朝の革命にあたっても、改暦が行われないこともまれではなかった。南北朝の対立の時代になると、漢民族の南朝では依然としてこの傾向は続くが、異民族の北朝では、受命改制の説に代って、讖緯説によって王朝もしくは王個人の繁栄を願う気持からしばしば改暦が行われた。こうした頻繁な改暦の傾向は、北朝を受けついだ隋、さらに隋を滅ぼした唐にそのまま伝えられ、さらに宋代に及んだのである。南朝では元嘉暦や大明暦のように、科学的にすぐれた暦法が造られたのに反し、北方では讖緯説によって暦法の末端を付会した程度のものが行われて、善暦と称されるものはなかった。清の阮元『疇人伝』甄鸞論に「蓋し当時南北の術家、南は何承天を以て宗となし、北は趙𢾺・祖沖之を以て拠となす、故に即ち（祖）沖之の数を写す」とみえている。最後の句は甄鸞が破章法の数値として祖沖之の値を踏襲したことを指している。しかし北朝が北涼趙𢾺のことはともかく、祖沖之を宗とするというのは妥当でない。通観するに北朝は趙𢾺の系統を引き、彼が創始した破章法をすべて踏襲するが、祖沖之の閏法を用いた甄鸞でさえも、沖之の歳差法を採用していない。このことは北朝の暦法が一貫して北方の伝統を持ち続けたことを意味する。さらに天文定数の呼称についても、南北朝では系統的にちがっている。暦法上からみて南北朝対立の意識は顕著にうかがわれる。こうした対立が崩れはじめるのは、北周の明克譲、甄鸞のころからであろうことは、甄鸞が祖沖之の破章法を採用したことにみられる。魏晋南北朝における天文学上の革新として注目されるのは、劉洪の乾象暦（呉の官暦）で月行遅疾が採用されたこと、東晋の虞喜の歳差の発見、さらに北斉の張子信による日行盈縮である。このように南北それぞれに発達した天文暦法の知識が、天下統一に呼応するが如く、隋の劉焯によって集大成された。また隋の王朝が唐への過渡であったように、官暦としてこれらの知識が生かされたのは唐代になってからである。歴史の大きな流れを、暦法という一つの側面からもうかがい知ることができよう。

(60) この章については、小論「殷周より隋に至る支那暦法史」（『東方学報』京都第一二冊第一分、一九四一年刊『隋書暦法史の研究』に収録）（本著作集第2巻収録）中より、魏晋南北朝の部分を摘録し、それに若干の補修を加えた。

(61) ギリシアで月の運動の不等をはじめて取り上げたのは前二世紀のヒッパルコスであるから、中国のは時代的には少しおくれる。なお月行の不等には幾つかがあるが、劉洪が扱ったのは中心差と呼ばれるもので、現代風にいえば、円運動から進んで楕円運動に近いものを考えたこととなる。これ以外の不等は、その後の中国ではついに発見されなかった。

(62) 漢代の三統暦で採用された食周期は一三五月であって、乾象暦ではこれをいくぶん修正したのである。

(63) 狩野直喜「五行の排列と五帝徳に就いて」続篇（『東方学報』京都第五冊　一九三四年刊、『読書纂余』一九四七年刊に収録）参照。

(64) 太陽運動の不等は、ギリシアでは前二世紀の天文学者ヒッパルコスが発見している。中国での発見が非常におくれていることは大きな疑問である。

(65) 定気は隋の皇極暦で取り上げられたが、それは主として日月の運動や日月食の計算をするばあいで、二十四節を定気法によって暦書に記入するのは清朝になってからである。

［増補注］

⑨ 調日法については清朝の学者李鋭や顧観光の研究があるが、近人では陳久金「調日法研究」（『自然科学史研究』第三巻　第三期、一九八四年）がある。

四　唐宋時代の暦法

隋の文帝が華北を制圧して帝位についたのは西暦五八一年であるが、やがて南方の陳を滅ぼして天下を統一した（五八九）。長く続いていた南北の対立に終止符が打たれた。しかし、隋の命脈はわずか三〇年であって、六一八年には唐王朝がはじまった。従って隋は混乱から統一への過渡的な王朝にすぎなかったが、多くの点で秦王朝に似ている。戦国の混乱を終熄させた秦王朝の下で、郡県制度をはじめ各種の新しい制度が確立し、その多くが漢王朝に引き継がれたが、これと似た現象が隋と唐のあいだにみられた。たとえば隋の時代にはじまった科挙の制度が、唐において整備され、それが唐以降の社会に大きな影響を与えた。暦法についていえば、隋代には南北それぞれに行われた暦法が集大成され、その成果を受け継いだのが唐代であった。よって唐代の暦法を論ずる前に、まず隋代のそれについてかんたんにふれておこう。

一　隋代の暦法

『隋書』高祖紀に、開皇四年（五八四）正月に新暦が頒布されたことがみえている。(66) その前年までは北周馬顕の丙寅元術が行われていた。この新暦とは、道士張賓の撰した開皇暦であった。張賓は高祖即位前より寵遇を得ていた。高祖が北周に代って帝位に即かんとする野望をみてとり、張賓は星暦に洞暁していると自称し、盛んに王朝交替の徴のあることを宣伝し、また高祖が人臣の相でないことを述べた。高祖が帝位に即くと、張賓は華州刺史となり、何人かの人々と新暦の編纂に従事したのである。このように道士が暦法に関与するのは、これまでも北朝の下でしばしばあったことで、受命改制という儒教的イデオロギーを離れて、道士たちを中心に暦法の神秘性が強調され、民心を把握する一つの手段として改暦が利用されたのである。張賓は暦家としてすぐれた人物でなく、新暦は劉宋の何承天の元嘉暦を少し修正した程度であったが、高祖は「実に精密たり」と推称して施行させたのである。この新暦は南朝系の暦法に基づいたため、北魏の正光暦以後、北朝の伝統となっていた破章法を採用しなかった。この新暦が行われると、劉孝孫、劉焯の二人はその欠点を指摘して大いに非難した。何承天の暦法はかなり優秀なものであり、定朔を提案し、また晷景の測定をも行っていた。しかし、こうした点はすべて張賓によって無視されたため、劉孝孫は「その青華を失して、その糠粃を得る」と酷評したが、高祖の寵遇を得た張賓の暦を徹底的に排撃するまでに至らなかった。しかし、その後まもなく張胄玄は別に一暦を作り、劉孝孫と争うようになった。たまたま開皇一四年七月の日食に対し、三者の暦法によって推算が行われたが、孝孫、胄玄の予報はほぼ適中し、張賓の法は失敗した。しかし、改暦は行われず、まもなく劉孝孫は亡くなった。

劉孝孫の没後、張胄玄は開皇暦を支持した太史令劉暉らと抗争し、ついに改暦に成功した。開皇一七年より施行された大業暦がそれであった。しかし、この暦法も決して十分なものでなかった。施行後まもなく劉焯は大業暦の誤りを激しく指摘した。この劉焯は、中国の歴史を通じて、最もすぐれた暦家の一人であった。劉焯はつとに儒学をもって名を知られたが、また暦算の学にも通達していた。張胄玄の暦が採用されると、七曜新術を自撰して上った。時に袁充なるものが高祖の寵を得ており、張胄玄はこの人物の助けによって劉焯を排斥した。開皇二〇年、煬帝が太子となり、天下暦算の士を東宮に招いた。劉焯はさきの新術を増修して皇極暦と名づけ、これを太子に上った。さらに仁寿四年には、再び張胄玄の法をきびしく非難している。それによると張胄玄の法は天象予知に関し不十分であるにもかかわらず、「官は五品に至り、誠に愧ずるところなし」と述べ、さらにこの法は劉孝孫、劉焯の暦法をぬすんで作ったもので、さきに開皇五年に冑玄が作ったものと全く趣を異にしていることを指摘し、「冑玄の違うところ、焯法はみな合す、冑玄の闕くるところ、いまは則ち尽くあり」と論じた。その後、大業暦による日食予報に誤りがあったため、高祖は劉焯を召して新暦を行おうとしたが、袁充、張冑玄の反対があって中止せざるを得なかった。ついで劉焯は大業四年[編者注2]に卒した。

劉焯の皇極暦[67]は、当時の術士がすべてその妙を称したもので、『隋書』律暦志にその詳細が収録されている。実行に移されなかった暦法が正史に収録されたのは、この皇極暦の一例だけで、いかに後世の暦家がこれを重視したかが知られよう。かつて劉焯は劉孝孫と結んで張冑玄に反対しており、おそらく両者の暦法は相似たところが多かったと推察される。劉孝孫は、中国ではじめて日行の盈縮を論じた張子信の弟子であった。また張子信は五星の推歩について新展開をみせた学者であった。劉焯はこの張子信の創始の法を加え、さらに南朝における何承天、祖沖之の粋をとり入れた。皇極暦では張子信の日行盈縮の法によって定気をとり、さらに何承天の提案による定朔、祖沖之の歳差法をとり入れ、また、交食、五星についてはいちじるしく進歩した値を採用した。定朔、定気などの用語が登場するのは、おそらく皇極暦が最初であろう。このほか計算法に補間法が導入されたのも、そのすぐれた特色の一つである、唐代の暦法が皇極暦の研究より出発し、劉焯の構想が多く実現されるようになったのも、けだし当然といえよう。皇極暦は隋の天下統一に呼応するが如く、南北の粋を集めて編纂されたものであって、唐代暦法の先駆となることができた。

二　唐代の暦法

『唐書』暦志巻一五によると、唐は終始二百九十余年にして暦法を改むること八回に及んだという。すなわち戊寅元、麟徳甲子元、開元大衍、宝応五紀、建中正元、元和観象、長慶宣明及び景福崇玄の諸暦がそれである。しかるに同志巻一七には、粛宗の時、山人韓穎なるものが大衍暦を増損して至徳暦を作り、これが乾元元年より上元三年まで施行されたとみえており、これを加えれば九回の改暦となる。巻一五に至徳暦を除外したのは、この暦がもっぱら大衍の法を襲い、別に独立したものと考えられなかったためであろう。しかし、一王朝の下で八回の改暦というのは前代未聞のことであった。由来、正朔を改めるのは国家の大事であり、受命改制という秦漢以来の政治理念からいえば、当然に一朝一暦であるべきである。古くは前漢、後漢はそれぞれ一暦を用い、その後もだいたいこの理念に沿った改暦が行われた。魏晋より南北朝の南朝にかけてこの伝統は守られ、革命があっても、それが禅譲によるばあいは必ずしも改暦は必然でなかった場合もみられた。これに反し、北朝ではいくぶん様子が異っており、北魏の如きは三回、北周は二回、また北周を継いで天下を統一した隋ではやはり二回の改暦を行い、一朝一暦という理念がやや崩壊したことが知られる。これは北朝を風靡した讖緯思想と関係づけて考えるべき問題で、直接的には北朝に多くの暦家が輩出したこと、また時の為政者が民心獲得のために改暦を利用したことが原因している。しかし、暦をもって国家の大典とする漢代の思想は、徐々に勢力を失ってきたというべきであろう。

以上の如き傾向は、唐代になってさらにいちじるしくなり、上述の如き頻繁な改暦となった。もちろん、かかる改暦は、一には天文学的な欠陥が指摘されたためであるが、改暦後も前暦の欠点が訂正されて一歩前進したわけではなく、単なる修正にとどまり、時には改悪となったばあいもあった。しかもこのようなばあいに、直ちに代るべき暦法が用意され、改暦がいとも容易に行われた。一朝一暦という儒家の理念も、唐穆宗（八二一―二四在位）のころには、よほど形が変ってきた。「唐志」によると、一世一暦という思想に変ってきて、したがって宣明暦による改暦が行われた。また「唐志」の文では、永年にわたって施行に耐える暦法の存在が否定され、したがって国家の大典としての暦法の価値はもはや消失したのである。こうした事情は、当時の暦法が不備であったことにもとづくことはもちろんであるが、自然法則は無限の神秘を包蔵し、したがってこれを人知によって法則化することを放棄した当時の科学者の責任でもあった。[68] ここにはあくまでも自然の神秘を解明しようとする現代科学の精神は、きわめて乏しい。こうした思想こそが、天文学の根本的変革を妨げ、旧態依然たる暦法の枠の中で、わずかに増補を加えるだけで満足する結果を生んだといえよう。

しかしながら、中国暦法史の立場からみて、唐代は注目すべき一時期であった。上述したように、南北の粋を集めた皇極暦は、ついに施行をみずして隋は滅んでしまった。その後を受けた唐代には、麟徳、大衍という皇極に範をとった暦法が作られ、それ以後、五代・宋に至るも、よくこの上に出ることはなかった。ことに僧一行の撰した大衍の法は、元の授時暦とならんで中国の暦法を代表した。大衍の暦法は易数をもって付会したため、後世より牽強付会の譏りを免れないが、この点はまた大衍暦の魅力でもあった。さらに唐の時代は西方文化がいちじるしく流入した時期であり、イラン及びインド方面より星占や天文暦法が伝わり、ことにインドの天文学者が天文業務に参与し、天竺暦法が官暦に付して行われる状態であった。また一方には新しい天文儀器が作られ、天文観測にもかなりな業績を挙げた。かかる活気ある状態は玄宗のころにいちじるしくなり、盛唐の文化に対応して、暦法の面もきわめて多彩であったといえる。その後、やや沈滞していたが、宣明、崇玄の二暦において再び若干の進歩があり、晩唐を飾るにふさわしい業績が生まれた。

唐高祖は隋の譲りを受けて帝位に即き、武徳元年（六一八）と改めた。はじめ隋の大業暦を沿襲したが、高祖即位とともに直ちに改暦を行おうとした。時に東都道士傅仁均は推歩を善くし、太史令庾倹及び太史丞傅奕の推薦により、傅仁均が主となって受命歳、すなわち武徳元年の干支にちなんで戊寅（元）暦を撰した。これが武徳二年より施行をみた新暦である。この暦で最も特色のあるのは定朔をはじめて用いたことである。定朔の提案は何承天、劉焯にみられたが、官暦として定朔法を使用したのは戊寅暦が最初であった。(69)経朔法に比べて定朔法がすぐれていることはもちろんで、この法の採用によって月相と暦日がよく一致するようになった。しかし、暦法の本質にはあまり改良が加えられず、日月食の予報については旧態依然で、適中しないことが多かった。武徳六年には吏部郎中祖孝孫及び算暦博士王孝通らが、主として歳差及び定朔に関して傅仁均の法を反駁し、また同九年には大理卿崔善為や王孝通らが数十個条にわたって戊寅暦の改定を施した。多くは瑣末な点であったが、その中で注目すべきことは、もともと戊寅暦は武徳元年を暦元としたのに対し、崔善為らは太古にさかのぼる上元積年を用いたことである。「唐志」に収録された戊寅暦法に、

戊寅暦は上元戊寅歳より武徳九年丙戌に至る、積十六万四千三百四十八算外。

とあり、さらにその末尾に武徳九年五月二日の日付と、崔善為以下の校暦者の名がみえているから、この文はもはや傅仁均の旧法のままではない。さらに貞観初年には、李淳風が改訂を要する一八事を上疏し、その中の七条については淳風の提案が採用された。このように戊寅暦は度々の修正を施されたが、やはり根本的な改暦を行わねばならなくなった。李淳風は、自ら新法を作っていたが、たまたま貞観一四年に太宗が親しく南郊に祀るにあたって、傅仁均の法では一一月癸亥朔、翌甲子冬至であったのに対し、淳風の新暦ではこの日を甲子合朔冬至と推算していた。司暦南宮子明、太史令薛頤及び国子祭酒孔穎達らは淳風の説を支持した。この事件があった後、貞観一九年になって仁均の法では四ヵ月続いて大月となったために当時の暦家の物議を招き、戊寅暦において最も革新的な定朔法をやめて再び経朔を使用することとなった。(70)定朔法を最初に提案した何承天が、皮延宗の反対によってそれを中止したように、定

朔法は古典を尊ぶ儒家の人々には歓迎されなかった。『春秋伝』において日食は晦もしくは二日に起る先例があり、月の盈虧と暦日とは必ずしも厳密に相応ずる必要がないと考えられたのである。さらに経朔の法は古来長く使用されてきたところで、伝統に執着する学者たちは定朔の科学性を十分に了解しなかったのである。たまたま連大が四ヵ月続いたので定朔法は廃止され、傅仁均の法は全く骨抜きとなってしまった。

高宗の時代になって、貞観初年以来、新法を治めてきた李淳風は甲子元暦を進呈し、麟徳二年にその頒用が決定した。これが麟徳暦であるが、日本では儀鳳暦の名の下で一時行われたことがあった。李淳風の法は隋の劉焯の皇極暦を襲い、少しく増損を加えたものであった。しかし、歳差法を沿用しなかったのは、大きな過誤といわねばならない。歳差法は劉宋の祖沖之の大明暦にはじめて採用され、その後、二、三の暦法にも沿用されたが、なお新説としてその採否に多くの議論があった。李淳風もまた、歳差の意を解しなかった学者の一人であった。麟徳暦の特徴として挙げられる点は、まず晦日の月を避けるために進朔之法を創始したことと、古来の暦法における章蔀紀元の法を廃し、すべて総法一三四〇をもって端数の分母としたことである。この二点は、必ずしも天文学知識の進歩とはいえないが、中国暦法の計算技術に大きな革新をもたらしたものといえよう。いずれも後世の暦法が踏襲したところで、進朔之法は元授時暦になって廃止されたが、総法を共通の分母とすることは、授時暦において日の端数をすべて一万を分母として表わす小数記法の先駆といえる。すなわち歳、月その他の基本定数を示す日数の端数が、麟徳暦以前にはすべて異なる分母を使って表わされ、そのために章蔀紀元などの周期が導かれたが、李淳風はこれらすべてに共通な総法をもって分母としたのである。もちろん後世の暦法では、この共通分母を呼ぶ名称は一定していない。

麟徳暦が実施されたのは、麟徳二年の翌年、すなわち乾封元年（六六六）からであった。同時に太史令瞿曇羅（補遺）の上った経緯暦を参考にしたことが、「唐志」にみえている。この暦法がいかなるものであったかは不明であるが、瞿曇羅はインドの Gautama 姓の音訳であり、従ってインド暦法によったものと推定される。インドの天文学者とその暦法が重んぜられるようになったのは、この時以来であった。この瞿曇羅はさらに則天武后の聖暦元年に光宅暦を作っているが、これは実施されなかった。この則天武后の下では、一時その国号を周と改め、その永昌元年（六八九）一一月をもって改元して天授元年正月とし、周正（冬至正月）を採用した。その次月一二月を臘月と呼び、従来の正月である建寅月を一月と称した、前漢のころに盛んであった三正論が、再び復活したのである。この周正の採用は、前後一一年にして聖暦三年に中止となり、再び夏正に復した。唐代には、粛宗の時に一時周正を採用したことがある。いま漢太初暦で夏正が採用されてから、三正論によって変則的な歳首を採用した諸例を列記すると次のようである。

	歳首	行用
王莽始建国元年	建丑	一五年
三国魏明帝景初元年	建丑	二年
唐武后天授元年	建子	一一年
唐粛宗上元二年	建子	一年

なおこれ以後にはかかる例は全くなくなった。

麟徳暦は開元一六年に至るまで、前後六三年にわたって施行された。その間、中宗の時に南宮説は麟徳暦の上元が合璧連珠の正でないとして、神竜元年乙巳歳にちなんで乙巳元暦を作ったが、その内容はほとんど李淳風の法によった。ただ母法をすべて一〇〇とした点は麟徳暦より一歩を進めたといえる。しかし、この神竜暦はついに施行されなかった。

三　大衍暦とそれ以後の暦法

開元九年以来、麟徳暦による日食予報が適中しなかったため、一般に改暦の必要が認められていた。この時、僧一行（俗名張遂）が玄宗の勅命を受けて新暦を編纂することになった。[71] 梁令瓚は黄道遊儀その他の観測儀器を作り、新たに二十八宿の相距度数を観測し、また黄赤道の関係を数量的に検討した。この優秀な観測をとり入れ、開元一五年に一行の暦稿が完成したが、たまたまその年に一行は亡くなった。そこで特進張説と暦官陳玄景は詔を承け、一行の法に基づいて暦術七篇、略例一篇、暦議一〇篇を作り、張説の上表を付して玄宗に上り、ついで開元一七年（七二九）から新しい大衍暦が頒布されることになった。暦の名称は易数に基づき、大衍数を推して術法を組織したことに依っている。暦術七篇は立法の本源を明かにし、暦議は古今の得失を考え、略例は述作の本旨を述べたもので、暦法の体裁は完備していた。一行の大衍暦こそは、唐暦を代表するものであり、後世への影響は大きかった。[72]

大衍暦には天文計算の立場からみて幾多の重要な創意が施されているが、その一、二を記しておこう。まず日行盈縮の法において劉焯の法を補い、やや完全な域に進めたことが挙げられる。すなわち大衍暦になって、太陽運動における不等（inequality）の主要項としての中心差が明確に知られたのである。また、劉焯にはじまる補間法を一般のばあいに拡張したことも大きな功績であった。さらに九服の日晷を測定し、各地における日食の食分を算定したことは、もとよりまだ完全とはいえないが、大衍暦の創見であるとともに、食推算上における一進歩といえよう。

しかし、唐代の人々にとって、大衍暦の魅力の一つは易数をもって術法を付会した点にあった。清朝の学者阮元の『疇人伝』には「昔人いう、一行は易を竄入して以て衆をくらますと、これすなわち千古の定論なり」と非難しているが、これは唐以後の学者による合理的立場からの批判といえる。暦数を易に基づいて組織することは、すでに漢の三統暦にはじまっている。これが大衍暦において一段と組織化されたまでである。このように形而上の学問である易と、形而下に属する暦法とを結合し、それらを綜合的に論ずることは、中国における自然科学の特質を顕示するものである。中国歴代の正史には天文現象を取扱って、「暦志」（律暦志）及び「天文志」の二志をあてている。「暦志」は現象を数量的に扱っているのに対し、「天文志」はもっぱら星占の立場から天文現象をとりあげる。自然現象を解明するのに、数量的取扱いのみでは不十分であり、さらに形而上学的説明を必要とするというのが、中国の伝統的な考え方である。今日の自然科学と比較するならば、学問的方法において、さらに根本的な学問の理念において、過去の中国人は全く別個の見解を持ち続けてきたのである。このような見解はいかにして生れたのであろうか。

中国人は古くから天に対する絶対的信仰に生きてきた民族である。この天とは宇宙の理法であり道徳の帰一するところであると同時に、現に日月星辰の運行する具体的な天空をも指すのである。かかる天への信仰から、漢代における天人相関の学説が生れる基礎があった。この学説に従えば、自然現象そのものが純然たる客観的対象でなく、人間の運命を左右する力として、主観を包容する。人事現象が説明しつくされない複雑性を持つように、自然現象を律する単一な学問が存在することは、過去の中国人には到底考えられなかった。「唐志」大衍暦議をみるに、暦法は天空の常態を予報するもので、このほかに数量的方法の及ばない変異があるのは当然であり、もしかかる変異がなければ政教の善悪に対する天の意志をいかにして知るかということが記載されている。かくて天体現象を説明するのに、数量的な暦法と玄理的な要素とが同時に必要となってくる。一行が易数をもって暦法を説いたのは、その根底に、古代から持ち続けた天への信仰が存在した結果であるといわねばならない。

玄宗の時代、開元六年に太史令瞿曇悉達が勅命を奉じて九執暦[73]の翻訳を行った。これはインド天文書に基づくものであり、三角関数の正弦値にあたる表があり、また天文学的にはギリシア以来の法を伝えたものとして、きわめて注目される。しかし、この暦法は唐代学者によって省みられず、伝統的な中国暦にはほとんど影響を与えなかった。大衍暦が頒行されてから、瞿曇譔、陳玄景などが、大衍暦は九執暦をまねたものであるといって非難したが、これは全く事実に反する。大衍暦はあくまで中国暦の伝統を受け継いだものである。当時、中国の天文学者たちはインド天文学者による計算結果を借用したまでで、九執暦によって代表されるインド天文学に対しほとんど理解への態度を示さなかったのが実情であった。

天宝の大乱を境にして唐王朝は衰微に向った。これが頒暦の上に影響し、官暦の流通が妨げられるような事態が起ってきた。

代宗の宝応元年（七六二）に月食の予報が適中しなかったため、大衍暦に代って郭献之の五紀暦が施行されることになった。「唐志」によると、この暦は麟徳・大衍の二法を折中したもので、その用語は多く大衍暦よりとり、定数は麟徳暦と同一なものが多く、全体として大衍暦にまさるものではなかった。徳宗の時代になって、気朔の時刻が天より後れ、天体の位置推算も大衍暦とかなりちがっていたため、再び麟徳・大衍の要旨を雑えて司天徐承嗣及び夏官正楊景風らが新暦を作った。これが建中五年（興元と改元、七八四）より施行された正元暦である。憲宗の元和元年まで、およそ二三年間にわたって頒行された。なお『五代史』司天考をみると、建中年間に術者曹士蔿が「顕慶五年を以て上元とし、雨水を歳首とす」る新法をはじめ符天暦と号したが、世にこれを小暦といい、民間で行われたとみえている。截元を用い、雨水を規準とする点で、伝統の枠より幾分はずれた暦法であり、何か異質なものを感じさせる。日本の平安朝時代には、陰陽道と並んで宿曜道なるものが流行したが、前者は中国暦法とそれに結びつく暦註の知識を基礎とするものであるが、宿曜道は西方的な天文を加味したもののようである。この宿曜道の名は、乾元二年に僧不空が訳し広徳二年に楊景風が注を加えた『宿曜経』(74)と結びつくものであるが、宿曜道では『宿曜経』に示された星占のほかに、実際に暦日の推算をも行った。この時に使用された書物が「符天暦」であり、その内容の幾分かが日本に現存している。(75)(補遺)この符天暦が唐代にどのような形で民間に行われたかは明白でないが、符天暦以前から太史局の頒暦は各地に行きわたらず、そのために偽暦が発行されて暦日の齟齬を生じていた。このことは宋の王讜の『唐語林』巻七にみえており、太史の暦本が江東に行きわたらず、偽暦の発売者のあいだで訴訟が起ったことを伝えている。暦書は単に気朔を調えることのほかに、迷信的暦註の記入が行われたが、これには西域方面からの星占が伝わって一段と拡大され、安史の乱以後には民心の不安に乗じてこの迷信が広く行われた。「密」字をもって日曜日を示すことも唐代に行われたが、この七曜日も暦註として重要視されたのである。『全唐文』巻四一〇に常袞の禁蔵天文図讖制が収録されるが、それには乱後民間に星暦を習うものが多く、七曜吉凶の説が行われてはなはだ弊害が多かったという。また、宋の李上交の『近事会元』巻五に「唐文宗太和九年（八三五）一二月、諸道州府に勅し、私かに暦日板を置くことを得ざらしむ」とあり、迷信暦の流布によって民心の不安を醸成することを恐れたものと思われる。曹士蔿の符天暦は、やはり民間に行われた偽暦の基礎となったものと思われるが五代の呉越で公用され、後に五代の官暦となった調元暦はこの小暦の影響を強く受けたのである。

正元暦に代って、憲宗の元和二年（八〇七）から観象暦が使用された。この暦法はかなり粗略であったため、直ちに改暦の必要が起り、穆宗の長慶二年（八二二）から宣明暦が施行されることになった。観象、宣明の二暦は、共に徐昂の手に成ったもので、後者は昭宗の景福元年まで、およそ七一年間にわたって頒行された。「唐志」には宣明暦を推称し、大衍暦の後における最もすぐれた暦法であるといっている。この暦法はまたわが国と深い関係があり、持統天皇の貞観四年から江戸時代の貞享元年まで、実に八百有余年にわたって施行された(76)。

唐代最後の頒暦は、昭宗の時に撰定された崇玄暦であった。太子少詹事辺岡と司天少監胡秀林及び均州司馬王墀の三人が作暦の任にあたり、特に辺岡がその中心となった。辺岡は算数に巧みであり、推算技術に創意を示した。相減相乗の法と呼ばれるものが、それである。崇玄暦は唐の滅亡後も五代の王朝で使用され、一時の中断はあったが、その施行は前後五八年に及んだ。

唐と宋とのあいだにはさまれた五代の時代には、唐末の崇玄暦が行われた。ただ後晋及び後周の王朝で二種の新暦が短期間使用されたことがある。その一つは後晋天福四年（九三九）三月丙辰より五年間用いられた馬重績の調元暦である。『五代史』司天考によると、

晋高祖の時に至り、司天監馬重績は始めて更めて新暦を造れり。復た古の上元甲子冬至七曜の会を推さずして、唐天宝十四載乙未より起し上元となし、正月雨水をもって気首となす。

とあって、その特色は上元積年を用いず、雨水を気首とすることである。しかし、これらの二点は唐の曹士蔿の符天暦に依ったものと思われる。同じく『五代史』の馬重績伝によると、調元暦は唐の宣明・崇玄の二暦の長をとって作ったとみえているが、その術法は伝えられていない。ただその日法が一万であるため、俗に万分暦と称されている。また天宝一四年乙未を上元とするところから、乙未元暦とも称される。この調元暦のほかに、五代後周に行われた新暦は王朴の欽天暦である。『旧五代史』暦志に載せられた欽天暦には脱誤が多く、欧陽修の『新五代史』は劉羲叟の訪捜に基づいて補っているが、なお完備していない。欽天暦は崇玄、符天暦の亜流であって、特に注目すべきものではない。以上のほか、頒行されなかった暦法に、後周の王処訥の明元暦があった。当時は乱世の時代であり、五〇年ほどのあいだに後梁、後唐、後晋、後漢、後周などのほか、多くの国が乱立し、各国が独自の暦法を持つこともあったと思われるが、その詳細は明白でない。『北夢瑣言』及び『十国春秋』によれば、前蜀は胡秀林の永昌及び正象の二暦を用いたとあり、また『北夢瑣言』には向隠の暦法、『十国春秋』には南唐の陳承勲の中正術の名がみえる。また『五代史』司天考には南唐に斉政暦があったというが、これらはいずれもその内容は明かでない。

なお近時、敦煌文書の中に、五代、宋初の暦書があって、暦法研究の上で貴重な資料を提供している。これらはすべて具注暦であるが、七曜の中、日曜日を「密」字で朱書していることは、すでに注意されてきた。また王重民がペリオの招来した後唐同光四年、後周顕徳六年、宋雍熙三及び淳化四年暦の暦日を調査した結果では、それらはそれぞれ後唐、後周及び宋の暦法による推算と合致しない(77)。けだし安禄山の乱後、辺境には吐蕃が進入し、それ以後中国本土と別個の暦法が使用されたらしい。王重民は、孫光憲の『北夢瑣言』の記事により、前蜀の暦法と同光四年の敦煌暦とが一致することを述べている。

次に宋代の暦法について簡単に述べよう。南宋の鮑澣之の暦論に「宋朝の敝はしばしば暦法を改むるにあり」と述べているが、一八帝三二〇年の宋代を通じて一八回の改暦が行われており、改暦の度数は唐代をはるかに越え、前後の王朝を通じて最も頻繁であった。清初の学者王錫闡はその著『暁庵新法』の自序に「宋に至りて暦は両途に分る、儒家の暦あり暦家の暦あり、儒者は暦数を知らずして虚理を援きて説を立て、術士は暦理を知らずして定法をつくりて天を験す、天経地緯、躔離違合の原は、おおむね未だ得るあらず」とあるように、度々の改暦にもかかわらず、宋代の暦法は唐代の亜流であって、特にとりあげるものは少ない。北宋仁宗時代に、崇天暦による日食予報が適合しなかったために、頒行三年にして改暦の議が起った。その時に宋代暦学の第一人者と称せられた劉羲叟が、「崇天暦は頒ちて三年をこえ、差う所は幾ばくもなし、なんぞたまたま天変に縁って軽々しく改移を議すべけんや」と論じ、敬授人時の目的に合すれば、食予報が完全に一致しないという理由で改暦すべきでないと述べ、その意見が容れられた。わずかな誤りによって改暦を行っても、十分な準備を行う余裕を持たなかった当時の実情を、劉羲叟は強く指摘したのであった。彼は宋代暦学者の能力を知悉しており、その能力をこえて更に精確な予報を要求する風潮に反対したのである。しかし、宋代の一般暦家は、小異をもって直ちに暦法の誤りとし、軽議して改暦を行うのが常であり、しかも新たに採用されたものもほとんど面目を改めるものでなかった。ことに南宋になると、暦法の最大目的たる気朔にさえ誤りを生ずる状態となり、暦学の衰微はまさに極点に達した。暦家はいたずらに論議に走り、軽薄な宋代士大夫の風潮を反映して余りあるというべきであろう。このように、科学的な立場から注目すべき暦法は少ないが、しかし瑣末な点で元の授時暦に影響を及ぼしたものがあった。

宋初は五代周の王朴の欽天暦を使用したが、乾徳元年（九六三）四月、司天少監王処訥は応天暦を作り、これが翌二年より頒行された。この暦の元法（日法にあたる）は五代の調元、すなわち万分暦の定数に基づいており、朔余の太強を避けるため、二を増して分母を一万零二とした。はじめ王処訥は王朴とともに後周に仕えたが、欽天暦の誤りを指摘してひそかに王朴に対し「この暦はしばらく用うべし、久しからずしてすなわち差わん」といったという。宋初になって欽天暦の疎略が明かとなり、前朝以来の宿題を解決するために応天暦を作った。従って宋初第一回の改暦よりして、深い政治的理由を持たなかったといえよう。

応天暦は太平興国年間になって誤差を生じ、その六年に、王処訥をはじめ冬官正呉昭素、徐瑩、董昭吉らがそれぞれ新暦を作った。この中、呉昭素の暦法は苗守信らの校定を経て、太平興国八年（九八三）より頒行された。これが乾元暦であるが、北宋の有名な暦学者周琮が指摘しているように、はなはだ疎略なものであったため、太宗に代って真宗が即位すると、司天監の役人であった史序らに命じて新暦を作らせた。これが咸平四年（一〇〇一）より施行された儀天暦であった。しかし、真宗の末年になると、早くも改暦の議が起り、司天役人張奎が中心となり、楚衍、宋行古らと新暦を作った。これが仁宗の天聖二年（一〇二四）より施行された崇天暦である。崇天暦の撰者については、「宋志」には楚衍、「元志」には宋行古とあり、いずれも張奎の名を欠いている。この暦が、劉義叟の建言によって続行されたことは、上述の如くである。やがて天聖七年には、新たな観測を行い、周琮、楊皡、于淵らが崇天暦に増補を加えた。なお崇天暦について注目すべき点は、赤道度より黄道度を求めるにあたって、辺岡の相減相乗法を用い、全体として応天、乾元、儀天の三暦と比べてやや詳密になったことで、そのため一時の中断はあったが、北宋時代を通じ最も長く用いられた（前後四八年）。

英宗の治平二年（一〇六五）から凡そ三年間、周琮の明天暦が採用されたが、神宗の熙寧元年七月の月食予報に失敗し、再び崇天の旧に復した。「宋志」をみると、周琮は皇祐年間に大々的な天文観測を行い、また義略一篇を著わして古今の得失を論じたとあり、古来の暦法に通じた学者であった。しかも彼の新暦が早くも失敗に終ったことは、当時の暦法が原理的にみて日月食を完全に予報するものでなかったからで、周琮の学問を責めることはできない。神宗の熙寧八年（一〇七五）、崇天暦に代って衛朴の奉元暦が行われた。当時司天監を主宰したのは有名な沈括であり、彼の『夢渓筆談』巻八によると、彼は草沢より衛朴を登用して新暦を作らせた。しかし、周囲の反対が強く、わずか一八年の施行の後、哲宗の紹聖元年（一〇九四）には、皇居卿の観天暦が施行された。なお『夢渓筆談』補筆談巻二には、立春を歳首とする太陽暦の提唱があり、これまで多くの学者によって注目されてきた(78)。

徽宗の崇寧二年（一一〇三）には、姚舜輔が作った占天暦が頒行された。姚舜輔はまもなく、紀元暦を作り、これが崇寧五年より頒行された。この紀元暦はその計算法においてやや特色があり、以前の暦法に比べて詳細であった(79)。清初の暦学者梅文鼎は「宋暦は紀元より善なるはなし」と推称している。

徽宗の末年、遼を滅した金はその余勢をかって宋の都を陥れた。この騒乱のため、儀器・図籍の類は多く失われたが、それにも増して重大な打撃は、この乱を境にして暦学の伝統が一時中断したことである。紀元暦も一時亡佚してしまったが、紹興二年になって南宋第一代の高宗は重価をもってこれを購入し、その翌年（一一三三）より、再び紀元暦が行われたのである。靖康の変より紹興二年に至る五年間のあいだ、どのような暦法が行われたかははっきりしない。『建炎以来繋年要録』の月朔はすべて紀元暦に合致するが、清朝の学者汪曰楨によると「蓋し史家は紀元術を以てその月朔を追正せるにより、当時の本法に非ず」と述べている。

紹興五年正月の日食に際し、常州の布衣陳得一の推算が適合した。侍御史張致遠の推薦によって陳得一は新暦を作り、翌六年より頒行された。これが統元暦である。「宋志」によると、改暦が行われたとはいえ、依然として紀元暦による推算が用いられていたようである。こうした混乱は次の乾道暦のばあいにもみられた。孝宗の乾道初年に光州の士人劉孝栄が五代の万分暦に範をとり、三万分をもって日法とする七曜細行暦なるものを上った。そこで統元、紀元及び劉孝栄の新暦をもって互に参照して行う状態であったが、乾道四年からは新暦を乾道暦と呼び、これを中心として推算が行われた。当時の学者裴伯寿は、乾道暦を激しく非難して「乃ちまず暦をつくり、後にはじめて測験す、前後到置し、ついに差失多し」と論じた。また当時の風潮は「時に天を談ずる者、各々技術を以てあい高しとし、たがいに低毀す」る状態であり、暦官が一致して支持し、また国家が一世の大典とするほどの暦法はなく、五代民間の小暦に基づく乾道暦がかりに施行されたにすぎない。

孝宗の淳熙三年になって、判太史局の李継宗が主宰して淳熙暦を作り、これが翌四年（一一七七）より頒行された。作暦の中心はやはり劉孝栄であって、旧態依然たるものであった。早くも淳熙一二年に楊忠輔は新暦を作って、淳熙暦の誤りを指摘した。その翌年には布衣皇甫継明、劉孝栄らを会して、その年九月一六日の月食を推算させたが、いずれも満足な結果を得なかった。同じく一四年には、石万なるものが唐末の崇玄暦に基づいて五星再聚暦を作った。このように活潑な暦論はあったが、一人の特達の士も出なかった。

孝宗に代って光宗が即位し、その紹熙元年（一一九〇）には太史局で新暦が作られ、翌年正月より会元暦として頒行された。この暦も、乾道・淳熙二暦と同じく劉孝栄が中心となって作られた。同じく四年に布衣王孝礼は会元暦の気朔に誤りがあることを指摘したが、やはり十分な観測が行われずに作られた点を非難している。王孝礼に命じて銅表による観測を行わせたが、改暦は実行されなかった。

寧宗の慶元四年（一一九八）にいたり、勅命によって楊忠輔は新暦を作った。これがその翌年から施行された統天暦であった。この暦法も、施行後まもなく六年六月乙酉朔の日食を誤報し、越えて嘉泰二年五月甲辰朔の日食時刻を誤ったため、楊忠輔は免官され、草沢より暦に通暁するものを募って暦法を編纂させることになった。かくて、開禧三年（一二〇七）大理評事鮑澣之が主宰して開禧新暦を作り、翌年より統天暦に代って頒布された。従って統天暦が独立に行われた期間はわずか九年であり、暦法そのものは疎略であったが、この暦では上元の代りに截元を用い、また歳実消長之法をとり入れた。この二つは、元の授時暦にもとり入れられ、宋暦中やや興味のあるものといわねばならない。ついで嘉定三年には戴渓を提領官とし鮑澣之、鄒准、王孝礼、劉孝栄らを督して新暦を作らせたが、これは頒行に至らなかった。「宋志」によると、当時韓侂冑が政権を握り、国家多事のために暦法の問題はとりあげられず、統天暦に開禧暦をまじえて施行し、不十分なままで四五年を経過したのである。

理宗の淳祐一二年（一二五二）の暦は、李徳卿の淳祐暦によって推算されたが、譚玉はこの暦法を非難した。かくて譚玉の会天暦が宝祐元年（一二五三）より施行された。咸淳六年（一二七〇）には、蔵元震が会天の置閏法を非難し、そのために判太史鄧宗文、譚玉などは官を降された。しかし、清朝の学者銭大昕の批評によると、蔵元震はほとんど暦法を知らなかったようで、しかも元震の非難に対し太史局の暦官が十分に答えることができなかった。このように宋末の暦官は、学問的にみてきわめて浅陋であった。度宗の即位とともに、陳鼎の成天暦が咸淳七年より施行された。まもなく元の大軍によって宋都臨安は陥落し、陸秀夫は端宗を擁立して海上に走った。この間、礼部侍郎鄧光薦及び蜀人楊某が本天暦を作ったが、今は亡佚して伝わらない。

五　遼・金の暦法

遼初に使用された暦法は不明であるが、太宗の大同元年（九四七）に後晋の都汴京を降し、はじめて乙未元暦、すなわち馬重績の調元暦を獲得し、穆宗の応暦一一年（九六一）からこの暦法による推算が行われたようである。その後、遼は聖宗の統和一二年（九九四）より可汗州刺史賈俊が進めた大明暦を採用した。『遼史』暦象志によると、賈俊の大明暦は劉宋祖沖之による同名の暦法と同一であるとし、『宋書』より大明の旧法を転載収録している。清朝の暦家汪曰楨は、賈俊の大明暦を祖沖之のそれと同一視することは遼史の憶度であるとし、両者を別個のものと考えているが、おそらくこの説が正しいのであろう(80)。

はじめ遼に隷属していた女真族の一酋長阿骨打は遼天祚帝の軍を破り、宋の政和五年（一一一五）に帝位を即き、国を大金と号した。これが金の太祖である。金は宋と盟約し、南北より遼を攻めるの策に出て、太宗の天会三年に遼を滅した。その余勢をもって宋を圧迫し、ついに宋の都汴京を陥れた（宋靖康二年　金天会五年、一一二七年）。この靖康の変において、汴京にあった儀器・図籍はすべて金の所有となったが、この年に司天楊級は大明暦を作った。賈俊のそれと同名であるが、「金志」によると、その暦法の詳細は明らかでなく、当時宋で行われた紀元暦に基づいたという一説が記述されている。この大明暦は、その後、趙知微の重修を経た。この重修大明暦は元初にも使用されたが、『元史』劉秉忠伝には、元初の暦を「現行の遼暦」と記している。この記事によって、汪曰楨は賈俊の大明暦と楊級及び趙知微のそれを同一の内容のものと断定しているが、十分な論拠があるわけではない。『元史』暦志によると、授時暦撰定にあずかった許衡が、「金は暦を改むると雖も、ただ宋の紀元暦を以て、わずかに損益を加えるのみ」といっており、「金志」の一説を肯定している。楊級の大明暦は紀元暦を修正したものというべきであろう。

楊級の暦法は、天会一五年（一一三七）に頒布され、その後、世祖の大定一一年（一一七一）に司天監趙知微が重修し、金末を経て元の至元一七年（一二八〇）まで施行された。「金志」にはこの重修大明暦が詳しく収録されている。暦法上からは、元初は宋の正朔を襲わず、かえって金の暦法を使用した。しかし、至元一八年から施行された授時暦には、すでに述べたように、南宋の統天暦の知識も併せてとり入れられた。

六　結び

以上、簡単に唐宋の暦法を展望した。隋から唐に至って前代の暦法が集大成され、よく後世の模範となった。宋の時代は、唐暦を受けつぎながら、一八回に及ぶ多数の改暦を行ったが、その一、二を除き粗漏なものが多かった。その中で、北宋の紀元暦はやや善暦の名にふさわしく、これが金を通じて元初に影響した。しかし、元の授時暦の成立には、紀元暦とともに南宋の統天暦の影響があったことが見逃せない。唐宋時代になってようやく改暦が頻繁に行われるようになったのは、受命改制という儒家的イデオロギーが幾分勢力を失い、これに代って、むしろ天象に合致させようとする科学的合理性が追求された面があると考えられ、この点に近代精神の勃興をみることができる。ただ伝統の力に圧倒され、科学的合理性の要求に十分に応えることができなかったのが実情といえよう。ともあれ暦を神秘的に考える思想は、唐中葉以降には微弱となっており、むしろ天象との合致を暦法の目標とする傾向が強くなったことを指摘しておこう。

(66)　隋代の暦法については小著『隋唐暦法史の研究』（一九四四年刊）八―二〇ページに述べた（本著作集第2巻収録）。

(67)　劉焯の天文学的業績について前注の小著でかなり詳しく論じておいたので、それを参照されたい。

(68)　唐代の学者が自然法則をどのように理解したかについては、小論「中世科学技術史の展望」自然法則の理解の仕方（『中国中世科学技術史の研究』一九六三年刊、一八―二三ページ）でやや詳しく論じた。なおこの書物にも唐代の天文学をとりあげておいた。

(69)　経朔は平朔もしくは常朔ともいう。唐代には経朔と呼ぶ場合が多い。経朔法は一朔望月として二九日半余の平均値をとり、小大月を交互におき、時に大月を二個連続させた。月の実際の盈虧と暦日とは厳密に対応しない。この点で定朔法がすぐれている。

(70)　戊寅暦では四大が連続するほか、三小が続くばあいが起った。これを四大三小という。

(71)　一行については春日礼智「一行伝の研究」（『東洋史研究』第七巻　一九四二年刊）、長部和雄「一行禅師の研究」（『密教研究』八七号　一九四四年刊）、小論「唐僧一行について」（仏教와諸科学、東国大学校一九八七年刊、所収）（本著作集第2巻収録）などがあり、また大衍暦の大体については加地哲定「大衍暦考」（『密教文化』三三・三四・三五号　一九五六、五七年刊）を参照。他に李迪『唐代天文家張遂』（一九六五年、上海）、さらに、一九七九年にMalmga大学に提出された学位請求論文Ang Tien Se: I-Hang (683–727 A. D.), His Life and Scientific work がある。

(72)　その詳細は小著『隋唐暦法史の研究』（本著作集第2巻収録）に述べたが、訂正を要すべき点があり、その点については筆者編「中国中世科学技術史の研究」一二四ページに述べておいた。

(73)　インドの数理天文書及び九執暦の内容は、小著『隋唐暦法史の研究』参照。また九執暦の英訳はResearches on the *Chiuchi-li*——Indian Astronomy under the T'ang Dynasty, *Acta Asiatica*, 36, 1974 参照。なお、一九七七年に瞿曇悉達の子瞿曇譔の墓誌が西安で発見され、瞿曇氏の家系が明らかになった。晁華山「唐代天文学家瞿曇譔墓的発現」（『文物』一九七八年）

(74)　『宿曜経』をはじめ、星占を中心とした西方天文書の唐代に伝えられたものについては『中国中世科学技術史の研究』一五九―一七六ページに詳しく論じておいた。なお矢野道雄『密教占星術』一九八六年刊参照。

(75)　天理図書館の符天暦断片については、桃裕行「符天暦について」（『科学史研究』七一号　一九六四年刊）、中山茂「符天暦の天文学史的位置」（同前）参照。なお桃裕行「日延の符天暦齎」（『律令国家と貴族社会』一九六九年刊所収）がある。

(76)　九一八年の建国した高麗においても、その当初より宣明暦が使用された。その後、忠宣王（一三〇九―一三）に至って元授時暦を使用したが、交食に関してはなお宣明の法を用い、高麗滅亡（一三九二）まで変らなかった。なお宣明暦の計算法については、小著『隋唐暦法史の研究』で詳しくとりあげた。

(77)　王重民「敦煌本暦日之研究」（『東方雑誌』第三四巻　一九三七年刊）

(78)　沈括が立春を歳首とする太陽暦を提案したことは、従来沈括の創意として高く評価されてきた。しかし、暦注の面では、それ以前から「節」切りの方法が行われ、事実上太陽暦による計算法が行われていた。したがって沈括の提案をいくぶん評価しなおす必要があろう。小論「唐代における西方天文学に関する二、三の問題」（『塚本博士頌寿記念仏教史学論集』一九六一年刊、八九〇ページ）参照。

(79) 宋代の天文暦法については『宋元時代の科学技術史』の中の小論でとりあげたが、紀元暦の特色及び金の重修大明暦との関係については、同書九二—九七ページ参照。

(80) 遼金の時代を通じて三種の大明暦が使用された。すなわち賈俊、楊級、趙知微のそれである。趙知微の暦法は重修大明暦とあり、楊級の法を増補したことは明かであるが、賈俊、楊級の法及び祖沖之の大明暦との関係などについては問題が多い。この点については『宋元時代の科学技術史』九一ページに遼・金の大明暦として論じておいた。

［編者注］

2 「律暦志」の記事に従っている。本伝には六年とある。

五　宋代の星宿

北宋の時代は、中国の歴史の中でも比較的よく観測儀器が整備されたが、さらに珍らしいことには、四回にわたって恒星観測が行われ、しかもその中、皇祐年間の観測資料は現在に伝えられている。全天の星座の中、赤道に沿った二十八宿は日月などの天体の位置を表示するための基礎になるもので、これに関する観測は古来しばしば行われ、必要な数値は各代の正史に著録されている。しかし、それ以外の星座は、その名称、星数さらにそれに結びつく星占的記事は『史記』天官書以後、正史の天文志に書かれているが、しかし位置を数量的に書きとめたものは、上述の石氏星経などを除いて宋以前の文献には見当らない。その意味で宋代の恒星表はきわめて貴重な資料といえる。こうした資料を基礎にして描かれた星図が、さらに南宋の時代に石刻され、しかもこの石刻天文図が現存している。これは現存する世界最古の星図といえよう[10]。こうした宋代の星宿に関する諸問題を述べるまえに、星座の歴史について簡単にふれておこう。

最初に中国で星座を綜合的に記述したのは『史記』天官書[81]である。索隠の文によると「星座に尊卑あること、人の官曹列位のごとし、故に天官という」とみえており、星座名の多くが官制によっており、いかにも政治的な中国文化の性格がここにもうかがえる。星座の中、官制によらないのは二十八宿であって、このことはそれらが自然発生的なものであることを暗示する。もとより天官書は星占的記述が中心であって、星宿や星の数もそれほど豊富でないが、しかし、名称はその後も長く伝承されてきた。これ以後、星座の知識を集大成したのは三国呉から晋初にかけて活躍した天文学者陳卓である。『晋書』天文志には、

（晋の）武帝の時、太史令陳卓は甘・石・巫咸の三家をすべ、著わせる星図は、およそ二百八十三官、一千四百六十四星、以て定紀となす。

とみえている。ここでは星座を示すに官の字をもってしている。なお『隋書』[82]天文志には陳卓を呉太史令とし、星数は一四六五で上文より一星多い。しかしともかく、二八三星座一四六四星というのが、中国人に知られた星座の知識であって、後世もほとんどこの標準を守ったのである。陳卓が描いたと思われる星図は失われたが、下って隋の時代に丹元子なる人物が『歩天歌』[83]を撰し、その中で陳卓と同数の星座及び星数を巧みに詠みこんだ。これが現在に伝わり、天官書以後に集成された星座の知識は、これによって知ることができる。これはギリシアのアラートスの天文詩に匹敵するものであろうか。なおこの『歩天歌』において、大別して星座を三垣二十八宿に分属せしめることが行われている。三垣とは紫微、太微、天市の三垣である。これ以前、『史記』天官書及びそれを踏襲した『漢書』天文志では星座を中官及び四方の官に分属せしめた。中官とは北極を中心とする星座であり、これが『歩天歌』では三垣に分れる。また『晋書』、『隋書』の天文志では二十八宿を境として、北を中官、南を外官に分った。しかし、『歩天歌』によって三垣二

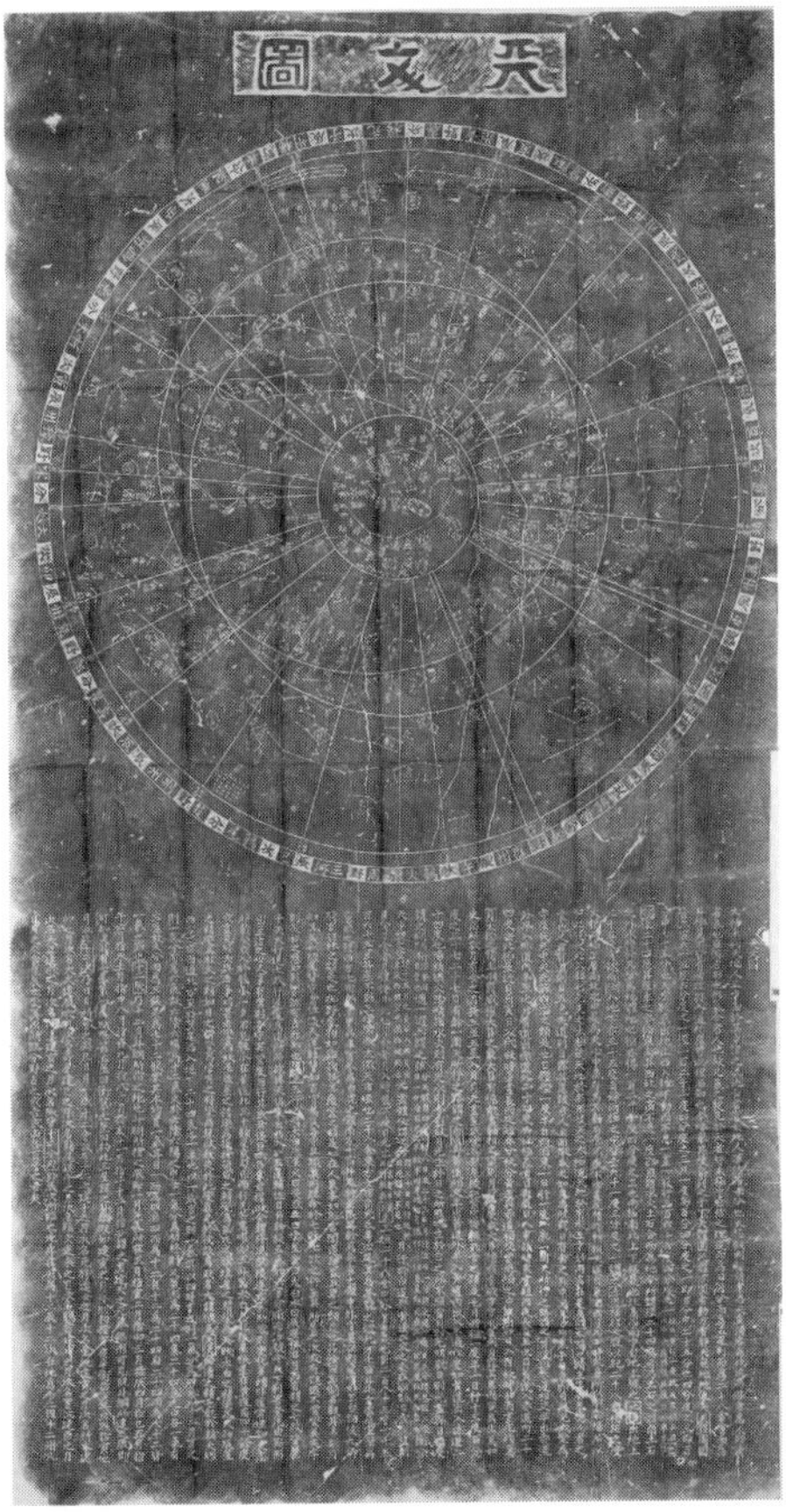

図５　南宋淳祐天文図（宮島一彦蔵）

十八宿への分属が行われてから、後世の文献はこれによった。『宋史』天文志もまた範を『歩天歌』にとったことはいうまでもない。

星座を記載した以上の文献では、星座相互の位置が東西南北などの簡単な句によって指示されているだけで、その文章だけからはこれらの星座がいかなる星々を包含するかはほとんど決定できない。元・明を経て宋以前の天文学の伝統は失われたが、清朝のはじめに耶蘇会士南懐仁（F. Verbiest）は勅命によって『霊台儀象志』を撰集し、二五九座一一二九星について推定を行ったが、残りの二四座三三五星は全く照合することができなかった。ところで現在われわれが古代の星を現代の星に照合する上で最も便利なものは、上海の徐家匯天文台より出版された、

Catalogue d'étoiles fixes observées à Pékin sous l'empereur K'ien-long, 1911.

である。この星表は乾隆帝の下で勅撰された『欽定儀象考成』に収録された星の観測資料にもとづき、宣教師のシュバリエが土橋八千太師の助力を得て星の照合を行ったものである。基礎となった『儀象考成』には乾隆九年（一七四四）の観測による、『歩天歌』と同じ名称を持つ二七七座一三一九星の赤経、赤緯が与えられている。なおこれは主として当時の耶蘇会士戴進賢（I. Koegler）によって観測集録されたものである。シュバリエ・土橋師らはこれらの星に対して歳差の補正を加え、一八七五年の位置を算出し、当時の新しい星表と照合して星の西洋名を決定した。同時にそれを図に示し、あわせて出版したのが前述の星表である。この星表を点検するに、『儀象考成』の観測位置に該当する星の見出し得ないものや、またたとえあっても、七等級前後の光度で肉眼では見えない星がかなり含まれている。しかし、ともかく『歩天歌』にある二八三座中の大多数がはじめて同定されたといえる。だがこのシュバリエ・土橋表の基礎になった『儀象考成』が果して古代の伝承をそのままに継承しているかは、必ずしも保証できない。すでに二、三の学者が指摘している如く、『儀象考成』の星座と古代のそれとのあいだには、かなりな移動がみられる。(84) このことは、たとえば『宋史』天文志の簡単な記述や現存の南宋の石刻天文図と比較しても容易に知られる。

従って古代の星座や星を論ずる場合に、土橋師らの星表を最初から信頼することはできない。宋代における恒星観測を吟味することは、そうした問題について幾らかの貢献を行い得るであろう。しかし、古代の星座の検討を行うばあい、土橋師らの星表からスタートするのが賢明であり、照合された星について宋代の観測値に適合するか否かを調べ、もし適合しなければ新たに星を捜求する方法をとるべきである。こうして宋代の星座について、やや確実な同定に到達することができよう。

一　皇祐年間の観測記録

中国の伝統的儀器である銅製渾天儀は、北宋時代に四回の鋳造が行われた。製作の年号をもって呼べば、至道儀、皇祐儀、熙寧儀、元祐儀[85]である。こうした渾天儀を使って、二十八宿を含めた恒星観測はまた四回であった。その第一は仁宗の景祐年間に楊維徳が行ったもので、楊維徳の『乾象新書』に結果の一部が収録されているほか、南宋の建炎年間に李季が著わした『乾象通鑑』巻八―一〇にやや詳しい記録がある。次に仁宗の皇祐年間に詳しい観測が行われたが、これについては以下にとりあげる。残りの二回は神宗の元豊年間、徽宗の崇寧年間にそれぞれ行われたが、二十八宿の赤道宿度の値しか残されていない。しかし、石刻天文図との関係で、元豊年間の観測については後に再び論ずる。

宋の馬端臨が撰した『文献通考』巻二七八及び二七九の両巻に宋両朝天文志より転載した豊富な星の観測材料が含まれている。その首文に、

旧説はみな紐星を以て枢機を正す、後に祖暅之は儀を立てて之を測る、皇祐中におよび、銅儀を以て之を管候す、

その不動処は、なお枢星の末一度余にあり。

とあり、以下三垣二十八宿に分けて、各星座の星数及びその中の特定な星の去極度と入宿度を与えている。この首文からみて皇祐年間の観測結果を収録したものと推定される。『文献通考』に引用した『両朝国史』は、仁宗・英宗の両朝の史実を正史の体裁で編修したもので、全一二〇巻の中、天文志・地理志・五行志などの志の巻数は四五巻である。元豊五年に完成し、王珪らが進呈した。ところで皇祐年間の観測については、『宋史』天文志によると、明天暦の撰者周琮が新儀をもって行ったことがみえ、さらに『玉海』巻三の皇祐星官の条に、

皇祐中、太史は渾儀を以て周天の星、すべて二百八十三官の経緯距度を測れり、……いまつぶさに存し、後世をして考えあらしむ。

とあって、当時周天の星について画期的な観測が行われたことを書きしるしている。ところで『文献通考』に収録されたのと同一資料が他書にもみえる。まず第一が『霊台秘苑』である。この書物は『隋書』経籍志にはじめて著録されたもので、北周の庾季才撰一一五巻となっているが、現存するものはわずかに一五巻で占候に関する説を述べている。『四庫提要』には、現存の『霊台秘苑』について、

北周の太史中大夫、新野の庾季才原撰にして、宋人の重修するところなり。季才の書の隋志にみゆるもの一百十五巻、周書季才本伝にはまた一百十巻に作る、これ北宋の時、勅を奉じて删訂するの本たり、ただ十五巻を存す。

とあって、またこれを『四庫全書』に収めた理由として、

顧るに隋志に載するところの天象の諸書、いま一の存するなし、この書すでに季才撰する所に拠りて藍本となせば、則ち周以前の占帙も、なお藉りて以て大凡を略見す、存して考証の資となすこと、また不可なきなり。

といっている。皇祐年間の恒星観測を収録していることからみて、宋代に重修されたというのは一応首肯できるが、庾季才当時の姿がどの程度に残っているかは甚だ疑わしい。清朝の学者銭大昕はその『竹汀日記鈔』に、

霊台秘苑十五巻、巻首に……王安礼……欧陽発……を列す。宋志に王安礼天文書十六巻を載す、即ちこの書なるかを疑う、ただ巻数やや異なれり。或は庾季才の書を刪るというも、恐らくは未だ然らず。

と記し、また現在の『霊台秘苑』巻一には丹元子『歩天歌』を転載しているから、この書は丹元子以後のもので、明かに季才の書ではないと結論している。その他、巻中には唐の李淳風、一行の名も散見していて、観測記録以外の文にも庾季才の原撰の姿が残っているかは疑わしい。現存の『霊台秘苑』は上述のような内容であるが、その巻一〇から一四に及ぶ五巻に星の観測記録が散見し、『文献通考』と比較できる星については、記事はほとんど一致し、さらに巻一〇の首文は上に引用した両朝天文志の文と同一である。このように『文献通考』及び『霊台秘苑』にみえた資料は、同じく両朝天文志によるものであり、両者の記述の相違はいずれかの伝写の誤りとすべきである。なお清朝のはじめ蘇州の陸漻の手抄になる『霊台秘苑』を参照することができ、校訂に役立たせることができた。

『文献通考』と同一資料を収録した他の書は、いずれも清初に公刊された、黄鼎の『管窺輯要』と徐発の『天元暦理』である。徐発はその著書にしばしば『管窺輯要』を引用しているから、おそらく恒星の資料も黄鼎の書より転載したものであろう。ところで『管窺輯要』はその名の示す如く、古来の天文書を大成したもので、その巻頭に集用書目を列挙しているが、その中に『文献通考』及び『霊台秘苑』は引用されていない。集用書目から推定すると、原本は『度数去極考』であったと思われるが、この書物の成立については全く不明である。

以上の三書、すなわち『文献通考』、『霊台秘苑』及び『管窺輯要』にみえた星座数は、『文献通考』が他の二書に比べてわずかに少ないが、三書を合すると二八二座となり、『歩天歌』に比べて角宿の柱のみが欠けている。この一座を除いて、二八二座中の一個または数個の星の去極度、入宿度が記述されている。『文献通考』の刊本として、京都大学人文科学研究所には建陽の劉洪及び蘄陽の馮天馭の二種の校刊本があって、両者のあいだには幾分の相違がある。後に行った計算との比較からは、むしろ後者が信頼できるようであり、従って馮本に依ることにした。また『霊台秘苑』については、抄本と刊本とのあいだに幾らかの相違があるが、抄本の方がむしろ『文献通考』に一致する。しかも上記三書の中、『文献通考』が最も信頼できるので、『霊台秘苑』については抄本の記述を採用すべきである。

二　二十八宿の検討

中国での恒星位置観測は去極度と入宿度の両者によって与えられる。去極度によって赤緯が得られ、入宿度によって赤経がわかる。ただ入宿度のばあいは、二十八宿の距星を確認しておかねばならない。二十八宿はギリシアの『アルマゲスト』の星表での十二宮と同じ役割を果している。ギリシアのばあいは、赤経赤緯の代りに黄経黄緯が使われているが、黄経は直接に春分点からの値を示さずに、各宮の始点から数えた数値が示される。十二宮では黄道を一二等分しており、その間隔はいずれも三〇度であって、各宮での数値が与えられれば、星の黄経はきわめて容易に知ることができる。しかし、中国の二十八宿は不等間隔であって、一宿の距星からその東に隣る宿の距星までの赤経差、すなわち赤道宿度（または広度）はそれぞれにちがった値を持っている。ともかく入宿度から星の赤経を知るには、あらかじめ距星を同定する必要がある。ところで二十八宿は著名な星座であって、その距星もほぼ古来の伝統を踏襲しており、時代によってわずかな相違しかない。よって土橋師らの星表による同定を基礎とし、『文献通考』などにみえる皇祐年間の観測（去極度）と逆算との比較によって、当時使用された距星を確定することができる。この逆算にあたって、

Neugebauer : *Sterntafeln*, 1912.

Boss : *Preliminary General Catalogue of 6188 Stars*, 1937.

を使用した。ことにボス星表は第四節以下にも使用され、星の同定に欠かせなかった。なおノイゲバウアーの星表については、渡辺敏夫氏が次の補遺を作ったが、それをも参照した。

Ergänzungsband zu den Neugebauers Sterntafeln（『東方学報』京都第九冊付録　一九三八年刊）

いま計算と記述（観測値）とを比較するにあたり、観測年次を便宜上一〇五〇年（皇祐二年）にとり、逆算の結果と観測値を比較すると表7の如くである[86]。なお記録にみえるのは中国度数であるため、これを現行の度数に換算した。なお『宋史』律磨志巻七には、各宿の赤道宿度が収録されており、これについて観測と計算の比較でも、ほぼ一致した結果が得られるが、この比較の結果は省略しておこう。

以上のように観測値との比較から、宋皇祐年間の観測において採用された星の同定は確定したが、漢より清に至る間における距星の異同について簡単に述べておこう。まず漢代には落下閎が太初改暦（前一〇四年）にあたって行った赤道宿度の値が『漢書』律暦志にみえている。やはり観測値と逆算との比較とになると、当時の距星は皇祐年間のそれとほぼ同一とみてよい。次に下って唐の開元年間に梁令瓚らが行った観測も奎宿（開元はδ And）を除いて全く一致する。宋代には皇祐年間のもののほかに景祐、元豊及び崇寧の観測があるが、三者はいずれも皇祐年間と同一とみてよい。次に授時暦編纂当時、すなわち元の至元一七年の観測でも、ほぼ同一の距星とみてさしつかえない。この点は明の崇禎年間の観測についてもいえるが、このばあいには奎宿（η And）だけが異なっている。なおここで注意すべきは、歳差の関係で觜、参の順が逆になっていることである。二十八宿は角にはじまり、亢氏……と西から東に数え、したがってそれぞれの距星の赤経は次第に増えている。ところが歳差のために觜、参の距星の赤経は、崇禎元年において78.°60及び78.°25となり、参は觜の西側に来るようになった。『欽定儀象考成』において觜、参の順序を踏襲ため、あえてその距星を変更したのである。すなわち『儀象考成』に次にような注意が述べられている。

二十八宿の次舎は、古よりみな觜宿は前にあり参宿は後にあり、その何星を以て距となすかは、古に明文なし。

表7　宋皇祐年間の去極度

宿之距星	西洋名	去極度（記述）		去極度（1050年として計算）	差
角　南星	α Vir	九十七度半	96.10°	96.04°	+0.06°
亢　南第二星	κ Vir	九十六度	94.62	95.59	−0.97
氐　西南星	α Lib	百四度半	102.99	101.76	+1.23
房　南第二星	π Sco	百十四度半	112.85	112.90	−0.05
心　西星	σ Sco	百十四度半	112.85	112.80	+0.05
尾　西第二星	μ_1 Sco	百二十七度	125.17	125.82	−0.65
箕　西北星	γ Sgr	百廿一度半	119.75	119.80	−0.05
斗　西第三星	φ Sgr	百十九度	117.29	117.36	−0.07
牛　中大星	β Cap	百八度半	106.94	107.30	−0.36
女　西南星	ε Aqr	百四度半	102.99	102.55	+0.44
虚　南星	β Aqr	百度半	99.05	99.41	−0.36
危　南星	α Aqr	九十六度	94.62	94.67	−0.05
室　南星	α Peg	八十度半	79.34	79.76	−0.42
壁　南星	γ Peg	八十度半	79.34	80.09	−0.75
奎　西南大星	ζ And	七十二度	70.97	70.97	0.00
婁　中星	β Ari	七十五度半	74.41	74.06	+0.35
胃　西南星	35 Ari	六十七度半	66.53	66.67	−0.14
昴　西南星	17 Tau	七十度	68.99	69.32	−0.33
畢　右股第一星	ε Tau	七十五度	73.92	73.43	+0.49
觜　西南星	φ_1 Ori	八十二度半	81.31	81.68	−0.37
参　中西第一星	δ Ori	九十二度半	91.17	91.49	−0.32
井　西北第一星	μ Gem	六十九度	68.01	67.60	+0.41
鬼　西南星	θ Cnc	六十九度半	68.50	69.17	−0.67
柳　西第三星	δ Hya	八十二度半	81.31	81.40	−0.09
星　大星	α Hya	九十六度	94.62	94.86	−0.24
張　西第二星	υ_1 Hya	百二度半	101.02	100.67	+0.35
翼　中西第二星	α Cra	百四度	102.50	103.39	−0.89
軫　西北星	γ Crv	百三度半	102.01	102.26	−0.25

……文献通考に宋両朝天文志を載せて云う、觜三星にして距は西南星、参十星にして距は中星西第一星たり。西法は、觜宿の距は中上星、参はまた距は中西一星たり。いま按ずるに、……西南星は小、中上星に大なれば、則ち中上星を以て距となすは可なり。もし参宿の中西一星を以て距星となせば、……即ち赤道度はまた参宿の後三十一分余にあり。いま順序を次するにより、参宿中の三星の東一星を以て距星となせば、……觜は前、参は後の序と合す。

よって古来の伝承を無視し、西法に従い、觜宿に対し光度の大きい λ_1 Ori を、参宿に対して ζ Ori を採用したのである。

以上のようにして、二十八宿の距星に関する限り、漢代の伝統がほぼ守られてきたことがわかる。ただ『儀象考成』では、觜、参の順序を踏襲するため、あえて新しい距星の採用にふみきったのである。

三　宋代の星図

以上で二十八宿に関する検討を終えたが、皇祐年間の観測資料を吟味するにあたって参考となる宋代の古星図について述べておこう。この星図の一つは、現在（戦前）蘇州の孔子廟に残存する宋淳祐年間にできた石刻天文図で、他の一つは宋の蘇頌の撰した『新儀象法要』に収録された星図である。前者を便宜上、宋淳祐天文図[87]と呼んでおく。簡単にこの図の来歴を述べると、淳祐年間にこの天文図のほかに三図が刻されたが、一図は失われ、天文図、地理図及び帝王紹運図が同じ孔子廟に現存する。この中の地理図の後に、次の跋文がある。

右四図は、兼山黄公が嘉邸の翊善たるの日に進むるところなり。（王）致遠、もとこの本を蜀に得たり。右浙に司臬となり、因りて摹刻して以てその伝を永くせん。
淳祐丁未仲冬、東嘉の王致遠書す。

この文によると、右刻の成ったのは南宋の淳祐七年丁未（一二四七）であるが、蜀で獲得したその原本は、もちろんそれ以前に描かれたものであった。上文における翊善とは一種の侍講であって、この記事に合致する黄姓の人は、『宋史』巻三九三にみえる黄裳である。すなわちその伝に、

黄裳、字は文叔、隆慶府普城の人、……乾道五年の進士たり、……光宗の登極するや……嘉王府翊善に遷る。……ここにおいて八図を作りて以て献ず。曰く太極、曰く三才本性、曰く皇帝王伯学術、曰く九流学術、曰く天文、曰く地理、曰く帝王紹運……卒年四十九……資政殿大学士を贈られ、……忠文と謚す。

とあり、この人物は上述の三図を描いている。また黄裳の著書に『兼山集』があったことが記載されているから、王致遠の跋に兼山黄公とあるのも異とするに足りない。嘉王府または嘉邸というのは、光宗の次の寧宗が光宗即位の年に嘉王に封ぜられているから、黄裳はこの嘉王の侍講であった。(88)

以上の記事からして、淳祐天文図の原本は黄裳の手に成り、しかもその図は光宗の初年、ほぼ一一九〇年ごろに描かれたもので、さらに黄裳自身はそれ以前の観測結果を利用して絵図にしたのであろう。星図は円形で、北極を中心として出地度数によった小円と、またさらに大きな赤道および黄道圏が描かれている。周辺には二十八宿名およびその赤道宿度が記載され、各宿の距星と北極を結ぶ線があり、この線によって個々の星の入宿度は目算からかなり精確に読みとることができる。こうした星図が何年の観測に基づいて描かれたかを決定するばあい、春分点もしくは秋分点の位置が一つの目標になり得る。図からは春分点が奎三度、秋分点が角五度付近であることが読みとられ、さきに採用した距星からして、春秋二分点がこの位置に来る年代を求めることができる。すなわち奎、角の距星の赤経度に三度および五度を加えた値が、それぞれ〇度および一八〇度となるような年代を、たとえばノイゲバウアーの星表か

ら捜し求めればよい。このようにしてほぼ九〇〇年という年代が得られる。しかし、この星図は石刻であり、二、三度程度のずれは当然起り得るのであって、図上における春秋二分点の位置は必ずしも正確とはいえない。この方法に比べて、円形図の周辺に書かれた赤道宿度の数値は、いっそう確実な年代決定に役立つと思われる。赤道宿度については、『宋史』律暦志に皇祐及び崇寧年間の値が記録されているほか、『元史』暦志にはこの二者の外に元豊年間の値が記録されている。石刻図に記入された赤道宿度は、皇祐年間のそれに比べて、房六度（皇祐五度）、箕一一度（一〇度）、虚一〇度少強（九度少強）、畢一七度（一八度）、張一七度（一八度）、翼一九度（一八度）の六宿において相違があり、しかしこれらの六宿を含め、二十八宿の赤道宿度すべてについて元豊年間の数値と一致するのである。この事実よりみて、黄裳の天文図が依ったところは、元豊年間（一〇七八—八五）の観測であったと断定できる。実際に個々の星の位置は二十八宿の距星を基準にしており、しかも距星の配置は赤道宿度の値によるのであるから、これを除いて個々の星や春秋二分点の位置から年代を決定することは妥当ではなかろう。

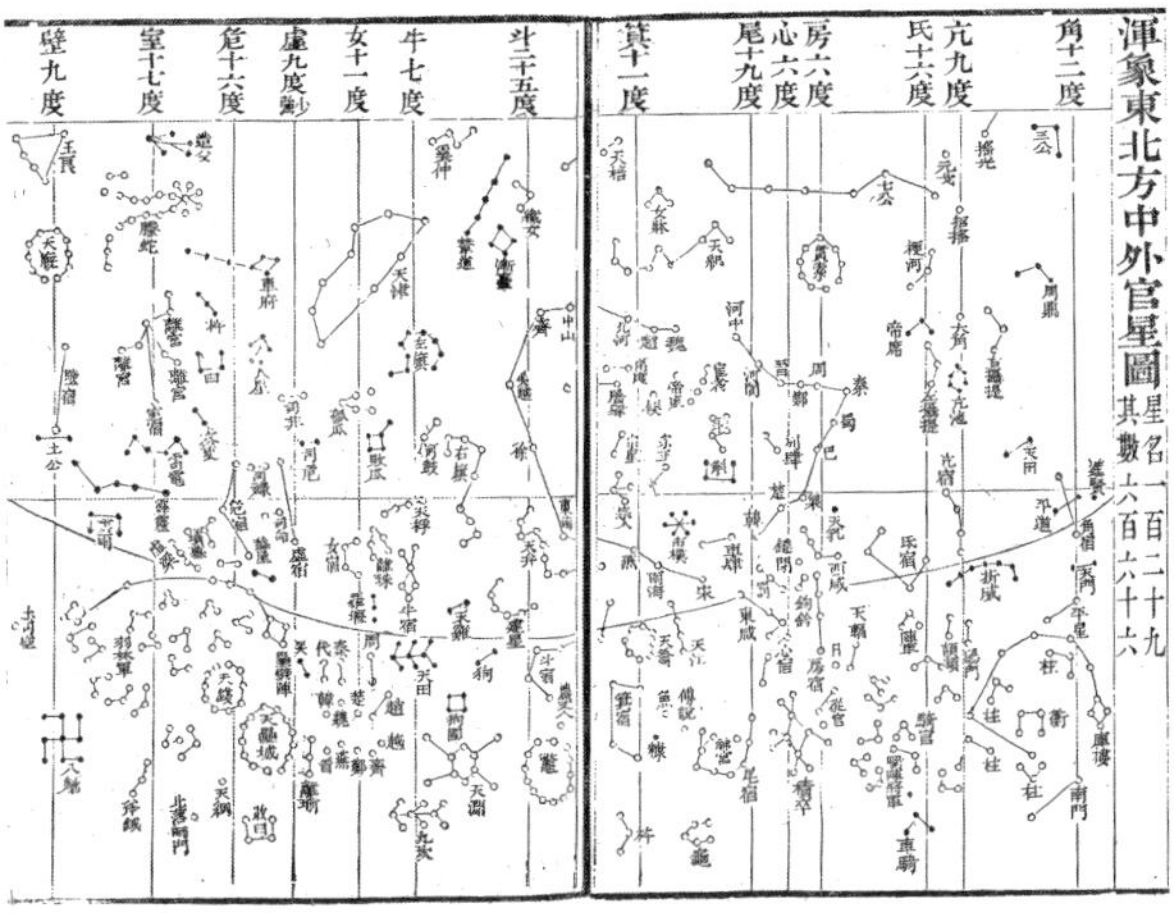

図６　『新儀象法要』の東北方中外官星図

　いま一つの星図、すなわち蘇頌の『新義象法要』の図もまた同一年代の観測に基づくことが結論できる。蘇頌は『宋史』巻三五〇に本伝があり、それによると真宗の天禧四年に生れたが、『新儀象法要』が撰せられたのは元豊の次の元祐年間である。元祐初年に蘇頌は勅命を受けて種種の儀器を作ったが、儀器の中には渾象（天球儀）があった。この渾象の表面に描かれた星座を平面上に展開したものが、『新儀象法要』に収録されている。星図は紫微垣、東北方中外官、西南方中外官、北極、南極の四図から成り、星座の記載はいっそう詳しいが、その相互の位置は淳祐天文図に似ている。ことに二十八宿の赤道宿度は淳祐天文図と同一で、従って元豊年間の観測を基礎にして描かれたものと断定できる。これらの二つの星図の関係は明かでないが、蘇頌が元豊年間の観測によって元祐年間に描いた星図が、黄裳の摹本になったのではなかろうかと推定される。『新儀象法要』の宋刊本に残っていない。『四庫提要』によると、『新儀象法要』は南宋以後の流伝ははなはだ稀で、清の銭曾の蔵本が四庫に伝えられたという。現在は守山閣叢書に収録されているが、石刻の淳祐天文図とちがい、長いあいだに種々の改変が加えられたことが想像される。しかし、淳祐天文図とともに、皇祐年間の観測資料を整理する上に役立つものである。

四　皇祐観測からみた星座

上述した三書を参照した結果によって、二十八宿以外の恒星が、現在どの星座に属するかを検討してみたい⑪。これらの文献によると、星座中の全部の星の位置が示されているわけでなく、多くのものについて、星座中の主要な一星の値が与えられる。従って以下に得られる同定の結果は、宋代の星座がだいたい何星のあたりにあるかの目印を与えることで満足しなければならない。すでに述べたように、同定にあたっては、まず最初は『儀象考成』を基礎として得られたシュバリエ・土橋星表からスタートする。このばあい、二十八宿とちがって、『儀象考成』の星座の中には宋代とちがったものが含まれていることが明らかにされる。皇祐の観測と近い元豊の観測を基礎として描かれた淳祐天文図は、石刻にあたっての誤差はあるにしても、特に『儀象考成』とある程度ちがった星座に対して、どの星を採用すべきかの決定に役立たせることができる。以下、このようにして決定された結果をまとめてみよう。

（一）紫微垣に属する星座　皇祐年間の観測記録では紫微垣に属する三七座、それに付座二について、一星座に対しほぼ一星の去極度及び入宿度が与えられる。有名な北斗及び紫微垣（これは左、右両垣墻に分れる）については、ほぼ全部の星の観測材料が与えられる。まず第一段として、シュバリエ・土橋星表によって星の同定を行い、観測年代を一〇五〇年として逆算を行い、観測と計算との比較を行った。ただ四輔、五帝内座、六甲、陰徳、大理、天床、太乙、三公の八星座の星及び右垣墻の上衛、少衛については、シュバリエ・土橋星表に欠けていて同定できない。これらの星を除いて、観測と計算とを比較した結果では、両者の差は、去極度については六割までが一度以内であり、もし二度以内までをとれば、去極度では全体の七割、赤経の方では六割が含まれる。精度としては去極度の方が赤経（入宿度より得られる）にまさっている。二十八宿の観測誤差は、表7にあるように極めて少ないが、一般の星座に対してはかなり観測精度が落ちると考えなければならない。もちろん観測精度を知る方法はないが、上述の結果からみて一度前後と考えてよかろう。誤差が二度もしくはそれ以上になるものは、土橋師らの同定とちがったものを採用しなければならぬ。しかし、この程度の誤差の星に対して別の同定を行うことが困難となるばあいが多いので、一応誤差が四度以上となるものに対して新たな同定を行った。このばあいには淳祐天文図が十分に役立つのである。こうして第一段の同定による四八星中、八個の星が新たに同定された。なお土橋師らの星表に欠けている四輔以下の一〇星については、全く新しく逆算値との比較から同定を行わねばならない。ただこの中、四輔については去極度のみが与えられ入宿度が欠けているので、全く同定の方法がない。新しい同定を行ったものは表8の49—57である。このようにして、最終的に得られた同定の結果は表8のようである。[89]

（二）太微・天市両垣に属する星座　太微垣については二〇星座の記録があり、その中、幸臣、少微の二星座の同定については土橋師らの星表に欠けている。また天市垣の一九星座に対し、車肆の一座の同定がない。紫微垣と同じ

表8　紫微垣の星（＊印は土橋星表とは別なもの）

番号	記	録	星　名	番号	記	録	星　名
1	北極	太子	γ UMi	30		玉衡	ε UMa
2	勾陳	大星	α UMi	31		開陽	ζ UMa
*3	天皇大帝		39H Cep	32		揺光	η UMa
4	天柱	東南星	77 Dra	33	輔		81 UMa
*5	御女	西南星	59 Dra	34	天槍	大星	θ Boo
*6	女史		ψ Dra	35	元戈		λ Boo
7	柱史		ψ Dra	36	相		5 CVe
*8	尚書	西南星	15A Dra	37	天理	東南星	66 UMa
*9	華蓋	中大星	ι Cas	38	太陽守		χ UMa
*10	杠	南第一星	48H Cep	*39	太尊		Boss 2853
11	右垣枢	右枢	α Dra	*40	天牢	西北星	37 UMa
12		少尉	κ Dra	*41	勢	東北星	Boss 3007
13		上輔	λ Dra	42	文昌	西南星	f UMa
14		少輔	d UMa	*43	内階	西南星	2A UMa
*15		上丞	Boss 705	*44	三師	西星	30H UMa
16	左垣墻	左枢	ι Dra	*45	八穀	西南星	β Cam
17		上宰	θ Dra	*46	伝舎	西第四星	1H Cam
18		少宰	η Dra	47	天厨	大星	δ Dra
19		上弼	ζ Dra	48	天棓	南星	ι Her
*20		少弼	χ Dra	49	大理	東星	Boss 4021
21		上衛	73 Dra	50	陰徳	東星	Boss 3893
22		少衛	π Cep	51	六甲	南星	44H Cep
23		少丞	23 Cas	52	五帝内座	中大星	34H Cep
24	天乙		i Dra	53	右垣墻	上衛	43 Cam
25	内厨	西南星	8 Dra	54		少衛	Boss 1233
26	北斗	天枢	α UMa	55	三公	東星	24 CVe
27		天璇	β UMa	56	太乙		Boss 3539
28		王璣	γ UMa	57	天床	西南星	Boss 3827
29		天権	δ UMa				

手続きによって同定を行った結果は表9、表10の通りである。

（三）二十八宿に属する星座　二十八宿は、古来の伝統に従って東北西南の四方に分たれる。まず角宿にはじまり箕に終る東方七宿に属する星座は、鉤鈐、神宮の付座を含めて四一座である。この中、土橋師らの星表から同定できるものは三五座であり、この中訂正したもの一四座、また折威以下の四座は新たに同定を行った。次に斗宿より壁宿に至る北方七宿には、墳墓、離宮の付座を含めて六〇座であるが、この中五二座は土橋師らの星表から一応の同定ができる。改訂を要するものは一八座、新たに同定したものは農丈人以下の七座である。なお司非西星に対しては改訂を必要とするが、観測値のところに適当な星がないので、そのままとしておいた。

奎宿にはじまり参宿に終る西方七宿に属する星座数は、伐、付耳の付座を含めて四九座である。この中、一応の同定を行ったもの四五座、訂正を加えたもの九座、全く新たに同定を行ったものは天庚以下の三座である。最後に井宿

表9　太微垣の星

番号	記録		星名
1	五帝座	中大星	β Leo
2	太子		93 Leo
3	従官		92 Leo
4	五諸侯	西星	6 CBe
5	九卿	西北星	ρ Vir
6	三公	東星	35 Vir
7	内屏	西南星	ν Vir
8	右垣墻	右執法	β Vir
9		上将	σ Leo
10		次将	ι Leo
11		次相	θ Leo
12		上相	δ Leo
13	左垣墻	左執法	η Vir
14		上相	γ Vir
15		次相	δ Vir
16		次将	ε Vir
17		上将	42 CBe
*18	郎将		α CBe
*19	郎位	西南星	12 CBe
*20	常陳	東星	Boss 3195
21	三台	上台西北星	ι UMa
22		中台西北星	λ UMa
23		下台西北星	ν UMa
24	虎賁		72 Leo
*25	長垣	南星	53 Leo
26	霊台	南星	d Leo
27	明堂	南南星	e Leo
28	謁者		c Vir
29	幸臣		5 CBe
30	少微	東南大星	60b Leo

表10　天市垣の星

番号	記　　録	星　名
1	帝座	α Her
2	侯	α Oph
3	宦者 南星	37 Oph
*4	斗 東大星	ι Oph
*5	斛 西南星	21 Oph
6	列肆 東星	λ Oph
*7	市楼 東南星	μ Ser
8	宗正 西星	β Oph
9	宗人 大星	67 Oph
*10	宗 北大星	72 Oph
11	帛度 北星	95 Her
12	屠肆 西星	98 Her
13	右垣墻 河中	β Her
14	河間	γ Her
15	晋	κ Her
16	鄭	γ Ser
17	周	β Ser
18	秦	δ Ser
19	蜀	α Ser
20	巴	ε Ser
21	梁	δ Oph
22	楚	ε Oph
23	韓	ζ Oph
24	左垣墻 魏	δ Her
25	趙	λ Her
26	九河	μ Her
27	中山	o Her
28	斉	112 Her
29	呉越	ζ Apl
30	徐	θ Ser
31	東海	η Ser
32	燕	ν Oph
33	南海	ξ Ser
34	宋	η Oph
35	天紀 西南第一星	ξ CBo
36	女床 西星	π Her
37	貫索 西南大星	α CBo
*38	七公 西星	γ Boo
39	車肆 西大星	20 Cph

表11　東方七宿の星

番号	記　　録	星　名
*1	平道 西星	66 Vir
2	天田 西星	θ Vir
*3	周鼎 東北星	6 Boo
4	進賢	k Vir
5	天門 西星	53 Vir
6	平 西星	γ Hya
*7	庫楼 西北星	ι Cen
8	衡 北星	ν Cen
*9	南門 西星	ξ Cen
10	大角	α Boo
11	右摂提 北大星	η Boo
12	左摂提 南星	ζ Boo
*13	頓頑 東南星	3G Lib
*14	陽門 西星	π Hya
*15	帝席 東星	ξ Boo
16	梗河 大星	ε Boo
*17	招揺	A Boo
18	天乳	μ Ser
19	天輻 南星	τ Lib
20	陳車 東星	f Lup
21	騎官 西北星	κ Cen
22	車騎 東南星	ζ Lup
23	騎陣将軍	κ Lup
24	鈎鈐 東星	ω_2 Sco
25	鍵閉	ν Sco
*26	罰 西南星	φ Oph
27	西咸 西南星	θ Lib
*28	東咸 西南星	19 Sco
*29	日	1 Sco
30	従官 西星	ψ_2 Lup
31	天江 南第二星	36 Oph
32	伝説	G Soo
*33	亀 大星	α Ara
*34	糠	12G Sag
*35	杵 大星	α Tel
36	折威 西第三星	Boss 3632
37	亢池 北大星	20 Boo
38	積卒 西北大星	151G Lup
39	魚	166G Sco

表12　北方七宿の星

番号	記　　録	星　名	番号	記　　録	星　名
*1	天籥西星	4 Sag	31	墳墓中星	ζ Aqr
2	天弁西大星	1 Aql	*32	蓋屋西星	γ Aqr
3	建西星	ξ Sgr	*33	天銭東北星	47 Aqr
4	天雞西星	e_2 Aql	*34	人西南星	16 Peg
5	狗東大星	h Sgr	*35	杵南星	Boss 5724
6	狗国西北星	ω Sgr	36	臼西南星	ι Peg
7	鼈東大星	α CrA	*37	車府西第一星	79 Cyg
8	天稃大星	θ Aql	38	造父南星	δ Cep
9	河鼓中大星	α Aql	*39	天鉤大星	β Cep
10	右旗中大星	δ Aql	40	螣蛇中大星	α Lac
11	左旗中大星	δ Sge	41	雷電西南星	ζ Peg
12	織女大星	α Lyr	42	土公吏南星	36 Peg
13	漸台東南星	γ Lyr	43	塁壁陣西第一星	ε Cap
14	輦道西北星	13 Lyr	*44	羽林軍大星	c^2 Aqr
15	羅堰北星	τ Cap	*45	天綱	β PAu
*16	天田西北星	13 Sco	46	北落師門	α PAu
17	離珠東北大星	71 Aql	*47	鈇鉞北星	γ Scu
18	敗瓜南星	ε Del	*48	八魁南大星	α Pho
19	瓠瓜西星	ζ Del	*49	天廐西星	22 And
20	天津西稍星	δ Cyg	50	土公西星	c Pis
21	奚仲西北星	κ Cyg	51	霹靂西北星	β Pis
*22	扶筐北第一星	39 Dra	52	雲雨西星	κ Pis
*23	十二諸国趙西星	φ Cap	53	農丈人	Boss 4679
24	司命西星	24 Aqu	54	天淵中北星	θ Sgr
25	司危西星	9 Equ	55	九坎西大星	α Ind
26	司非西星	γ Equ	56	司禄西星	27 Aqr
*27	哭西星	33 Cap	57	離瑜西星	4 PAu
28	泣北星	θ Aqu	58	虚梁東星	κ Aqu
*29	天塁城西星	θ PAu	59	扶鑕中北星	o Scu
*30	敗臼北星	36G Gru			

表13 西方七宿の星

番号	記録		星名	番号	記録		星名
1	王良	西星	κ Cas	25	附耳		σ_2 Tau
*2	策		γ Cas	26	天街	南星	ω Tau
*3	附路		Boss 247	*27	天高	東北星	i Tri
*4	軍南門		α Tri	28	諸王	西星	τ Tau
*5	閣道	南星	φ And	29	五車	大星	α Aur
6	外屏	西星	δ Pis	30	柱	西北柱	ε Aur
*7	天溷	西南星	20 Cet	31	咸池	南星	λ Aur
8	土司空		β Cet	32	天潢	西北星	μ Aur
9	天大将軍	南大星	γ Tri	33	天関		ζ Tau
10	右更	東北星	ρ Pis	34	天節	北星	ρ Tau
*11	左更	西南星	θ Ari	35	九州殊口	西北星	o_1 Eri
12	天倉	西北星	θ Cet	36	参旗	南第二星	π_5 Ori
13	大陵	大星	β Per	37	九游	南星	1 Lep
14	積尸		π Per	38	天園	東北星	υ_1 Eri
15	天船	大星	α Per	39	司怪	西星	χ_1 Ori
16	積水		λ Per	*40	座旗	南星	κ Aur
17	天廩	南星	o Tau	41	玉井	西北星	β Eri
18	天囷	大星	α Cet	42	軍井	西星	ι Lep
19	天阿		62 Ari	43	屏	南星	ε Lep
20	月		A Tau	44	厠	西北星	α Lep
21	巻舌	東南星	ζ Per	*45	屎		γ Lep
22	礪石	南第二星	p Tau	46	天庚	中大星	ν For
23	天陰	西星	δ Ari	47	天讒		o Per
24	天苑	東北星	γ Eri	48	蒭藁	西中星	ρ Cet

より軫宿に送る南方七宿の星座は鉞、右轄、左轄及び長沙の付座を含めて三九座を数える。この中、土橋師らの星表から同定できるものは二七座、さらに改訂を行ったもの九座、全く新しく同定したものは外厨以下の一一座である。残りの一星、積尸気は『管窺輯要』にのみ記述があって、その位置は鬼宿の距星と同一である。積尸気は星雲状のものを意味すると考えると、少しく位置は離れているが、M44を指すのであろう。

以上二十八宿に属する星座について同定した結果をまとめると、表11—表14の通りである。

表14　南方七宿の星

番号	記録	星名
1	鉞	η Gem
2	水府 西星	ν Ori
*3	天罇 西星	δ Gem
4	五諸侯 西星	θ Gem
5	北河 東大星	β Gem
*6	積水	o Gem
*7	積薪	μ Cnc
*8	水位 西星	68 Gem
9	南河 東大星	α CMi
10	四瀆 西南星	8 Mon
*11	闕丘 大星	22 Mon
12	軍市 西北星	β CMa
13	野鶏	ν_2 CMa
14	天狼	α CMa
15	丈人 西星	ε Col
16	子 西星	β Col
*17	孫 西星	θ Col
18	老人	α Car
*19	弧矢 西南稍星	κ CMa
20	爟 北星	φ Gem
*21	天記	12 Hya
*22	天狗 西星	Boss 1985
23	洒旗 西北星	ξ Leo
24	軒轅 大星	α Leo
25	右轄	α Crv
26	左轄	η Crv
27	長沙	ζ Crv
28	外厨 大星	30 Mon
29	天社 西南星	ν Pup
30	内平 西星	30 LMi
31	天相 北星	8 Sex
32	天稷 大星	97G Vel
33	天廟 西北星	θ Pyx
34	東甌 西南星	191G Vel
35	軍門 西南星	303G Vel
36	土司空 南星	β Hya
37	青丘 西北星	143G Cen
38	器府	43G Cen

五　結　び

以上において宋皇祐年間の観測の吟味は終った。これらの観測は、『文献通考』、『霊台秘苑』及び『管窺輯要』の三書に記録され、たがいに参照することによって、種々誤写を正すことができた。計算と観測との差が四度以上になる星に対しては、その差が単なる観測誤差によるものではなく、むしろ伝写の誤りか、シュバリエ・土橋星表を同定が誤っているからであり、これらに対しては宋淳祐天文図を参照し、さらにボス星表によって皇祐年間の位置を計算し、その計算値が記述と一致するような星を新しく選んだ。こうして表8—表14の結果では、シュバリエ・土橋星表の基礎となった『儀象考成』とは、かなり多くの星について異同のあることが確かめられた。しかもこの結果は、差が四度以上となるものだけを吟味したからであり、二十八宿における観測精度（表7）からみて、さらに差の小さなものをも吟味する必要があろう。そうすれば『儀象考成』との差異は、さらに増えるであろう。

『儀象考成』巻一には、

康熙十三年、監臣南懐仁は（霊台）儀象志を修む、星名の古と同じきものすべて二百五十九座一千一百二十九星……儀象志はなお多く未だ合せず。また星の次第は多く順序あらず、またよろしく釐正すべし。ここにおいて逐星測量し、その度数を推し、その形象を観て、その次第を序す。……星名の古と同じきもの、すべて二百七十七座一千三百一十九星。

とみえ、いかにも多数の星について古の伝統を伝えているかを誇っているが、しかし、皇祐年間の観測を吟味した結果では、必ずしも十分なものではない。従って古代の星座を論ずるばあい、『儀象考成』やそれに基づくシュバリエ・土橋星表をそのまま信頼することはできない。小川清彦氏(90)は掩蔽の材料を検討し、さらに淳祐天文図を参照され、

中国科学史国際会議・1987京都シンポジウム
左から宮島一彦、藪内清、中山茂、今井溱、吉田光邦、大崎正次、長谷川一郎
古川麒一郎、坂出祥伸、矢野道雄、宮下三郎（宮島一彦提供、1987）

月報Ⅰ

藪内清著作集の出版を喜ぶ　橋本毅彦

十年先を読む研究計画　宮下三郎

藪内清著作集　第一巻

臨川書店

藪内清著作集の出版を喜ぶ

藪内先生には、一九八三年の秋に一度だけお会いしたことがある。東京大学で修士論文を執筆後、京都で開かれた科学史の研究会でその研究発表をさせてもらったのである。会議の後の懇親会では藪内先生の隣に座らせてもらった。今から振り返ると恐れ多いことをしたと思うのだが、何か先生の孫のように歓迎して頂いたことを、感謝の念とともにしみじみと思い出す。

中国の天文学史は、自分の専門からはずいぶん離れるために、学生時代にはほとんど勉強する機会がなかった。だが教員になり科学史の通史の授業を担当するようになり、その中で一回は中国の科学史を講じるようになった。その際に主に参考にしたのは、藪内氏の岩波新書『中国の科学文明』だった。中国の科学史ではジョセフ・ニーダムの『中国の科学と文明』が広く中国科学史を概観し情報量に富んでいる。『文明の滴定』もまた刺激的である。だが藪内氏の同書を読み、中国科学史の骨格、その屋台骨とも言える天文学史の特徴をつかむことができた。

だがそこから理解を深めることは容易ではなかった。中国の天文学の歴史的発展をどのように把握し、学生たちに伝えればいいのだろう。もっぱら欧米の科学史、とりわけ物理科学の理論的な発展を勉強してきた筆者にとって、中国天文学の発展は何か捕らえ所がないように思われた。暦法の基礎となる天体位置を予測する計算理論の発展をどのようにめりはりをつけて受講生に語ればいいのだろう。

藪内先生から教えを受けた中国科学史の専門家の方々が何人もいらっしゃる。その方々の著作を読めば最新の研究事情も含めて中国天文学史の実情をより深く理解できるのではないか。だが、それぞれの先生にはそれぞれ研究テーマがあり、藪内氏のライフワークが明らかにした中国暦学史の研究成果を主題として取り上げる歴史叙述の仕方はなさっていないようである。そのため中国天文学史の核心を知るためには藪内氏の諸論考を読まなくてはならない、そのようにだんだんと思うようになった。そんな折に中国の大学を訪問した際に、藪内氏の研究文献を博士研究の対象にしているという院生と出会った。活況呈する中国の科学史研究界の広さと奥行きを感じるとともに、目の付け所がいいと感心した。

しばらくして私のところにも中国の天文学史を勉強したいという大学院生がやってきた。そこで、一学期だけ中国の天文学史をいっしょに勉強することにした。そのための教材に選んだのが藪内氏の諸論考。院生に氏の著作や論文のリストを作ってもらうと、著作と論文の数は一一六篇になった。氏の二著作―『中国の天文暦法』と博士論文を元に出版された『隋唐暦法史の研究』―を主たるテキストとしつつ、氏の折々の論考を読んでいくことにした。

そのような講義のスケジュールを準備している最中に、本月報記事の執筆依頼を受け取った。それまで著作集の編集が進んでいると露知らず、偶然に驚くとともに、「ついに出版されることになったのか」と感慨と喜びの念が心に広がった。専門外の自分が寄稿することに恐縮しつつ、その偶然に奇縁を感じ、喜んでお引き受けすることにした次第である。

藪内氏の論考には、数学的にややテクニカルな記述が現れるものの、文章も論旨も明快である。中国の天文学の核心である暦学の歴史、関連の中国科学技術史の論考がこの著作集には多数収められている。後半生で書かれたエッセイにも、氏の研究成果をよく理解するヒントが含まれている。中国科学史の専門家ばかりでなく、科学史や中国史に関心のある人々に広くお薦めしたい著作集である。

橋本毅彦（東京大学教授）

十年先を読む研究計画

今でも、私の中の先生像は、人文科学研究所科学技術史班の班長である。歴史好きの薬学科の京大生だった私は、指導教官の木村康一先生に連れられ、北白川の研究所の研究会を聴講した。地味な研究会の一つだったと思う。

丁度『天工開物』の講読が終わったときで、班長から会の次の研究テーマについて相談があった。現地調査についての声はあったが、どうしようもない。そして班長の「停年まで十年あるから、中国の時代順に古代から現代まで、二年区切りで進めたら如何」という提案があり、反論はなく十年の研究が始まった。助手として順次、吉田光邦・山田慶兒・橋本敬造の諸氏が務められた。

敗戦（一九四五）の影響は歴然で、一九五二年四月まで進駐軍の占領下にあり、沖縄では一九七二年まで続いた。主な参加者は大陸からの帰還者だった。岡西為人（満州医大東亜医学研究所）天野元之助（満鉄上海事務所）篠田統（関東軍北支派遣防疫部隊）渡辺幸三（満鉄上海事務所）途中から北村四郎、田中謙二、ときどき森鹿三の諸先生。若手では中山茂、相川佳代子、N・セビン、全相運、渡辺正、森村謙一、坂出祥伸など（（）内は戦時中の所属である）。

印象に残る講演は、渡辺幸講読「史記扁鵲倉公伝」篠田講義「毛沢東の大躍進運動（一九五九～）は失敗する」吉田講読「博物志」北村講義「中央アジアの有用植物」坂出講読「沈括の筆談」森村講読「本草綱目草部」など。私はこの会で鍛えられ教えられ、班長のご推薦で科学技術史（関大社会学部）の教授の職を得た（一九八二）。五十二歳からの出発だった。

高度成長（一九五五～七五）のおかげもあり、研究会は計画通りに進行した。班長は公正中立を尊重し、異端や極端の意見をひかえられた。学生には保守と見えたが、当時の先生方には戦争に対する反省の表現だったと思う。報告として次の四冊が公表された。

「中国古代科学技術史の研究」『東方学報』三〇冊特集号（一九五九）

『中国中世の科学技術史研究』（一九六三）角川書店

『宋元時代の科学技術史』（一九六七）人文科学研究所

『明清時代の科学技術史』（一九七〇）人文科学研究所

四冊の精華は、班長の啓蒙書『中国の科学文明』（一九七〇、岩波新書）や、『科学史からみた中国文明』（一九八二、NHKブックス）などに示されている。とくに中国の伝統科学技術の創造性・独創性についての見解がある。

班長は一九六九年に京大を停年退職し、龍谷大学に移られた。個人研究への高い評価もあり、朝日賞（一九七〇）米国サートン賞（一九七二）が授与された。

世間では風が吹き始めていた。ニクソン訪中（一九七二）田中角栄の日中共同声明（一九七二）米国のベトナム和平（一九七三）大平内閣の日中平和友好条約（一九七八）によって友好時代に入る。門下生待望の藪内訪中団は、ようやく一九八二年六月に第三次日本科学史学術訪中団として実現した。自民党嫌中派（小泉・安倍）の台頭、組閣（二〇〇一～）によって、日中関係の先行は読めなくなかった。

宮下三郎（元関西大学教授）

発行所　株式会社　臨川書店
京都市左京区田中下柳町八

すべて四八星座について『儀象考成』などと比較された。それによると、『儀象考成』と一致するのは、内屏六星、謁者一星（以上太微）、鍵閉一星、鈎鈐二星（東方七宿）、建六星、狗国四星、天鶏二星、泣二星（北方七宿）、外屏七星、月一星、天廩四星（西方七宿）の一一座のみで、他の三七星座については、その一部あるいは全部に対し『儀象考成』と一致しなかった。もちろん掩蔽の記事のみでは、この現象が黄道に沿った場所でしか起らないから、北極近くの星座については別の材料に頼らねばならない。この点については皇祐年間の観測資料は貴重なものであり、以上において一応の検討を行ったのである。

なおこの論文では正史にみえた二十八宿の観測記事より距星の異同を論じ、古来これらの距星はほとんど伝統が守られてきたことを知った。また現存する星図として世界最古の淳祐天文図が宋の元豊年間の観測に基づいて描かれ、さらにそれが石刻されたことを明らかにした。

(81) 『史記』天官書の星座については朱文鑫『史記天官書恒星図考』（一九二七年刊）および清水嘉一「史記天官書恒星考」（『東方学報』京都第十四冊　一九四四年刊）を参照されたい。

(82) ギリシアの『アルマゲスト』に収録された星数は一〇二二個であって、これより少ない。ギリシアおよび中国とも、南天の星座は少ない。

(83) 『歩天歌』を最初に著録したのは『唐書』藝文志で、それには王希明丹元子『歩天歌』一巻とある。宋の鄭樵の『通志略』巻六には、

隋有丹元子者。隠者之流也。不知名氏。作歩天歌。見者可以観象焉。王希明纂漢晋志以釈之。唐書誤以為王希明也。

と述べている。これでは王希明は単なる注釈家で、原著者は隋丹元子とする。しかし、この説に反対する人も多く、たとえば銭大昕は『十駕斎養新録』巻一四において、

丹元子歩天歌。不著撰人姓名。相伝以為唐王希明所撰。鄭樵独非之。以為丹元子隋之隠者。与希明各是一人。然歌詞浅陋。不似隋人文字。隋書経籍志。亦無此書。其非隋人。明矣。

と駁している。宋王応麟の『玉海』巻三には唐歩天歌として全文を挙げ、宋晁公武の『郡斎読書志』に引用せる唐王希明自号丹元子なる句を転載する。しかし現在流布の多くの写本や『儀象考成』は、鄭樵の説に従うから、隋人丹元子撰としておく。

(84) 小川清彦氏は『天文月報』第二六および二七巻において「支那星座管見」を連載し、主として中国における掩蔽の記録によって古代の星座を検討し、『儀象考成』が信頼できないことを述べた。なお最近の研究に大崎正次『中国の星座の歴史』一九八七年刊がある。

(85) 元祐儀は蘇頌の指導の下に韓公廉が製作にあたった。この儀器は、漏刻より落ちる水を利用して自動的に渾天儀、渾象、報時機を動かす機構の中に組み入れられた。この水渾渾象儀の機構は、蘇頌の『新儀象法要』に解説される。なおこの部分の英訳及び研究は J. Needham and others: *Heavenly Clockwork*, 1960 として発表された。

なお四回にわたる渾天儀の鋳造にあたり、いずれも二万斤の銅が使用されたという。

(86) 『東方学報』京都第七冊に収録される原論文では、歴代の二十八宿の観測を詳しく吟味しておいた。ここでは皇祐年間の結果だけを転載し、その他に対する結果はごく簡単にふれておいた。

(87) この天文図についてはChavannes: *Mémoires concernant l'Asie orientale, 1*, 1913 に L'Instruction d'un future empereur de Chine en l'an 1193 なる標題下に紹介され、天文図とその下段にみえる文の翻訳とが掲載される。

(88) 宋陳振孫の『直斎書録解題』巻一八に『兼山集』四〇巻を著録するが、別に『演山集』六〇巻がみえ、その著者として、

端明殿学士。延平黄裳冕仲撰。元豊二年進士。……死於建炎。年八十有七歳。

とあり、『兼山集』の撰者と同姓同名だが全く別人である。『演山集』に対する『四庫提要』の文に、『兼山集』に論及して、

国史経籍志。作黄裳兼山集四十巻。書名巻数俱不合。蓋焦竑伝録之誤耳。

と述べているが、これは『提要』の混乱であって、『国史』経籍志の撰者、明の集竑の誤りではない。

(89) 途中の吟味については、「宋代の星宿」原論文を参照されたい。表11—表14に至る表においても、去極度及び入宿度の観測値に対して計算値との比較を行っておいたが、ここでは星の同定に限り、他はすべて省略した。

(90) 注84の論文参照。

なお二八三座の星座をどう数えるかについて少しく問題があるが、表8以下ではほぼ『儀象考成』によっておいた。

［増補注］

⑩　近年中国では古墳その他から星座を描いたものが多数発見され、中国人学者による報告が多数出ている。その概略は藪内清「壁画古墳の星図」（『天文月報』六八巻、一九七五年）にまとめられる。

⑪　皇祐観測については潘鼐・王徳星氏の「宋皇祐星表」（『天文学報』二二巻第二期、一九八一年）及び「北宋的恒星観測及宋皇祐星表上」（科学技史文輯第一〇輯、一九八三年）がある。前者には三六〇個の星の同定がある。

六　元明の暦法

唐宋時代には改暦が頻繁に行われ、唐では八回、宋に至っては一九回の多きを数えている。このような頻繁な改暦は、当時の支配者たちのあいだで暦法を国家の大典とみる漢以来の伝統が薄れたことに原因するものであり、またその反面に浅薄な暦論が行われ、瑣末な欠点を捉えて自説を主張するものが輩出した結果でもある。しかも改暦にあたって十分な天文観測が行われず、新暦そのものの科学的基礎がすでに脆弱であって、改暦後まもなく欠陥を暴露するありさまであった。これらの諸原因が重なって、きわめてあわただしい唐宋暦法史の芝居が上演されたのである。ところが元・明になると、その間およそ四〇〇年にわたって行われた暦法はただ一種であった。すなわち元初に授時暦が編纂され、これが元朝一代の大典となり、ほとんどそのまま明朝に受けつがれた。明代の暦法は大統暦の名で呼ばれるが、この暦は授時暦の暦元を変更し、またその歳実消長法を沿用しなかっただけで、前者と全く同じ内容のものであった。このように一個の暦法が長期にわたって使用されたのは、中国の歴史にもかつてなかったことであり、また唐宋時代と比較して極端な対照をなすものである。その理由を端的にいえば、授時暦の優秀性が有力な原因であるが、また明代になって暦論が乏しかったことにもよる。授時暦の制定にあたっては、基礎的な天文観測が十分に行われただけでなく、計算方法に改良が加えられ、四〇〇年にわたってこれを凌駕する善暦が作られなかったためである。ことに明代には優秀な天文学者は全く跡を絶ち、たとえ受命改制の理念によって新暦を編纂しようとしても、おそらく不可能であったかと考えられる。

元・明の暦法史を特色づける一要素は回々暦家の登場であった。元の版図は遠く西方に延び、学術文化の面ですぐれた回々教徒の多くが元に招かれたが、その中には天文学者も加わっていた。これらの学者が世祖以来特別な優遇を受け、漢族の天文学者とならんで、特別に設けられた回々司天監に奉職した。この役所で計算された結果は、授時暦の結果と照合され、暦計算において副次的な役割を果したように思われる。この回々天文学の勢力は元より明に存続し、さらに清朝の初期において、なお幾分の影響を残したのである。

以上のように授時暦を中心とし、これを彩るに回々天文学をもってしたのが元明暦法の特色であるが、明末になると西洋天文学が多量に輸入され、それが清朝になって西洋新法による改暦の断行へと進んだ。けだしこの西洋新法の採用は、中国暦法史上の画期的事件であった。唐代にはインド天文学が伝わり、元明には回々暦が勢力を持ったが、しかし、その間にあって主動的な役割を演じたのは中国在来の暦法であり、外来のものは単に参考に供する程度であった。ところが清朝になって新しい西洋天文学の定数と計算法が採用されたのであって、全く新しい歴史が展開されたといえよう。従って明末はむしろ清朝に結びつけて説くべきで、次章にとりあげる。また回々天文学のことは、第二部でやや詳しく論じた。

一　元初の暦法

蒙古族の一酋長鉄木真が成吉思汗を称した時には、中国本土に宋・金の両国が対峙していた。それは南宋の年号をもってすれば開禧二年（一二〇六）であった。この外蒙の地に勃興した遊牧民族はたちまちの中に四隣を併合し、さらに西の方、西夏を伐ち、勢いに乗じて中央アジアの諸地域を鉄蹄の下に蹂躪したのである。太宗の六年（一二三四）には南下して中国本土を攻略し、まず金を滅して宋と直接に疆域を接するに至った。この新興蒙古族が国号を元と称したのは世祖忽必烈の至元八年（一二七一）であり、当時すでに宋朝の命脈は尽きようとしていた。『元史』暦志をみると「元初は金の大明暦を承用す」とあるが、もちろんここにいう元初は至元八年以降を指すものではなく、太祖成吉思汗の時代にさかのぼるものと思われる。すなわち上文に続いて、太祖西征の一五年唐辰歳（一二二〇）に当時の暦が大明の法によって推算されたことが記されている。しかし、当時の大明暦による推算は天象と合致せず、天象に比して幾分後れる状態であった。太祖に従っていた耶律楚材は、もと遼の一族であったが、諸般の学に通じ、ことに天文暦法に通達していた。彼は大明暦の誤りを訂正するとともに、太祖が駐蹕していたサマルカンドにおいて、この地に適合した暦法を撰修したのである。成吉思汗の初年に金を伐って蒙古族の地位がほぼ確立した五年庚午歳（一二一〇）にちなんで、西征庚午元暦を上ったが、これはごく暫定的に行われたにすぎなかった。[91]この暦法の詳細は「元志」に著録されている。その大要は宋の紀元暦に基づき、いくらか補正を施した程度のものである。[92]また元の陶宗儀の『輟耕録』巻九によると、耶律楚材はまた西域の暦法が特に五星の計算において中国よりすぐれていることに注意し、麻答把暦を作ったという。陶宗儀の説明では、麻答把暦はウイグル暦の名であるというが、もちろんイスラム系の知識によって作られたと思われる。なお庚午元暦において注目すべき点は、耶律楚材が遠く離れた西域の地において時間差を生ずることに気付き、時差をその暦法にとり入れたことである。「元志」にはこれを里差と呼んでいる。

世祖の至元四年（一二六七）には西域の札馬魯丁が万年暦を撰進し、世祖は「やや之を頒行し」たことが「元志」にみえるが、これは従来の大明暦に代って行われたものではなく、単に参考の程度にとどまったのであろう。これよりさき憲宗即位のころ、忽必烈の殊遇を蒙っていた劉秉忠は大明暦による日月交食の予報がしばしば差うことを述べ、さらに、

司天台の新暦を改め成すを聞くも、いまだ施行をみず。よろしく新君即位に因り、暦を頒ち改元すべし。

と上言している。これでみると当時司天台で新暦の撰修が行われたが、なお頒行をみなかった。この劉秉忠の希望は、世祖在位の中頃になって実現された。『元史』郭守敬伝をみるに、

はじめ（劉）秉忠は、大明暦の遼金より承用すること二百余年にして、ようやく似て天に後るるとし、議して修正せんとして卒せり。（至元）十三年、江左すでに平らぎ、帝はその言を用いんことを思う。

とあり、郭守敬、王恂らに命じて授時暦制定の運びになったのである。

ちなみに元初は年号を制定することなく、世祖即位に及んではじめて中統元年を称した。

二　授時暦の撰修

授時暦の撰修に関し、『元史』暦志に次の如く記されている。

（至元）十三年、宋を平ぐ。ついに前中書左丞許衡、太子賛善王恂、都水少監郭守敬に詔し、新暦を改治せしむ。（許）衡らおもえらく、金は暦を改むると雖も、ただ宋の紀元暦を以て、かすかに増益を加え、実は未だ嘗て天に測験せず、と。乃ち南北の日官陳鼎臣・鄧元麟・毛鵬翼・劉巨淵・王素・岳鉉・高敬らと、累代の暦法を参改し、また日月星辰、消息運行の変を測候し、同異を参別し、中数を酌取し、以て暦の本となせり。十七年冬、暦成る。詔して名を賜いて授時暦と曰う。十八年、天下に頒行す。

すなわち至元一三年（一二七六）より凡そ五年に及ぶ準備期間を置き、精密な天文観測を行う一方、累代の暦法を参酌して完成したもので、暦名は『尚書』の「敬授民時」に基づいている。ところでこの改暦に参預した人々は、上文に挙げた許衡、王恂、郭守敬及びその属官以外に、なお当時の名臣を列挙しなければならぬ。『元史』張文謙伝に

は、

世祖は大明暦の歳久しくようやく差うを以て、許衡らに命じて新暦を造らしむ。乃ち（張）文謙に昭文館博士を授け、太史院を領し、以てその事を総べしむ。

とあり、張文謙が修暦事業を統轄したのである。元の蘇天爵の『元朝名臣事略』巻七によると、この授官は至元一四年である。また『元史』郭守敬伝には、暦事を主宰したのは、張文謙のほかに枢密張易があったという。また楊恭懿伝によると、彼もまた編暦に参預し、許衡らと完成した暦法を進奏し、世祖より厚くその労を犒われている。

ところで上述の人々は、編暦がはじまる以前から密接な関係があった[93]。郭守敬伝によると、

郭守敬、字は若思、順徳刑台の人なり。生れて異操あり、嬉戯の事をなさず。大父栄は五経に通じ、算数・水利に精し。時に劉秉忠・張文謙・張易・王恂は、同じく州西の紫金山に学ぶ。栄は（郭）守敬をして秉忠に学ばしむ。

とあり、郭守敬は劉秉忠の弟子であり、張文謙らは秉忠と同学であった。ただ『元史』王恂伝には王恂をもって劉秉忠の弟子とする。また『元朝名臣事略』巻八によれば、劉秉忠が王恂に性理の学をすすめ、恂はその意に感じて大いに奮励したという。以上のように劉秉忠の首唱による編暦事業が、その同学もしくは直接的な後輩の手によって完成したのである。さらに許衡の如きは王恂の推薦によって参預しており、楊恭懿はまたこの許衡と親交があった。以上の人々の中、最も編暦に功績のあったのは、許衡、王恂、郭守敬の三人であった。許衡は古今の暦理に明るく、王恂は算法の妙を得、郭守敬は器械の製作にすぐれ、観測を受け持った。『元明名臣事略』の王恂伝には、「公は早くより算を以て天下に妙たり」とあり、改暦にあたって官属はすべて王恂の教を受けたという。郭守敬は水利を習い功思人に絶するとあり、編暦に従事するまではもっぱら土木工事の役人であった。簡儀以下の新儀を案出し、観測を精密ならしめた功績は、一に郭守敬に帰さなければならない。しかし、この観測を基礎とし、諸種の計算を行ったのは、お

そらく王恂の功績であろう。後世しばしば郭守敬一人をもって授時暦の撰者とするが、許衡は省略するとしても、少なくとも王恂の名を逸することはできない。けだし授時暦の優秀さは、その精密な観測とともに、計算法に創意がある点に認められるからである。しかし、王恂は四七歳をもって頒暦を翌年に卒しており、当時まだ授時暦の定稿が完成しておらず、このことは挙げて郭守敬に托せられたのである。『元史』郭守敬伝に、

（至元）十九年、（王）恂卒す。時に暦は頒たるると雖も、しかもその推歩の式と、その立成の数とは、なお未だ定稿あらず。（郭）守敬はここに於て篇類を比次し、分秒を整斉し、裁して推歩七巻・立成二巻・暦議擬藁三巻をなせり。

とみえており、現在の『元史』暦志の授時暦の条は、郭守敬の定稿に基づいて編纂されたものと推定される。こうして授時暦撰修の代表者として独り郭守敬の名が喧伝されることになったのである。

「元志」授時暦の条は、授時暦議と授時暦経に分たれ、「元志」の序によると授時暦議は太子諭徳李謙が撰したと書かれているが、すでに郭守敬に『暦議擬藁』三巻があり、李謙の文の基づくところは自ら明白というべきであろう。この授時暦議上下二巻は、「新暦の天に順に合を求むるの微を発明し、前代の人為、付会の失を攷証す」という目的を持って書かれたが、授時暦の特色をすべて述べつくしたとはいえない。また暦経の記述も完全なものではない。『明史』暦志に、

授時暦は、測験・算術を以て宗となす。ただ合を天に求め、律呂・卦爻に牽合[94]せず。しかもその法の立つる所以、数の従って出ずる所、以て晷影・星度に及び、みな全書あり。郭守敬、斉履謙の伝中に、書名の考うべきものあり。『元史』は漫として采摭するなく、僅かに李謙の議を存し、暦経の初稿を録せり。

といい、『元史』の粗漏を非難している。これによると暦経の如きも十分に整理されたものでなく、『元史』の文は完全に内容を網羅したものではない。「明志」は明の元統の撰した『大統暦法通軌』及びその他の暦草によって授時暦

の法原をつまびらかにし、立成を付加している。従って授時暦の研究には、当然「明志」を参照すべきである。なお「明志」の記述は、図解を採用して計算法を説明し、正史の体例に新機軸を出したものである。次に授時暦の特色を概観しておこう。それには『元史』郭守敬伝の記載が要領を得ているから、その文を中心に、さらに元・明志の記述を参照しながら、簡単な紹介を行う。

三　授時暦の特徴

授時暦の最も大きな特色は天文観測に慎重を期したことである。唐宋の暦法、ことに宋代の暦法の欠点は、十分な測験を行わないで、不完全な過去の記録を整理し、天文定数をわずかに修正することにあった。従って改暦の後、ただちに天象と一致しなくなったのも、また当然といわねばならぬ。授時暦制定にあたって測験に留意したのは、過去の欠陥を深く反省した結果であり、授時暦が古今の善暦と呼ばれた理由の一つはこの点にある。王恂とならんで暦法制定の実務にあたった郭守敬は、至元一三年に改暦の命を受けるや、ただちに天文儀器の製作に着手したが、その簡儀、仰儀などの新儀はいずれも精妙をきわめたといわれている。授時暦自体は北宋の紀元暦や南宋の統天暦を模範として作られ、外来天文学の影響は全く見出されない。しかし、当時作られた儀器にはイスラムの影響があり、簡儀は西方の儀器を模したものであった。『元朝名臣事略』によると、まず簡儀、高表、候極儀、渾天象、玲瓏儀、仰儀、立運儀、証理儀、景符、闚几、日食月食儀、星晷、定時儀など一三種の儀器をつくり、さらに正方案など九種の測器もしくは測図を製したという。この中の簡儀、仰儀、正方案、景符、闚几と、上述以外の大明殿灯漏、圭表については、『元史』天文志にやや詳しい説明がある。後の二種は、郭守敬の製作かどうかは明白でない。

このように儀器を整備し、多数の協力者の努力によって改暦の準備が急速に進められた。同時にまた過去の記録を整理し、それを参照して天文定数の再検討を行った。郭守敬伝によると、「その実数を測り考正するところのもの、凡そ七事」を列挙しており、いまその大要について述べよう。

まずその第一事は、暦計算の基準となる冬至（及び夏至）の日時をきわめて正確に測定したことである。[12]この冬至日時に過去の記録を参照して一年の長さを三六五・二四二五日としたことが、第二事である。この値は現行太陽暦の値と一致する優秀なものである。しかし、この値はすでに南宋の統天暦に採用されていた。次にその第三事は、月食を利用し、あるいは星と太陽との相距度数を測り、冬至における太陽の位置として赤道上では箕宿一〇度、黄道上では箕宿九度有奇を得た。第四事は月の運行を追跡し、第五事は日月の入交を定め、第六事は二十八宿の距度を測定し、最後の第七事として日出入の時刻を精しく求めたことであった。以上の七事はいずれも暦法制定の根幹となるもので、このような準備工作が着々と進められたことから、授時暦の真面目が発揮せられたのである。

図7　簡儀（宮島一彦撮影、1980）

しかし、授時暦の真価は、測験に慎重を期したというだけではなかった。さらに計算方面に於ける新しい工夫が行われた。郭守敬伝にはその五事を列挙している。その一は太陽の盈縮（不等運動）の算定に招差法を用いたことである。[95]その二は、月行遅疾の計算に近点月を分って三三六限とし、やはり招差法を使用したことである。その他は、黄赤道及び黄白道の変換及び黄道内外度の算法に球面三角法に類する方法を使用したことが挙げられる。この結果、計算方法は従来のそれに比べて画期的な進歩が行われ、測験の精密さとあいまって、四〇〇年にわたって授時暦を凌駕するものが作られなかったのである。

この外に注目すべき点は、まず前代の暦法において単に便法として長く用いられ、かえって理論的には不都合と考えられたことを、正しく評価したことである。その第一は定朔法における進朔之法を廃止したことであり、またその第二は積年日法を廃止したことである。これらは過去の因襲を打ち破ったものであり、どこまでも科学的に処理しようとする態度がうかがわれる。以上のほか諸定数の端数を小数記法で表わし計算を簡略化したこと、また一年の長さが時代によって変化するという消長法の採用も注目される点である。この消長法も南宋の統天暦を受けついだものである。江戸時代の天文学者麻田剛立に大きな影響を与えた。

以上に述べたところを綜括するに、授時暦における観測処理の方法、暦法の構成、その計算などには一段と進歩がみられたが、それは従来の中国暦法を基礎として作りあげられたもので、在来の伝統から遠く逸脱したものでなかった。清朝の学者兪正燮の『癸巳存稿』書元史暦志後の条をみると、授時暦が回々暦に基づくかの如く説いている。このような見解は近年の西洋人学者のあいだにも行われており、暦法に関心を持たない一部の日本人学者のあいだでも、授時暦にはイスラム天文学が大量にとり入れられているという説が、漠然と考えられている。しかし、この点は全くの誤解であって、観測に使われた一部の器械はイスラムのそれに基づいて作られたが、授時暦そのものには西方の影響は全く認められない。

四　明代の暦論

明朝の下で大統暦が頒行されたのは洪武元年（一三六八）以降で、国号を明と号した年にはじまっている。すなわち、その前年の一一月乙未冬至に翌年の大統暦が上進されている。この大統暦は、名称こそ異なっているが、元の授時暦をそのまま踏襲したものであった。ついで洪武一七年に漏刻博士元統が、一代の制（暦法）を作るべきことを上言し、その言葉が容れられたが、しかし、根本的な改変が行われず、わずかに授時暦における歳実消長の説を削り去り、また洪武一〇年甲子を暦元と改めたに過ぎなかった。やがて元統は欽天監監正に昇進し、『大統暦法通軌』四巻を撰修した。この消長法の撤廃に対しては、洪武二六年に欽天監監副の李徳芳が反対したが、ついに再び授時暦の旧にもどらなかった。なお明朝以来、年号は一世一号となり、これまでのように一人の天子の下でしばしば年号を改めることをしなくなったことを付記しておく。

永楽元年（一四〇三）、成祖は都を順天府（北京）に遷したが、昼夜の時刻はなお応天府（南京）の値を使用していた。正統十四年（一四四九）になって順天府での数値に改めたが、これにはまた反対が起った。この年の冬に景宗が即位したが、景宗は、

太陽の出入度数は、まさに四方の中を用うべし。いま京師は堯の幽都の地にあり、なんぞ準となすべけんや。

といい、北京の地は北方に偏して中国の標準地とするのは不都合であると考えられた。そのため昼夜の時刻は、洪武の旧制により、応天府を規準とすることになった。明が元を滅ぼした後、郭守敬が作った渾天儀は南京に置かれたようである。北京に遷都した後、木で模型を作り、それを北京に運んで銅製の渾天儀を作った[96]。この製作は正統年間（一四三六—四九）に行われ、現存のものがそれである。

授時暦の優秀さについては上述したが、しかし日月食の推算については なお不完全なところが多かった。それがために回々暦[97]を参用して、いくぶんその欠陥を補ったのである。一般に明代の学問は衰微の一途をたどったといわれるが、天文暦法についても同様であった。しかし、成化以後になって、改暦の論が行われるようになる。まず憲宗の成化一七年（一四八一）に兪正巳なるものが改暦の議を上進したが、その説が軽率狂妄であるとの理由で、兪正巳は獄に下された。しかし、つづいてその一九年には天文生張陞、正徳年間には漏刻博士朱裕、中官正周濂、礼部員外郎鄭善夫らが、また嘉靖二年（一五二三）には光禄少卿華湘らが改暦を唱えた。しかし、軽々しく祖宗の制を易えるべきでないとの意見が強く、改暦はいつも失敗に終った。万暦一二年一一月癸酉朔に日食が起った時、大統暦による推算に誤りがあり、回々暦の予報が適中したため、礼科給事中侯先春の上言により、日月交食、五星凌犯に対しては、もっぱら

図８　南京紫金山上の渾天儀（宮島一彦撮影、1980）

回々暦によって推算することとなった。こうして事実上、大統暦はその権威を失墜してしまったのである。

その後、朱戴堉及び邢雲路の二家が出た。朱戴堉は明の宗室であるが、暦学に通達し、万暦二三年（一五九五）に『聖寿万年暦』及び『律暦融通』の二書を上進した。これは古今の暦法を酌取して編纂されたが、その根幹は授時暦であった。ついでその翌年に河南僉事邢雲路は、大統暦に基づく気朔推算に誤りのあることを指摘した。よって礼部尚書范謙は、邢雲路をして欽天監を主宰せしめ改暦を行わせようとしたが、ついに実行されなかった。このように明

の中葉以降はしばしば改暦の論が唱えられ、大統暦の疎略は衆目の一致するところであった。もはや弥縫の策を施すことが不可能な状態となっていた。万暦二八年に耶蘇会士利瑪竇が北京在住を許されてから、徐光啓らを中心に西洋天文学による暦法の制定が行われるようになるのも、当然の推移というべきであろう。利瑪竇が北京で卒した万暦三八年の一一月壬寅朔には日食が起り、大統暦はまたその予報を誤った。これが直接の契機となり、改暦を行う基礎として、西洋天文学のエンサイクロペディアである『崇禎暦書』の編纂に発展する。この点は、次章に詳しく述べる。

(91) 耶律楚材の『湛然居士集』巻八「進西征庚午元暦」によると、この暦は太祖が尋斯干城（サマルカンド）に駐蹕した時にでき、「以備行宮之用」とある如く、仮りに使用されたものである。

(92) 阮元の『疇人伝』耶律楚材の論に、

此術（庚午元暦）写宋紀元旧術。与趙知微術同。唯以尋斯干城。為里差之元。以東加之。以西減之。為創法耳。

とみえる。『元史』庚午元暦の内容からも、この説は肯定される。

(93) 授時暦の撰修及びその周辺の問題については山田慶兒『授時暦への道』一九八〇年刊参照。

(94) 『元史』巻一七二に斉履謙の伝がある。至元十六年に暦生となり、新暦すでに成った後に、暦経・暦議の編集にあたった。また知太史院事郭公行状（『元文類』巻五〇）を書いた。

(95) 招差法については筆者編『宋元時代の科学技術史』六九―七三ページ参照。なお授時暦編纂にあたって、『元史』暦志に南北の日官を加えたことがみえる。南宋の都臨安を攻略した元は、そこで統天暦を入手し、またこの地の暦官を北京につれて行ったものとみえる。

(96) 常福元『天文儀器志略』渾儀の条。

(97) 元では回々司天台は独立した官署であったが、明になると欽天監の中に、大統暦科とならんで回々暦の部局がおかれ、制度的に少しく変った。しかし、イスラム天文学による暦計算はつづいて行われた。

［増補注］

⑫　冬至の日時を知るためには南中時の太陽の影の変化が詳しく測定された。そのための儀器が洛陽の近くの鄧封市告成鎮に残っている。董作賓他『周公測景台調査報告』（一九五三年）参照。なお伊世同「六代圭表復原探索」（『自然科学史研究』第三巻第二期、一九八四年）参照。

七　西洋天文学の東漸

一　崇禎暦書の編纂

明一代の暦法は元の授時暦をわずかに改訂した大統暦であったが、長く使用してきて天象と一致しなくなったため、憲宗の成化以後にはしばしば改暦の論議が行われた。しかし、適当な天文学者がなく、わずかに回々天文学による交食推算の結果を参用して、その欠陥を糊塗するにすぎなかった。イスラム系の回々天文学はすでに元初に輸入され、その方法による推算は授時暦による推算とは別に、独立の官署で行われた。明代にはいって洪武元年以来回々司天監が設けられ、次いでその三年には欽天監の中の一科として、大統暦科と並立する地位を占めた。しかし、明代の回々天文学も元初のそれからほとんど進歩がなく、この方法による交食推算には十分な結果が期待できなかった。このような状態をもって推移した明代の暦法は、西洋天文学の東漸によって大きな影響を受けるようになった。明末に渡来してきた宣教師の先駆者は漢名方済各の名で知られるF. Xavier（1506–1552）である。彼は嘉靖三一年に大陸伝導の夙志を果さないうちに、広東港外の上川島で病没した。その後、引き続いて宣教師が渡来してきたが、北京に居住を許され朝廷庇護の下に伝道を行うことに成功したのは、実に利瑪竇（Matteo Ricci, 1552–1610）その人であった(98)。彼が北京在住に成功したのは万暦二八年末であり、ここにはじめて西洋科学輸入の門戸が開かれたのである。利瑪竇が中国におけるキリスト教伝道のため、人々の信任を受ける上に彼の天文学上の知識を利用したことは周知の事実であって、彼は天文学を重視する中国人の伝統を知り、天文学に精通する宣教師の渡来を欧州に要望した。この要請にこたえてローマの耶蘇会（イエズス会）本部から引き続き優秀な天文学の素養を持つ宣教師が派遣されてきた。やがて宣教師は暦算の学をもって中国人の士大夫階級の尊敬を得ることに成功した。ことに明末の先覚者であり後に宰相となった徐光啓[99]の絶大な支持を受けたことは、中国における宣教師の地位を確立する上に役立ったばかりでなく、ヨーロッパの天文学・数学の輸入を成功せしめた主因とさえなったのである。利瑪竇、熊三抜（Sabbathin de Ursis, 1575–1620）、陽瑪諾（Emmanuel Diaz, 1574–1659）らは徐光啓、李之藻[100]の協力を得て、『天学初函』にまとめられた西洋暦算に関する幾つかの漢訳書の訳出を行った。こうして次第に西洋暦算の優秀性が知られるようになり、この新知識によって大統暦の欠陥を補おうとする意見が台頭してきた。このような意見はすでに万暦の末年から行われ、徐光啓、李之藻および周子愚などがその首唱者であった。ついに崇禎二年七月に当時礼部左侍郎であった徐光啓が暦法改修を督領する勅命を受けることになった。暦法改修の勅命が下ったのは西法信奉者の年来の努力によるが、直接には崇禎二年五月朔の日食に対し独り西法の予報が適中し、その優秀性が認められたことによる。利瑪竇はすでに没していたが、竜華民（Nicolas Longobardi, 1559–1654）、鄧玉函（Jean Terrenz or Shreck, 1576–1630）などが暦法改修に参画した。ことに鄧玉函は天文学に精通していたので、徐光啓は主としてその仕事に当らせた。鄧玉函はスイスに生れ、そのラテン名 Terrentius をもってよく知られている。はじめ医学者として名を知られ、イタリアに遊学してガリレオと知りあい、後にケプラーその他の天文学者と親交を持つようになった。中国に渡ってからも、直接にドイツその他の国の天文学者と文通していた。だいたい、明末清初にかけて渡来した耶蘇会士の暦算学はドイツの学者と深い関係を持っていた[101]。その結果、天動説と地動説との中間的なティコ・ブラーエ（弟谷）の宇宙体系が耶蘇会士に採用され、これが明末に編纂された暦書の内容にいちじるしく反映していると考えられる。ところで中国側で徐光啓を助けていた李之藻は、鄧玉函と同じく崇禎三年に亡くなった。耶蘇会側からは、開封府にいた羅雅谷（Jacques Rho, 1593–1638）及び西安府にいた湯若望（Adam Schall von Bell, 1591–1666）が北京に招かれて暦法改革にあたった。中でも湯若望(102)が、以下に述べる暦書の編纂に最も力を尽したことは周知の事実であり、清初において西法による改暦が断行されたのは、一に彼の努力と順治帝の信頼を獲得した彼の人格とによると言われるのである。この有力な耶蘇会士の努力によって、西法に依拠した基礎的な暦書の漢訳と編纂とが着々として行われ、書物にまとめられるに従って奏進された。この暦書の内容は、日躔、恒星、月離、日月交会、五緯星、五星交会の六節に分れ、また記述の体例からみて法原、法数、法算、法器、会通の五目となっていた。その第一回の奏進は崇禎四年正月二八日であって、計二四巻を繕写奉呈したのである。その内訳は、

暦書総目一巻、日躔暦指一巻、測天約説二巻、大測二巻、日躔表二巻、割円八線表六巻、黄道升度表七巻、黄道距度表一巻、通率表二巻

である。同年八月初一日には第二回目として次の二〇巻一摺が奏進された。

測量全義一〇巻、恒星暦指三巻、恒星暦表四巻、恒星総図一摺、恒星図像一巻、揆日解訂訛一巻、比例規解一巻

さらに翌崇禎五年四月初四日には第三次進呈書目として次の三〇巻が挙げられている。

月離暦指四巻、月離暦表六巻、交食暦指四巻、交食暦表二巻、南北高弧表一二巻、諸方半昼夜分表一巻、諸方晨昏分表一巻

以上三回の奏進はいずれも徐光啓の主宰の下に行われた。徐光啓は羅雅谷、湯若望などによって訳編された暦書に目を通し、その文章を訂正したのである。徐光啓はこのような実際的な仕事のほかに、宣教師たちの仕事を阻止しようとする保守派の勢力を完全に押え、暦書編訳の事業に支障を生ぜしめなかったのである。しかし、宣教師たちの仕事が進捗するにつれ、保守派の反抗もだんだんに高まった。それは単に朝廷の内部だけでなく、民間の暦家たちの中から西法を非難するものが現われるようになった。保定府満城県の布衣、魏文魁の如きがそれであって、彼は崇禎四年のころから一部官吏の支持を得て『暦測』、『暦元』の二書を著わし、西法に反対する意見を述べたが、徐光啓はこ

のような反対を禁止し、『学暦小弁』を著わして魏文魁らの説に徹底的な反駁を加えた。この熱烈な西法の支持者徐光啓は、第四次の奏進を待たないで、崇禎六年一〇月初七日に七二歳をもって没した。しかし、彼は崇禎五年以来、漢人学者の中から協力者として朱大典、李天経、金声、王応遴などを奏薦していたが、徐光啓の死去にともない、李天経は山東布政使司右参政をもって暦法を督修することになった。李天経は、徐光啓と同じくキリスト教を信奉したが、徐光啓ほど剛毅な性格でなかったため、宣教師たちにとって必ずしも好都合でなかった。しかし、暦書編纂の仕事はすでに徐光啓によって基礎がおかれており、その仕事もほとんど完成していたため、李天経による第四次、第五次の奏進もとどこおりなく終えて、ともかく暦書編訳の目的を完成することができた。両次の奏進の内容を述べると、まず第四次は七年七月一九日で、次の二九巻一架である。

五緯総論一巻、日躔増一巻、五星図一巻、日躔表一巻、火木土二百恒年表並周歳時刻表三巻、交食暦指三巻、交食諸表用法二巻、交食表四巻、黄平象限表七巻、木土加減表二巻、交食簡法表二巻、方根表二巻、恒星屛障一架

また第五次奏進は同年一二月初三日であって、その暦書は次の三二巻である。

五緯暦指八巻、五緯用法一巻、日躔攷二巻、夜中測時一巻、交食蒙求一巻、古今交食攷一巻、恒星出没表二巻、高弧表五巻、五緯諸表九巻、甲戌乙亥日躔細行二巻

以上五次の奏進を総計すると一三五巻一摺一架であって、ここに西洋暦算に関する一大集成が完成したのである。上述してきたように、この事業の中心となった宣教師は鄧玉函をはじめ、その後継者である羅雅谷、湯若望であり、彼らの指授によって中国人学者が書きあげた。李天経は徐光啓の遺志を継いで暦書編訳の事業を終えることができたが、しかし、この暦書をもとにした新暦を頒布するという徐光啓の初志は、容易に遂行することができなかった。再び起った魏文魁らの抗議に対し、李天経は断乎とした処置をとることができず、かえって崇禎七年には宣教師たちの西局に対し、魏文魁たちのために東局を置いて、暦法改修の問題を検討させるようなことになった。これら東、西の

名称は、北京における官署の位置を示している。この東局設置は李天経の妥協的性格に基づくもので、そのことは次の湯若望の手紙に書かれている。(103)

これまでこの老人（魏文魁）は遠くから、そして一私人として我々を攻撃しただけであった。しかし、徐光啓の後継者が出るとすぐに、大変な困難を我々にひき起した。後継者李天経は正直な人であったが、あまりにも平和の愛好者で、少しでも争わねばならぬばあいには自発的に譲った。彼は徐光啓ほどの学問もなかったし、また彼が始めたのではなく単に選んだにすぎない仕事（修暦）に対して愛情を持たなかった。彼は我々と共通な仕事を進めるのでなく、これを機会に中国風に向って行くようになった。……彼はその敵（魏文魁）のために宅地と自由に教授しうる新しい数学教授所（東局）を開く許可を受けてやった。

徐光啓を失ったことは、明末の改暦を実行不能に陥れた主要な原因であったことが、この手紙の文からうかがえよう。この新しい競争者を加え、従来からあった大統、回々、それに西洋新法の四家による暦計算が行われたのである。もちろんこの東局の勢力は微弱なもので、ことに崇禎一一年に魏文魁が亡くなると、まもなく消滅してしまった。この一一年には、耶蘇会の方でも羅雅谷が四五歳で逝去し、湯若望はその有力な協力者を失っている。教権上における利瑪竇の後継者として中国における耶蘇会の会督であり、また早くから暦法改修に参画した竜華民はすでに数えて七九歳の老齢であり、羅雅谷を失った湯若望は独力をもって優柔不断な李天経を鞭撻し、かろうじて保守派の勢力に対抗したのである。日月食あるいは五星の現象において、西法による予報は在来の方法よりすぐれており、こうした事実によって保守派の勢力を押えつつ西法の採用に努力したのである。ついに崇禎一六年三月乙丑朔の日食に際し、独り西法による予報が適中したため、崇禎帝は遂に従来の大統暦を改めて西法の採用を決意した。しかし、この決意を実行する機会を得ないうちに、賊徒の侵入によって崇禎帝は自らの頸をくくった。こうして新法による改暦は清朝の下でようやく断行されたが、清朝改暦の基礎は崇禎年間における暦書編訳におかれたのである。

羅雅谷、湯若望の努力によって編訳され、徐光啓及び李天経の手により五次にわたって奏進された西洋暦算の一大集成は、『崇禎暦書』の名で知られている。『明史』藝文志には徐光啓『崇禎暦書』一二六巻と記載されており、その内容は奏進の目録といくらかの相違があり、幾分改編を施したものや、さらに『学暦小弁』、『暦学日弁』のように奏進目録にみえないものが含まれ、全体として巻数が少なくなっている。清の黄稷虞の撰した『千頃堂書目』の記載は『明史』藝文志に一致する。もともと奏進されたものは写本であり、刊刻以前のものであった。しかし、その大部分は崇禎年間に工部虞衡清吏司郎中の楊惟一が刊刻した。この刊刻されたものが、『明史』藝文志に著録された『崇禎暦書』でないかと思われる。

『崇禎暦書』は清朝にはいって湯若望の手で再編され、『西洋新法暦書』もしくは西洋の名を省略して『新法算書』の名で呼ばれた。明から清への交替にも湯若望は巧みに身を処し、清の順治帝の下で欽天監に職を奉ずることができ、順治二年一一月一九日に『西洋新法暦書』一〇〇巻を一三套に分って奏進した。現存する刊本の『西洋新法暦書』には崇禎及び順治年間における改暦上の奏疏がはじめに集録されており、この奏疏の一部に湯若望による暦書の奏進表が収録される。暦書が全体として一〇〇巻であることは、この奏進表に明記されているが、この巻数はすでに述べてきた五次の奏進本及び『明史』藝文志の巻数ともちがっている。『西洋新法暦書』の刊本と称するものはかなり現存するが、筆者はまだ一〇〇巻の完本を見る機会がない(104)。京都大学人文科学研究所の『西洋新法暦書』は、奏疏を別にして、まず徐・李の奏進目録中にみえるものとして、

測天約説二巻、大測二巻、測食略二巻、比例規解一巻、測量全義一〇巻、日躔表二巻、日躔暦指一巻、月離表四巻、月離暦指四巻、古今交食考一巻、交食暦指七巻、交食表九巻、五緯表一一巻、五緯暦指九巻、黄赤距度表一巻、正球升度表一巻、割円八線表一巻

などの六八巻である。この中で『正球升度表』は第一回に奏進された『黄道升度表』七巻中の一巻であると思われる。

このほか五次の奏進目録にみえないものとして、
渾天儀説五巻、学暦小弁一巻、新法暦引一巻、暦法西伝一巻、新法表異二巻、籌算一巻、遠鏡説一巻、新暦暁或一巻、幾何要法四巻

などの一七巻で、この中には清初に著作されたものが含まれる。この両者を合すると八五巻で、完本に比べ一五巻を不足している。前掲の書目には恒星の部分がないので、一五巻の中にはこれに関する巻があったと思われるが、詳細は明らかでない。

明末における湯若望らの努力はついに報われなかったが、清朝にはいると順治元年（明崇禎一七年、一六四四）に早くもその希望が達せられ、西洋暦算に基づく順治二年の時憲暦の頒布をみたのである。[105]この時憲暦推算の必要から湯若望が『崇禎暦書』を再編したのが、上述の『西洋新法暦書』である。なお時憲の名は『尚書』説命に惟聖時憲とあるによって睿親王が命名したものである。その後、高宗乾隆帝の時に高宗の諱弘暦を避けて時憲書と称した。また『新法算書』という名称は『四庫全書提要』にみえるところで、時憲書の改称と同じく、乾隆以後の名称かと思われるが、H・ベルナールは康熙帝の時に宣教師南懐仁が再編したものという。[106]

二　時憲暦の頒布

清朝の成立によって改暦の問題は急転直下に解決をみた。李自成の乱、つづいて清軍の入関となり北京は戦禍の巷となったが、幸いに宣武門内にあった西局は兵火を免れ、湯若望以下の宣教師はもちろん、蔵書の類も何らの損害をこうむらなかった。新たに登極した清の世祖の下で、湯若望らは改暦の事業に従事することができ、しかも明末に徐

光啓が希望したことが急に実現されることとなった。すなわち順治元年一〇月乙卯朔に、西法による順治二年時憲暦の頒布をみたのである。思うに清朝もまた、革命に際して改暦を行うという従来の中国的伝統を忠実に実行したが、この時に西法が採用されたのは、明の滅亡により西法に反対する保守勢力がその力を失い、湯若望らがこの機会を巧みにつかんだのによるといえよう。改暦の直接的原因は、順治元年八月初一日の日食に対し、従来の大統・回々の法はいずれも予報を誤ったのに対し、西法だけが適中したためであった。大学士馮銓は観測の結果を皇帝に上奏し、新暦の頒布は全く決定的となったのである。湯若望の撰した『新法表異』巻下に、

前朝の改暦より以来、新法の世に著聞するや久し。いやしくも国家多事を以て、頒布に待つあるに、乃ち歳次甲申、恭しくも聖朝の建鼎に遇う。本年（順治元年）八月、一たび日食を験するに、時刻分秒方位、差うことなし。新法は善を尽し美を尽すの旨あるを奉じ、遂に時憲暦を造り、天下に頒布す。

とみえる。その年一一月、湯若望は命によって事実上欽天監の仕事を統轄することになった。また同月『崇禎暦書』を改編し『西洋新法暦書』と名づけて奏進したことは前述の如くである。順治元年に頒行された時憲暦には「依西洋新法」の五字が注記されていたようである。西洋新法という名称が公認され、しかも国家の大典である暦書に記載されるというようなことは、中国の伝統的思想からはとうてい考えられないことであるが、異民族である新支配者はこうした一般漢人の意志を無視したともいえよう。後年、康熙三年に楊光先の非難があり、礼部は前記の五字を暦書より抹殺し、「奏准」の二字に代えたのである。ここにも清朝の基礎確立とともに中国の伝統の復活と中華思想の台頭をみる。なお順治二年以後の時憲暦は、清太宗の天聡二年、すなわち崇禎元年戊辰歳（一六二八）を暦元としたもので、その用数の概略は、たとえば『清史稿』時憲志一に収録されている。

中国の暦法史を通観してみると、伝統的な暦法に外来天文学による計算法を参用したことは、唐代にインドの九執暦があり、元明に回々暦があった。しかし、これらは部分的に中国暦の欠を補うにとどまっていたが、清朝の下では

頒暦の推算は一に宣教師の手で行われ、しかもそれはすべて西洋天文学に従った。このことは中国暦法史上、まことに画期的な事件であった。時憲暦の頒行とともに、伝統的な暦法を支持する人々はだんだんにその勢力を失墜するようになった。順治元年の制によれば、欽天監は天文、時憲、漏刻、回々の四科に分れていたが、回々科は有名無実の状態になり、順治三年になると回々科で行ってきた推算の結果を奏進する必要がない旨の通達があった。その一三年には、回々科の中心人物であった呉明炫は秋官正の職を免ぜられ、さらにその翌年には回々科自体が廃止された。しかし清朝の機構が漸次整備されるにつれ、湯若望などの新法派の勢力は、保守派の台頭によって新しい困難に当面せざるを得なくなった。そのうえ、世祖の没後に代って即位した聖祖康熙帝は年少であり、湯若望などの宣教師に対し十分な理解を持ち得なかった。状勢は次第に宣教師の立場を悪くし、ついに宣教師の活動を徹底的に弾圧する事件に発展して行った。宣教師を攻撃し、やがては新法派の勢力を一掃する陰謀に成功したのは、徽州府歙県人楊光先であった(107)。楊光先は順治一六年に『闢邪論』を著わして天主教に反対し、さらに摘謬一〇論を撰して西洋新法の誤謬を指摘したが、当時はなお十分に有志の支持を得なかった。しかし、やがて康熙三年ごろから、その反対は効を奏してきた。すなわちこの三年、楊光先は宮闕に赴いて摘謬論を奏呈し、また撰択議一篇を上って栄親王の葬期決定の誤りを指摘した。この楊光先の上奏に基づいて、その当否を審議せしめられたが、しかし、審議すべき官僚たちは暦法に関する科学的知識に乏しく、また湯若望らの宣教師に深い同情を持たなかったばかりでなく、天主教に対してこれを邪教とみて極力排斥する立場の人々が多かった。従ってその結果は、すでにはじめから予測せられた。楊光先の指摘に基づいて、議政王らが新法派の不当を主張したのは、およそ次の諸点であった。

一、歴代の法では毎日一二時を一〇〇刻に分つに対し、新法はこれを九六刻に改めた。

二、康熙三年立春日に気を候するに、期に先きだって立春の気が律管に起った。

三、二十八宿の次序は久しく定まっているのに、湯若望らは勝手に参・觜二宿の前後を改めた。

四、また勝手に四余の中、紫気を省略した。
五、湯若望は二〇〇年暦を奏進したが、いったい清朝は無疆であるべきであるのに、これを二〇〇年に限定した。
六、栄親王の葬期を撰択するに湯若望らは正五行を用いずして却って洪範五行を用いた。
などの諸点で、いずれも科学的な立場からは取るに足らぬ瑣末な問題であった。この中で湯若望ら新法派の立場を最も悪くしたのは、栄親王の葬期に関する点であった。栄親王は世祖順治帝の第四子で、順治一一年に生れ、その翌年に薨じた。楊光先らの非難は、その葬期の日時がたまたま凶に当っていたというのである。もともとこのような祭祀日の吉凶を判定するのは欽天監に属する漏刻科の仕事であったため、欽天監を事実上主宰していた湯若望らの人々は大不敬として処断されることになった。それにしてもすでに過去となった事実が取り上げられたものである。こうして湯若望は康熙四年三月に凌遅斬刑の判決を受けたが、四月一七日に地震が起って大赦が行われ、わずかに死を免れて獄に下った。しかし、李禎白以下五人の欽天監に奉職した中国人は斬に処せられ、さらに各地に散在した宣教師たちは一応北京に拘禁せられ、湯若望、南懐仁（Ferdinand Verbiest, 1623–1688）ら四人を除き、後にすべて広東に送られた。(108) その翌年、湯若望は七五歳の高齢をもって北京の獄中に死んだのである。後に新法派の勢力を再興した有名な南懐仁は、すでに順治一六年に渡来し、その翌年以来、北京にあって湯若望の仕事を助けていた。湯若望が投獄審議される際、麻痺症のため口舌不自由であったが、彼に代って南懐仁は極力弁明したという。湯若望らが弾劾された条項は上記の暦法上の問題のほかに、邪説をもって衆を惑わし謀叛を計画し、兵器をマカオに集めているなどの点がつけ加えられた。南懐仁の弁明によって暦法上の問題はいくぶん諒解されたが、天主教が邪説であって中国の忠孝の思想や礼法に合わないという点に関しては、すでに牢固として先入観念を持った清朝の大官たちを説得することができなかった。問題はひとり暦法にとどまらず、宣教師への弾圧となり、さらに天主教禁止の上諭が発せられた。この天主教禁止令は、宣教師が再び中国各地で活躍し得るようになった後にも、公式には撤回されなかったのである。

湯若望らの処刑に伴って、欽天監の実権は楊光先らを主とする守旧派の占めるところとなった。当時すでに六九歳の老人であった楊光先は直ちに欽天監右副を授けられ、ついで康熙四年八月には監正張其淳を左監副に降し、楊光先を監正に任じた。彼はまた、先きに免職された回々科の呉明炫の兄弟、呉明烜を引いて監副とした。けだし楊光先は暦術に暗かったので、実際の推歩は明烜に当らせたようである。『清史稿』時憲志巻一によると、この時「また大統旧術を用う」とあるが、明烜の出身よりみて大統暦のほかに回々暦を参用したと思われ、ここに一転して明末の旧態に復帰したのである。しかし、呉明烜の学識も浅薄なものであり、その暦推算の粗漏さを暴露するのにいくばくの年数をも必要としなかった。まず康熙八年暦の置閏を誤り、またその年の七政（日月五星のこと）の予報に関し、欽天監の内部に推算の不一致が起り、しかもその結果がいずれも天象と合致しなかった。ついに再び南懐仁の任用を認めざるを得なくなった。改めて測験を行った結果、明烜らの誤りが明白となり、楊光先、呉明烜は革職せられ、康熙八年三月より新たに南懐仁が欽天監に職を奉ずるようになった。こうして一時的な中断はあったが、数年ならずして暦推算を西法に依って行うことが復活し、順治初年の旧にもどった。一方、楊光先、呉明烜らは審問に付されたが、その際、呉明烜は「臣はただ天文を知り、暦法を知らず」といい、楊光先も「臣は暦法を知らず、ただ暦理を知る」といったことが『清史稿』時憲志巻一にみえ、その厚顔のほどが想像されよう。光先は老年の故をもって流徒を免れたが、この年に卒し、明烜もまた流徒を免れ笞四〇の刑に処せられた。またこれに伴って湯若望以下の人々はもとの役職に照らして、それぞれ恩賜を受けた。

明末に耶蘇会士が渡来してから、徐光啓らの推薦を受けて暦局に奉職するものが多かった。清初の湯若望は欽天監の仕事を掌握し、事実上欽天監監正の位置を占め、その後継者である南懐仁は康熙一〇年に欽天監監副より監正に就くことを命ぜられた。『清史稿』職官志二によると、康熙八年以前には監正は一人で満人をもって当てたが、九年以後は監正は満漢それぞれ一人となり、南懐仁はその漢監正の位置を与えられたと思われる。しかし、南懐仁は監正の官を固辞して受けず、この官に相当する待遇のみを受け、実務を掌握した。彼は康熙二六年に卒したが、それまで欽天監の実権を握り、多くの天文儀器を製作し、『霊台儀象志』一六巻（附図二巻を含む）をはじめ、幾多の天文学的著述を行い、また康熙帝の要請により大砲の鋳造に従事し、工部左侍郎の官を授けられた。これ以後、天主教に対する迫害が起ったにもかかわらず、暦推算の実務は長い期間にわたって宣教師の手にゆだねられたのである。南懐仁没後の後継者として閔明我（Philippus Maria Grimaldi）があり、続いて安多（Antonius Thomas）、徐日昇（Thomas Pereira）、紀理安（Kilianus Stumpf）らが重用せられ、康熙五五年からは戴進賢（Ignatius Koegler）が修暦に参加した。(109) 戴進賢は雍正三年より欽天監監正となり、名実ともに欽天監の仕事を掌握した。なおこの前年には徐懋徳（Andreas Pereyra）が欽天監監副を授けられている。当時はこのほか、蘇霖（Joseph Suarez）、林済各（Franciscus Stadlin）が欽天監の仕事を助けた。徐懋徳の没後、乾隆八年より劉松齢（Augustinus von Hallerstein）が監副となり、ついで戴進賢の逝去の前三年、すなわち乾隆一八年に監正を授けられ、監副は鮑友管（Antonius Gogeisl）となった。鮑友管の没後には、乾隆三六年より高慎思（Joseph d'Espinha）が監副となり、また劉松齢の後任には乾隆四〇年より安国寧（Andreas Rodriguez）が監正となり、ついで四五年には高慎思を監正に昇任させ、監副は索徳超（Joseph Bernardus d'Almeida）となった。さらにその五〇年には湯士選（Alexander de Gouvea）が監副より監正に昇り、国子監算学館を兼管した。また五八年には索徳超が監正となった。

以上は乾隆年間のことであるが、嘉慶六年には福文高（Dominicus Joacquimus Ferreira）が監副となり、同一〇年には李洪辰（Joseph Riberio）が監副となった。福文高は同一三年に監正を授けられ算学館の事務を兼理した。道光年代にはいってからは、その二年に畢学源（Cajetanus Pires）(110) が監副となり、翌年には李洪辰が監正を授けられて算学館を兼管した。六年に李洪辰が卒すると、高受謙（Serra）が監正を授けられたが、その一七年には病気のためにヨーロッパに帰国し、それ以後には、西洋人が欽天監に仕えることがなくなった。けだしその一九年には林則徐が阿片を焼き、阿片戦争の端緒をつくり、中国は大きく転換するのである。以上およそ列挙してきたように、順治初年に西法が採用されてから二〇〇年にわたって、欽天監の実権は宣教師に掌握されていたのである。このことは、西洋文化の輸入にあたって、中国人自らがその衝に当ることをしなかったことを如実に示すものであり、その消極性が指摘される。漢人学者の中にも王錫闡⑬、梅文鼎⑭などの暦家が出たとはいえ、絶えず進展して行く西洋天文学を直接に吸収する努力は全く行われなかった。宣教師によって伝えられた知識を、主として漢訳本によって吸収消化するにとどまり、独創的な見解を発表する段階に至ることは到底できなかった。しかもこれらの二人の学者すら清朝の初期に現われ、後代になると暦算学における衰微はいちじるしかった。東洋において最も早く西洋天文学を多量に輸入しながら、その影響は単に表面的なものとして終ったことは、唐代のインド天文学、元明の回々天文学輸入のばあいと、ほとんど変りがなかった。

三　康熙以降の修暦

康熙三年に湯若望らが楊光先らの誣告によって下獄したことは、上述した通りである。これは清朝の大官の多くがキリスト教に対し理解を持たなかったばかりでなく、それが衆を惑わす邪説であると考えたことに主要な原因があるが、また暦法に通じ旧法と新法との是非を弁別する人がいなかったことにも関係する。しかし、幸いにも康熙八年に再び西法が復興され、それによる時憲書の頒布が行われることになった。さらに宣教師たちにとって幸運をもたらしたのは、はじめ西洋の学問に理解を持たなかった康熙帝が非常な関心を示すようになったことである。康熙二六年にフランスのルイ一四世の命を受け、特にえらばれた張誠（François Gerbillon, 1654-1707）、白晋（Joachim Bouvet, 1656

-1730）などのフランス耶蘇会士が渡来したことが、その契機となった。[111] この二人は、南懐仁が卒したと同じ康熙二七年に北京に到着し、やがて宮廷に伺候して西洋暦算の学を進講するようになった。康熙帝は、ことにユークリッド幾何学に興味をおぼえ、幾何学の命題を始めから終りまで一二回以上も読み返したという。天文学についてはすでに南懐仁からいくらかの知識を得ていたが、南懐仁の没後には欽天監に奉職した安多らの進講を受けた。康熙帝の関心は暦算の学にとどまらず、西洋の解剖学、音楽などにも及んだ。康熙帝が暦算の学について、一通り以上の関心を持っていたことは次の事実から知られよう。すなわち康熙四一年に清初第一の暦算家である梅文鼎が、李光地を通じてその著『暦学疑問』三巻を進呈した時に、「朕、心を暦算に留むること多年なり、この事はよく是非を決す」として、親しく批点を加えた上で梅文鼎に返還したという有名な事実がある。このように康熙帝は広く西洋科学を学んだが、しかし、中国の支配者として伝統的な漢文化を身につけた康熙帝には、天文学の領域においても、ついに西法のみに傾倒することはできなかった。こうして西法をもって中法の不備を補うという見解以上に出ることは全くなかった。康熙五三年四月に誠親王允祉へ下された上諭に、

古暦の規模は甚だ好し。ただその数目は、歳久しくして合わず。いま書を修むるには宜しく古暦の規模に依り、いまの数目を用いて之を算すべし。

とみえているように、ことごとく古法を棄てて西法に従うのではなく、できる限り中国在来の暦法を存続せしめることにあった。明末に徐光啓が西法の採用にあたって「彼方の材質を鎔して、大統の型模に入れん」と論じたが、康熙帝の態度もこれと変りはなかった。このような態度は、西洋学術の輸入に大きな制限を与える結果を招いた。すなわちこれまで中国で学術の範疇にはいるもののみが、かろうじて摂取されたにすぎない。たとえば天文学においても、暦法という限定された部分のみが重視せられ、広く一般の天文学はほとんどかえりみられなかった。

前掲の上諭があった前年以来、何国琮、梅瑴成らが主宰し、陳厚耀、魏廷珍らを分校、顧琮、明安図らを考測、何

国柱らを校算とし、もっぱら中国人学者を動員して律呂、暦算に関する叢書の勅撰を命ぜられたが、暦書に関する編纂方針は一にこの上諭の主旨に基づいた。この事業はまず康熙六〇年に算法に関する部分が完成し、『数理精蘊』という書名を賜った(112)。その翌年に暦書を完成し、律呂・算法に関するものを合して『律暦淵源』一〇〇巻の完成をみた。律呂に関するものは『律呂正義』上下篇、続篇一であり、暦書の部分は『暦象考成』上下編である。この『暦象考成』は雍正元年に刊刻せられて欽天監に頒たれた。その内容はいわゆる康熙甲子元法と呼ばれ、『西洋新法暦書』の数値を部分的に改編したもので、雍正四年からの時憲書は一にこの法に従った。

『暦象考成』の編纂は主として中国人学者の手に成ったが、梅瑴成その他二、三の学者が西法を理解する域に到達していたことを示すものとして注目される。しかし『暦象考成』が依ったのは『新法算書』であって、『新法算書』が各家の説を集録して幾分一貫性を欠いていたのを整理しこれに統一を与えることを目的としたもので、内容的にはほとんど新味がなく、わずかに黄赤大距（傾斜角）を二分減じて二三度二九分とした点が『新法算書』と相違している(15)。従ってそこには中国人学者による独自な観測や理論的な展開はほとんどなかった。むしろ当時の西洋では退けられてしまった古い観測や理論が、中国暦の型式にまとめられている。そのために『暦象考成』による推算は、まもなく天象との不一致を示した。すなわち雍正八年六月初一日の日食予報の誤りが指摘されたが、この誤りを訂正することはもはや中国人学者の能力を越える仕事であった。当時、欽天監監正であった戴進賢及び監副徐懋徳などの宣教師が勅命を受け、『暦象考成』の校定修理に当ったのである。戴

表15　大気差（P. Wolf: *Handbuch des Astronomle*, 2 Bd. pp. 261 u. 265）

視高度	Tycho	Cassini	精密値
0°	34′ 0″	32′ 20″	34′ 54″
5	14 30	10 32	9 46
10	10 0	5 28	5 16
15	7 30	3 38	3 32
20	4 30	2 39	2 37
25	2 30	2 6	2 03
30	1 25	1 42	1 40
45	0 5	0 59	0 58
60	——	0 34	0 33
75	——	0 16	0 15
90	——	0 0	0 0

進賢はドイツに生れ、長じてIngolstadt大学で数学を講義したことがあり、当時の西洋天文学に精通した学者であった。彼らが渡来したのは一七一六年、すなわち康熙五五年であり、ヨーロッパではニュートンが力学的天文学の基礎を作りあげた時代であった。これらの宣教師は日躔月離二表を纂修し、日月交食、交宮過度晦朔弦望昼夜永短及び淩犯の推算を行った。この表は全部で三九ページであり、『暦象考成』の末尾に付刻されたが(113)、これには解説がなかったため中国人学者の中ではわずかに明安図しか了解できなかったという。これがため乾隆二年四月一八日、協弁吏部尚書事顧琮は戴進賢を総裁、徐懋徳、明安図を副総裁として前記の表を敷衍解説したものを編纂せしめることを上奏したのである。総裁、副総裁は別に決定されたが、事実上は戴・徐が中心となって、『暦象考成』よりはるかに進歩した西洋天文学に基づいた暦書の撰修が行われた。『新法算書』及びそれを踏襲した『暦象考成』が、太陽の運動についてギリシアのプトレマイオス以来の平円説を採用するのに対し、新たに編纂されたものはケプラーの楕円説を採用した。この勅撰書一〇巻は乾隆七年に完成し、『暦象考成後編』と呼ばれた。『暦象考成』と比較すると、新たに楕円説を採用したほかに、太陽の地半径差（地平視差）を従来三分としたのを一〇秒と改め、清濛気差（大気差）の地平における値三四分を三二分とし、また視高度四五度における値がわずかに五秒とあったのを五九秒としたことなどで、だいたい現在の正確な値と比較して飛躍的な改良が施されている。濛気差についていえば、『暦象考成』の値は弟谷（Tycho Brahe）のそれであったが、『後編』では噶西尼（D. Cassini）の値に改めている。ウォルフの著書に引用された両者の値と、『暦象考成』表巻一及び『後編』巻七に掲載されたものと比較すると、たがいによく一致している。表15にウォルフの値を転載しておいた。

弟谷の後に刻白爾（J. Kepler）自身も濛気差を求めたが、『後編』にも指摘しているように、ケプラーの値はいくぶん過大であった。噶西尼の値が弟谷よりはすぐれていることは前表より容易に知られるところで、『後編』にも「近日、西法はみな之を宗とす」とあるように、乾隆初年のころにはヨーロッパで最も権威があった。なおD・カッシーニは一七一二年、すなわち康熙五三年に卒したフランスの大天文学者である。

次に太陽の地平視差についていえば、ヒッパルコスが定めた三分という値が、はるか後代の歌白尼（Coppernicus）によっても使用され、これが『暦象考成』に転用されたが、『後編』の値はやはりカッシーニに基づく最新の値であった。けだしこの値は一六七二年、パリにおけるカッシーニ、利実爾（Jean Richer）の Cayenne で行った火星の共同観測より導かれたもので、太陽の視差についての画期的な近似値であった。

戴進賢、徐懋徳によって編纂された『暦象考成後編』は、雍正元年癸卯歳をもって暦元としており、乾隆年間の時憲書はこの『後編』を参考して推算された。なお『暦象考成』上下編、同『後編』は、わが国にも早くから舶載され、ことに難解な『後編』は麻田剛立門下の暦学者によって深く研究された。寛政九年の改暦は麻田門下の高橋至時、間重富によって行われたが、この改暦の基礎は実に『後編』によったのである。もちろん日月については楕円の新説を採用し、五星については上下編の平円説を使用しなければならなかった。このようにわが国における西洋暦法の採用は、『暦象考成』上下編及び『後編』の研究からはじまったのである。

なおここで戴進賢が行った天文学上の貢献にふれておこう。彼は『後編』のほか、勅命を奉じて『儀象考成』三二巻を撰した。これより先き、康熙一三年に南懐仁は天文台に具える儀器六座を製作するとともに、『霊台儀象志』一六巻を撰して、儀器の解説と諸星の位置を表にまとめた。この書は欽天監中の天文科が星象を観測する際の指導書となった。戴進賢は乾隆九年一〇月六日に上奏し、『霊台儀象志』の表を増修することを請うた。ヨーロッパでの観測結果を考慮しながら、さらに戴進賢、劉松齢、鮑友管が主となって恒星の位置を観測し、乾隆九年甲子歳（一七四四）の春分点に依拠した星表作製に従事した。この星表は同一七年に完成したが、同一九年に完成した璣衡撫辰儀の説明二巻を加えて三二巻とし、これに御製序を付し同二〇年に刊行されたのが、『儀象考成』である。[114] 星座は西洋流の区分によらず、『晋書』天文志、『歩天歌』などの旧説を踏襲し、これに従来中国で記録されなかった南極付近の星座二二三官一五〇星を新付し、総計三〇〇官三〇八三星を著録したのである。ここで少しく注意を要するのは、二十八宿における觜・参の順序が旧にもどったことである。上述したように、楊光先らが湯若望らの西法を攻撃した理由の一つに、西法では觜を後、参を前（觜の西側）に改めたことが、伝統を破るものと非難されたのであるが、戴進賢らは参宿の三星中の東一宿を新たに距星とし、觜は西、参はその東とする古来の順序にもどした。末節にかかわって中国人の感情を刺激するような愚挙を避けたのである。なお恒星観測についていえば、その後、道光二四年甲辰歳（一八四四）に欽天監監正周余慶、左監副高煜などの中国人学者によって行われ、その翌年に『儀象考成続編』三二巻としてまとめられた(115)。もともとこの道光年間の観測が行われるに至ったのは、道光初年に交食の予報に誤りがあり、この機会に日月五星及び恒星位置に関する根本的修正を企図したからである。しかし、わずかに恒星の位置観測が完了しただけで、日月交食、五星行度の部分はほとんど修正されなかった。従って清の中葉以降においても、暦推算の指導書は依然として『暦象考成』上下編及び『後編』であった。『清史稿』時憲志一によると、道光年間に冬官正司廷棟が計算上に幾分改良を加えたようであり、「乾隆以後、暦官の能く旧法を損益するは、廷棟一人のみ」とみえる。すぐれた暦官が得られなくなったことは、この文によっても容易に推察されよう。

四　地動説の紹介(116)

明末において宣教師が西洋暦算学の輸入に大きな成功を収めたことは上述の通りであるが、当時の耶蘇会宣教師たちは中国をキリスト教布教の新天地として大きな希望を持ち、布教の手段としても有効な西洋科学を大々的に中国へ紹介する努力を行った。それと同時に、中国での宣教の途中、一時ヨーロッパに帰った金尼閣（Nicolas Trigault）は、二年の滞在の後一六二〇年に再び中国に渡った時には七〇〇〇部に及ぶヨーロッパ語の書物を運んできたのである。[117]しかし、それらの書物は十分に生かされず、漢訳の行われたのはほとんど暦算関係のものであった。すでにヨーロッパでは一六世紀の半ばにコペルニクスが地動説を提唱し、さらに一七世紀初頭にはケプラーやガリレオが出て、天文学は大きく変化しつつあった。こうした天文学の動向に中国はどのような反応を示したかといえば、きわめて消極的なものでしかなかった。中国における天文学は暦法を中心として発達してきており、ヨーロッパの天文学を受け入れるにあたっても、こうした伝統の外へ出ることはできなかった。すべてが新しい暦法を作るために、ヨーロッパの天文学が利用されたに過ぎなかった。現在の天文学史の立場からいえば、天動説から地動説への移行はまさに革命的な事件であった。またそれは独り天文学の領域だけの問題でなく、人々の精神を百八十度転回させる事件でもあった。されればこそ、ローマ法王が強権をふるってガリレオを弾圧したのである。しかし、中国人はこうした問題にほとんど関心を示さなかったといえる。こうした無関心は、一に中国の伝統が強力であったことによるが、さらに有力な原因は宣教師たちが十分に地動説を理解しなかったり、またローマ法王から禁止されている地動説をあえて中国に紹介しようとしなかったためである。『崇禎暦書』の中では、プトレマイオスによる地球中心説とならんで、ティコ・ブラーエの宇宙体系が紹介された。この説は一六世紀最大の観測天文学者によるもので、ティコ・ブラーエはコペルニクス説を知っていたが、保守的な彼はそれに従うことを拒否し、太陽・月の軌道は地球を中心とし、五惑星は太陽を中心とする説で、いわば地球中心説と太陽中心説（コペルニクス説）との折中であった。この説は、ヨーロッパにおけるキリスト教僧侶のあいだで、ほとんど抵抗なしに受け入れられていた。ところで宣教師たちの少数は、コペルニクス説を受け入れたことが指摘できる。たとえばコペルニクスと生国（ポーランド）を同じくする二人の宣教師は熱心に同僚たちへ地動説を紹介し、ことにその一人穆尼各（Nicolas Smogolenski）は一六四六年（順治三年）のころ南京でこの新しい天文学説を教えたという。[118]しかし、多くの宣教師たちは、もともと天文学の専門家でなかったから、地動説の重要性を十分に理解しなかった。『崇禎暦書』の編纂に協力した鄧玉函はかつてイタリアのチェシ・アカデミーにガリレオとともに会員となった学者であり、食計算の問題について遠く離れた中国からガリレオの援助を求めたほどであった。しかし、鄧玉函は地動説の問題についてガリレオが熱中する理由を理解できなかったのである。また湯若望の『遠鏡説』[119]、陽瑪諾の『天問略』には望遠鏡によるガリレオの発見を紹介しているが、『西洋新法暦書』の中でコペルニクス説にふれる点はごくわずかであった。この暦書中の『新法暦引』には古来の有名な天文学者としてプトレマイオス、アルフォンス、コペルニクス、ティコ・ブラーエの名を挙げ、また『暦法西伝』にはこの四人の著述について簡単にふれている。特にコペルニクスの六巻より成る大著『天球の回転について』は、各巻の内容を簡単に紹介している。もともとコペルニクスの著書の第一巻は地動説の一般を説いた部分であるにもかかわらず、『暦法西伝』にはこの巻は「天動を図解す」と書かれており、何故にこのような記載をしたか、その理解に苦しむところである[120]。従って前記二書にはコペルニクスの名は挙げられているが、彼と地動説を結びつける記載は全くみられない。わずかに『五緯暦指』の中に「地球の自転を説くものがあるが、これは正説でない」との叙述がある。地球自転のことはすでにプトレマイオスの書物に説かれ、それが正しくないことの立証がある。従って『五緯暦指』の叙述は、コペルニクス説を意識して書かれたものとはいえない。

コペルニクスの地動説は、『新法算書』にほとんど紹介されなかったばかりではない。地動説を基礎に組織されたケプラーの楕円説は、戴進賢の『暦象考成後編』において紹介されたが、これにも全く地動説のことはふれていない。上述したように、楕円説で取扱われたのは太陽と月の運動であって、このばあいには地球中心説としても計算に誤りがなかったからであるが、異端の説として禁止されている地動説を意識的に避けたのではないかと思われる。コペルニクス説を明確な形で発表したのは、一八世紀後半にはいって、フランス人の耶蘇会士蔣友仁（Michel Benoist, 1715–1774）の著書であった[16]。彼は一七三七年にヨーロッパを出発し、一七四四年に中国に到着した。その後、死に至るまで中国で過ごしたが、一七六七年（乾隆三二年）に『坤輿全図』を刊刻した。その解説の中で西洋天文学を紹介してコペルニクス説にふれ、彼の地動説がケプラー、ニュートン、カッシーニなどによって支持されたと述べている。中国在住の宣教師が著書の形で地動説を述べたのは、これが最初であり、同時に最後であった。西洋天文学の紹介を全く宣教師の手にゆだねていた中国人のあいだで、地動説が取りあげられなかったのは、けだし当然の結果といえよう。

上述したように、中国での西洋天文学の輸入目的は暦法改正の一点にしぼられていた。従って西洋天文学を論じた中国人学者の著述には、やはり主としてこうした観点から行われたのである。そうした著述の中で、清朝の初期に游藝が著わした『天経或問』は、日本との関係において注目される。これは『西洋新法暦書』にみえた天文学説を簡単に紹介したもので、プトレマイオスとティコ・ブラーエの宇宙体系について述べ、さらに太陽暦の問題にふれている。啓蒙的な小冊子であるが、江戸時代に輸入され、和刻が行われてかなりな影響を与えた。

五　結　び

以上、明清間における西洋天文学の輸入を中心に、清代における暦法を中心とした幾つかの業績にふれた。ヨーロッパでは一六世紀半ばにコペルニクスの地動説が提唱され、一七世紀になるとケプラー、ガリレオ、ニュートンなどの活躍があり、天文学の研究領域は広がり、近代天文学の基礎が着々と築きあげられていた。これに反し、中国のばあいには、西洋天文学を輸入したとはいえ、中国人の関心は暦法改修の一点にしぼられ、西洋天文学の成果を利用しながらも、伝統的な暦法の枠の中にこれらの成果をとり入れることに専心した。もともと西洋天文学の輸入が耶蘇会宣教師の手で行われ、明末の開明的な徐光啓などがこの輸入を推進したとはいえ、ヨーロッパにおける天文学上の大転換に留意することができなかった。地動説の紹介が、やはり宣教師の手で行われたのは一八世紀後半になってからであり、ヨーロッパの天文学界をゆり動かしたこの学説も、中国人学者のあいだではほとんど無視されたままで終ったのである。江戸時代の日本においては、日本人自体が蘭書を読み、ヨーロッパ天文学の動向に絶えず留意したのに比べると、両国間における西洋天文学の受容にいちじるしい差異が認められる。このような態度の相違は、ひとり天文学の領域にとどまらなかった。これは両国の政治や社会制度の差からくるもので、中国には強い伝統の力がブレーキとなっていた[121]。

ところで、西洋天文学の知識が伝統的な暦法に組みこまれるにあたって、部分的な改革が行われたことが指摘される。特に注意されるのは、節気として定気が採用されたことである。すなわち在来の方法では、二十四節気のあいだを均分する恒気の法であり、一気の間隔は一五・二一八日ほどであった。従ってふつうには一ヵ月の間に一中気一節気が含まれ、特に中気を含まない月をもって閏月とした。しかるに時憲暦では恒気を棄てて定気を採用した結果、一気の間隔はおよそ一四・七二日より一五・七三日のあいだを移動することになった。すなわち定気法では、黄道を一五度ずつに均分し、太陽がこの度数を通過する期間をもって一気としており、そのばあい黄道上における太陽の運動に遅速があるため、一気の日数に不等が生ずるのである。従って定気法では、中気と次の中気までの日数が、時に太陰暦の一ヵ月より短かくなることがあり、このばあいは一ヵ月に二個の中気が含まれる。こうして中気のない月を閏月とする従来の置閏法はもはや成立しなくなった。もちろんこのような不都合が生じたのは、西洋天文学自体の欠点によるのではなく、西洋天文学の考え方を無理に古暦の枠にはめようとした結果であった。梅文鼎の『暦学疑問補』巻二には、この点について明確な批評を下している。定気法による閏法が不適当であることを論じて、

然れども西法の咎に非ずして、すなわち訳書者の疎略のみ。何となれば、西法にはもとただ閏日ありて、閏月なし。そのなお閏月を用うるは、旧法にしたがうなり。徐文定公（光啓）のいわゆる西洋の巧算を鎔して、大統の

型模に入るるなり。

と述べている。梅文鼎は、閏法は、閏法は一に恒気法によるべきことを主張し、一方、定気の使用は昼夜の長短を記入する規準として存続すべきことを論じている。

西洋天文学が輸入されたとはいえ、暦法の本質に変化なく、清一代を通じて古来の太陰太陽暦が使用され続けた。この点でやや注目されるのは、『天経或問』に紹介された太陽暦の紹介と、太平天国の下で採用された天暦(122)であった。この天暦は三六六日をもって一年とし、奇数月を三一日、偶数月を三〇日と定めた。月日の配当は簡略であるが、一年の日数はやや長く、十分に科学的考慮が払われたとはいえない。もちろんこの天暦の使用は太平天国だけの問題であり、清代暦法史からみればごく派生的な事件にすぎなかった。中華民国の成立とともに、一九一二年から現行太陽暦が採用され、少しおくれて国民政府の下で南京に紫金山天文台が設けられ、ここにはじめて近代天文学への道が開かれる。しかし、それまでに、ずい分長い沈滞の時代を経過したのである。

(98) 方済各（あるいは範済各）にはじまる耶蘇会宣教師四六三人の伝は、L. Pfister : Notices biographiques et bibliographiques sur les Jésuites de l'ancienne mission de Chine, 1552–1773（*Variétés Sinologiques*, nos. 59 et 60, 1932）に集録される。馮承鈞「入華耶蘇会士列伝」はその抄録。耶蘇会士の氏名のローマ字綴りは主として Pfister の書物によっておいた。利瑪竇については参考文献は多いが、たとえば Henri Bernard ; *Matteo Ricci's Scientific Contribution to China*（英訳本）の末尾には西洋方面の重要文献が掲げられている。

(99) 徐光啓については橋本敬造 *Hsü Kuang-ch'i and Astronomical Reform*, 1988 をあげるにとどめる。

(100) 方豪『李之藻研究』（一九六六年刊）参照。

(101) ドイツ出身の耶蘇会士には数学者、天文学者として有名な人が多い。たとえば Clavius, Grienberger など。その結果、ドイツ、ことに Ingolstadt 大学の数学者と耶蘇会士とのあいだに密接な交渉を生じた。鄧玉函と J. Kepler との関係の如きも、その一例である。明末宣教師とヨーロッパ学界との交渉、さらに後述の『崇禎暦書』の編訳が何に基づくかという問題に関しては

H. Bernard : L'Encyclopédie astronomique du Père Schall（*Monumenta Serica*, vol. 3, 1938）に詳しい。この論文は『崇禎暦書』の成立過程を、湯若望らの手紙によって生々しく記述しており、教えられるところが多い。

(102) 湯若望はドイツに生れ、その科学的才能は早くから認められ、利瑪竇の要請によって鄧玉函とともに中国へ派遣された。利瑪竇が明末に活躍した以上に、清初に大きな役割を演じた。その学識、人格によって世祖順治帝より絶大の信頼を受け、ついに西法による改暦に成功した。彼の伝記についてはA. Vaeth : *Johann Adam Schall von Bell*, 1933がある。

(103) 湯若望の手紙や覚書の仏訳が *Relation historique d'Adam Schall S. J.*（1942）の名でH. Bernard et P. Bornetの手で編纂された。この手紙はその二六ページにみえる。

(104) 大庭脩『江戸時代における唐船持渡書の研究』（一九六七年刊）三六九ページによれば、宝暦一〇年（一七六〇）に『崇禎暦書』一〇套一〇〇本が輸入されているが、その内容はわからない。これは『西洋新法暦書』と同一のものと思われる。

(105) 朝鮮での時憲暦の採用は孝宗四年（一六五三）からで、金堉の努力によった。

(106) ベルナール前掲論文四八一ページ。

(107) 楊光先の著述、奏文は『不得已』二巻に集められ、末尾に伝記がある。彼は明末の奸臣温体仁を弾劾して遼左に適戍され、清朝になってもっぱらキリスト教が邪説であることを力説した。ついに湯若望らの宣教師をことごとく失脚せしめたことは、本文に述べた通りである。

(108) この事件が起った時、北京にあった宣教師は湯若望、南懐仁、利類思（Louis Buglio）、安文思（Gabriel de Magalhaens）の四人で、北京以外に散在した宣教師を加えて三〇名が北京に拘禁された。L. Pfister : loc. cit. pp. 175–6に氏名がみえているが、耶蘇会士二五名のほか、フランチェスコ派一名、ドミニカン派四名となっている。

(109) 以下欽天監に奉職した宣教師に関する記載は黄斐黙『正教奉褒』によった。氏名のローマ字綴りも、この書の巻末にある「教士姓名華洋合璧」によった。

(110) 佐伯好郎『支那基督教の研究』三（一九四四年刊）、四六五ページには高守謙（Verrissimo Monterio de Serra）とある。

(111) フランス人宣教師がルイ一四世の命を受けて渡来した経緯、また彼らが康熙帝に西洋暦算学を教えたことなどについては、後藤末雄『支那思想のフランス西漸』（一九三三年刊）に詳しい。フランス宣教師たちが豊富な科学知識を持ち、後に中国全土の測量を行ったことは著名である。

(112) 『律暦淵源』の編纂に宣教師たちがどれほど協力したかは明らかでないが、その一部、『数理精蘊』のユークリッド幾何学の部分は、『天学初函』中の『幾何原本』と内容がちがい、新たにフランス本からの翻訳によったと思われ、当然宣教師の手が加わったと考えられる。山田慶兒「中国の文化と思考様式」（『岩波哲学講座』第一三巻　一九六八年刊）

（113）このことは『暦象考成後編』の奏議にみえる。すなわち乾隆二年四月一八日付の顧琮の上奏に、

又允監臣之請。纂修日躔月離二表。以推日月交食並交宮過度晦朔弦望昼夜永短。以及凌犯。共三十九頁。続于暦象考成諸表之末。云々。

とある。この三九頁を付加した『暦象考成』の刊本の存在を、筆者は知らない。この上奏文に明安図のことがみえるが、彼は満人あるいは蒙古人といわれ、暦算学にすぐれた能力を持っていた。

（114）『儀象考成』の星はすべて漢名である。これらを現在の星に同定したのは上海徐家匯天文台のS. Chevalier及び土橋八千太で、

Catalogue d'étoiles fixes observées à Pékin sous l'empereur K'ien-long（XVIIIe Siécle）, 1911.

として発表された。

（115）道光甲辰の観測に基づき、これに歳差の影響を考慮して同治三年甲子（一八六四）における位置を算出したのが、賈歩緯の『経星彙考』中の上元甲子恒星表である。ただしこの表には西洋名との比較がない。また『続編』の星を光緒丁亥を暦元とするものに改めたものが『大清会典』に収められ、これに基づいて西洋名との比較が常福元の『中西対照恒星録』（民国九年、北京中央観象台刊）で行われた。

（116）この節は、小論「近世中国に伝えられた西洋天文学」（『科学史研究』第三二号　一九五四年刊）を抄録した。

（117）方豪「明季西書七千部流入中国考」（『方豪文録』所収、一九四七年刊）参照。これらの書物の多くは北京堂に保存されていたが、現存北京図書館に移された。H. Verhaeren, Catalogue de la Bibiliothèque dn Pé-táng（1949）参照。

（118）M. d'Elia: *Galileo in China*, p. 53, 1960 参照。

（119）この書の原本はGirolamo Sirturi: *Telescopio*, 1618と推定される。なお方豪「伽利略生前望遠鏡伝入中国朝鮮日本史略」（『方豪文録』所収）において、湯若望がはじめて望遠鏡を中国に伝えたものと推定している。

（120）『疇人伝』中の蒋友仁の項で、同じコペルニクスがさきに天動を、後に地動をいったとして、西洋人の矛盾を非難しているのは、『暦法西伝』のこの文によってコペルニクスの説を天動説と解したからである。

（121）この問題については、筆者のComparative Aspects of the Introduction of Western Astronomy into China and Japan, Sixteenth to Nineteenth Centuries（『崇基学報』一九六八年刊）（本著作集第7巻収録）を参照。

(122) 太平天国の暦法については、郭廷以『太平天国暦法考訂』に詳しい。田中萃一郎「太平天国の革命的意義」(『史学雑誌』第二三篇　一九一二年刊)に付載された太平天国の暦法と陰陽暦の対照表、あるいはこれを転載した稲葉岩吉『清朝全史』の誤りを指摘し、新しい対照表を作っている。太平天国の暦では西洋の土曜日をもって礼拝日とし、また日の干支も時憲書より一日を先んずる。田中博士が、曜日において西洋と、干支においては在来のものと全く変りないとしているのは誤りであることを指摘する。

追記

本文には中国における地動説の紹介は十八世紀半ばすぎのブノワが最初としたが、それ以前に清初の大儒黄宗羲の著書『宋元学案』の注に、子の百家が「地転之説」すなわち太陽中心説を紹介した。それによると西欧の天文学説に三家があり、それは多禄茂、歌白泥及び弟谷、すなわちトレミー、コペルニクス及びティコ・ブラーエであるが、

三家立法、迥然不同、而所推之験不異、究竟地転之説難信。

と述べ、結論的には地動説を否定している。小川晴久「東アジアにおける地転(動)説の成立」(韓国『東方学誌』一九八〇年)参照。

[増補注]

⑬ 王錫闡の伝記についてはL. C. Goodrich が編纂した *Ming Biographical Dictionary* (1979) に収録された S. Sivin の記述がある。なお席沢宗「試論王錫闡的天文工作」(『科学史集刊』六号、一九六三年)参照。

⑭ 橋本敬造「梅文鼎の暦算学―康熙年間の天文暦算学」(『東方学報京都』第四一冊、一九七〇年)参照。

⑮ 『暦象考成』の計算法については渡辺敏夫『近世日本科学史と麻田剛立』(一九八三年)一九三―二一二頁参照。

⑯ N. Sivin : *Copernicus in China* (Studia Copernicana, vi, 1973) これの日本訳『中国のコペルニクス』(一九八四)がある。

一　唐代における西方天文学

唐代における西方天文学の資料について若干検討を行いたい。ここにいう西方にはインドが含まれる。初期のインド天文学は仏教の伝来とともに早く紹介されたが、中でも西暦二三〇年に翻訳された『摩登伽経』二巻に詳しい記述がみえる(123)。これは呉の支配下にあった天竺僧竺律炎と月氏国人支謙の共訳にかかるものであるが、これと似たものに西晋時代の月氏国人竺法護の異訳本『舎頭諫太子二十八宿経』がある。これらはインド天文学を中心とし、さらには部分的にはインドから中国に伝わる途中にある西域地方の知識が加わり、同時にまた中国の天文知識が含まれている。唐代になるとインド人天文学者が渡来して、中には太史令となったものがあり、その一人、瞿曇悉達は玄宗の開元年間にインドの天文計算書を翻訳した。これは『大唐開元占経』中の一巻「九執暦」として現在に伝わっている。この「九執暦」については、すでに詳細な研究を発表したので、それに譲ることにする(124)。ここでとりあげるのは主として占星術を中心とした西方天文学であり、インドのほか、イスラム天文学を媒介にしてギリシアの知識が紹介されていた。これらについて以下に述べよう。

一　七曜と七曜暦

三世紀に翻訳された『摩登伽経』の天文記事は主として占星術を取扱うが、しかも特に月を対象としたものが多い。七曜や九曜の名もみえているが、これらに関する占星記事は省略されている。しかし、ともかく七曜の名称がある。これ以後、七曜の名称がみえている主要な仏教経典と、その七曜の順序は次の如くである(125)。ここで七曜名はすべて現代風に改めた。

大集経日蔵分（六世紀後半訳）	木火土金水日月
同　月蔵分（同右）	日月火木土水金
仏説大孔雀呪王経（義浄訳　八世紀）	日月火水木金土
仏母大孔雀明王経（不空訳　八世紀）	日月火水木金土
宿曜儀軌（一行撰　八世紀）	日月火水木金土
宿曜経巻下（不空訳　八世紀）	日月火水木金土
七曜攘災決（金倶吒撰　九世紀）	日月木火土金水

これでみると現行七曜日の順序が始めて記述されたのは義浄訳の『大孔雀呪王経』であり、以下『宿曜経』に及んでいる。『七曜攘災決』の順序は中国暦法の知識によったもので、七曜日とは関係がない。ところで七曜日はもともとオリエント起原のもので、現行の順序になったのは西暦紀元前後のエジプト占星術に由来するものであり、エジプトにおいて同じころ七曜によって日を呼ぶ習慣がはじまった。この知識がインドに伝わったが、インドにおける七曜日の知識の存在は四八四年ごろにさかのぼることができるという(126)。一方、中国における七曜日の知識とそれの一般使

用は唐代におけるイラン系文化とともに伝わったことは、シャバンヌ及びペリオの有名な論文によって明らかにされたところである。唐代におけるイラン系文化は主として摩尼教徒によるものであるが、摩尼教は則天武后の延載元年（六九四）のころ中国に伝えられ、玄宗の開元年間には胡人に限り信教の自由が許された。これらの人々が七曜日を使い、同時にそれに伴う日の吉凶に関する知識を伝えた。特に摩尼教徒の使用したソグド語のミールの音訳である「密」または「蜜」字が暦註に書きこまれた。(127) このようなソグド語の七曜名は、同時に若干の仏典にも紹介された。この種の仏典として比較的年代の古いものは、

梵天火羅九曜　一行撰

七曜星辰別行法　一行撰

宿曜経　不空訳

七曜攘災決　金俱吒撰

であるが、前二者の撰者には疑問があり、その撰修の時代は一行よりかなり後のものと思われ、従って年代的には八世紀後半の『宿曜経』及び九世紀初めの『七曜攘災決』の方が早い。『宿曜経』は仏典中の占星書として画期的なものであり、インド系及びライン系の星占を綜合し、仏教徒のあいだで最も権威があった。(128) これには七曜日について梵語、ペルシア語及びソグド語の音訳が記述されている。

七曜とそれに伴う日の吉凶を書いたものは現に敦煌から発見され、また密字を書きこんだ暦書も発見された。よってシャバンヌ及びペリオはこの種のものを七曜日の影響の下にできた七曜暦と考え、またこの七曜暦は唐以前には存在しなかったと論じた。(129) 七曜という語句を付した暦名は後漢以後にもみられ、『隋書』経籍志にこの種の暦名が多く著録され、ことに南朝の陳の時代には毎年の七曜暦があったことが知られる。これに対しシャバンヌ及びペリオは、これらは実際に天体としての七曜の運行を記載したもので、七曜日を伴う唐代後期の七曜暦とは根本的にちがうとい

う見解を述べた。これに対し葉徳禄氏は南北朝時代の七曜暦はもちろん、後漢のそれも、唐代の七曜暦につながるものであり、従って七曜日の伝来をはるかに古い時代に帰している(130)。しかし、葉徳禄氏のいうように七曜日の伝来を後漢時代もしくはそれに続く数百年のあいだにおくことは、十分な証拠を持たない議論であって、首肯しがたい。一方、シャバンス及びペリオ両氏のいう唐代の七曜暦は、両氏が仮りに名付けた名称であり、ふつう、われわれが七曜暦と呼ぶものとは異っている。日本では古くから七曜暦が伝わり、現存する最も古いものとしては室町時代のものがあり、徳川時代のものは現在も多く残っている。これら現存の七曜暦は、単に月日を配当するだけでなく、日月五星の毎日の位置が二十八宿のいずれにあるかを詳しく計算し、それを年ごとに暦として公表したものである。この種のものこそ七曜暦の名にふさわしいもので、単に七曜日を書きこんだものを七曜暦と呼ぶことは、事実においてもなかったし、七曜日は暦註の一部にすぎないから、特にこの種のものを七曜暦と呼ぶ十分な理由はない。正しい意味での七曜暦は、以下に述べる金倶吒の『七曜攘災決』にみえ、おそらく唐末にはじまったものであろう。唐以前に存在した七曜暦は、中国暦法の本質に由来する名称であって、必ずしも七曜の位置に詳しく書きこんだものではなかろう。中国の暦法は、単に月日を配当することを内容とせず、広く七曜の運行や日月食を予報したものであった。従って暦法自体を七曜暦と呼ぶことも可能であるし、またこの暦法によって計算された毎年の暦書を七曜暦と呼んでも不都合ではない。ただその内容は、現にわれわれが七曜暦と称しているものと異り、月日の配当や暦註を主とし、七曜の位置を主体とするものではなかったと思われる。七曜の位置を主体とする七曜暦が生れたのは、西方の占星術と結びついており、おそらく唐代にはじまるものと考えられる。

二　七曜攘災決について

『七曜攘災決』(131)は西天竺の波羅門僧金倶吒の撰である。書中には七曜計算の暦元として貞元一〇年（七九四）、羅睺及び計都の暦元として元和元年（八〇六）の年次があるところから、一応九世紀初めの著述とみられている。この書物は主として七曜の位置によって人の吉凶を占い、同時に災を攘うことを内容としたものである。そのために七曜の毎日の位置を知ることが必要であるが、その位置表をも併せて載せている点で、天文学上貴重な資料といえる。これらの天体の位置は二十八宿に関して与えられており、この点からみてインド系の占星術を主体としたものであることが知られる。ギリシア系のそれでは黄道十二宮に沿う位置が与えられるからである。もちろん七曜日のソグド名が記載されているから、インドの占星術を主体としながらも、イラン系の要素が加わっていると考えられる。さらに天体の位置計算に必要な資料は、これを中国の暦法に仰いでいることが注意される。ここでは位置表のない月と、きわめて簡単な太陽の位置表の検討を除いて、他の五つの惑星と羅睺、計都について考えてみよう。まず惑星については、歳星からはじまって次のように書かれている。

歳星……その行は十三年に一周天強なり、三百九十九日にして一たび伏見す、初め晨に東方に現われ、六日に一度を行く、一百一十四日に順行すること十九度、乃ち留りて行かざること二十七日、遂に逆行し、七日半に退くこと一度にして、八十二日半に十一度を退き、則ちまた留まること二十七日、ふたたび順行すること一百一十四日、十九度を行きて夕に西方に見伏し、伏して三十二日を経て、また晨に現われること初の如し。八十三年にして、凡そ七十六終にして七たび周天す。

このように惑星の運行を太陽との位置に関係させて記載する方法は全く中国暦法の伝統に従ったものであり、この

表16　『七曜攘災決』と唐代暦法との比較

暦名	七曜攘災決	麟徳	大衍	五紀	正元
終日	399日	398日.86	398日.87	398日.88	398日.90
初晨見順行	114	114	112	114	114
留	27	26	27	27	26
退	82.5	84	86	82	84
留	27	25	27	27	25
順行	114	114	112	114	114
伏	34*	35.86	34.87	34.88	35.90

*原文には32日とあるが34日の誤りであろう。総和、すなわち終日は398.5日となるが、端数を切上げ、399日となる

資料は中国の暦法に基づいている。さきに『七曜攘災決』における七曜の順序が日月から木火土金水となっていることを示したが、この順序は唐代暦法における記載の順序と一致している。いま歳星の諸定数に限って、唐代暦法との比較を行ってみよう。唐代において公に使用されたものは、年代順に列挙すると、戊寅、麟徳、大衍、五紀、正元、観象、宣明、崇玄の八暦であるが、『攘災決』成立の年次からみて、一応中間の四暦についての比較を行うこととする（表16）。もともと『攘災決』の値は概略であって、唐代の諸暦との完全な一致は望まれないが、この比較からみて一応五紀暦に基づいたことが想像される。他の鎮星（土星）以下の四星について行った比較でも、『七曜攘災決』の記述は、唐宝応元年（七六二）から建中四年（七八三）まで行われた五紀暦の定数によったことが推定される。この暦法の定数によって五惑星を考え、さらに羅睺、計都を含めて、それぞれが何周天かを行う整数年を考え、その間において毎年一二ヵ月について毎月一日における天体位置を計算した結果が、『攘災決』に表記されている。たとえば歳星についていえば、八三年間にちょうど七六終して七周天するから、この八三年間の位置を与えておけば、他の年のものはこの繰り返しとして直ちに表から求められる。ただこの表では毎日の位置は与えられず、代表的に毎月一日の値しかないが、一応毎年の七曜暦を計算する基礎表として役立つのである。

羅睺及び計都はもともと中国になかったもので、ともに梵語の音訳でインドに由来する。中国ではこれら二つは見

えない星（二隠曜）と考えられ、七曜（日月五星）と併せて九曜、もしくは九執と呼ばれた。羅睺は Rāhu、計都は Ketu の音訳であるが、前者はともかく、後者についてインドではいろいろな解釈が行われてきた。このことはたとえば G. R. Kaye のインド天文学に関する研究[132]にもみえる。古代の文献では Rāhu は食を引きおこす悪魔と考えられ、それに対し Ketu の天文学的意味はそれほど明白でない。『マハーバーラタ』では両者はともに惑星の中に教えられた。インド第三期のシッダーンタ天文書で Rāhu は黄白道の交点を意味し、特にその昇交点と降交点を区別する時には前者を Rāhu の頭、後者をその尾と呼んでいる[133]。両者ともに神話の中に生れ、霊力を持ったデモンとして描かれるとともに、また惑星の中にも数えられ、特に Rāhu は食を引き起すデモンであることから、実際に食が起る黄白道の交点をも意味するようになった。天文学的にみた Ketu はいくぶん意味があいまいであり、稀には黄白道の降交点を意味することはあったが、時には彗星を表わすこともあったという。『七曜攘災決』には羅睺を一名蝕頭神と呼び、これに対し計都を蝕尾神といっている。これよりみると、両者は食を起すデモンの頭尾に分けられており、従って一方を昇交点、他方を降交点に対応させているかのようにみえる。ところがその運動についての記述は別々であって、両者は全く性質のちがったものとして理解されている。すなわち羅睺の運動は逆行であり「十八年にして一周天し、十一度三分度の二を退く」とあり、これに対し計都は「凡そ九年にして一周天し、六度十分度の三を差う」とあって、その周天周期や運行の方向がちがっている。ここで「退く」というのは原位置復帰以前の状態を示し、「差う」はその反対を意味するようである。よって上記の数値からして、羅睺の逆行周期はほぼ一八・六年であり、これに対し計都の順行周期は八・八五年である。この数字よりみると、羅睺は黄白道の交点を示し、逆行周期はこの交点の移動を示す数字である。一方、計都の運行は月の近地点移動の数値とほぼ一致する。換言すると、羅睺インドの伝統に従って黄白道の交点として理解されているが、計都は全く新しく近地点と考えられている[17]。このような計都の解釈がインドの天文学にあるかどうかは、なお今後の検討を要する。

以上が『七曜攘災決』の天文学的内容の概略であって、以上のように七曜暦が記載されている。惑星の位置計算には五紀暦の定数が使われたと思うが、この種の七曜暦の誕生はインドの占星術に起原を持つのである。ふつう占星術を大別して judicial astrology と horoscopic astrology とするが、中国のそれは主として前者であり、これに対し人々の誕生日における惑星の位置によって個人の運命を占う horoscopic astrology は、インド及びバビロン、ギリシアに行われたものである。七曜暦はこうした占星術を背景にして生れたのである。すでに述べたように、二十八宿に関して惑星位置が与えられていることから、『七曜攘災決』の七曜暦はまさにインド的な占星術から生れたものである。ところで惑星の位置計算がインドで行われるようになったのは、インドに西方天文学が伝わってからで、五・六世紀ごろからである。してみると、インド的な七曜暦は五・六世紀以前に中国に存在したとは考えられない。すでに『摩登伽経』に占星術の記事があるにしても、占星術が仏教にとり入れられて盛んになったのは唐代であり、ついに八世紀後半には『宿曜経』のような書物さえ著わされた。このような占星術の流行に伴って七曜暦ができたと思われ、中国でのその起原は早くとも『宿曜経』の撰述とほぼ一致する時代と考えられる。

ところで『七曜攘災決』について、なお一つ注目すべき記述がある。上述したように、惑星の位置表は正月から一二ヵ月について、毎月一日の位置が与えられる。この一二ヵ月の一年は太陽年であり、従ってまた各月は中国在来の太陰月ではない。『攘災決』の本文において、九曜の最後に書かれた計都の位置表に続いて、

毎年十二月はみな月節を以て正となす。その伏見の、月に入りての日数は、各々節より数う。たとえば三月十日とは、まさに清明後の十日を数うべき、これなり。この暦はみな七曜新法による。

と述べていることによって明らかである。すなわち清明を三月一日とし、従って正月一日は明らかに立春に当っている。すなわち立春を正月一日とし、節気によって月を区切っている。従って七曜暦の基礎には、立春を正月一日に固定した太陽暦が考えられていることになる。この種の太陽暦は、宋の沈括がその『夢渓筆談』において全く新しい見

解として提案しているところであるが、しかし、これはもはや沈括の創見とはいえない。中国暦では、特に暦註のばあいに、この種の節切りによる計算が六朝の時代から行われているのである。ところで上文の最後にいう七曜新暦が何を意味するのであろうか。『攘災決』が依ったと推定した五紀暦は七八三年に廃棄された暦であって、『攘災決』においてこれを七曜新法というのは妥当ではない。ここで考えられるのは唐末に曹士蔿が作ったという七曜符天暦である。この暦の内容は十分にわかっていないが、曹士蔿は五紀暦がなお行われていた建中年間の人といわれ、その暦法は民間に行われたにとどまって官暦とはならなかったという。想像をめぐらせば、この七曜符天暦こそは『攘災決』にいう七曜新法であり、曹士蔿は五紀暦の定数を使いながらも、一種の太陽暦を基準にした七曜暦を作製したのではなかろうか。一説としてここに述べておく。(134)

三　ギリシア占星術と都利聿斯経

『七曜攘災決』はインド占星術を取上げているが、そこに取扱われたhoroscopic astrologyはやはりギリシアにおいて盛んであった。インドとギリシアの占星術の相互関係や内容の比較については十分に知り得ないが、これまで述べたように、相違点の一つは、インドでは二十八宿と十二宮を併せて考えるのに対しギリシアはもっぱら黄道十二宮を採用したことである。イスラムが強固な帝国をつくるようになると、はじめにインドの学問が紹介され、やがてギリシアの学問が大量に輸入された。占星術のばあいにも、インド的なものとともにギリシアの占星術が紹介され、ことに後者の占星術がイスラム占星術の主流となった。特にギリシアの占星術書として有名な西暦二世紀の天文学者プトレマイオスの *Tetrabiblos*（ラテン名 *Quadripartium*）はイスラム時代に何回か翻訳され、最も権威ある書物となった。(135)

この書物はその書名が示すとおり四巻から成っている。ところでこの占星術書の系統を引くと思われる書物が明代に漢訳され、たとえば『涵汾楼秘芨』に『天文書四類』の名で収められている[136]。この書も四巻に分れ、形式的にみても『テトラビブロス』に範をとったことが推察される。内容的にみると、はじめの三巻はほぼ『テトラビブロス』の内容に対応するものであり、最後の四巻はいくぶん独自なものである。ところでイスラム天文学の研究者である Nallino は占星術を次の三つの体系に分ける[137]。

一、system of interrogations　日常生活に伴う事件、たとえば失せ人、盗賊の所在を占う。

二、system of election　中国でいう撰択にあたり、ある行為の吉凶を占う。

三、genethlialogical system　誕生日における天体の状態で個人の運命を占う。

これら三種の中、『テトラビブロス』は主として第三のものを論じ、少しく第二のものにふれているが、『天文書四類』の第四巻は第二の選択を主として取扱っている[138]。

唐はイスラム諸国と深い交渉があり、この時代にイスラム占星術の主流であったギリシアのそれが伝来していても、もちろん不思議ではない。この点で思い浮ぶのは『都利聿斯経』で、これらに関し『唐書』藝文志の暦算類に、

都利聿斯経　貞元中。都利術士李弥乾。伝自西天竺。有璩公者訳其文。

聿斯四門経

聿斯歌　王希明著

など三種の書物が挙げられている。この種の書物は宋代にもかなり撰述された。上文からみて都利は地名であり、この経は八〇〇年のころ都利の占星術士季弥乾が伝えたという。この類書に『聿斯四門経』があるが、シャバンヌ、ペリオ両氏はこの「四門」に着目して「それは二十八宿を四方に分けることを主題としたものであると思われる。このことは疑いもなくインドに知られた占星術上の知識であるが、しかし、インドだけに限られたものではない」と論

じた。[139] また石田幹之助氏も、シャバンヌ、ペリオ両氏に従って、二十八宿を四方に分けることを主題としたインド的な占星術書であるとされた。[140] たしかに二十八宿を四方に分けることはインドの占星術で行われているが、この種の分割は占星術で主要な意味を持つものではない。むしろ日月及び惑星の位置とその相互関係が、占星術における主要な問題である。ところでこれらの『聿斯経』は失われて、その内容はよくわからない。幸いに『梵天火羅九曜』に一個の佚文があり、さらに石田幹之助氏は『続群書類従』から一四個の佚文をさがし出された。たとえばその一例をとると、

聿斯経云。金水同宮。即令能仁。兼有学芸。作文章。

とあって、金・水の二星が同じ十二宮の一つにあることによって占を行っている。ここで注目されるのは、金・水の位置が二十八宿ではなく、十二宮に関して述べられており、このことは『聿斯経』がギリシア的な占星術に由来することを示している。その他の佚文も二十八宿に関したものは全くなく、用語も『天文書四類』や『テトラビブロス』にみえるのと同じものがある。ギリシア系の占星術では、十二宮を七曜に分属させているが、佚文中に木宮、月宮などの用語があって、これはそうしたことを意味し、また二星の合及び三合を説いているのは、二惑星の位置が一致する状態及び九〇度離れた状態を指すものである。なお『聿斯経』からの引用が、『古今図書集成』博物彙編藝術典第五七八—五八〇巻に数多く見えていることを付記しておきたい。

以上のように考えると、『聿斯経』はもはやインド系の占星術書ではなく、イスラム世界で主流をなしていたギリシア系占星術書の翻訳であると推定される。さらに想像を進めるならば、四門というのは、原本がもと『テトラビブロス』の巻数と同じく四巻に分れていたことを意味するのでなかろうか。

四　余論

ここでは『七曜攘災決』と『聿斯経』を中心に、唐代に伝えられた西方天文学、特に占星術について述べてきた。いまその結論を述べると、

一、七曜の位置を詳しく書きこんだ七曜暦はインド系の占星術とともに唐末中国に伝えられたものであり、それの基礎表ともみるべきものが『七曜攘災決』にある。しかし『攘災決』は宝応五紀暦の定数によって七曜の位置を計算していると推定されるが、なおこの点については今後の検討を必要とする。

二、『攘災決』にいう羅睺は黄白道の交点を意味するが、計都は月の近地点を意味する。

三、宋の沈括によって立春を正月一日に固定する太陽暦が提唱されたが、しかし、全く同じ暦法がすでに『攘災決』に述べられている。ただこれがインド暦法の影響によるものか、また中国の伝統から生れたかは明らかでない。

四、唐末に翻訳された『都利聿斯経』は、インド系よりも、むしろギリシア系占星書によるもので、その原本はプトレマイオスの『テトラビブロス』に範をとったものと想像される。

ほぼ以上の如き結論が得られたが、なお論じておきたい問題は唐代に伝わった genethlialogical system に属する占星術、すなわちホロスコープによって個人の運命を占う占星術についてである。誕生時における日月惑星が十二宮のどこに位置するかを書いたものが占われる人のホロスコープである。こうしたホロスコープがすでに唐代の人々によって使用されていたようである。晩唐の詩人として有名な杜牧（八〇三―五二）は自ら墓誌銘（『樊川文集』巻一〇）をつくったが、その中に、

余は角星に生る、昴畢は角において第八宮たり、病厄宮といい、また八殺宮という、土星これにあり。

とみえている。[18] 角星に生れたということがいかなる事実を指すかはまずおいて、昴・畢以下の句は、西方のホロスコープを中国風に翻案したものと思われる。ホロスコープ占星術では十二宮がそれぞれ人の寿命、財産などを支配すると考えており、白羊宮その他、星座名からくる十二宮の名のほかに、そうした支配の対象による名称を持っている。明代に漢訳されたイスラム系の天文書（『天文書四類』）では、誕生時において東方の地平線に接する宮を第一とし、それが人間の寿命を支配すると考えている。誕生時に東方の地平線に接する星は、もともとホロスコープの原義であって、西方占星術では特に重視する。上にいう角宿は、そうした星座を意味するものであろう。さらにそれから数えて第八宮は「死亡、凶険ならびに妻財にかかる」とあって、あたかも上文の病厄宮というのに一致する。ところで杜牧の文では、十二宮の代りに二十八宿の名がみえており、さきに西方のホロスコープが中国風に翻案されたといったのは、この点を指すのである。こうした二十八宿をもって十二宮に代用したホロスコープは、後世の占星術書にみえている。すなわち『古今図書集成』[141]に唐の張果の『星宗』からの引用がある。唐の鄭処誨の『明皇雑録』によると、張果は隠者で数百歳の長寿をたもったといい、開元二三年に玄宗がこの人物に遇ったことを記している。[142] この人物が著わしたという『星宗』が果して張果によるものかどうかは不明であるが、

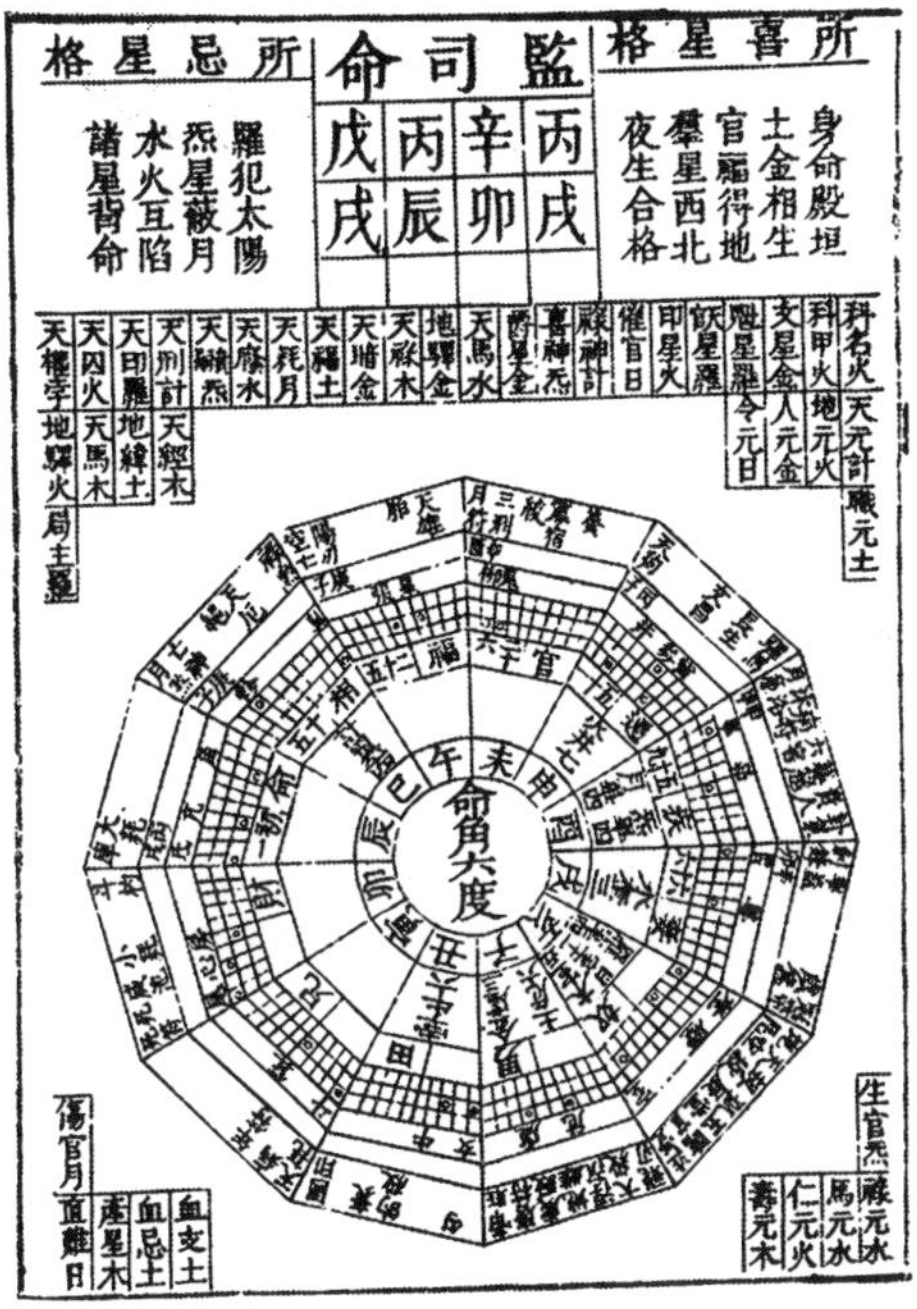

図9　鄭氏星案にみえたホロスコープ（出典『古今図書集成』注141参照）

『図書集成』の文は元の鄭希誠、明の嘉靖年間の人李憕らの手が加わった。ところで張果『星宗』に加えられた鄭氏星案なるものに図9のようなホロスコープが数多く挿入されている。これによると十二宮を二十八宿に代え、角宿を含む宮を命宮とすれば、それから数えて第八宮には昴・畢が含まれ、あたかもそれが疾宮になっており、杜牧の文と一致する。この鄭氏星案にみえるホロスコープは、従って唐代にさかのぼるものということができる。

(123) この書の天文暦法については善波周「摩登伽経の天文暦数について」（仏教大学編『東洋学論叢』所収、一九五二年刊）に詳しい。
(124) 『隋唐暦法史の研究』及び Researches on the *Chiu-Chih li* Indian Astronomy under T'ang Dynasty, *Acta Asiatica* 36, 1979 に発表した英文参照。
(125) この順序については善波局「大集経の天文記事」（『日本仏教学会年報』第二二号　一九五七年刊）による。
(126) Fleet: The Use of the Planetary Week in India (*J. R. A. S.* Oct. 1912) ただし Chavannes et Pelliot: Un Traité manichéen retrouvé en Chine (*J. A.* 11 série, t. 1, p. 162) の注による。
(127) 上掲シャバンヌ、ペリオの論文一六七ページにみえる Huber の論文による。
(128) 『宿曜経』は唐粛宗乾元二年（七五九）に不空が訳し、代宗の広徳二年（七五九）に楊景風が注釈を加えた。その内容の概略については『中国中世科学技術史の研究』一七二―六ページ参照。
(129) 上掲論文一七〇ページの注二をみよ。
(130) 葉徳禄「七曜暦入中国考」（『輔仁学報』第一一期　一九四二年刊）
(131) 『大正新修大蔵経』第二一巻　密教部所収。矢野道雄『密教占星術』一四一―一六三ページ、一九八六年刊。
(132) G. R. Kaye: Hindu Astronomy (*Mem. of the Archaeological Survey of India*, No. 18, 1924)
(133) 前掲書一〇七ページ。
(134) 符天暦については本書一一二ページ、及び補遺参照。

(135) Loeb Classical Library の一冊として、ギリシア語と英語の対訳本がある。一九四八年刊。
(136) 本書二四四ページ参照。
(137) The Encyclopaedia of Islam, vol. 1. Astrology, p. 494–97, 1913. これはイスラムの占星術をまとめたものとしてきわめて要を得ている。なお以上の三種のほか、バビロンや中国で行われたものは judicial astrology と呼ばれ、天体現象によって直ちに支配者や国家の運命を占う。
(138) 『テトラビブロス』以外の要素もはいっている。たとえば羅睺、計都の二星のことがみえている。これに相当するものはイスラム占星術にもあった。しかし、Nallino が述べているところによると、黄白道の二交点を上記の二星であらわすことは Classical Astrology of Ptolemy の信奉者によって拒否されたという。この点も『テトラビブロス』との相違点である。
(139) シャバンヌ、ペリオ上掲論文一六九ページ。ギリシア占星術では十二宮を四方に分ける。
(140) 石田幹之助「都利聿斯経とその佚文」(『羽田博士頌寿記念東洋史論叢』所収、一九五〇年刊)。
(141) 『図書集成』博物彙編博物典巻。
(142) 『四庫提要』には張果の『星命溯源』五巻をとりあげ、あわせて『星宗』について述べている。

[増補注]

⑰ 計都はむしろ遠地点とすべきである。矢野道雄氏の研究による。
⑱ この記述の詳しい説明は荒井健『杜牧』(一九七四)二三四―二四〇頁参照。

二　スタイン敦煌文献中の暦書

一

中国の西北の辺地には、本土において失われた種類の文献があり、これら貴重な資料がスタインやペリオなどの努力によって世に明らかにされた。暦書関係の資料も数多く発見され、古くは漢代の木簡があり、はるか下って唐、五代、宋初にかけての紙本暦書がある(143)。ここではスタインが敦煌より招来し、現在ブリチッシュ・ミュージアムに収蔵されている漢文文献の中、特に暦書について年代決定を試みようと思う。

暦書の断片から年代を決定するには、ふつうすでに出版されている朔閏表(144)の類と暦書の日付けを対照させる方法が行われる。この方法は、暦についての特別な知識を持たない人々にとって便利であり、比較的限られた年代におさまる敦煌暦のばあいには、一年ずつ両者を対照して行くこともさほどめんどうではない。しかし、暦書の断片が短いばあいには、ちがった二つ以上の年次について暦書と同一の朔閏が表に出ていて、そのいずれを採用するかが決定できないことが起る。さらに敦煌暦のばあいには、暦書の日付けが、中央の官暦で推算された朔閏と必ずしも一致しない。これは唐末のころから敦煌が吐蕃の支配を受けたり、また独立の小政権ができ、そこでは中国の官暦が使用されなかったためで、中国暦と敦煌暦とのあいだに日付の相違があることは、すでに周知の事実である。もはやその例を引く必要はないと思われるが、念のためここではスタイン蒐集の暦書からの二例を挙げておこう。スタイン蒐集のS. 1473及びS. 6886の暦書には題記があり、宋の太平興国七年および六年の暦書であることがはっきりしている。前者は巻首から五月一日までの暦日があり、後者は完全に一年の暦日が残っている。これらの朔干支と、たとえば陳垣『二十史朔閏表』とを照合してみると、

太平興国六年

	正	二	三	四	五	六	七	八	九	十	十一	十二
敦　煌	己亥	己巳	戊戌	戊辰	丁酉	丁卯	丙申	戊辰	戊戌	丁卯	丁酉	丙寅
朔閏表	庚子	己巳	戊戌	戊辰	丁酉	丙寅	丙申	乙丑	乙未	乙丑	乙未	甲子

太平興国七年

敦　煌	癸巳	癸亥	壬辰	壬戌	辛卯　以下欠
朔閏表	甲午	甲子	癸巳	壬戌	壬辰

の如くであり、いずれもかなりな相違が認められる。こうなってくると、朔干支の照会だけでは、事実上年次の決定は不可能といえる。そこで暦法のくろうとたちは暦計算の知識を基礎にして、いま少し決定的な方法を試みることになる。[145]一年ずつ朔閏表と照合することは、あまりにもしろうとくさいやり方であり、できる限り計算の上から年次を決定したい気持になるのも無理からぬことである。しかし、暦計算法を基礎にした方法も決して全能なものではなく、これによって一応の見当をつけることができても、最後にはやはり朔閏表の類に頼らなければならぬのが現状である。

以上をいくぶん弁解めいた前置きとして、問題の主題にはいって行こう。スタイン蒐集の中の暦書について、あまりに短い断片でほとんど手の施しようがないものを除くと、次の六種が挙げられる。

スタイン蒐集編号	年　次	備　考
S. 0095	顕徳三年（九五六）	完全
S. 0276	?	首尾欠、自三月十日至七月十三日

一

S. 0681　？　自正月至二月二十日
S. 1439　？　自正月至五月二十三日
S. 1473　太平興国七年（九八二）　自巻首至五月一日
S. 6886　同　六年（九八一）　巻首、中略、自正月至十二月

ここではS. 0276, S. 0681, S. 1439の三種について年次決定を試みる。S. 1439は「春秋後語注」の紙背に書かれている。またS. 0681は「書儀」の紙背に書かれているが、どちらが先きに書かれたかは、写真では判断し難い。なお年次決定に暦の科学的要素、すなわち日の干支、蜜日、二十四気などを考慮するのはもちろんであるが、この小篇では特に暦注に重点をおいたことを注意しておこう。

二

中国や日本で一般に使用された暦はいわゆる具注暦であって、迷信に類する暦注が数多く書きこまれるのが普通である。これらの暦注は、月建（特にその十二支）や日の干支に関係づけられるものが多く、年次と結びついた暦注が少ないため、逆に暦注から年次を知る資料に乏しい。月建はもともと旧一一月を子とし、順次一二ヵ月を十二支に配当したものであるが、漢代以降になると月を呼ぶのに十干を併せて配当することがあり、このばあいにはその十干は年次を示す十干に応じて変化する。その関係を示したものが表17である。たとえば正月の月建が丙寅ならば、暦書の年次は甲もしくは己の年となる。二者のいずれを採用するかは未定であるが、これでよほど年次が限定されることは言うまでもない。しかし、年次を示す十二支については、これだけでは何もわからない。それには三元九星の配当が

利用される。まず九星について説明すると、現在の暦注にも生きているように、一白・二黒・三碧・四緑・五黄・六白・七赤・八白・九紫がそれである。これを一から九までの数からできる魔方陣、いわゆる河図洛書に結びつけ、九星配当のパターンとして表18の九つが考えられる。このパターンはそれぞれの年・月などに対し順次交替するもので、どのパターンが適用されるかはもっぱら年次の干支によってきまってくる。この関係を示したものが、表19および表20である。これらの表での九星は、九星配置のパターンにおいて中央にくるものを示しており、九星の一つを示すことによって、いずれのパターンが適用されているかを知り得る。まず表19についていえば、正月に八白を中央に置くパターン(7)（表18）が適用される時には、その年次は仲年にあたる子・卯・午・酉の年のいずれかであることがいえる。従って月の三元九星が書きこまれている暦書では、年次を示す十二支は唯一に決定されないにしても、よほど限定されてくる。次に表20について説明を行おう。年次を六〇年ごとに区切って上元・中元・下元と呼び、一八〇年をサイクルにして三元はくりかえされる。最近の年代についていえば、

一八六四年　上元甲子　その年の九星配置は一白を中央とするパターン(5)が適用される。

一九二四年　中元甲子　四緑を中央とするパターン(2)

一九八四年　下元甲子　七赤を中央とするパターン(8)

となっている。たとえば六〇年をサイクルとする上元に含まれる年の九星配置が一白を中央とするパターン(5)であるばあいには、その年の干支はⅠ組に属しており、甲

表17　月建表

	正月	二月	三月	四月	五月	六月	七月	八月	九月	十月	十一月	十二月	
甲・己年	丙寅	丁卯	戊辰	己巳	庚午	辛未	壬申	癸酉	甲戌	乙亥	丙子	丁丑	
乙・庚年	戊	己	庚	辛	壬	癸	甲	乙	丙	丁	戊	己	（十二支は上に同じ）
丙・辛年	庚	辛	壬	癸	甲	乙	丙	丁	戊	己	庚	辛	（同　上）
丁・壬年	壬	癸	甲	乙	丙	丁	戊	己	庚	辛	壬	癸	（同　上）
戊・癸年	甲	乙	丙	丁	戊	己	庚	辛	壬	癸	甲	乙	（同　上）

表18　九星配置図

(1)

四緑	九紫	二黒
三碧	五黄	七赤
八白	一白	六白

(2)

三碧	八白	一白
二黒	四緑	六白
七赤	九紫	五黄

(3)

二黒	七赤	九紫
一白	三碧	五黄
六白	八白	四緑

(4)

一白	六白	八白
九紫	二黒	四緑
五黄	七赤	三碧

(5)

九紫	五黄	七赤
八白	一白	三碧
四緑	六白	二黒

(6)

八白	四緑	六白
七赤	九紫	二黒
三碧	五黄	一白

(7)

七赤	三碧	五黄
六白	八白	一白
二黒	四緑	九紫

(8)

六白	二黒	四緑
五黄	七赤	九紫
一白	三碧	八白

(9)

五黄	一白	三碧
四緑	六白	八白
九紫	二黒	七赤

子から戊午に至る七個のいずれかであることを、表20は示している。表で中と書いたのは、その上段の九星が中央にくるパターンがいずれの組に適用されるかを示すものである。月の三元九星と同じように、年の三元九星がわかっていても、年の干支を唯一に決定できないあいまいさは残っている。しかし、以上の暦注から得た結果は、暦計算のばあいとちがって、中国と敦煌との相違はないと思われるから、もはや動かし得ないキイポイントを与えるという意味できわめて重要である。しかも月建や年・月の三元九星が揃って記述されているような暦書断片では、年次を一つにしぼることも可能となってくる。

三

以上を準備として、まず資料が揃っているS. 0681vをとりあげて、その年次を決定しよう。これにはまず正月大建戊寅とあって、正月は大月、その月建は戊寅である。よって表17から、この暦書の年次は乙か庚かの年となる。次にやはり正月における九星配置をみると、二黒が中央にくるパターン(4)であることが知られるから、表19からして、この年の十二支は寅・巳・申・亥のいずれかとなる。この二つの資料から得た十干と十二支を組合せると、

乙巳　乙亥　庚寅　庚申

のいずれかが暦書の年次干支となる。S. 0681v のトップにはさらに年の九星配置が書かれていて、それは二黒を中央とするパターンである。しかし、表20からして二黒が中央にくる年の干支は、その年が三元のいずれに含まれるかに

表19　月の三元九星表

	正月	二月	三月	四月	五月	六月	七月	八月	九月	十月	十一月	十二月
仲年 子・卯・午・酉年	八白	七赤	六白	五黄	四緑	三碧	二黒	一白	九紫	八白	七赤	六白
季年 丑・辰・未・戌年	五黄	四緑	三碧	二黒	一白	九紫	八白	七赤	六白	五黄	四緑	三碧
孟年 寅・巳・申・亥年	二黒	一白	九紫	八白	七赤	六白	五黄	四緑	三碧	二黒	一白	九紫

表20　年の三元九星表

上元		九紫	八白	七赤	六白	五黄	四緑	三碧	二黒	一白
中元		三碧	二黒	一白	九紫	八白	七赤	六白	五黄	四緑
下元		六白	五黄	四緑	三碧	二黒	一白	九紫	八白	七赤
Ⅰ	戊午 己酉 庚子 辛卯 壬午 癸酉 甲子									中
Ⅱ	己未 庚戌 辛丑 壬辰 癸未 甲戌 乙丑	中								
Ⅲ	庚申 辛亥 壬寅 癸巳 甲申 乙亥 丙寅		中							
Ⅳ	辛酉 壬子 癸卯 甲午 乙酉 丙子 丁卯			中						
Ⅴ	壬戌 癸丑 甲辰 乙未 丙戌 丁丑 戊辰				中					
Ⅵ	癸亥 甲寅 乙巳 丙申 丁亥 戊寅 己巳					中				
Ⅶ	乙卯 丙午 丁酉 戊子 己卯 庚午						中			
Ⅷ	丙辰 丁未 戊戌 己丑 庚辰 辛未							中		
Ⅸ	丁巳 戊申 己亥 庚寅 辛巳 壬申								中	

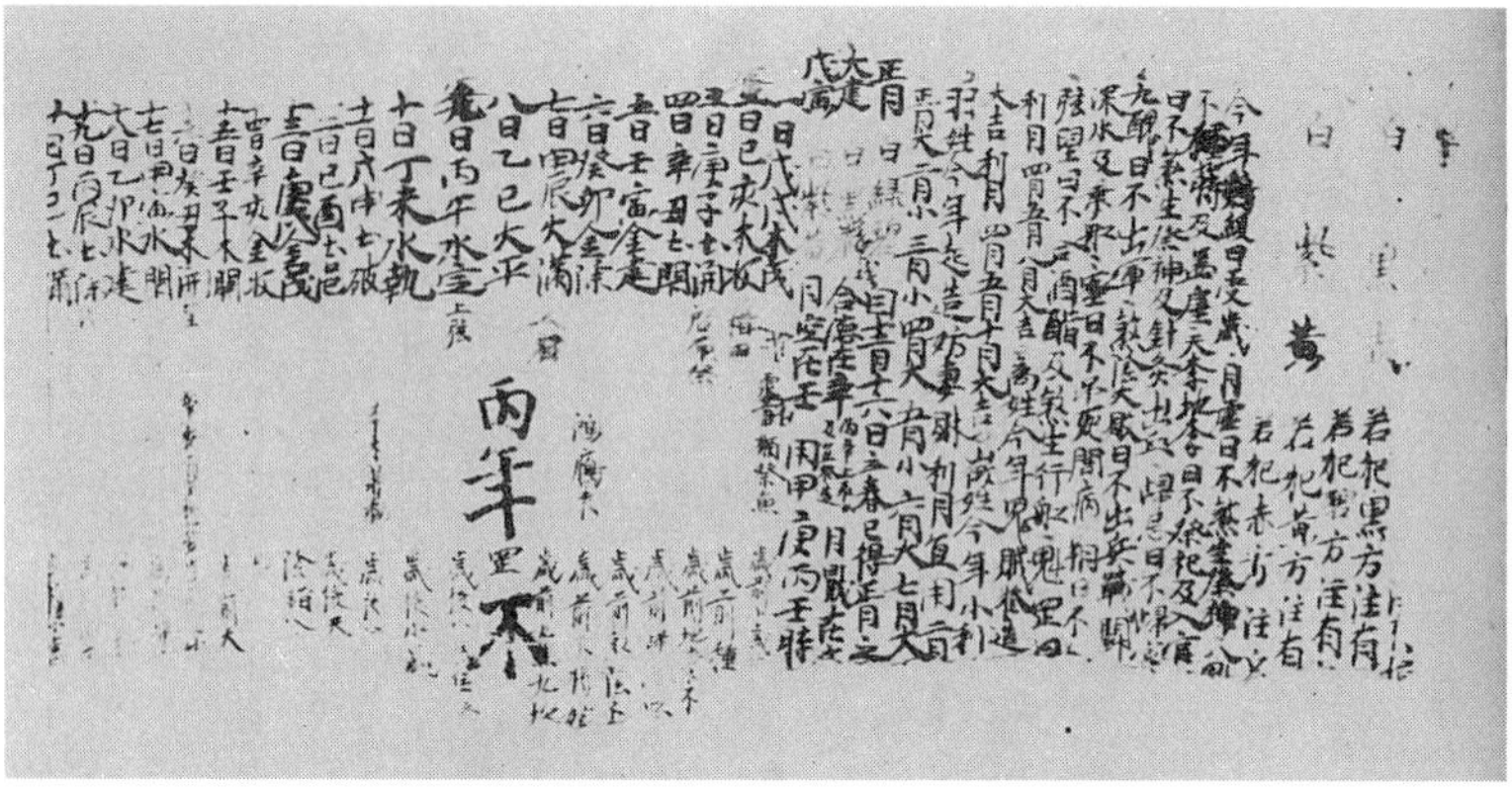

図10　S. 0681v. 具注暦残（大英図書館蔵）

よって異ってくる。ところで敦煌暦には五代を中心としたものが多いが、九〇四年はちょうど下元甲子歳であり、九〇四―九六三年のあいだは下元の期間で、五代の時代をカバーしている。そこでいま、この暦書を五代のものと考えるならば、二黒を中央に持つ配当は、表20より、

　Ⅵ　己巳　戊寅　丁亥　丙申　乙巳　甲寅　癸亥

のいずれかの年ということになる。ここまで来れば問題は解決したわけで、さきに得られた四つの干支と共通なものは乙巳だけとなり、しかもこれが五代に含まれるという前提からして、後晋の開運二年（九四五、天福一〇年）乙巳歳の暦書であることが確定される。なお『二十史朔閏表』と照合してみれば、正月及び二月の朔干支はまったく一致していることが知られる。もちろん以上の推定には、これが五代の暦書であるとの前提があってのことであるが、敦煌暦には宋初及び唐末に属するものがある。そのばあいにも同じような方法を適用したが、その結果からは適当な年次が得られない。従って上述の結論はほとんど誤りがないのである。なおS.0560には、天福一〇年具注暦日という題記のみが残っているが、これはいまとりあげたS. 0681vの暦とは、紙質からみてつながるものではない。

　次に月建と月の三元九星が書きこまれているS. 0276について述べよう。これには三月一〇日から七月一三日までの暦日がある。いま四月小建丁巳の記事から、表17を使って戊もしくは癸の年の暦書であることが知られる。

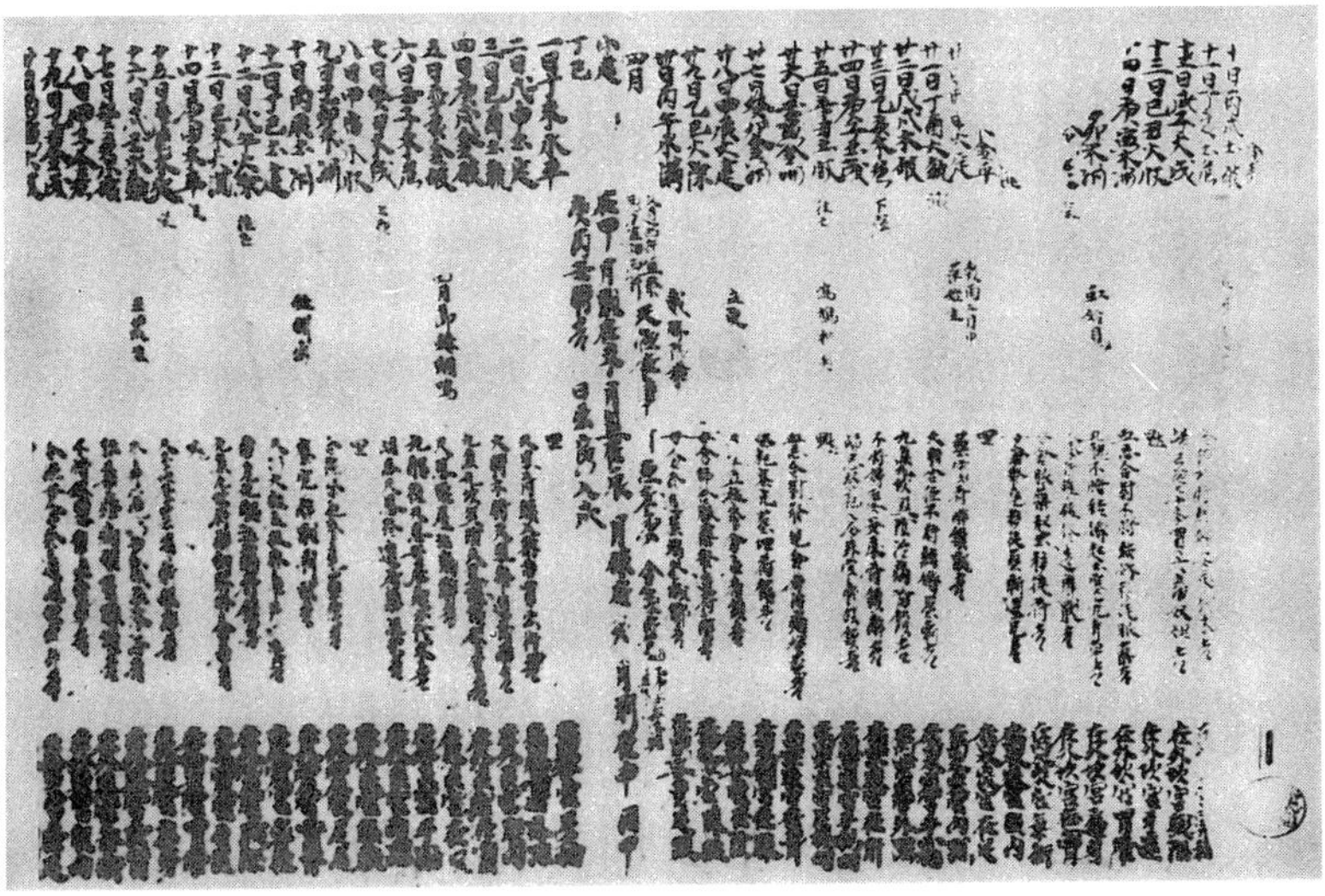

図11　S. 0276 具注暦残（大英図書館蔵）

さらにたとえば七月の九星は五黄を中央とするパターン(1)が配当されているところから、表19によって年の十二支は寅・巳・申・亥のいずれかであり、十干と組合せて、

　戊寅　戊申　癸巳　癸亥

のいずれかが、求める年の干支となる。これから先は、最終的には朔閏表と照合するのが早道であって、結局、後唐の長興四年癸巳歳が唯一のものとなる。こういう種明しをすると、最初から朔閏表と照合する方が早いではないかとの批評を受けようが、ここで述べてきた方法は、四者択一のあいまいさはあるにしても、ともかく動かし得ないキメ手があらかじめわかっていることが強味である。

最後のS. 1439の紙背暦書は、正月から五月二三日にまたがっていて、しかも閏正月がその中に挿まれ、前後六ヵ月にわたっているが、これには年や月の九星配当が欠除しており、年代決定はかなり困難である。唯一の資料である月建では、たとえば正月大建甲寅となって、年の十干は表17によって戊もしくは癸の年ということになる。しかし、記述の方法からはこれ以上に進むことはできない。これ以上は暦の科学的内容を検討するか、または戊もしくは癸の年について朔閏表を照合するかである。ところが一応八〇〇―一〇〇〇年ほどの期間において、戊・癸年について朔干支が一致する年は朔閏表に見当らない。幸いこの暦書では蜜日の記入があり、二月一日の干支が癸巳で、しかもこの日が蜜の前日（土曜日）であり、また春分にあたっている。これをキイとして計算を行った結果では、この条件をほぼ満足するのは、八〇〇―一〇〇〇年のあいだにおいてわずかに八五八年と九六八年の二年しかない。よって朔閏表と照合してみると、朔干支及び閏月について次の比較が得られる。

	正月	閏正月	二月	閏二月	三月	四月	五月
S. 1439	甲午	甲子	癸巳	―	癸亥	壬辰	壬戌
八五八年（戊寅）	甲午	―	甲子	癸巳	癸亥	壬辰	辛酉
九六八年（戊辰）	乙酉	―	甲寅	甲申	癸丑	癸未	癸丑

これをみると、完全には一致していないが、八五八年（唐大中一二年）の方がはるかによく適合しており、従ってこれを暦書の年次として採用すべきであると考える。当時、中国の官暦は長慶二年（八二二）に施行された宣明暦であって、これによって計算されたものが『二十史朔閏表』の値である。よって敦煌暦は宣明暦による計算ではない。それがいかなる暦によって計算されたかは、いまのところ全くわからない。

わずか三例であるが、暦注を主要なキイとして推定した暦書断片の年次は以上の如きものである。

（143）　敦煌出土の暦書は、敦煌資料を紹介した数多くの著書に散見する。スタイン発見のものはE. Chavannes : *Documents chinois découverts par A. Stein*, 1913にあり、後に羅振玉・王国維は『流沙墜簡考釈』でその中の資料について詳細な解釈を施した。この中に木簡にしるされた漢代の暦書がある。またスタインの資料は、英国の学者ジャイルスによって整理されたが、印刷になった唐乾符四年暦書その他が知られている。唐宋間の暦書については、羅振玉『敦煌石室砕金』、『貞松堂蔵西陲秘籍叢残』、国立中央研究院『敦煌掇瑣』があり、また研究論文として有益なものに王重民「敦煌本暦日之研究」（『東方雑誌』三四巻　一九三七年刊）がある。小著『支那の天文学』（一九四三年刊、戦後『中国の天文学』と改題し、再刊）（本著集第3巻収録）敦煌出土の暦書の項を参照されたい。なおスタイン発見の資料はロンドンのブリチッシュ・ミュージアムに所蔵されているが、近年出版された次の書物に詳しい。H. Maspero : *Les Documents chinois, de la troisième expedition de Sir Aurel Stein en Asie centrale*, 1953. なお敦煌暦や暦日史料の研究について藤枝晃「敦煌暦日譜」（『東方学報京都』第四五冊、一九七三年）に詳しい記述がある。

(144)　このようなものとして日本には『三正綜覧』があり、中国では陳垣『二十史朔閏表』、『中西回史日暦』がある。陳垣の著述は清の汪曰楨の『歴代長術輯要』を基礎にしている。

(145)　一般に暦算家による暦書断片の年次推定に関する論文としては、
上田穣「具注暦断簡」（『科学史研究』三号　一九四二年刊）、小川清彦「古暦管見」（『天文月報』三六巻　一九四三年刊）、
上田穣「古暦診断学」（『天文月報』三六巻　一九四三年刊）
などがある。第一の論文には少しく敦煌暦も取扱われている。しかし、いずれも日本の暦書が中心で、暦計算の立場から年次推定の方法を述べている。

追記

本章は『東方学報』第三五冊に載せた同名の小論によった。スタイン文書の写真コピーは東京大学及び京都大学に所蔵される。

三　元明時代のイスラム天文学

欧亜にまたがる大帝国をつくりあげた蒙古民族は、中国本土において元王朝を創建し、中国の歴史上はじめて中国全土に君臨する異民族支配を確立した。蒙古の支配者が国号を元と称したのは世祖忽必烈の至元八年（一二七一）であるが、すでに太祖成吉思汗の時代から中国文化をとり入れ、暦法の面では金の大明暦を採用していた。『元史』暦志によると太祖西征の一五年庚辰歳（一二二〇）には大明暦が使用されていた。当時、太祖はサマルカンドに滞在していたが、中国本土との経度差の関係を考慮した暦法が、太祖に扈従した有名な耶律楚材によって編纂された(146)。これが「元志」に集録された西征庚午元暦であるが、経度差によるわずかな修正を除いて、金の大明暦と変っていない。「元志」庚午元暦月離篇に、

尋斯干城を以て準となし、相去の地里を置き、四千三百五十九を以て之に乗じ、位を退け、万もて約して分となし、里差という。

とみえ、尋斯干城（サマルカンド）を中央標準地とし、日時の計算はすべてこの地を基準とすることにした(147)。上文にいう里差は、中国本土との距離を考慮した補正である。さらにまた元の陶宗儀の『輟耕録』巻九には、西域の天文表では特に惑星の位置計算に詳しいことを知った耶律楚材が、西域の法に基づいて麻答把暦を作ったことがみえる。記述が簡単でその具体的な内容は不明であるが、イスラム天文表に依ったことは疑いない。

イスラムの諸地域が蒙古の支配下にはいり、さらに中国本土の支配が行われるにつれ、イスラムの天文学者が中国に招かれるようになった。その中で最も著名な学者は札馬魯丁(148)であって、至元四年（一二六七）に彼は万年暦を撰進

した。この暦法の内容はわからないが、「元志」によると、世祖が「やや之を頒行す」という。すでに一二五八年にバグダッドを攻略してアッバス王朝を倒したフラグ汗のもとで、イランの西北境に近いマラガに一大天文台が建設され、この天文台を主宰したナスィールッディーン・トゥースィーの手でイルハーン表と呼ばれる天文表が作製された[149]。札馬魯丁もかつてこの天文台に関係したという説があるが、疑問がある。しかし中国とマラガ天文台とは交流があり、全般的にみてペルシア人天文学者ペルシア語で書かれた科学書が中国に輸入され、またこれらの天文学者の手でイスラム系の天文器械が作られた。こうした西方天文学の輸入によって中国の伝統を受けつぐ天文学者たちはいくぶんの刺戟を感じながらも、伝統の線に沿って暦法の改良を行った。太祖以来使用された大明暦の誤りを修正する計画は、至元一三年に南宋の都臨安を攻略し、その地の天文学者や天文暦書を入手してから急速に進んだ。それ以前から元に仕えた許衡、王恂、郭守敬らが中心となって、南北の天文学者を動員し、ついにその一七年に新暦が完成した。これが中国の善暦として有名な授時暦であり、その翌年からこれによる暦が頒行されるようになった。授時暦はすべて伝統の中から生れたもので、特に南宋の統天暦の影響を強く受けているが、イスラム天文学の知識はみられない。ただ暦書作製にあたって、冬至及び夏至の正確な観測が行われたが、この観測のために作られた天文台の設備や郭守敬が作った観測器械にイスラムの影響がみられた。至元八年には、中国学者による天文台とは別に、イスラム人学者による回々司天台が設けられたが、これらの間には交流が少なく、そのためにイスラム天文学の影響は決して大きくなかった。

元が滅んで再び漢民族による明の王朝が成立した（一三六八）。この王朝の下で、授時暦はごくわずかの修正を施されただけで、名を大統暦と変え、続けて頒行された。また回々司天台の制度もそのままに受けつがれ、イスラム天文学者の存続とその学者たちによる研究は依然として続いた。しかし、全般として元代にみられた活潑な動きはなくなった。王朝は変っても、天文学の面で明は元の伝統を無気力に受けつぐだけであったようにみえる。ただ明末になりヨーロッパから耶蘇会士が来朝し、『崇禎暦書』の翻訳が行われ、局面は一変する。しかし、この暦書翻訳の成果が結実するのは清代になってからであった。ヨーロッパ天文学の輸入についてはすでに前章に述べた。ここでは元明時代のイスラム天文学を中心に筆を進める。授時暦及びそれを受け継いだ大統暦の問題については、ここでは省略する。(150)

一　イスラム系の天文儀器

上述したように世祖の至元八年に回々司天台が設立され、長官（提点という）として札馬魯丁が任命された。この制度は明代にも受けつがれたが、この札馬魯丁はペルシア系の優秀な学者であり、至元四年に万年暦を撰修したほか、西域儀器七種をつくって献上した。この儀器については、『元史』天文志に原名（ペルシア語）の音訳、その漢訳、さらにその構造が記述されている。また『元秘書監志』巻七司属・司天監の条には西域渡来の二三種の文献と三個の儀器の名称がみえている。このばあいも原名はペルシア語であったと考えられるのであって、イスラムの天文学乃至科学は、ペルシア人学者を通じて輸入されたと考えてよい。もちろんイスラム社会で政治及び軍事を把握していたのはアラビア人であるが、科学の面で最も活躍したのはペルシア人であった。ことに中国との関係では、イルカン国を通じて科学が伝えられたから、当然にペルシア人との交渉が深かったのである。ところで『元史』天文志にみえた七種の儀器に関して、その名称及び用途の部分を摘記すると次の如くである。

一　咱秃哈剌吉　漢言混天儀也

二　咱秃朔八台　漢言測験周天星曜之器也

三　魯哈麻亦渺凹只　漢言春秋分晷影堂
四　魯哈麻亦木思塔余　漢言冬夏至晷影堂也
五　苦来亦撒麻　漢言渾天図也
六　苦来亦阿児子　漢言地理志也
七　兀速都児剌不定　漢言昼夜時刻之器也

『元史』天文志には、以上のほか、それぞれの儀器の構造が書かれている。これらの儀器については、田坂興道氏及びW・ハルトナー教授の研究がある。[151] 上に引用した儀器の名称はペルシア語の音訳と思われるが、いまハルトナー氏の結果によると次のようである。

一　dhātu al-ḥalaq（i）　環を持つものの意で、渾天儀（混天儀とある）にあたる。
二　dhātu'sh-shu'batai（ni）　二本の脚を持つ器械の意で、プトレマイオスの天文書にみえ、後に triquetrum と呼ばれた観測器。南中時における天体の天頂距離を測定する。
三　rukhāma-i-mu'awwaj
四　rukhāma-i-mustawī
五　kura-i-samā　天球儀（中国では渾象という）
六　kura-i-arḍ　地球儀
七　al-uṣṭurlāb　アストロラーベ

これらの中、渾天儀や天球儀は中国にも類似のものがあったが、他は全く目新しいものであった。中国では大地を球とする考えは確立していなかったから、地球儀の製作は行われていなかった。triquetrum やアストロラーベはギリシア以来の天文儀器であり、ことにアストロラーベは航海者や一般の人々に使われ、イスラム世界では広く使用され

た。ところで三、四については、ハルトナー氏は、

三　sundial for unequal hour

四　sundial for equal hour

の意に解した。ところが三に対し『元史』天文志には「漢言春秋分晷影堂」とあり、四に対しては「漢言冬夏至晷影堂也」とある。ハルトナー氏は春秋分をもって equal hour とし、冬夏至を unequal hour と解し、従って「漢言……」は三と四の順が逆になっていると述べている。equal hour とは、現在の時間制の如く一日を何等分かした定時法であり、unequal hour は日本の江戸時代に行われたような不定時法を指す。上述の点のほか、三、四についてはなお問題が残るように思われるが、七種の儀器の同定は以上の如くである。また『元秘書監志』にみえた図書、儀器については、同じく田坂氏の研究があるが、図書の中にはプトレマイオスの天文書やユークリッドの幾何学書など、ギリシア科学を代表する著書があったと思われる。これらはペルシア語で書かれ、おそらく中国に来仕したペルシア人学者の参考書であったと考えられる。

以上述べた天文儀器や図書は回々司天台で西域天文学者が使用したものであろうが、特に儀器については中国人学者にもかなりな影響を与えたものと思われる。授時暦の編纂にあたって新しい儀器の作製とそれによる観測が行われたが、この仕事の中心となったのが水利事業を行う都水少監の郭守敬であった。現在洛陽の東南、告成鎮に残る元代の観星台と呼ばれているものは、当時の建造物である(152)。名称は観星台であるが、南中時における太陽の影を測定する装置であり、機能的には中国で古くから髀とか表と呼ばれた gnomon である。ふつうは地面に垂直に立てた棒と、それによる晷影を測定する物尺（土圭）があればよい。ところが告成鎮のそれは巨大な建造物であり、イスラムの天文儀器がしばしば masonary instrument と呼ばれる建造物であることを考えれば(153)、この種の観測装置はイスラムの影響と考えてよかろう。さらに『元朝名臣事略』によると、郭守敬は簡儀、高表、候極儀、渾天象、玲瓏儀、仰儀、立

運儀、証理儀、景符、闚几、日食月食儀、星晷、定時儀など一三種の儀器を作り、さらに正方案以下、九種の測器あるいは測図を製作したという。この中の簡儀、仰儀、正方案、景符、闚几と、上述以外の大明殿灯漏、圭表に関しては『元史』天文志にやや詳細な説明がある。これらの中には、イスラムの儀器にヒントを得て作られたものが少なくないようである。たとえば簡儀はマラガ天文台のナスィールッディーン・トゥースィーが考案したと伝えられたが、しかし、実際はそれ以前にスペインのイスラム学者 Jābir ibn Afflaḥ（一一三〇年ごろに生る）の手に成ったらしい。

図 12　元代の観星台　告成鎮（『周公測景台調査報告』）

これはインドのジャイプールに現存し、krāntivritti valaya yantra の名で知られている[154]。簡儀というのは、これをいくぶん簡単にしたものであった。また仰儀も釜を仰向けにした日晷（日時計）で仰釜日晷[155]と呼ばれるもので、簡儀とともに中国在来の儀器ではなかった。その他の儀器についての説明は省略するが、イスラム天文学の影響はひとり儀器の面に顕著であって、授時暦の内容にはイスラム的要素がないことは上述した通りである。なお簡儀は現在も残っており、仰儀は比較的簡単なものであるため、中国をはじめ朝鮮でも作られ、日本にも東京国立科学博物館に現存する。

札馬魯丁を初代の提点として設立された回々司天台は、いくぶん規模を縮小して明代にも続いたが、この司天台を中心としたイスラム学者の活動については田坂興道氏の論文[156]に詳しいので、それを参照されたい。

二　イスラムの天文表

元初に札馬魯丁が撰したという万年暦については、『革象新書』に載せた明の宋濂の序文に、

そもそも余聞けらく、西域は遠く万里の外にあり、元すでにその国を取れり。札馬魯丁なる者あり、万年暦を献ず。その測候の法は、ただ十二宮を用いて、分ちて三百六十度となす。二十八宿次舎の説に至りては、みな聞かざる所のごとし。日月の薄蝕を推すに及びて頗る中国と合するは、また理の同じき故を以てなり。

とみえる。ふつう何十年もしくは何百年にわたってあらかじめ月日を配当した暦譜を万年暦と呼ぶのに対し、これは日月食の計算を含む計算書で、現在でいう天文表であったらしい。イスラムの天文学は、もともとギリシア天文学を基礎とするもので、天体の位置を示すのに二十八宿を用いず、十二宮を規準とし周天を三六〇度に分った。宋濂の序文は明らかにこうしたイスラム天文学を基にして札馬魯丁の万年暦が作られていることを述べている。元代には二、三のイスラム天文書の漢訳が行われたらしいが、それらは全く伝わっていない。『明史』回々暦法の記述によると、回々暦はすでに元初のころ漢訳が行われたが、元明時代の西域天文学者たちはもっぱら原書について天文計算を行ってきたため、漢訳本はほとんど使用されることなく、これを伝えた間に脱誤を生じ、読むにたえなくなったようである。そこで『明史』編纂にあたって、

博く専門の裔を訪ね、その原書を考究し、その脱落を補い、その訛舛を正し、回々暦法をつくって、編に著わすという。これでみると、清朝になって『明史』回々暦法が編纂された時に、当時現存の諸資料を使ったことが考えられる。『明史』回々暦法と本質的に同一であり、それより詳細なものに明の貝琳が編纂した『七政推歩』七巻があり、なお回々暦法を伝えたものに李朝の『世祖実録』が数えられる。すなわちその巻一五六—一六三には中国から招来さ

れた暦法を収録したものであるが、計八巻の中、はじめの内篇三巻には授時暦を、残りの外篇五巻には回々暦法が取扱われる。この『実録』巻一五六のはじめの文によると、招来された回々暦法に本づいて世祖朝の有名な学者李純之、金淡らが世祖一四年（一四三二）に勅命を受けて校訂を施したものであった。

まず『七政推歩』について述べる。この書にみえた貝琳の跋文によると、

この書は上古未だ嘗てあらず、洪武十八年（一三八五）遠夷帰化し、土盤暦法を献ず、六曜の干犯を予推し、名づけて経緯度という、時に暦官元統は土盤を去り、訳して漢算となし、書はじめて中国に行わる。

とあり、さらにその後、この書が残欠のままとなっていたのを貝琳が修補し、成化一三年（一四七七）に完成したことが記されている。土盤暦法というのは、アラビア数字を使用したことを意味し、暦官の元統がこれを中国流の計算法、すなわち漢算に改めたのである。ところで『四庫提要』では『明史』回々暦法と『七政推歩』の成立がちがっていることを指摘するとともに、『七政推歩』に「西域歳前積年は洪武甲子歳に至って積七百八十六算」とあることから、この書はすでに洪武一七年（甲子歳）に訳行されていたとし、一八年に遠夷が献上し、それを元統が漢訳したという貝琳説を否定している。しかし、洪武甲子歳は暦計算の便宜上採用された年次であり、決して本書成立のそれではない。この記載は、むしろ本書が甲子歳以後に成ったことを示すものである。『四庫提要』には『七政推歩』を賞揚して「明史はややその（回々暦）立法の大略を述ぶ、しかしてこれ（七政推歩）は原書たり、更に詳晰を称す」とみえ、『明史』回々暦法の欠を補うものであることを述べている。

『世祖実録』本の回々暦は、『七政推歩』といくぶん相違し、たとえば同一内容の部分についてその訳文が一致しない。さらに『七政推歩』では第一巻に計算法をすべて収録し、第二巻以降にはこれらの計算に必要な立成（表）をまとめているのに対し、実録本では立成を分載し、それを使用して行う計算法の説明を並記しており、『七政推歩』に比べてはるかに整備されている。中国在来の暦書の体例からいえば、実録本こそ中国風に改編された漢訳本の姿を伝

えたものといえる。

以上述べてきた『明史』回々暦法、『七政推歩』及び実録本の内容は天文学的内容は同一であり、ただ訳文、体裁などの相違があり、また本文の記事についていくぶんの繁簡がある。特に『明史』回々暦法には、他の二書とちがって、星表の部分が全く欠けており、最も簡略である。しかし、その反面、『明史』には立成造法に関する記載があって、これは他の二書にはみられない。実録本は体裁の整備された点で特にすぐれているが、これとほぼ同一の分量を収録した『七政推歩』では、はじめの部分にいちじるしい特色がある。よって『七政推歩』のこの部分について、一一の項目を簡単に述べておこう(157)。

〔釈用数例〕周天を三六〇度に分割することを述べる。これは現行と同じで、周天度数を一年の長さに準ずる中国在来の法とは根本的にちがう。

〔釈回々暦法積年〕西域阿剌必年を開皇己未歳とし、それを暦元にして洪武甲子までを七八六年とする。これはすでに桑原博士によって指摘された如く(158)、計算に誤りがある。純太陰暦を用いるイスラム暦で数えて洪武甲子歳（一三八四）はヘジラ紀元七八六年にあたるが、誤って太陽年で七八六年さかのぼった開皇己未（五九九）をヘジラ紀元の年と理解したのである。正しくは西暦六二二年（唐武徳壬午歳）である。阮元の『疇人伝』貝琳の論に、清初の天文学者王錫闡が「土盤の術元は唐武徳年間にありて開皇己未にあらず」としているのを肯定しながら、太陽暦と純太陰暦による二種の暦元を考え、それぞれ開皇己未と武徳壬午とを当てるとするのは誤りである。なおヘジラ紀元元年のイスラム暦第一月ムハルラム月第一日はユリウス暦に換算して七月一五日（木曜日）もしくは一六日（金曜日）である。前者は朔を毎月の第一日とする天文学者の計算方法により、後者は三日月の初見をもって第一日とする民間暦の方法によった。なおイスラム暦では一日の始まりを正午とするが、この事実は『明史』回々暦法及び実録本に明記している。

〔釈宮分日数〕太陽暦に関する記載で、月名を黄道十二宮の名で呼び、太陽運動の遅速によって白羊宮（その始点に太陽が来る時が春分）を三一日とし、巨蟹宮は最長の三二日、人馬宮及び磨羯宮は最短の二九日となっている[159]。こうした特殊な太陽暦による月を不動月と呼んでおり、一年の長さは平年で三六五日、閏年は第一二月の双魚宮に一日を加えて三六六日とする。

〔釈月分大小及本音名号〕イスラム暦固有の太陰暦月名がペルシア語の音訳で挙げられている。いまその漢字音訳と原語とを並記すると次の通りである。

一　法而斡而丁　Ferverdin
二　阿而的必喜世　Ardebehesht
三　虎而達　Khordâd
四　提而　Tîr
五　木而達　Mordâd
六　沙合列斡而　Sharîr
七　列（別？）黒而　Mihr
八　阿斑　Âbân
九　阿咱而　Âder
一〇　答亦　Deï
一一　八哈慢　Bahmen
一二　亦思番達而麻的　Asfendârmed

これによって、回々暦がペルシアで成立した天文書に由来することが立証されるであろう。この種の月を動的月と呼んでおり、第一月を大（三〇日）、第二月を小（二九日）とし、以下大小を交互におく。かくして平年は三五四日、閏年は第一二月に一日を加えて三〇日とする。置閏法は、以下に述べるように三〇年に一一回とする。

〔釈七曜数及本音名号〕日曜日を一とし、七の土曜日に終る七曜と、それに対するペルシア語音訳を注記する。

〔釈閏法〕求宮分閏日、求月分閏日及び求中国閏月とに分れる。まず求宮分閏日では、太陽暦による閏年及び白羊宮第一日（春分）の曜日を計算する方法が説かれる。ここでは一年の長さとして$365\frac{31}{128}$日が採用される。このばあいは暦元の年の春分から起算するが、この時の春分はその日の始まりと一致せず、それより$\frac{15}{128}$日だけ経過した時からはじめる。この分子の一五を『明史』では閏応（中国暦の用語）という。なお春分の曜日の計算に五を加えるが、『明史』に「宮分立成は火三に起る、故に五を加う」としている。暦元時の春分が火曜日（三）であるとしても、何故に五を加えるかは諒解に苦しむ。次に求月分閏日は太陰暦における閏年の計算を示し、ここで採用されている朔望月は$29\frac{191}{360}$日であり、一年一二ヵ月で$354\frac{11}{30}$日となる。従って三〇年の間に一一回の閏日を置けばよい。ところで太陽暦及び太陰暦による以上の計算において、暦元から計算時までの年数をいずれも西域歳前積年と呼んでいるが、これは別々に太陽年及び太陰年をもって数えるべきで、明らかに混乱がある。最後に求中国閏月は太陰太陽暦における閏月計算であり、三三四年間に一二三回の閏月を置く計算となる。標題の割注には元の至元甲子（一二六四）から洪武甲子までの積年がみえ、一見、至元甲子を暦元とするようであるが、計算ではさらにそれ以前一三七年、すなわち金の天会五年（一一二七）を暦元とする。これは金の楊級が大明暦を編纂した年であり、求中国閏月はこの暦法と何らかの関係があるかも知れないが、年月の長さの点では両者は一致しない。なおこの条項は『明史』及び実録本にはない。

以上、『七政推歩』において特に詳しい巻頭の部分を説明した。以下、三種の書物を参照しながら、中国に伝えられたイスラム天文学における計算法、特に立成の計算法からはじめて、イスラム天文学の概略を述べよう。立成の数値は、ごくわずかな相違を除き、三書ともほぼ同一である。イスラム天文学における計算法は、プトレマイオスの『アルマゲスト』に基づくもので、天体運動を幾何学的モデルによって解釈する。(160) したがって『アルマゲスト』を参照しながら検討を進める。

三　日月の位置計算（補遺）

まず太陽の位置計算について述べよう。『アルマゲスト』に基づいたイスラム天文学では、中心Oのまわりに等速で動く太陽Sを、Oから少しく離れた地球Eから観測して太陽の真位置とする。Aが遠地点（その経度が最高行度と呼ばれる）であり、観測当時の経度が二宮二九度二一分、すなわち最高行度は八九度二一分である。この最高行度は一定しておらず、毎日〇・一六四秒の割合で前進（Aの経度が増す）すると考えられている。太陽Sの平均経度は、毎日五九分八・三秒の割合で動く。いま経度の基準となる春分点Gから数えてSまでの角度は日中（心）行度であり、これより最高行度を減じた∠AOSは遠地点離角（自行度）である。太陽の真位置と平均位置の差、すなわち、アノマリ∠OSEは太陽加減差分と呼ばれる。日中行度にこれを加減すると、春分点からの太陽の真黄経∠GESが求まる。以上が太陽位置の計算法であって、この計算に必要な三つの立成（表）が回回暦に表記されている。すなわち、太陽最高行度、日中行度及び太陽加減差分立成である。最後の加減差分立成は遠地点離角を引数とした単一の立成であるが、最高行度と日中行度はかなり長い期間にわたる数値計算が必要であり、そのため総年、零年、月分、日分、宮分など五種類の立成に分たれる。まず日分は一日から三〇日に至るそれぞれの運行度数を示し、月分及び宮分はイスラム暦（太陰暦）及びペルシア暦（太陽暦）における一二ヵ月の運行を表記する。次に零年立成はイスラム暦の三〇年

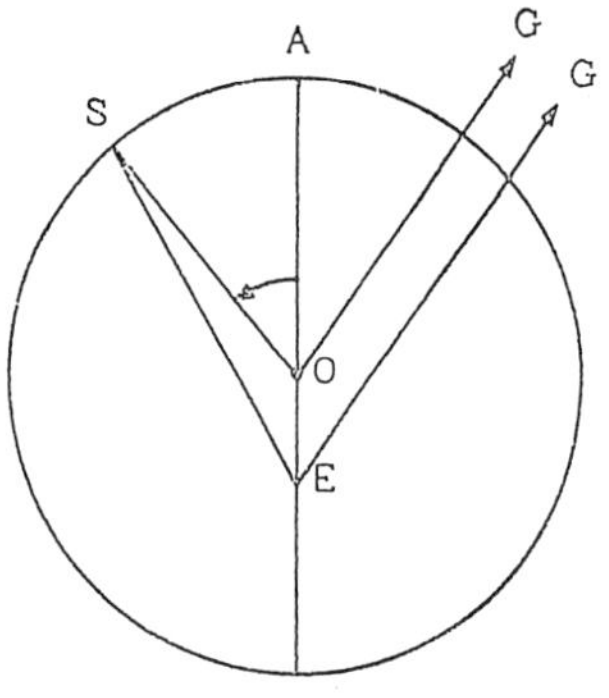

図13　太陽の位置計算

周期の間における運行度数を示すもので、三〇年周期には三五四日の平年が一九回、三五五日の閏年が一一回含まれる。立成によれば、第二、五、七、一〇、一三、一六、一八、二一、二四、二六、二九年目がいずれも閏年となっている。次に総年立成はまず第一年、次に中間をとばして六〇〇年、以下三〇年ごとにとって一四四〇年までの運行度数が示されている。ここで第一年はヘジラ紀元一年における運行度数であり、次の六〇〇年に対する数値は、ヘジラ紀元六〇〇年までに動く度数である。ところでその六六〇年の下に記された最高行度は零度であって、このことは最高行度八九度二一分がこの年の値であることを意味する。換言すると遠地点経度が求められた観測当時とは、ヘジラ紀元六六〇年、すなわち西暦一二六一年である。なお附言すると、総年の一年の下の日中行度は三宮二十六度云々とあり、この値はヘジラ紀元の六二二年七月十六日の値である。また最高行度として初宮十度云々とあるが、現在の数値で計算すると、七月十六日の値は七九・四度ほどで、観測当時の値八九度二一分より表値を引いたものが七月十六日の値とほぼ一致する。思うに総年の六六〇年以前の最高行度の表値は観測当時に比べマイナスする値を表記している。ところでもし太陰暦による年月日に対して最高行度や日中行度を求めるのであれば、宮分立成は不必要なはずであるが、実際には太陰暦の立成から太陽暦の年月日での度数を算出している。

図13に示された幾何学的モデルの各種定数は、加減差分立成から求められる。この表では遠地点離角を引数とし、一度おきに加減差（アノマリ）が表記され、相隣る加減差の差を加減差分と称している。アノマリ∠ESO の最大値は離角九二度に対する加減差二度〇分四七秒として与えられる。一般にアノマリの値は、∠AOS－EO sin∠AOS で求められる。円の半径を一とする時、いま挙げた数値から EO を計算すると、大円の中心Oから地球Eまでは〇・〇三

五一である。『アルマゲスト』では最大加減差は二度二三分、従ってEOは〇・〇四一七であり、これに比べて回々暦の値はいずれも小さい。現在の天文学と比較すると、EOは地球軌道の離心率の二倍、すなわち〇・〇三三五に相当するから、『アルマゲスト』に比べて回々暦の数値に格段の進歩がみられる。

次に月の位置計算について述べよう。月の運動の不等については、中心差のほかに出差が知られており、太陽運動に比べて一段と複雑なモデルを考えねばならない。月の中心行度（平均黄経）は日行一三度一〇分三五秒（これをnとする）として計算され、実録本では、暦元での位置は二四三度四四分となっているが、やや不明である。不等の計算にあたっては、『アルマゲスト』に従って、月の実際の運動と大きくかけ離れた幾何学的モデルが考えられている。いまOを中心とする大円上を点Bが遠地点Aから地球Eのまわりに加倍相離度をもって回転する。太陽の日行をn'で表わせば、加倍相離度は時間（日を単位）をtとして、$\angle AEB = 2(n - n')t = 24°22'53''.4 \times t$で表わされる。ところで月MはBを中心とする小円（本輪と呼ばれる）上を近点月を周期として逆行しており、すなわち日行13°3′54″をもって動いた度数が本輪行度と呼ばれる。

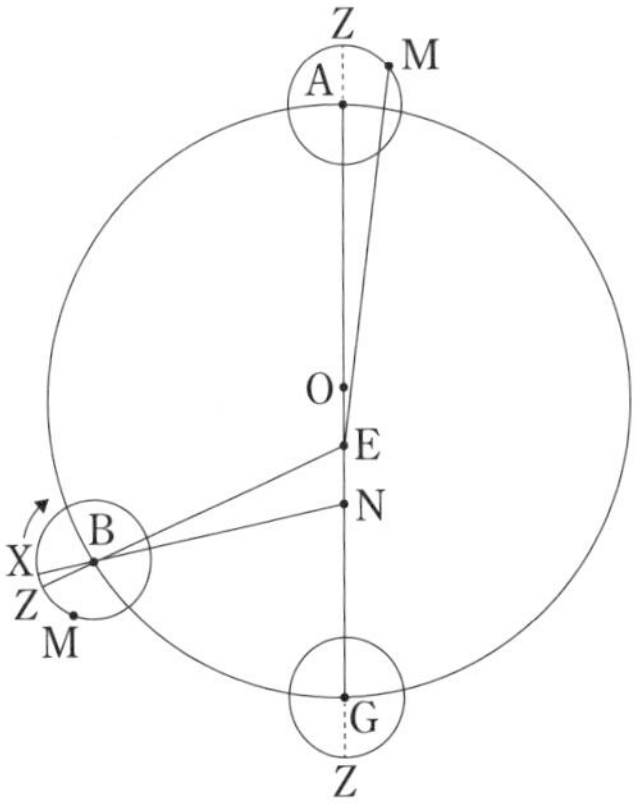

図14　月の位置計算

以上に述べた中心行度、加倍相離度及び本輪行度に対し、太陽のばあいと同じく、総年、零年、月分、日分及び宮分の五種類の立成がある。ところで『アルマゲスト』やそれを受け継いだ回々暦では、本輪行度の起算点をNBの延長と本輪とが交わる点Xにとっている。ここで点Nは$OE = EN$で与えられる。こうした点Nを考えるのも、全く観測と一致させるためである。ところで点Xは、『アルマゲスト』で平均遠地点と呼ばれるものであり、EBの延長が本輪と交わる点Zは本輪上の真遠地点と呼ばれる。そこで本輪行度をZから計るためには、∠XBZ（第一加減差）を計算する必要がある。回々暦には加倍相離度を引数として第一加減差の立成があり、これを本輪行度に加減することによって本輪上でZから数えた月Mまでの角度、すなわち本輪行定度を求めることができる。この第一加減差を算出するには、OEもしくはENを知る必要があるが、逆に立成の数値からこの値を逆算しよう。立成では加倍相離度が九〇度となる時に第一加減差は一一度三〇分であることから、いまAEを単位として計算すれば、OE = EN = 0.161となる。なおこの立成には、加倍相離度を引数とした比敷分の表があるが、これについては以下に説明する。

第一加減差は本輪行度への補正である。次に月の運動における不等を求めることになるが、これに必要なのが第二加減差分および遠近度立成である。距離EBは加倍相離度∠AEBにつれて変化するが、一応この点を除外する。図14においてBが遠地点Aと合致するばあいを考え、特にこのばあい月がMに来た時の不等∠ZEMはZから数えた本輪行定度∠ZAMを引数として求めることができ、これは第二加減差と呼ばれる。Eから本輪への切線方向にMが来た時に第二加減差は最大となるが、立成では引数が九三度もしくは二六七度となる時に第二加減差の最大値四度五〇分をとるから、逆にこの数値を使って本輪の半径を計算することができる。やはりEAを単位にとると、この半径は〇・〇八四ほどとなる。同様にBが大円の近地点Gと一致するばあいは、不等の最大は七度一八分ほどとなる。これが中心差と出差との和の最大値であるが、現在値は七度三四分である。ところで同一の本輪行定度に対する不等はBがAまたはGにあるばあいを考えると、Gでの値はいつもAでの値より大きい。この両者の差が遠近度と呼ばれる。『アルマゲスト』や回々暦では、BがAまたはGに一致しない中間のばあい、本輪行定度に対し第二加減差及び遠近度を立成より求め、距離EBがEAと一致しないために起る補正を遠近度に施し、これをすでに求めた第二加減差に加え、不等の最終値、すなわち加減定差を得る。このばあいEBとEAとの距離変化は加倍相離度の値につれて生ずるから、すでに加倍相離度を引数として求めた比敷分を遠近度に乗じ、これを六〇で割った度数が第二加減差に加えられる。こうして最後に、月の中心行度から加減定差を加減すれば、月の真黄経（経度と呼ぶ）が求められる。

月の運動における不等の計算は以上の如きものであるが、次のことを注意しておこう。点Bが加倍相離度、すなわち太陽・月の離角速度の二倍で動いているから、BがAと一致する時が朔であれば、望においてもやはりBとAとは一致する。換言すると、日食及び月食における月の平均距離はいつもEAであって、同一の値をとる。このことは日月食の計算をいちじるしく簡単なものとしているが、しかし、同時に実状と合わない結果をもたらすことになる。

次に月の緯度計算は、まず羅計中心行度立成から求められる。黄白道の交点は、インド天文学の用語に従うと、昇交点を羅睺、降交点を計都と区別するのが通例であるが、この立成及びその説明には羅計もしくは計都の語で昇交点が呼ばれており、用語に混乱がある。それはともかく、羅計中心行度立成は、交点の逆行運動を毎日三分一一秒とし、これについて総年、零年、月分、日分、宮分の立成を表記する。暦元での昇交点黄径は一三九度一五分であり、これらの数値を用いて昇交点の位置を計算し、さきに得た月の経度より減ずると、月と交点（計都）との相離度、すなわち計都行度を得る。この計都行度を引数にして緯度を求めるのが太陰黄道南北緯度立成である。この立成では、緯度の最大値、すなわち黄白道の傾斜角は五度二分三〇秒と与えられている。以上で日月の運動を終る。

四　日月食の計算

天体現象の中、日月食の予報は過去の天文学者が最も苦心したところであり、天文計算の中心ともいうべきものであった。実録本では外篇上を日月の位置計算に当て、外篇中の一巻をすべて日月食、すなわち交食計算法に当てている。ところで日月食の予報計算に必要な立成は、昼夜加減差立成、経緯時加減差立成、太陽太陰行影径分及比敷分立成及び昼夜時宮度分立成の四表である。これらについてその大要を述べよう。

最初の昼夜加減差立成は、平均太陽時から視太陽時の換算、すなわち均時差の立成である。現在の均時差は視太陽時より平均太陽時を減じたものであるが、『アルマゲスト』以来、回々暦に踏襲されたものはかなり相違する。これについてはノイゲバウアー教授が要領よくまとめているので、それを参照しよう。[161] 回々暦における均時差をEで示せば、現行の均時差eそのままでなく、ある時期における均時差e_0を基準とし、求むる時期の値をeとして$E=e-e_0$、の形で表わされる。いまe_0として均時差の最小値を選べばEはいつも正となる。現在一年を通じていえば、均時差の最大値はほぼ一一月四日ごろのプラス一六分二三秒（時間）、最小値は二月一二日ごろのマイナス一四分二〇秒で、その開きは三〇分四三秒ほどとなる。回々暦では太陽の経度を引数としてEを与えており、経度が二一九度となるころ最大の三一分四七秒となっているが、この数値が時代的にいくぶん変化することを考慮すれば、現在値に近いといえよう。なお立成ではEの最小、すなわち零となるのは経度三二一度あたりとなっている。しかし、ノイゲバウアー氏が指摘するように、イスラムの天文学者アル・バッターニーのばあいは、前三一一年三月一日（セレウコス紀元のはじめ）でのe_0を基準としているが、この時のe_0は最小値ではなく、むしろ最大値となる。従ってEは絶えずマイナスである。またアル・フワーリズミーでは、ヘジラ紀元のはじめ、すなわち西暦六二二年七月一五日での値をe_0とする。このばあいにはe_0は最大でも最小でもなく、従ってEはプラスになったりマイナスになったりする。しかし、アル・フワーリズミーのばあいは、日月の経度の現在値にわずかな補正を加えることによって、最大値のe_0を採用したと同じ結果になり、Eは絶えずマイナスとなる。ノイゲバウアー氏の計算では、このために日月の経度にそれぞれ四九秒及び一一分を加えればよい。ところで以上に述べてきたノイゲバウアー氏の計算では、均時差は視太陽時から平均太陽時へ換算する時の補正であり、逆に平均太陽時から視太陽時へ換算する時は、E及び経度への補正は、その符号が上述と反対になる。回々暦において昼夜加減差立成が必要となるのは、合朔時における平均太陽時を食甚泛時と呼んだばあい、それに対する視太陽時を計算するにある。このばあい、Eはプラス符号として補正されるべきであり、じっさいに「求子正至合朔時分秒」の項で説明されているところは明らかにプラスとなっている。なおイスラム暦では正午から日を始めるが、この項では子正（夜半）からはじまって一時、二時と数える方法が採用されており、したがって合朔時が一二時であれば、視太陽が子午線上に来る時となる。次にe_0の値として、アル・バッターニーの如く最大値が採用されたか、あるいはアル・フワーリズミーの方法によって日月の経度への補正が行われたかが問題であるが、おそらく後者の方法が回々暦にとり入れられたと思われる。すなわち日月の中心行度を求めるにあたって、あらかじめマイナス一分四秒及び一四分の補正が行われており、この数値は符号の点を除いて、アル・フワーリズミーの値によく似ている。特に『明史』回々暦法では、太陽の中心行度（平均経度）について、一分四秒の減算を説明して、「内一分四秒を減ず、或は西域の中国を距つるの里差というは是に非ず、蓋し己未の年の宮分末日の度応にかかる」と述べており、少なくともこのような補正が里差に基づくものでないことは明らかである。

日食と月食とを比較すれば、日食計算では特に月の視差を考慮する必要があるために計算は一段と複雑になる。月の視差は、天頂において零となり、天頂距離が増すにつれて大きくなる。『アルマゲスト』や回々暦では、さらにこの視差による影響を黄経及び黄緯の変化として計算し、見掛けの月と太陽との関係を求める。このばあい、月の真位置及びその時の時角が必要となってくる。これに対し回々暦では合朔泛時における太陽の黄経と時角とをもって、月のそれぞれの値に代用する。すでに「求子正至合朔時分秒」の項によって視太陽の時角（夜半より数える）が与えられており、これと太陽の経度（黄経）を用いて計算された視差の補正及びそれに伴なう食甚時間への補正を表記したものが、経緯時加減差立成である。この表は、十二宮で示した太陽の経度と真太陽時とを二重引数（double argument）として構成されている。このような二重引数の使用は『アルマゲスト』になく、イスラム学者による計算技術の改良といえよう。以上の立成によって月の視差による影響が計算されると、次に日月食の状態を計算するための立成が必要となる。それが太陽太陰行影径分立成である。この立成に関する限り、実録本はきわめて不完全なものであり、かえって『七政推歩』及び『明史』回々暦法に頼らなければならない。なお表の標目については、むしろ後者に信頼がおける。まず日食についていえば、日食時における太陽及び月の視直径を知る必要があるが、これらはそれぞれ太陽の自行度（遠地点離角）及び月の本輪行度（小輪上の度数）を引数として求められている。すでに述べたように、日月食における月の平均位置がいずれも遠地点にあたることから、月に対しては、本輪行度による月の視半径の変化だけを考えればよい。この立成では、太陽及び月の視直径は、地球からの距離によってそれぞれ三二分二六秒から三四分四八秒まで、及び三〇分三〇秒から三五分四八秒まで変化するとして計算されている[162]。

次に月食では地球の影の大きさを計算する必要があるが、その大きさは七九分四九秒から九八分四七秒までの値をとっている。以上が食計算に必要な立成であるが、なお日出及び日没時における状態を知るために昼夜時宮度分立成が追加されている。これは日周弧の計算に役立つものであり、従って日出・日没時の計算のためのもので、食計算と直接に結びつくものではない。ところでこの立成は太陽の経度を引数として作られるが、日周弧はただちに表から求められないで、太陽の経度λとそれに一八〇度を加えたものとの二つの表値との差が日周弧（$2t$とする）を示すようになっている。いま観測地点の緯度をφ、黄赤道の傾斜をεとすると、

$$\cos t = -\tan\varphi \frac{\sin\varepsilon \sin\lambda}{\sqrt{1-\sin^2\varepsilon \sin^2\lambda}}$$

となるから、たとえば$\lambda = 30°, 90°$に対する表値からそれぞれのtを求めると、上式から未知数のφが求まる。その結果によれば$\varphi = +32°$ほどであり、これは南京の緯度に近い。

以上、日月食の立成について簡単に述べたが、これらの食計算はかなり複雑なので、これ以上は省略する。ただここで昼夜時宮度分の表値について述べよう。四象限に分けて、λ及びtについて象限の番号を附すと表値は次式で計算される。いまλが（0°, 180°）の範囲にあるとしての半日周弧をtとすると、

(1)　$(180^\circ - t_1)\sin^2\lambda_1$　初・一・二宮の数値

(2)　$(180^\circ - t_2)(1+\cos^2\lambda_2)$　三・四・五宮

(3)　$360^\circ - t_3(1+\cos^2\lambda_3)$　六・七・八宮

(4)　$360^\circ - t_4\sin^2\lambda_4$　九・一〇・一一宮

いまλ_1の範囲についていえば、$\lambda_3=\lambda_1+180^\circ$, $t_3+t_1=180^\circ$ として、

$$(3)-(1)=2t_1$$

となり、日周弧が求められる。これは計算法の説明にある通りの結果を与える。このばあい $\sin^2\lambda+\cos^2\lambda=1$ という関係が使用されていることが注意されよう。

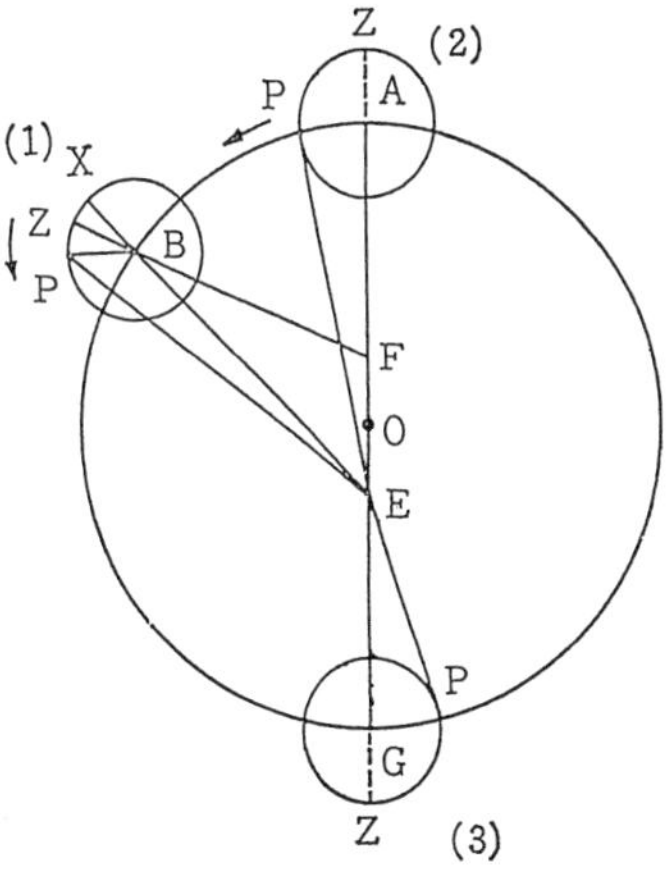

図15　土星の経度計算

五　五星の位置計算

ギリシアにおける五星の位置計算は『アルマゲスト』ではじめて体系づけられた。もとより回々暦はその方法を踏襲し、いくぶんそれに変改を加えたのである[163]。まず経度計算について述べると、土木火の外惑星と金水の内惑星に対し立成の構成は全く同一であるが、計算方法にいくぶんの相違がある。まず外惑星の代表として土星をとり、具体的に数値を示そう。内惑星を含めて、『アルマゲスト』における惑星運動の幾何学的モデルでは、大円の中心O、それから少し離れて地球E、Oに対しE

表21　回々暦における五星の日行

日行／惑星	n	n'	備考
土　星	2′　0″.5	57′　7″.8	$n+n'$ は太陽の日行59′8″.3となる
木　星	4　59.4	54　9.0	
火　星	31　26.6	27　41.7	
金　星	59′　8″.3	37″	n は太陽の日行に同じ
水　星	〃	3°　6′	

と反対側にOE＝OFなる点F（エカントと呼ぶ）をとり、大円上の点Bは点Fのまわりに等角速度運動をすると考える。いまこの日行を n で示すと、回々暦での値は土星についてほぼ二分（2′0″.6）である。次に惑星Pは小輪上を順行しており、その日行を n' とすると、n' は太陽の日行から n を減じたもので、五七分（57′7″.7）である。この度数は土星の会合周期に対応する日行である。小輪上の起点（FBの延長上）から惑星までの度数が自行度と呼ばれるもので、実録本についていえば、五星最高行度及び自行度立成に、最高行度、すなわち点Aの運動とともに自行度の値が、総年、零年、月分、日分、宮分など五種類の立成に表示される。外惑星のばあいには、自行度がわかると太陽の中心行度（平均黄経）からそれを減じて、外惑星の中心行度が求められる。『アルマゲスト』のモデルでは、$\overrightarrow{BP}$ の方向に絶えず太陽が位置していることから、上述の関係となる。これに反し、内惑星では $\overrightarrow{FB}$ の方向に絶えず太陽が位置し、従って中心行度は太陽のそれと同一であり、また自行度、すなわち小輪上の運動は会合周期をもって行われる。ともかく上述のようにして中心行度が求まると、一方で計算された最高行度を減じて、小輪心度∠AFBを求めることができる。ここで五星の n および n' の値を表記しておこう。

以上ですでに小輪心度が求められるが、『アルマゲスト』以来の方法では、自行度の起点Z（『アルマゲスト』では平均遠地点という）から $\overrightarrow{EB}$ の延長上の点Xへの換算が行われる。すなわち∠XBZ＝∠EBFを求めるが、この角度は自行度への補正、及び∠AFBから∠AEBを求める補正に使用することができる。この計算のための表が、第一加減比敷分立成に示されている。すなわち小輪心度を引数として求めた第一加減差（その第一差が加減差分）がその補正値である。ここでは立成の数値から、逆にモデル（図15）の定数を計算してみよう。大円の半径を一とする時、土星についてEFの値は〇・一一〇となる。なお小輪心度を引数として求めた比敷分は、月のそれと同じ意味のもので、次の第二加減遠近立成の遠近度に乗じ、その結果を六〇で割ったものを第二加減差に加えるのに使用される。また小輪心度に第一加減差を補正したものが小輪心定度∠EBFであり、同じく自行度に補正して自行定度∠XBPを得る。ところで実録本では外篇下をさらに上中下に分け、その「上」には上述の第一加減差分比敷分立成が収録される。次の「中」には図15における∠BEPを求める立成があり、これは月に対すると全く同じ考慮から作られた第二加減差遠近度立成であり、自行定度を引数としてそれぞれの数値が求められる。すなわち小輪（月のばあいは本輪という）の中心BがAおよびGと一致したばあい、自行定度に対し∠BEPに応ずる値を計算し、Aのばあいが第二加減差であり、同じ自行定度に対しGおよびAでの∠BEPの差が遠近度である。いま例として土星を考えると、点Aに小輪心があって、しかも土星がEから小輪への切線方向にくる時を考えよう（図15⑵参照）。EAの値は、大円半径を一としてほぼ一・〇五五であり、自行定度九六度あたりで∠AEPは最大値五度四〇分（表値）となる。これを使って小輪心の半径は〇・一〇四二となる。またEGの距離は〇・九四五であり、これを使って逆算すると∠PEGが最大となるのは六度二〇分ほどとなる（図15⑶参照）。立成からは第二加減差と遠近度の和が最大となるのは自行定度が九六度及び二四三度となるあたりで、その和は六度二一分となり、上の逆算結果と一致するものと考えてよい。このようにして得た補正を小輪心定度に加減し、さらにその結果を最高行度に加えることによって、惑星の経度（真黄経）が求められる。表22に、五惑星に対し立成から逆算した定数をまとめておこう。ところで以上に述べた第一加減差、第二加減差遠近度の立成は、

表22　五星の軌道の大きさ

	土星	木星	火星	金星	水星
小輪半径	0.1042	0.1882	0.6582	0.7198	0.3490
アルマゲスト	0.1083	0.1917	0.6583	0.7194	0.3750
中心間距離（EF）	0.110	0.0889	0.2003	0.0357	0.0483
アルマゲスト	0.114	0.0916	0.2000	0.0417	0.1000

大円半径を1とした値を示したが、『アルマゲスト』では60を半径の値とする

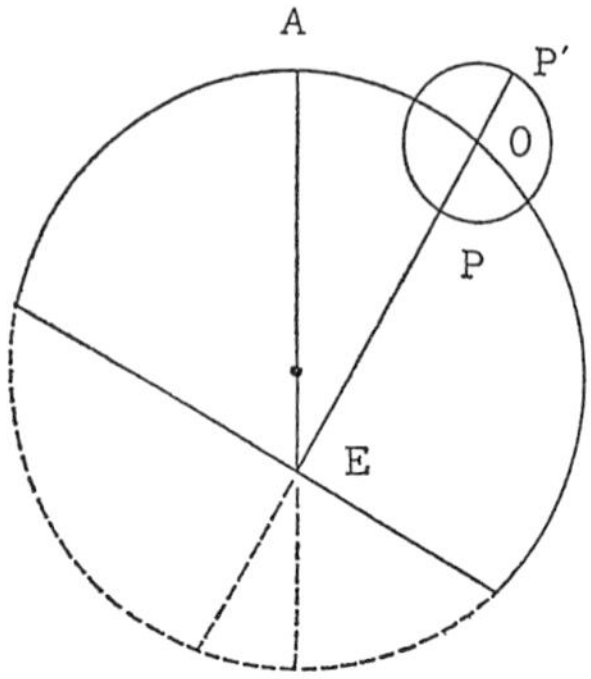

図 16　土星の緯度計算

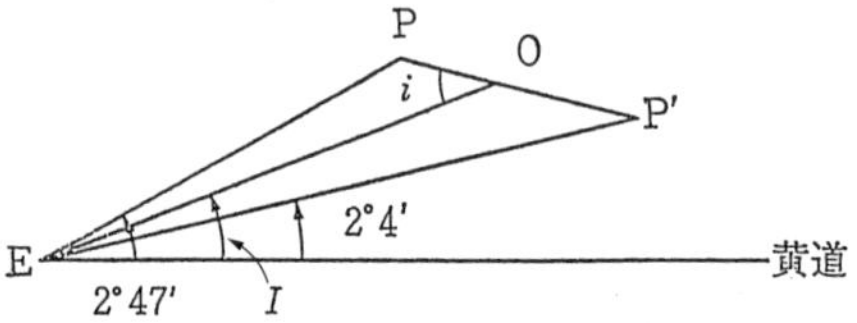

図 17　土星の緯度計算

『アルマゲスト』に比べてはるかに簡単になっていることが、両者の比較から容易に知られる。ここにもイスラム学者の努力が認められよう。

実録本では巻「中」に順留立成が収録されているが、一応これを省略し、外篇下之下にみえる五星黄道南北緯立成についてふれておこう。すでに求めた経度計算では、大円および小輪がいずれも黄道面にあるとして論じているが、緯度を計算するには、改めてこれらが黄道に傾斜していると考える。しかし、傾斜角が小さいため、経度の値には全く影響がないとされる。この緯度計算について、まず土星を例にとって外惑星のばあいを述べよう。

緯度に関する立成は、五惑星を通じて自行定度および小輪心定度を二重引数として表記され、しかも自行定度は周天を一二〇度、小輪心定度は六〇度とし、できる限り表を簡略化している。したがって立成の自行定度および小輪心定度を現在度に換算するには、それぞれ三および六を乗ずる必要がある。いずれにしてもこれらの工夫はイスラム天文表に独特なもので、『アルマゲスト』の立成に比べてはるかに改良されている。ところでまず離心円（大円）と黄道との傾斜について述べよう。外惑星については、黄道に対し傾斜角Iで交わる一定平面の中に離心円は存在するが、この離心円が黄道より最も北で離れる点（これを北限と呼んでおく）は、土星のばあい、離心円の遠地点とは一致しない。立成によると小輪心定度（遠地点から数える）が三〇〇度のところに北限があり、その対称点、すなわち一二〇度に南限（黄道から最も南に離れる点）がある。離心円の半径を一とする時、小輪心定度三〇〇度に対して次の数値が計算される。すなわち小輪心をO、小輪での近地点をP、遠地点をP′とする時、EO＝1.026, EP′＝1.130, EP＝0.922となる（図16参照）。次に惑星がPおよびP′、すなわち小輪心定度三〇〇度に対し自行定度が一八〇度および〇度となる時の緯度を立成から求めると、それぞれ二度四七分及び二度四分となる。北限Oは黄道から角Iだけ離れており、さらに小輪が離心円にiだけ傾斜しているとすれば、I、iの数値は図17によって、すでに得た値を使って計算できる。計算の結果によれば、$I=2°23′$, $i=3°30′$であり、よって小輪の黄道に対する傾斜角（$i-I$）はわずか一度七分となり、小輪はほとんど黄道に平行となっていることがわかる。以上と同じ計算法によって、木星および火星に対する数値を求め、これらを一括して表23にまとめておこう。木星では北限が離心円の遠地点と一致し、火星ではごくわずかちがっている。また木、火星では、黄道に対し小輪はほとんど平行となっている。

表23　土星、木星、火星の緯度

	土	木	火
北限（遠地点より）	300°	0°	354°
離心円の傾斜（I）	2° 23′	1° 16′	1° 22′
小輪の傾斜（$i-I$）	1° 7′	18′	39′

次に金星および水星のばあいには、『アルマゲスト』と同じく、緯度計算に使用された幾何学的モデルは外惑星に比べて一段と複雑となっている。特に離心円に対する小輪の傾斜が、小輪心の位置によって絶えず変化することが注意される。まず離心円の遠地点（A）方向ではEAに直角な方向HKが離心円に傾斜する（図18(1)参照、小輪の実線部分は離心円より北、点線部分は南）。同じように近地点（B）ではEBに直角な方向HKが離心円に対し前と同じ角度で傾斜する（図18(3)参照）。この角度を仮りに斜交角（j）と呼んでおこう。小輪心がA、Bにある時は、この斜交角は最大であり、両者の中間では漸次小さくなり、Eを通ってABに垂直な方向NNで零となる。一方でLM方向の離心円に対する傾斜角は、小輪心がA及びBにある時に零となり、それより次第に増大してNにくる時に最大となる（図18(2)、(4)参照）。これをJとしておこう。このように絶えず変化する斜

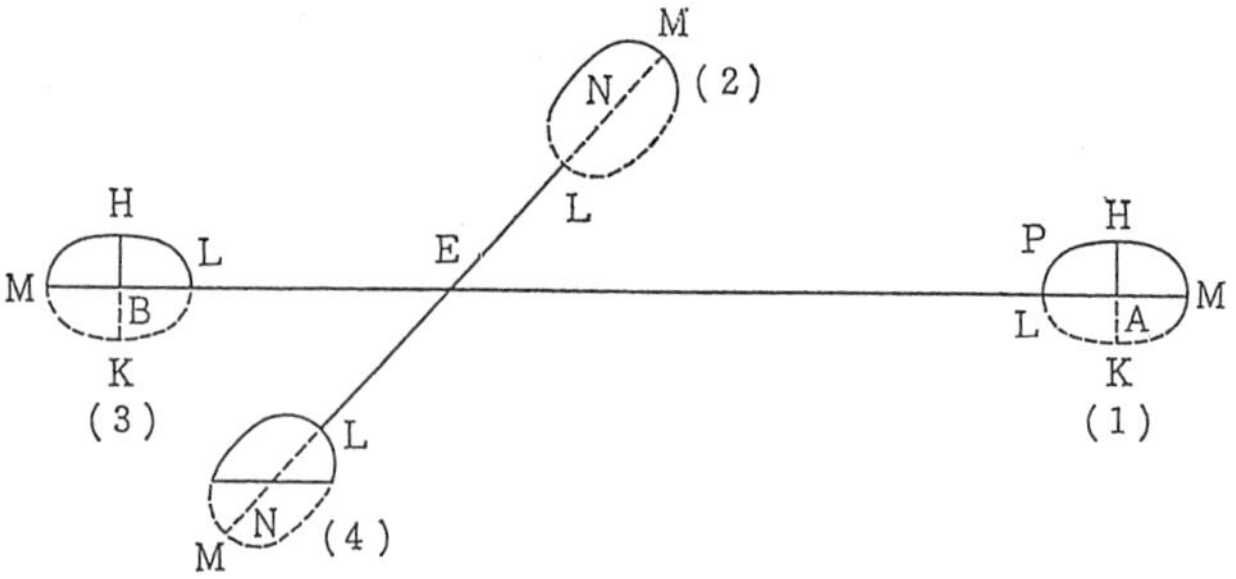

図18　金星、水星の緯度計算

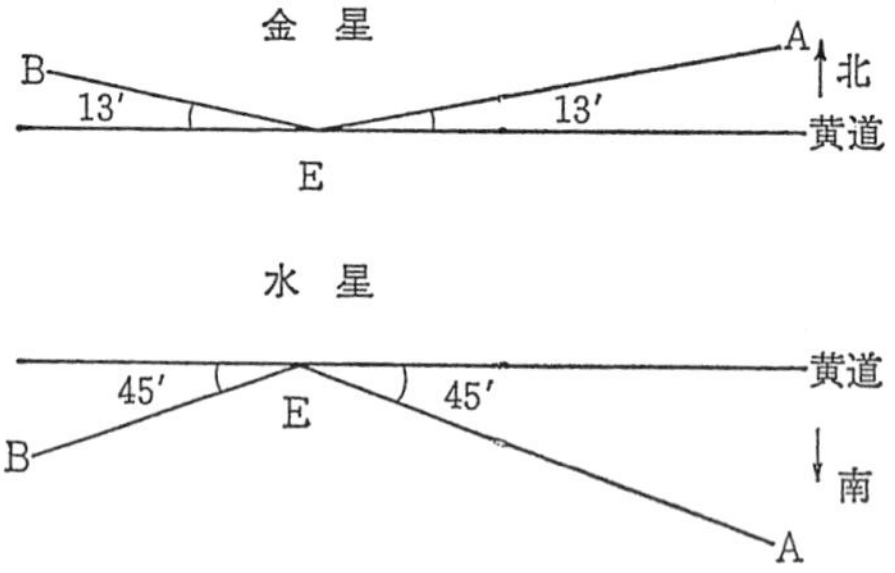

図19　金星、水星の緯度計算

交角と傾斜角を考慮しなければならぬ上、実は離心円に対しても奇妙なモデルを採用する。すなわち離心円は同一平面上になく、NNを境にして、その両側で同一角度だけ傾斜する二つの平面内にあると考える。金星のばあいは、この二平面はいずれも黄道の北にあって、いずれも一三分の傾斜をする。これに対し、水星ではこの二平面は黄道の南にあって、いずれも四五分の傾斜をする（図19参照）。A及びBに小輪心が来る時、すなわち小輪心定度が〇度と一八〇度となる時、さらに自行定度が〇度もしくは一八〇度となるばあい、金星及び水星の緯度がそれぞれ北一三分および南四五分となっていることから、離心円の傾斜が以上の如きものであることが知られる。このような離心円の傾斜、それに対し絶えず変化する小輪の傾斜角、斜交角を考慮したものが、立成に表記された緯度の数値である。

よって立成の数値から、傾斜角Jおよび斜交角jの値を逆算しておこう。

まず金星のばあいについて、斜交角から述べておこう。斜交角は離心円の遠地点及び近地点において最大となることは、すでに述べた。このばあい小輪定度は遠地点で〇度であり、近地点では一八〇度である。斜交角はHKの方向、すなわち自行定度が九〇度（または二七〇度）となる時にjとなるものであるが、立成の数値によると、

表24　金星、水星の軌道傾斜

	斜交角（j）	傾斜角（J）
金星	3°　0′	2°49′
水星	6　23	7　36

表25　五星の軌道モデルの諸定数

	土星	木星	火星	金星	水星
大円半径	0.9464	0.9572	0.9091	0.9825	0.9233
小輪半径	0.0987	0.1802	0.5983	0.7067	0.3409
遠地点への距離	1.0000	—	—	—	—
近地点への距離	0.8928	0.9145	0.8181	0.9650	0.8465
離心率	0.0566	0.0447	0.1001	0.0178	0.0832

小輪心定度　0°（遠地点）｛自行定度　90° に対し　緯度北1°58′
　　　　　　　　　　　　　自行定度　270° に対し　緯度南1°32′
小輪心定度　180°（近地点）｛自行定度　90° に対し　緯度南1°32′
　　　　　　　　　　　　　　自行定度　270° に対し　緯度北1°58′

であり、同一の自行定度に対し両者の緯度はちょうど反対になっている。このことは緯度の算定にあたって、小輪心から地球までの距離が両者に対し同一とみなされていることを示している。この仮定は水星のばあいも同じであって、金・水について両中心間の距離（表22参照）が小さく、従って地球・小輪心の距離は同一として緯度を計算しても、あまり大きな誤差は生じない。この同一距離としては、おそらく離心円の半径が採用されたものと考えられる。さらに上に引用した緯度の数値は、黄道からの北及び南の関係を無視すると、その平均値は一度四五分であり、北及び南の数値とは一三分だけ相違する。この差はすでに述べた金星の離心円が北に傾斜する度数であって、一度四五分こそが斜交角によって生ずる緯度の数値とみることができる。これらのことを知れば、遠地点Bが近地点でHK方向に生ずる斜交角は容易に計算される。水星のばあいも、全く同じ考慮が適用される。

次に小輪の傾斜角JはNN方向で最大となるが、NN方向で金星がL（図18⑵）に来た時の緯度の値が七度一五分であり、Nの小輪心定度が九〇度の時は南、二七〇度の時に北となる。この数値を用いて小輪心傾斜角Jを計算することができる。金星および水星について得られた結果を表24にまとめた。

六　星表の検討

中国に伝わったイスラム天文学は、『七政推歩』、李朝『世祖実録』回々暦および『明史』回々暦の三書に収録されているが、特に前二書には詳しい恒星表があって、黄道帯を中心とした二七八個の星についてその黄経及び黄緯を与えている。星の名は黄道十二宮名の下に順序数をもって呼ばれ、伝統的な中国名との対照が行われている。そもそもイスラム天文学での星表はほとんどすべてプトレマイオスの星表に基づくといわれているが、この星表においてもやはり星を指示する順序数は明らかにプトレマイオス星表の順序と一致している。

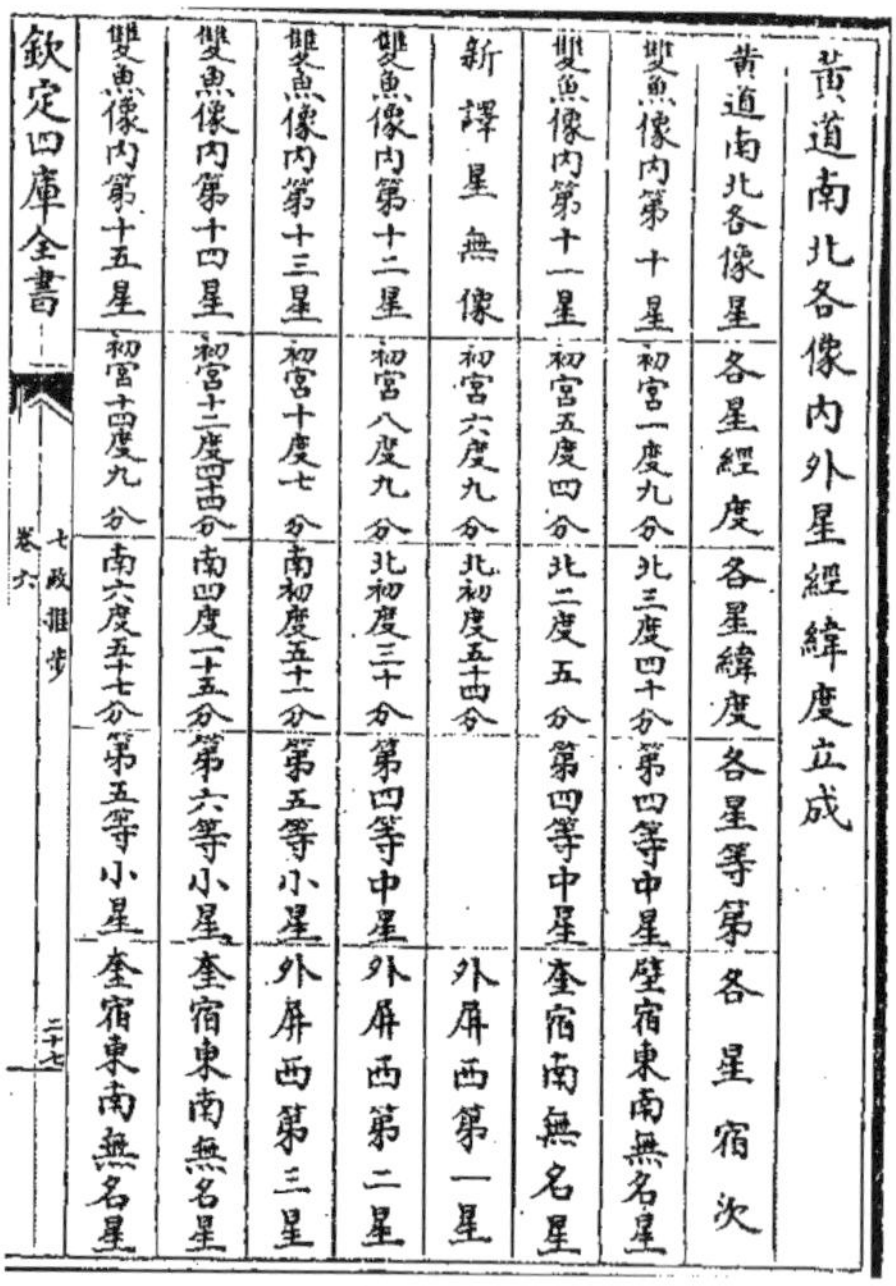

黄道南北各像内外星經緯度立成

黄道南北各像星	各星經度	各星緯度	各星等第	各星宿次
雙魚像内第十星	初宮一度九分	北三度四十分	第四等中星	壁宿東南無名星
雙魚像内第十一星	初宮五度四分	北二度五分	第四等中星	奎宿南無名星
新譯星無像	初宮六度九分	北初度五十四分		外屏西第一星
雙魚像内第十二星	初宮八度九分	北初度三十分	第四等中星	外屏西第二星
雙魚像内第十三星	初宮十度七分	南初度五十一分	第五等小星	外屏西第三星
雙魚像内第十四星	初宮十二度四十四分	南四度十五分	第六等小星	奎宿東南無名星
雙魚像内第十五星	初宮十四度九分	南六度五十七分	第五等小星	奎宿東南無名星

欽定四庫全書　七政推步　巻六　二十七

図20　『七政推歩』の星表

プトレマイオス星表の研究者クノーベル氏が述べているところによると、十五世紀中葉にサマルカンドでウルグ・ベクが恒星の新観測を行うまで、イスラムの天文学者たちはプトレマイオス星表における星の位置について、黄経には歳差の補正を行って時代に適合するようにし、黄緯はそのままであったという。(164) しかるに『七政推歩』及び実録本にみえる星表は、両者の内容はほとんど同じであるが、黄緯がプトレマイオス星表の値と少しく異っており、この点からみて全く新しい観測結果によるものと一応は推定されるのである。

またイスラムの星表は、すべてプトレマイオス星表に載せられた一〇二二個以外は収録されていないといわれるが、

『七政推歩』などの星表には、数こそ少ないが、新訳星無像としてまったく新しい星が含まれている。(165) このような意味で、この星表の研究は、従来のイスラム天文学研究に新しい資料を提供するように思われる。

以上のような見通しから、筆者はこの星表に関する研究をさきに発表した。(166) プトレマイオスの星表と比較することによって、ほぼ星の同定を行い得るが、さきの論文では、まず特に明るい第一等および第二等大星と記されたものを四個ずつ選び、さらに黄経をとりあげて、記事に該当する年次を決定したのである。その結果は表26に示すように、観測年代として一三六五年という値を得ることができた。これは洪武元年をさかのぼる三年前である。もちろん観測誤差があるから、この年は確定的なものではない。それにしても、このような新しい観測が行われたことは、注目に値する。英文で発表した筆者の論文では、一応観測年次を一三六五年として、二七八個のすべての星について、星の同定及び記事と計算との比較を行ったのである。筆者がこうした研究を行った時には、実はまだ実録本を見ていなかったのである。実録本には黄道南北各像内外星経緯度立成という標目の下に次の割注があることを知った。

各像の経度は、五年ごとに四分を加う。洪武丙子は積七百九十八算、すでに四分を加えり。辛巳年に至りて八百三算、また当に四分を加うべし。五年を累ねて之を加え、永久に至る。

これによると星表の経度は観測値そのものでなく、歳差によって五年に四分、すなわち一年に四八秒ずつ経度が増大するものとして、経度に補正を行ったことが知られる。洪武二九年丙子（一三九六）の値として「已加四分訖」とあることからみて、この観測は丙子歳をさかのぼる五年前、すなわち洪武二四年

表26 『七政推歩』の星表の観測年代

黄道南北各像星	現在名	黄経（記事）	観測年代
金牛像内第十四星	α Tau	60° 51′	1360
陰陽像 内 第一星	α Gem	101 33	1376
同 第二星	β Gem	104 44	1384
獅子像 内 第六星	γ Leo	140 34	1356
同 第八星	α Leo	140 52	1355
双女像内第十四星	α Vir	194 40	1342
天蝎像 内 第二星	δ Sco	233 54	1378
同 第八星	α Sco	240 59	1370
		平 均 年 代	1365

（一三九一）におけるものであったかと想像されるのである。一三六五年との差は二六年であり、もし二〇分程度の観測誤差を認めれば[167]、この結論も決して不合理ではない。黄緯の点でプトレマイオス星表と一致しないことから、『七政推歩』などの星表は一四世紀末における新観測と考えるべきである。ただこの観測が中国で行われたものか、それとも洪武一八年の土盤暦輸入以後に伝わったイスラムの星表を転載したものか、容易に断定できないのである。

七　結　び

以上において回々暦にみえた立成の主要なものに対する検討とともに、星表について少しく論じておいた。回々暦の本質はギリシア天文学を踏襲したものであり、プトレマイオスの『アルマゲスト』にみえた幾何学的モデルを基礎にして計算された数値が立成に表記されている。これら数値の検討によって、たとえば太陽軌道の離心率におけるが如く、回々暦では『アルマゲスト』よりも一段とすぐれた天文定数が使用されていることが知られた。同時にまた立成の構成について特に注意されるのは、日食や五星の位置計算において二重引数が使用され、これによって立成がきわめて簡略化されていることである。もちろん天文定数の改良や立成の簡略化は、漢訳本にはじまったものではないであろう。イスラム天文学の歴史を通じて、こうした改良が漸次行われてきたものと想像される。こうした問題の検討は、回々暦の原本を確定する問題とともに、イスラム天文学自体の詳細な研究を待たなければならない。なお終りに、『七政推歩』及び実録本回々暦に収録された星表を検討したが、この点でもなお今後に問題が残されている。

（146）『元史』暦志には太祖西征を太宗西征に誤っている。清汪曰楨の『歴代長術輯要』には、太祖一〇年から金趙知微の重修大明暦が使われていたとする。この年、蒙古軍は南下して金の中都を攻略した。

（147）耶律楚材の『湛然居士集』巻八進西征庚午元暦表によると、この暦は太祖がサマルカンドに滞在した時に作られ、「以て行宮の用に備う」とあって、一時の用に供された。

（148）H. Howorth: *History of the Mongols*, Part Ⅲ, 1888, pp. 137–8 には元の憲宗はユークリッド幾何学を学び、また天文台の建設を計画し、Bukhara の Jemal ud Din に相談したが実現されず、イルハーン国を建てたフラグ汗の下でナスィールッディーン・トゥースィーがマラガ天文台を建てたという。また A. Sedillot: *Prolégomènes des tables astronomiques d'Olong Beg*, 1817, p. 5 には、世祖忽必烈が中国を平定した後、西域天文学を中国に導入し、一二八〇年に郭守敬は Gemal Eddin からイブン・ユーヌス（一〇〇九没）の天文表を受取り、それを詳細に研究したという。この Jemal ud Din とある人物が札馬魯丁のことであることは疑いない。札馬魯丁がマラガ天文台にいたという説があるが、山田慶兒『授時暦への道』（一九八〇年刊）にはこの説を否定し、彼はマラガ天文台設立以前にカラコルムに居り憲宗に仕えていたとする。

（149）以下に述べる回々暦法は明代に訳出されたが、元明間を通じてイスラム天文学はそれほど変化しておらない。従って筆者はイルハーン表と回々暦の関係に深い関心を持っていたが、ベイルートにあるアメリカ大学の E. S. Kennedy 教授からの手紙で、回々暦の数値は、オックスフォードの Bodlerian MS. のイルハーン表といくぶん相違することを知った。

（150）授時暦及び大統暦の問題については、本書、元明の暦法の項を参照されたい。

（151）田坂興道「東漸せるイスラム文化の一側面について」（『史学雑誌』五三、第四及び第五号　一九四二年刊）。なお田坂氏の業績はすべて『中国における回教の伝来とその弘通』下巻、一九六四年刊に収録される。Willy Hartner: The Astronomical Instruments of Cha-ma-lu-ting, their Identification and their Relations to the Instruments of the Observatory of Marāgha,（*Isis*, 41, pp. 184–94, 1950）及び宮島一彦「元史天文志記載のイスラム天文儀器について」（『東洋の科学と技術』一九八二年刊所収）参照。なお田坂氏の論文は天文儀器だけでなく、『元秘書監志』にみえる科学書の同定にも及んでいる。

（152）告成鎮は、古く「土中」または「地中」と呼ばれた陽城の地で、ここには周公の測景台が残る。元の天文台の遺址の調査については、董作賓ほか『周公測景台調査報告』（一九三九年刊）に詳しい。

（153）本書に収めた「イスラムの天文台と観測器機」（『文明の十字路』一四四―一五五ページ、一九六二年刊）を参照。

（154）J. Needham and others: *Science and Civilization in China*, vol. 3, 1959, pp. 369–72 には簡儀を含め、『元史』天文志に掲載さ

れた儀器の同定を行っている。

(155) 仰釜日晷（scaphe）の図は Needham 上掲書 vol. 3, p. 301 の一一三図および全相運『朝鮮科学技術史』（一九六六年刊）三〇ページにみえる。

(156) 田坂興道「西洋暦法の東漸と回々暦法の運命」（『東洋学報』一九四七年刊）

(157) 以下の文及び第三、四、五節については、主として小著「回々歴解」（『東方学報』京都第三六冊　一九六四年刊）によった。

(158) 桑原隲蔵『東洋文明史論叢』四六二ページ。しかし、下文に述べるように、すでに清初の学者王錫闡がその誤りを指摘した。

(159) このような日数を各月に配分した太陽暦がペルシアで行なわれたかどうかは、筆者は寡聞にして知らない。なお現在のペルシア太陽暦は、やはり春分をもって年始とする。このような慣例は、ペルシアにセルジュック系のジェラル・エッディン・マリク・シャー（一〇七三―九二在位）が君臨してからであるという。

(160) 『アルマゲスト』については仏訳独訳があり、筆者はこれらを参考して和訳本上下を刊行した。なお G. T. Toomer, *Ptolemy's Almagest*（1984）という英訳本が出版された。

(161) O. Neugebauer: *The Astronomical Tables of al-Khwārizmī*, pp. 63–65, 1962.

(162) ここに述べられた定数及び下文の地影に対する現在値を、参考のために示そう。

	極大	極小
太陽視直径	三二・六分	三一・四分
月　視直径	三三・六分	二九・四分
地形直径	九三・六分	七七・〇分

(163) 五星のばあい、図13に示したモデルが採用された。今井湊氏の計算では、これらモデルの諸定数は表24の如くである。同氏、油印・天官書九。

(164) E. B. Knobel: *Ptolemy's Catalogue of Stars, a Revision of the Almagest*, 1916.

(165) 『元史新編』藝文志巻三暦算類に『新測無名諸星』一巻が著録されている。これが『七政推歩』などにいう新訳星無像とどういう関係にあるかは不明である。十二宮の宮にあたる言葉が像であり、プトレマイオス以来の星が十二像中の順序数で表わされるのに対し、これらは十二宮の名を欠く。

（166）「中国に於けるイスラム天文学」（『東方学報』京都第一九冊　一九五〇年刊）で簡単な報告をし、Indian and Arabian Astronomy in China（*Silver Jubilee Volume of the Zinbun Kagaku Kenkyusyo*, 1954）（本著作集第7巻収録）の後半で詳しく論じた。なおイスラム天文学の中国への影響についてはThe Influence of Islamic Astronomy in China（*Annals of the New York Academy of Science*, Vol. 500, E. S. Kennedy 記念号, 1987）に発表した。

（167）前注の後の論文で二七八個の星を検討した限りでは、一三六五年とした計算値と記事とのあいだに、いくらかの差が認められる。

四　クーシャールの占星書

一

Kūšyār ibn Labbān は西暦一〇〇〇年ごろに活躍したイスラム天文学者である。中国の明代に漢訳された占星書がこのクーシャールの著述に基づくものであるという推定が今井湊氏によって行われたが(168)この見解は正しいと思われる。明訳の占星書は、『涵芬楼秘芨』では『天文書四類』と名づけられているが、光緒元年（一八七五）に北京天華館から単行された鉛印本には『天文宝書』となっている。全体が四巻——四類に分れているために『天文書四類』の名が生れたのであり、広く占星書を意味する、天文書という漠然とした名称で呼ばれてきたものである。以下、同一内容を持つ『天文書四類』および『天文宝書』を、『明訳天文書』と呼んでおこう。

この書の巻頭に載せられた明訳天文書序は翰林検討呉伯宗が洪武一六年（一三八三）五月に書いたもので、それによると元朝から明が接収した西域の書を海荅児、阿荅兀丁、馬沙亦黒(169)、馬哈麻などの西域人に命じて訳さしめ、さらに中国人学者が整理したものが本書であった。また本書には別に編訳者自身の手に成る天文書序があり、原本の撰者に関して、

闊識牙耳大賢の生るるに及び、至理を闡揚し、この書をつくり、その精妙を極む。後人は信守尊崇す。たとえ明智ありとも、規を加え矩を過す能わず。

と述べている。この闊識牙耳がイスラム天文学者クーシャールの音訳であると考えられる。ブロッケルマン氏による

と、彼の著書として次の四書が挙げられる(170)。

1. *al-Zīǧ al-ǧāmiʿ wa-l-bāliġ*(171)
2. *Kitāb al-Mudḫal*（*Muǧmal*）*fī ṣināʿat aḥkām al-nuǧūm*
3. *Maqālat fī l-ḥisāb*
4. *Kitāb al-Asṭurlāb wa-kayfiyat ʿamalihi wa-iʿtibārihi ʿalā l-tamām wa-l-kamāl*

これらは順次、天文計算表、占星書、算術書及びアストロラーベに関する書であり、この中の第二が『明訳天文書』の原本と推定される。ブロッケルマンによると原本のアラビア語写本がアメリカのプリンストン大学のGarret（略称Garr）Collectionにあるとみえているが、幸いこの写真コピーをE・S・ケネディ教授の厚意によって入手することができた。かなり汚れた写本である。森本公誠氏の援助を受けて内容の一部を解読してもらったが、表紙は読みにくいけれども、クーシャールのMudḫalであることが明記されているという。また同じページに、この写本はヘジラ紀元九八八年（西暦一五八〇—八一）及び一〇一七（一六〇七—〇八）とに順次転写されたものを再び写したことが明記されており、従って一七世紀もしくはそれ以後のものであることが知られる。さらにこの写本は完全なものでなく、写本の総目次からみて、『明訳天文書』の第三類第二〇門の後半から第四類の終りまでの部分が脱落している。第三類の脱落部分については、後世の学者による補修があるが、それはかなり乱雑である。補修部分の終りにAbū ʿAlī Maḥmūd b. Muḥammad al Ǧaʿmīnī による *Risālat fī l-ḥisāb* という別の書物が付加されて一冊となっている。しかし、全体の3/4はクーシャールの占星書を写したものであって、その部分については『明訳天文書』とほぼ一致する。全体についての詳細な比較検討は行っていないが、いま『明訳天文書』第一類二三門の表題について、原写本との比較は次の通りである。

第一門	説撰此書為始之由	一	前文
第二門	説七曜性情	二	天体（七曜）の性質
第三門	説七曜吉凶	三	天体の吉凶
第四門	説七曜所属陰陽	四	天体の陰と陽
第五門	説七曜所属昼夜	五	天体の昼と夜
第六門	説各星離太陽遠近性情	六	太陽からの遠近による天体の性質
第七門	説五星東出西入	七	天体の東出と西入
第八門	説雑星性情	八	恒星とその構成
第九門	説十二宮分為三等	九	転宮、定宮と二体宮
第一〇門	説十二宮分陰陽昼夜	一〇	十二宮の陰陽昼夜の別
第一一門	説十二宮分性情	一一	十二宮の性質
第一二門	説十二宮分度数相照	一二	相照する各宮相互の分度数
第一三門	説七曜所属宮分	一三	天体の house（bayt、家）
第一四門	説七曜廟旺宮分度数	一四	天体の exaltation（šaraf）
第一五門	説三合宮分主星	一五	三合（muṯallaṯa）とその主星（arbāb）
第一六門	説毎宮分度数分属五星	一六	terms（ḥadd、界）について
第一七門	説毎宮分為三分	―	
第一八門	説各星宮度位分	一七	域（ḥayyiz）、喜楽（faraḥ）, dustūrīya, iṯnāʿašarīya について
第一九門	説七星相照	一八	相照について

第二〇門　説各星力気　　一九　天体の力と優劣
第二一門　説命宮等十二位分　　二〇　天球の各 bayt の特徴と bayt よりの距離による天体の帰属
第二二門　説福徳等箭　　二一　箭について
第二三門　説各宮度主星強旺　　二二　天球の各位置における支配星（mustawlī）の求め方

以上において、写本には第一七門に対応するものが欠けているが、他はすべて標題および内容の点からみてほぼ一致する。もちろん編訳者の手がはいっており、直訳というより、かなり整理されて簡略となっているようである。西方の占星術の用語を知れば、上記の標題からそれぞれの「門」で何を論じているかがほぼ想像されるが、ここではそうした解説を省略する。⑲

二

第一類第八門は説雑星性情となっているが、写本の表題によって雑星は恒星を意味することが知られる。ここには特に選ばれた三〇個の恒星に対する位置とその占星術的意味が書かれている。恒星の位置は十二宮を基準にした黄経値が与えられているが、写本によるとその値は Yazdgard era 三六一年初（西暦九九二年三月一八日）の時のものであり、黄経における歳差は毎年五四秒と記されている。明訳本には、

巳上の星数は、これ三百九十二年の前、度数かくの如し。その星はみな東へ行く。一年に五十四秒を行き、十年に九分を行き、六十六年に一度を行く

とみえており、歳差定数が一致するだけでなく、明訳本成立の時から三九二年前といえば、ほぼ Yazdgard era 三六

一年と一致する。しかし、明訳本成立の年は、呉伯宗序文の年紀である洪武一六年ではなく、その翌一七年とすること[172]によって三九二の数値に合致する。ともかく写本と明訳本とは同一年次における黄経を与えていて、従って両者の数字が合致するのは当然であるが、明訳本が依った写本と現写本との相違、また明訳本の誤記などの理由によって、わずかな不一致がみられるのはやむを得ない。いま写本の記述を表記し、明訳本との異同を述べておきたい。イスラム天文学における星表はプトレマイオスの『アルマゲスト』に基礎をおくものである。すなわち『アルマゲスト』の第七、八巻に一〇二二個の恒星について、各星座中における個々の星の区別、位置、等級その他が述べられている。明訳本において、三〇個の恒星の中、たとえばその第一星の記載をみると、「その一は、これ人坐椅子象上の第十二星、云云」とあるが、人坐椅子象というのはカシオペヤ座のことであり、それに属する一二番の星は『アルマゲスト』星表との比較によってカシオペヤβ星（β Cas）であることがわかる。『アルマゲスト』には、この星を「椅子の中央にある星」[173]と書いているが、写本はこの種の記載と一致し、明訳本のように番号で示すことはない。したがって星の区別を示す記載は、写本と明訳本とで相違するが、しかし、いずれにしても『アルマゲスト』星表との比較によって現在名に同定することができる。星の区別を示す記事の代りに現在名を使い、三〇個の星に対する写本の記事を訳出すると表27のようになる。[174]

明訳本との数値の相違は次の如くである。[175]

七　陰陽　七度〇分　　明訳本　七度五分

九　陰陽　二度五〇分　　　　　二度三分

二一、二二は明訳本で順序が入れ替わる。

写本に欠けている「一一」の度数が、明訳本には明記されている。また数値以外では、写本に雲状となっているところを、明訳本ではいずれも第六等最小星となっていることが注意される。

この小論を書くにあたって、アラビア語写本の解読について当時京都大学文学部講師清水誠君（現森本公誠師）の援助を受けた。ことに第三類第二〇門にみえた流年と小限については、全部の翻訳をお願いした。この部分には特殊なホロスコープの図があって、ぜひ明訳本との比較を行いたいと考えたが、なお不明の個所が多く、ついに清水君の努力に応えることができなかった。この部分は、明訳本よりも写本の方が詳しいが、図表はいずれもかなりちがっている。

表27　写本星表記事

番号	現在名	黄経	光度	黄道の南北 (S, N)
1	β Cas	白羊　20° 50′	3	N
2	α Tau	金牛　25 40	1	S
3	β Per	〃　12 40	2	N
4	α 〃	〃　17 50	2	N
5	λ Ori	陰陽　10 0	雲状	S
6	α Ori	〃　14 40	1	S
7	γ 〃	〃　7 0	2	S
8	ε 〃	〃　10 20	2	S
9	β 〃	〃　2 50	2	S
10	α Aur	〃　8 0	1	N
11	β Aur	〃　15 50	2	N
12	α CMa	巨蟹　0 40	1	S
13	α CMi	〃　12 10	1	S
14	α Gem	〃　6 20	2	N
15	β 〃	〃　9 40	2	N
16	ε Cnc	〃　23 20	雲状	N
17	γ Leo	獅子　15 10	2	N
18	α 〃	〃　16 10	1	N
19	β 〃	双女　7 30	1	N
20	α Boo	天秤　10 0	1	N
21	α CBr	〃　27 40	2	N
22	α Vir	〃　9 40	1	S
23	α Sco	天蝎　25 40	2	S
24	γ 〃	人馬　14 10	雲状	S
25	ν Sgr	〃　28 10	〃	N
26	α Lyr	磨羯　0 20	1	N
27	α Aqr	〃　16 50	2	N
28	α PsA	宝瓶　20 0	1	S
29	α Cyg	〃　22 10	2	N
30	β Peg	双魚　15 10	2	N

(168)　油印・天官書六、『明訳天文書』雑俎

(169)　『明史』藝文志に馬沙亦黒『回々暦法』三巻が著録されている。羽田亨「華夷訳語の編者馬沙亦黒」(『東洋学報』第七巻　一九一七年刊、『羽田博士史学論文集』下巻　一九五八年刊に収録）に馬沙亦黒のことが詳しい。同氏の指摘によれば、『清真釈疑補輯』に洪武一六年五月馬沙亦黒が『天文経』を訳したとみえる。

(170)　C. Brockelmann : *Geschichte der Arabischen Literatur*, Bd. 1, S. 252-3, 1943, Leiden.

(171)　この書の簡単な内容については、E. S. Kennedy : A Survey of Islamic Astronomical Tables（*Trans. of the Amer. Phil. Soc*., New Series, vol. 46, part 2, p. 156, 1956）にみえる。

(172)　洪武一七年は甲子歳であり、天文書と関係の深い『明史』回々暦がやはりこの年を暦元としている。

(173)　拙訳『アルマゲスト』下巻（一九五八年刊）二七ページ。

(174)　Kennedy 教授がわざわざ訳出して下さった。なおクーシャールの天文計算表（文献一）にも三〇個の恒星があり、Kennedy 教授の指摘によると、その中の一九個が『明訳天文書』と一致する。

(175)　表27及びそれ以下の記述は、最初に発表したものといくらか相違している。矢野道雄氏が原本を再検討した結果を採用したためである。『アルマゲスト』の黄経値に比べ、すべてが一三度〇分だけ大きくなっていることが知られる。換言すると、『明訳天文書』の恒星位置は、『アルマゲスト』の値に歳差を補ったものに過ぎず、実際の観測によるものでないことが知られる。歳差定数を六六年に一度ととると、一三度では八五八年ほどとなり、九九二年よりさかのぼって、『アルマゲスト』の観測年代は一三四年となる。

［増補注］

⑲　この書の概要については、M.Yano : Kısyār ibn Labbān's Book on Astrogy（*Bulletion of the International Institute for Linguistic Sciences*, Kyoto Sangyo University, Vol.5, No.2,1984）に述べられている。

五　イスラムの天文台と観測器械

イランに建国したフラグ汗が一三世紀の半ばに創設した天文台址を訪ねてテヘランを出発したのは一九五九年八月一日であった。その一〇日ほど前に日本を発ってテヘランに着いたが、激しい暑熱にはまったく閉口した。元気な仲間にさそわれてやっと旅行を決心したところだ。乾いた熱気の中をジープはつっ走る。第一日はテヘランから三〇〇キロ以上の西北にあるザンジャンの町に泊り、翌日にはイルハーン国の首都であった西北の中心都市タブリーズに着いた。ここで一日滞在し、八月四日の朝に発って南方マラガ（Marāgha）に向った。三時間ほどかかって着いたこの町で、昼食のあと町の見物をすませ、やがて目的の天文台址にたどりついた。町からあまり遠くない郊外にあって、高さ一〇〇メートルほどの小山の上にその跡があった。太陽はやや西に傾いていたが、一本の木もない急坂を登る背後から照りつける。七分どおり登った所にいくつかの洞穴があるが、ここで天文学者のナスィールッディーン・トゥースィー（Nassiral-Dīn, 1201–74）が生徒を教育したとか。登りつめた小山の上はかなり開けた台地になっていて、そこかしこに煉瓦の破片がちらばっていた。これらはマラガ天文台に使われたものと推定され、煉瓦のあとを追跡すれば天文台址のいくぶんは復原できるというものである。しかし、時間に制約され、しばらく台址にたたずんで往時を追懐するにすぎなかった。台址のある小山からは、南方にマラガの町が見え、西にははるか地平線に低く山脈が横たわる。北と東にはやや高い山脈が、赤茶けた地膚をむきだしているが、これとても観測のさまたげとなるほどのことはない。観測所としては理想的な場所である。一三世紀の半ばには、ここにイスラム時代を代表する大規模な天文台があったが、それが今では……。だが感傷にふけるには暑すぎる。写真を撮りおえると、もとの急坂を降りて木蔭

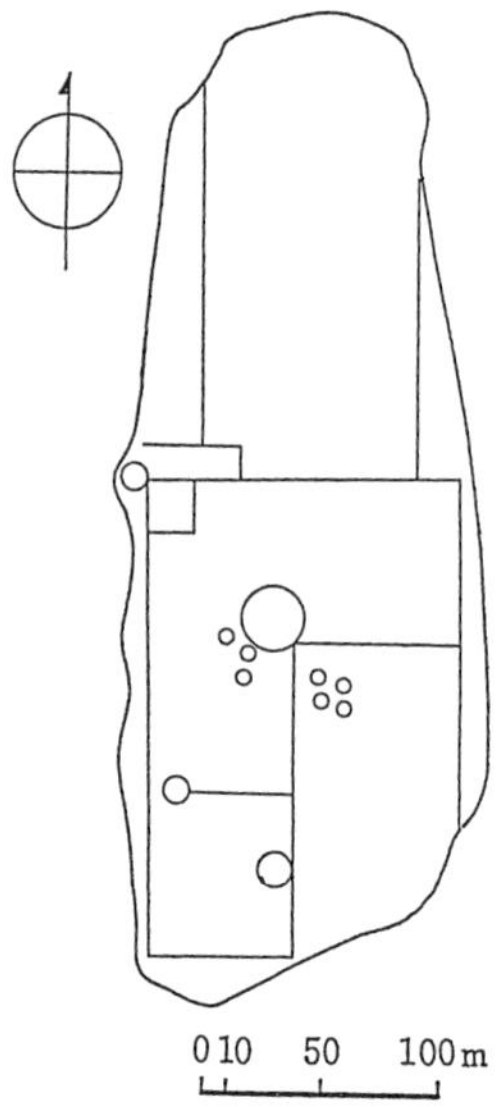

図21　マラガ天文台のプラン（H. J. Seemanによる）

に涼を求めてホッとする。警備についてきた巡査の一人は熱心なイスラム教徒とみえ、メッカに向けて礼拝をやっていた。もう夕方が近かった。

マラガ天文台があった小山の上は、ほぼ400×150mの平地となっており、南北に長い。かつてここを訪れたA. H. Shindler氏がその遺構を書き残している。この図において中央の円のところに大ドームがあり、他の三小円にはそれぞれ比較的重要な器械がおかれていたと思われる。アンカラのサイリ教授（Aydin Sayili）の推定では、下文の第二〇―二二にみえた器械があったという。この小山の上まで水を汲み上げる装置があり、同じくサイリ教授の記載によれば、じつに四〇万巻を越える図書の収蔵があったという。これらの図書は、フラグ汗がバグダードその他の攻略によって得たものであったようだ。その壮大な規模は、全く当時のイスラム天文台を代表するものであった。ここに置かれた器械の詳細を述べるまえに、それ以前におけるイスラム天文台を簡単に述べておこう。

一　イスラムの天文台

ここでマラガ天文台が設立されるまでのイスラム天文台の歴史には、サイリ教授による著書[176]がよい参考になる。教授はアンカラ大学の科学史研究室を主宰し、かつてはハーバード大学においてサートン（G. Sarton, 1884–1956）教授の指導を受けた。筆者はイラン旅行のあと、スペインでの国際科学史学会に出席した時にはじめて彼に会い、同じアジア人としての親近感であろうか、学会のあいだ絶えず話しあった。その著書によると、イスラムの国々では数多くの王立乃至私立の天文台が建てられてきたが、しかしそれらはいずれも永続的なものとはならなかった。一一世紀のはじめカイロで活躍した天文学者イブン・ユーヌス（Ibn Yūnus）は、次のように天文学の必要性を説いた。

祈禱者の時間決定、ラマダン月の初めと終りの決定。祈禱のために必要な日月食の予報。キブラの方向決定。月日の配当。農時。地上の位置測定。方位決定。

天文学の研究は宗教的な要請が主であり、次には農業その他の実用性が強調された。しかし、天文台の設立にはしばしば君主の占星術への関心が理由になっており、たまたま占星術を好む君主が亡くなると、パトロンを失って天文台も事実上消滅することが、イスラムのばあいには多かった。天文台では三〇年間の観測を続行する必要があること[177]は、イスラム天文学者によってしばしばいわれたが、王立天文台ではもっと短い期間に中絶したものが多く、この点ではむしろ私立天文台の方が長く続いた。アル・バッターニー（al-Battānī, 858–929）のそれは四〇年間も観測が続けられた。

アッバース朝のアル・マムーン（al-Mamun、在位八一三—三三）の時代にギリシア天文学が輸入され、はじめて天文台が設立された。はじめバグダード市内に、少しおくれてダマスカス郊外にいずれも王立天文台ができた。前者はヤフヤ（Yahya ibn Abī Mansūr）が管理したが、観測器械は小型でヤフヤ個人のものであったらしい。ダマスカス郊外のはそれに比べて立派で、半径五メートルの固定象限儀（mural quadrant）、高さ五メートル以上の晷表（gnomon）、それに方位象限儀（azimuthal quadrant）があったという。さらに初期のイスラム観測器として比較的詳しく知られているのは、アル・バッターニーがラッカ（Raqqa）に建てた天文台のそれで、次の六種があった。

一　アストロラーベ、二　晷表、三、四　水平および垂直日時計、五　渾天儀、六　高度測定器（parallactic ruler、直径五メートル）

なお天文台として著名なものをつけ加えると、ブワイッド王朝のシャラーフ・アル・ダウラ（Shalaf al-Dawla, 在位九八二―八九）がバグダードの王宮内に建てたものがあり、また天文学者アブール・ワファー（Abū'l Wafā）が九九五年にバグダードに建てた私立天文台には半径二一フィートという象限儀があったという。イランにも有名な天文台が二つほどあった。その一つはやはりブワイッド朝のファフール（Fakhr al-Dawla）の保護下にアル・フジャンディー（al-Khujandī）が九九四年にレイ（Ray）に建てた天文台で、これにはファフール六分儀（al-suds al-Fakhrī）と呼ぶ器械があった。この六分儀というのは、半径二〇メートルの円弧上に六〇度（円周の六分の一）が刻まれ、度はさらに分秒に分たれていた。アブール・ワファーの象限儀といい、この六分儀といい、イスラムの伝統ともいうべき馬鹿でかい観測器が使用されている。金属製の小型のものに代って、建造物と呼んでよい巨大な観測器械（masonary instruments）が出現するようになり、これがずっと後まで続いて、イスラムの観測器械の特色となった。しかし、これは決して望ましい方向ではなかった。

いま一つの天文台はマリク・シャー（Malik Shāh、在位一〇七二―九二）の保護の下、イスファハーンにできた天文台で、ここでは有名な詩人天文学者オマル・ハイヤーム（Omar Khyyām）が活躍した。ここでは新たに天文表が作られ、また現在イランで行われている太陽暦がはじまった。現在イランの公用暦は、われわれが使っているグレゴリオ暦とちがったもので、月名はペルシア語であり、新年はいつも春分にはじまる。その後この太陽暦は現王朝のはじめに少しく改訂されたが、その起源をさかのぼるとマリク・シャーによるジャラーリー（Jalālī）暦であったようだ。もちろんそれ以前にもイランに太陽暦はあったが、月名はトルコ語で呼ばれていた。一〇七五年に春分日の測定が行われ、この日をファルワルディーン（Farwardīn）月の第一日としてジャラーリー暦がはじまったらしい。

二　マラガ天文台

マラガ天文台は一五世紀にウルグ・ベク（Ulug Beg、在位一四四七—四九）がサマルカンドに建てた天文台とともに、イスラムを代表する大天文台であった。イルハーン国のフラグ汗からこの天文台建設の命を受けた天文学者ナスィールッディーン・トゥースィーは、もともとテヘラン西北にあるアラムート（Alamūt）の山に住んでいた。ここにはマルコ・ポーロの旅行記に出ている「山の老人」の城があったが、その中には図書館や天文台などがあったという。一二五六年にフラグ汗はこの城を攻略し、すでに天文学者として有名であったナスィールッディーン・トゥースィーはこの新しい主人に召しかかえられた。フラグ汗は占星術に深い関心があり、戦争をはじめる時には占星術師に相談するのが常であり、バグダード攻略にもナスィールッディーン・トゥースィーの助言に従ったという。そうしたフラグ汗の天文学への興味から、ナスィールッディーン・トゥースィーを得るに及んで天文台建設が行われたのである。この天文台の建設は一二五九年の四—五月ごろに工を起こし、かなり長くかかって完成された。フラグ汗が没して（一二六五）のち、その次のアバカ（Abāqā、在位一二六五—八二）の時代に完成し、イル・ハーン国最後のウルジャーイトゥー（Uljāytū, 1303–16）の時代ま

図22　ナスィールッディーン・トゥースィー（ドーソン『モンゴル帝国史』（邦訳　佐口透　平凡社東洋文庫 No. 235、第4巻 p. 226））

で天文台の施設は残っていた。

しかし、その活動は一二七四年にナスィールッディーン・トゥースィーが死ぬまでであって、その間、一二七一年にはイルハーン天文表が完成された。ここには各地の天文学者が集まり、中国人天文学者もいた。イルハーン表には中国の天文暦法の紹介も行われた。

マラガ天文台の中央にはドームがあった。その上端に小さな孔があり、そこからはいってくる太陽光をとらえて太陽の位置を観測する設備があったという。これはやはり建造物式の観測器械であるが、詳しいことはわかっていない。この建物の内壁には天文図が描かれた。なおここにあった銅製の天球儀は、いまドレスデン博物館に伝えられている。これは一二七九年（あるいは一二八九年）にアル・ウルディ（Muayyad al-Din al-Urdi）の息子が作ったものであった。アル・ウルディ自身はマラガ天文台の技術者であり、多くの天文器械を作った。これらの天文器械はほとんど木製のものであり、すべて戸外に並べられて観測に使用されていた。幸いにしてアル・ウルディが書いた器械の記述がパリに残っており、ジュルダンとゼーマンの仏訳及び独訳が発表されている。(178) ジュルダンの論文は入手できなかったが、ゼーマンの論文はベイルートにあるアメリカ大学のケネディ教授の厚意によってそのコピーを入手した。以下、それによって書く。アル・ウルディの記述の表題は、

Über die Arte der astronomischen Beobachtungen und über das, dessen man zu deren theoretischer und praktischer Durchführung bedarf und zwar an Methoden, die zur Kenntnis der Gewohnheiten（d. h. periodischen Bewegungen）der Sterne führen

という。これにみえた天文器械について少しく説明を加えよう。残念ながら訳文にはアラビアの原語が書かれていない。いま器械名を英語に改め、訳文にある図を掲げておこう。

一　固定象限儀（Mural quadrant）　石を積んだ四角の壁に木製の象限儀がはめこまれ、九〇度を刻んだ目盛りの部

分は銅製。これに照準装置を持つアリダード（alhidade、照準器）がつく。子午線内におかれ、太陽その他の天体の高度を測定するのに使う。半径四・三メートル（図23参照）。

二　渾天儀（armillary sphere）　中国の渾天儀に相当するもので、全体が銅製。中国のものとちがう点は、黄道を基準とするもので、円環も五つの簡単なもの。もちろん中央に望筒がある。外側にある最大の環の半径は一・六メートル。天体の位置測定に用う（図24参照）。

三　二至環（solticial armilla）　直径二・五メートルの一円環とアリダードから成る。子午線内におかれたもので、冬夏至の測定に使われたもの。

四　二分環（equinoctial armilla）　これには子午環とそれに直角な赤道環があり、アリダードが付く。春秋二分を測定する。

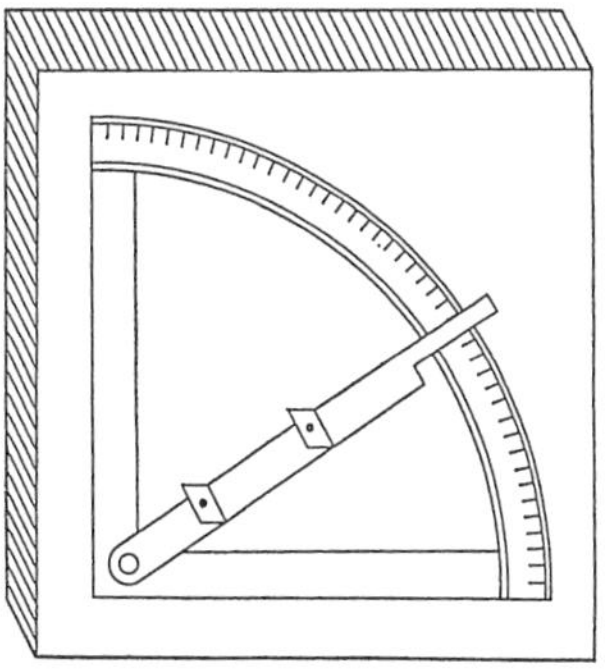
図23　固定象限儀（H. J. Seemannによる）

図24　渾天儀（同上）

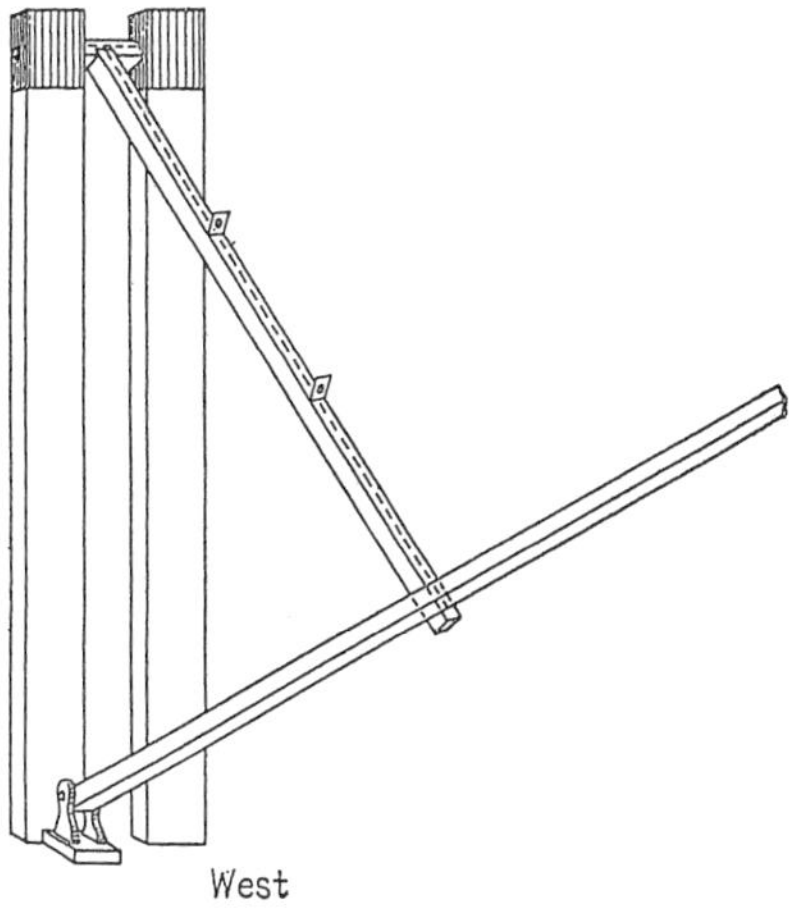

図25　高度測定器（同上）

図26　ウルグ・ベク（発掘された遺骨から復原。Kari-Niiazovによる）

五　日月の視直径測定及び食の観測器　ゼーマンの論文ではヒッパルコスのディオプトルとある。この器械のことはプトレマイオスの『アルマゲスト』第五巻第一四章に述べられているが、その構造にはふれられていない。しかし、ゼーマンの論文にはかなり詳しく図示されている。

六　方位環（azimuth ring with two quadrants）円形の台上に二象限儀があり、同時に二つの天体の方位角及び高度を測定することができる。アル・ウルディはこの器械の模型を作ったにすぎないが、後に実物が作られたようだ。

七　高度測定器（parallactic ruler）。

八　方位角及び高度の補角の正弦を測定する器械。

九　方位角と高度の正弦を測定する器械。

一〇　万能観測器（perfect instrument）「七」に似ているが、南北に固定されず、垂直軸のまわりに回転する。

以上のような一〇種の観測器械が作られ、いずれも戸外におかれていた。これらの器械の多くはすでにギリシア時代に使用されていた。このほかにもアストロラーベのような携帯用のものがあったことはいうまでもない。ところでマラガ天文台建設とほぼ同じころ、元の王朝では札馬魯丁が西域の天文儀器を中国に伝えており、その名称及び用途は『元史』天文志にみえる。札馬魯丁はジャマール・エッディン（Jamāl al-Dīn）の音訳であろうが、当時フラグ汗に招かれてマラガ天文台にいた天文学者に同名の人物があったという。[179]『元史』にみえた七種の天文儀器については、田坂興道氏及びドイツのハルトナー教授の論文がある。[180]ハルトナー教授はこれら七種の儀器の中、渾天儀及びプトレマイオスの高度測定器（triquetrum）に同定できるものは、アル・ウルディの記述にみえる、二、七であることを指摘した。

三　サマルカンド天文台

薄幸だったチムール朝の王ウルグ・ベクは、その少年時代にマラガを訪れた。すでに廃墟となっていたであろうが、ここで受けた強い感銘が後にサマルカンド天文台設立の契機となったのであろう。この天文台の建設がはじまった年については諸説があるが、サイリ教授は一四二〇年説を支持している。ここでの観測を基礎として、一四三七年に新しい天文表が作られ、ウルグ・ベクの生存中はこの天文台はきわめて活発に活動をしていた。[20] しかし、彼が一四四九年に不幸にも殺されてしまうと、他のイスラム天文台と同じように見棄てられ、やがて廃墟となってしまった。それでもバーブル（Bābur）がここを訪れた一四九七年には、ほぼそのまま残っていたという。しかし、今世紀にはいるまで、この天文台の所在地さえもわからなかった。この天文台は民衆からの寄捨で維持されていたが、その寄捨の記録を調査したロシアのビヤトキン（Vyatkin）がついにその所在をさがしあてた。サマルカンド市の東郊にある高さ二一メートルの丘陵の上にあって敷地は東西八五メートル、南北一七〇メートル

図 27　サマルカンド天文台（Kari-Niiazov による）

の広さがあり、半径二三メートル、高さ三〇メートルの円筒形の建物の中に観測器があった。もちろんこれらはひどく破損していた。一九〇八年に土中に埋没していた巨大な観測設備が掘り出された。近年になってさらに発掘が行われ、この天文台とウルグ・ベクの天文学的業績について、

T. H. Kari-Niiazov : *Astronomicheskaia Shkola Ulugbeka*, Moscow, 1950.

というすぐれた書物が書かれた(181)。いまこの書物によって、観測器械のあらましを述べよう。

ビヤトキンが発掘した当時の模様は図27にみえているが、両側の壁面のあいだの中央に溝があり、それに並んで人が坐っている弧状の部分が観測器の残存部分である。この弧状の部分はもちろん円の一部であって、煉瓦を積んだ上に大理石がはられ、度盛りがあった。

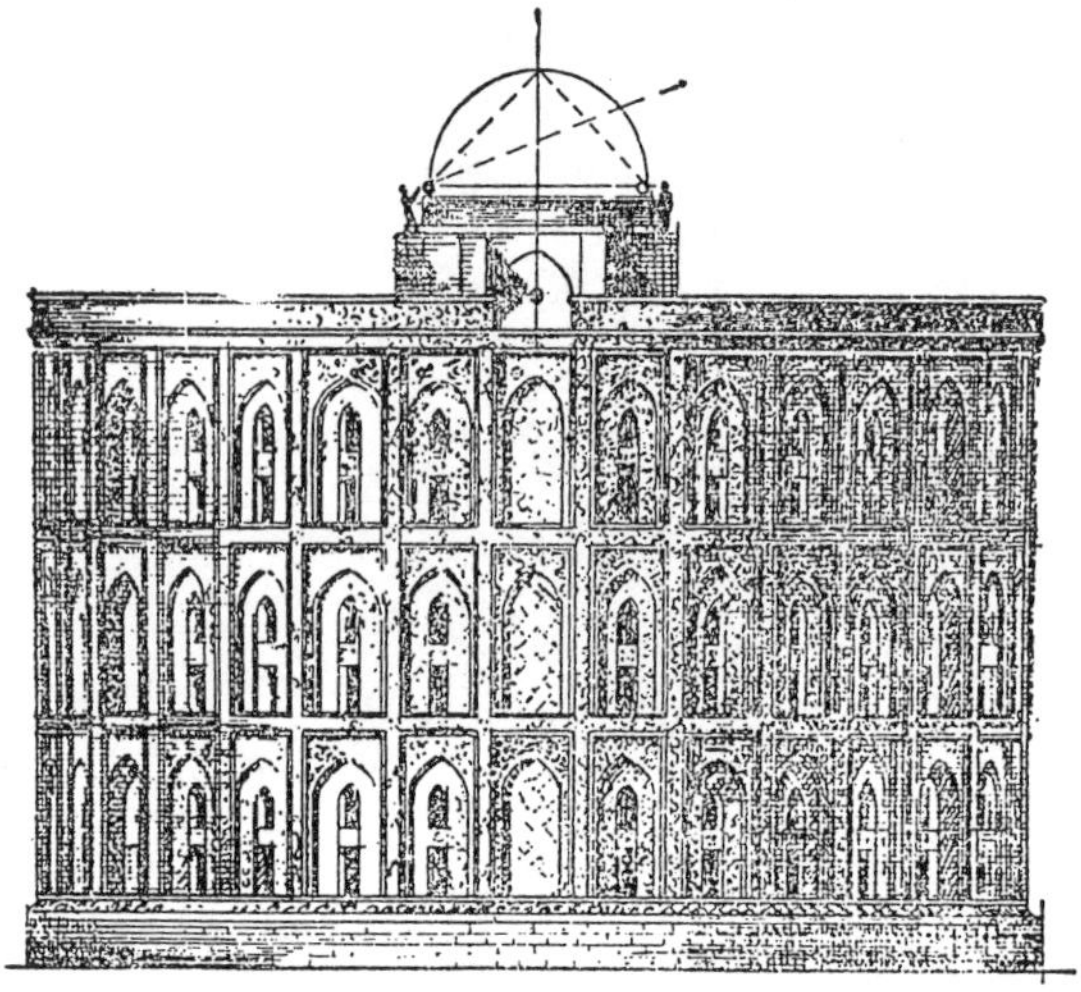

図28　往時の天文台想像図（Kari-Niiazov による）

残存部分についていえば、高い方から順に五七、五八……と八〇度まで刻まれ、それ以下では度盛りを示す横線だけがほぼ九〇度まで続いていた。この残存部分は岩盤の中に彫りこまれていたものであって、もともとさらに地上まで弧状がつながっていた。五七度から四五度までを刻んだ大理石の断片のほかに、一九度、二〇度及び二一度を刻んだ破片が見つかっている。発見者のビヤトキンは、これを巨大な象限儀と推定したが、実際には九〇度全部の目盛りがなく、用途としては六分儀と同じであり、現在ではかつてアル・フジャンディーがはじめた六分儀（al-suds）であると考えられている。一度の間隔は七〇センチで、従ってその半径は四〇メートルもあり、岩盤上に出た部分だけでも

高さは三〇メートルを越えていた。しかも全体を覆う円筒形のビルがあった。もちろんこの六分儀は南北におかれ、北が高く南は下って岩盤にはいっており、ビルの真南に太陽光線をとり入れる孔があった。南中時における太陽の位置から、天文台の緯度、さらに黄道傾斜角などを主に測定した。ウルグ・ベクによる天文台の測定緯度は三九度三七分二八秒であり、一方、一九四一年にソ連天文学者がこの地点で観測した値は三九度四〇分三七秒で、従って二分九秒ほどの誤差があった。また黄道傾斜角は二三度三〇分一七秒と測定されたが、この方はわずか三二秒の誤差であり、きわめて高い精度が得られていた。もちろんこのような太陽観測のほかに、他の天体の位置を測ったということであるが、しかし、主要な観測目的からいって、これだけ大きなものは必要がなったのではなかろうか。大きな観測器械への過大な信頼というイスラムの伝統から生れたものであるが、それにしても半径二三メートル、高さ三〇メートルを越える円筒状の天文台の全貌は、たしかに当時の人々を驚かす壮麗な建造物であったにちがいない。この天文台には他にも多くの観測器械があったことは、アル・カーシー（Jamshīd Ghiyāth al-Dīn al-Kāshī, ？–1429）(182)やジャイ・シン（Jai Singh）の記録によって知ることができる。ジャイ・シンは次に述べるインドのデリーその他の天文台の建設者であり、アル・カーシーは、カシャン生れのイラン人であり、サマルカンド天文台の創設にあたってウルグ・ベクに招かれ、この天文台で活躍した優秀な天文学者であった。

四　デリー天文台

マラガ及びサマルカンドの両天文台は、イスラム世界を代表するものであったばかりでなく、設立当時はいずれも世界最大のものであり、ヨーロッパはまだルネッサンスを迎えていなかった時代にあたる。従ってこれらの天文台は何らかの形で、西あるいは東の世界に影響を及ぼした。現在インドのデリーその他に現存するイスラム系の天文台は、一八世紀初頭に設立されたものであって、すでにヨーロッパでは望遠鏡が使用され、近世天文学の発達途上にあったから、これらの天文台はイスラムの記念物としての意味しかもたなかった。筆者はマラガ天文台址を訪れた年にデリーを訪れ、ジャンタール・マンタールと呼ばれるこの天文台を訪れ、その壮大な建造物に驚かされた。カイエ（G. R. Kaye）の調査記録[183]を参照しながら、この天文台のあらましを述べておこう。

設立者はジャイプールの藩王であったジャイ・シン二世（一六八六―一七四三）であり、彼は当時インドのマキアベリと呼ばれるほどのすぐれた政治家であった。天文学への関心は早くからあり、インド、イスラム及びヨーロッパの天文学を学んだが、その助手をヨーロッパに留学させたこともあった。まずはじめデリーに天文台を建て、ここで七年間にわたる観測によって星表を編纂し、さらにそれを含めた天文計算表が作られた。その後、ジャイプール、ウッジャイン、ベナレス、マッラーの各地に天文台を建て、そのいずれも残っている。カイエ氏はこれらの天文台について調査を行った。ところでデリーに残っている巨大な観測器械はイスラムの伝統を受け継いだものであり、サマルカンドのそれに範をとったというが、なかにはジャイ・シンが考案したものも含まれる。さらにその子マドフ・シン（Madhu Singh）の建設にかかるものもある。現存のものは一九一〇―一二年にかけてイギリス政府が修復したため、いくぶん昔と変ったところがあるという。

デリー天文台の現状について述べよう。天文台は新市街であるニュー・デリーにあって、いまでは敷地全体が公園として整頓されている。すべての器械は石を積み重ねて作られており、その表面には必要な目盛りが刻まれている。敷地の中央にはサムラート・ヤントラ（Samrat Yantra）があり、その南に二個ずつ対になったジャイ・プラカーシュ（Jai Prakaś）、ラーム・ヤントラ（Rām Yantra）がある。サムラート・ヤントラから少し離れた西北にはミシュラ・ヤントラ（Miśra Yantra）があって、これらがその主要なものであるが、ミシュラ・ヤントラの南西に二つの石柱があり、またその前庭にはかつて観測器がおかれた土台の跡が残っている。

サムラート・ヤントラ（優秀な器械の意）

中央に置かれたこの巨大な建造物は、まったく人を驚かすに足る。直角三角形の形をしたものが日時計の指針（style）にあたるもので、これは南北におかれ、北極を指している。従ってその傾斜角は天文台の位置（$\lambda = 77°13'5''$ E, $\varphi = 28°37'35''$ N）の緯度に等しい。指針全体が深さ一五フィート、南北一二〇フィート東西一二五フィートの長方形の上に築き上げられており、またこの直角三角形の底部から指針の影を測定する目盛りが東西に、九〇度ずつの円弧に描かれる。この円弧に落ちる指針の影によって、デリーの地方時を読みとるわけである。ところでこの種の日時計はデリー以外にも現存するが、指針の直角三角形をＡＢＣ、底部の高さをＢＢ′（ＣＣ′）とすると、その大きさはそれぞれ表28のようである。なおジャイプール及びベナレスには小型のものがなお一つずつある。表28をみるとデリーの日時計は規模において二番目であるが、それにしても巨大なのに驚かされる。直角三角形の指針の斜辺には階段があって、これを登りつめた頂上には円柱の台があり、その上にまた金属製の小型日時計があった。これは一九一〇年の修復の時につけ加えられたものである。

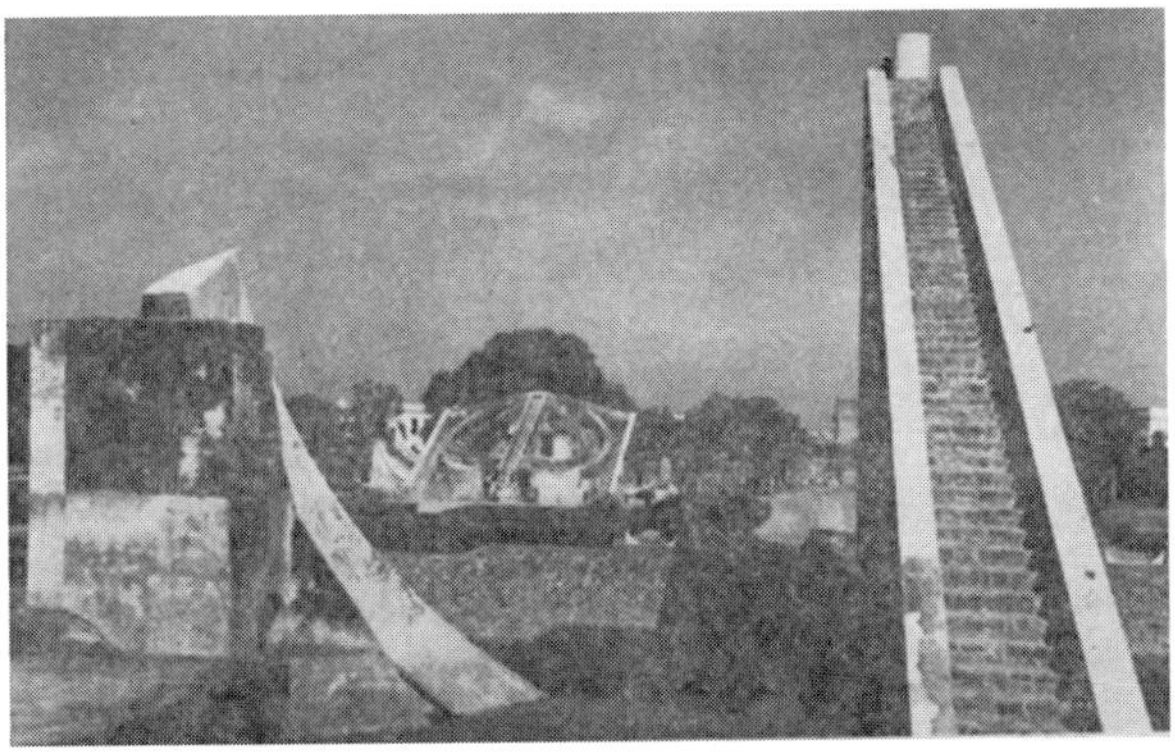

図29　デリーの天文台　サムラート・ヤントラとミシュラ・ヤントラ

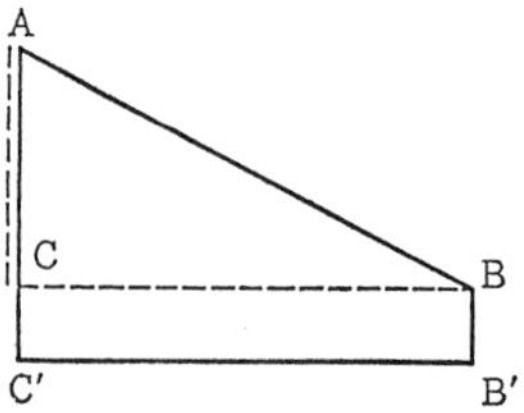

図30　サムラート・ヤントラの日時計

表28　各地の日時計の大きさ

	デリー		ジャイプール		ウッジャイン		ベナレス	
AC′	68′	0″	89′	9″	22′	0″	22′	$3\frac{1}{2}$″
AC	60	4	75	3	18	6	16	$11\frac{1}{2}$
BC	113	6	146	11	43	6	35	10
AB	128	6	174	0	47	6	9	$1\frac{1}{2}$

（′：フィート、″：インチ。注183 Kaye 36ページ）

ジャイ・プラカーシュ（意味不明）

これは一対になった観測器で、直径二七フィート五インチの円形内に半球が仰向けになっており、その表面の座標によって太陽の高度及び方位角が測定される。ジャイプールにもやや小型なものがあり、カパーラ（Kapāla）と呼ばれる。半球の底は、観測に便利なように幾つかの帯状に区切られている。一対を合わせると、すき間のない完全な半球となる。

ラーム・ヤントラ（意味不明）

これも一対になった円筒状の建造物で、中心部分にもそれぞれ一本の円柱が建てられている。外側円筒は六度ずつの間隔をおいた三〇本の柱となっている。内部にはこの柱と中心とのあいだに三〇の床が出ている。このばあいにも一対を合わせると、外側は完全なすき間のない円筒の壁となり、また床も埋めつくされる。ジャイ・プラカーシュと同じく、主として太陽の高度と方位角を測定する。ジャイプールにも同じ器械があるが、大きさはデリーのほぼ半分である。

ミシュラ・ヤントラ（混合器械）

その名が示すように、幾つかの観測器を組み合せたものである。南側からみたものはニヤト・チャクラ（Niyat

Chakra）と呼ばれ、装置全体の中央には日時計の指針があり、その左右には二つずつの半円があって、その半円がある平面はデリーの子午面に対し、それぞれ77°16′W, 68°34′W, 68°1′E および75°54′E の傾斜をしている。この度数はデリーから経度でこれだけ離れた地点に対応するものらしく、いい伝えによるとこの四地点はグリニジ、チューリヒ、ノッキ（Notkey）、セリチウ（Serichew）であるという。前二者はよく知られたヨーロッパの地点であり、特にグリニジには一六七五年に天文台ができた。しかし、チューリヒに天文台ができたのは一七五九年で、ジャイ・シンの没後であった。ノッキについてはカイエ氏は次のように書いている。

Notkey, a village in Japan where there is an observatory, latitude 43°39′N. and longitude 145°17′E. of Greenwich

これからは北海道の野付岬に比定されると思われる。またセリチウはロシアの東の太平洋にあるピック島の町ということである。このような海島の町名がとりあげられているところをみると、ノッキの名はおそらく幕末のころ日本の北辺にきたロシア人の手記から出たものにちがいない。[184] このような伝承は、チューリヒが特にとりあげられた点からみて一七五九年以後のことと思われる。ノッキに観測所があったという記事の出所はわかっていない。このニヤト・チャクラは四地点に対し、デリーでの観測時における太陽の天頂距離を推測することができる。このミシュラ・ヤントラの東壁には天体の高度を測定するダクシノ・ブリッティ・ヤントラ（Dakshino Vritti Yantra）があり、また北側は垂直に対して五度ほど傾斜し、目盛りを刻んだ円が描かれている。これはカルカ・ラーシ・バラヤ（Karka Rāsi Valaya）と呼ばれる。デリーの緯度と黄道傾斜角との差は五度一〇分ほどであったから、夏至のころしばらくは北壁に日があたった。それによってほぼ夏至のころを知った。これら三種の観測器を結合したものがミシュラ・ヤントラである。この装置はジャイ・シンの子マドフの手になった。

以上が観測器の大体であるが、当時のヨーロッパでは近代天文学がはじまっていたことを考えると、この天文台は人目を驚かす記念物にすぎないといえよう。

イスラム時代の天文台としては、なお一五世紀に建てられたイスタンブール天文台があるが、その詳細はサイリ教授の書物にゆずる。ところでイスラムの天文器械として、携帯用のアストロラーベを除外することはできない。この器械はイスラム時代に発達し、さらに中世末期のヨーロッパで使われた。観測の精度はよくないが、いわば万能の観測器として一般の人々にも使用された。また航海のばあい太陽を観測して海上での位置、特に緯度を測定するのに使われた。わが国の『元和航海書』にもアストロラビヨの名で示され、これの使用法がかなり詳しくみえる。ヨーロッパをはじめ西方諸国には、いまなお多くのアストロラーベが残っており、これに関する専門書も少なくない。カイエ氏の書にもインド現存のアストロラーベの紹介と、アストロラーベに関する一般的な説明が記されている。アストロラーベは天文器械であるとともに、現在ではイスラムの鋳金技術を示す工芸品でもある。有名なポープ U. Pope : *Survey of Persian Arts*, vols. 6, 1938–39 にはかなり多くのページをさいて、アストロラーベの写真が載せられており、またその第三巻にはハルトナー教授によるアストロラーベの解説がみえる(185)。

(176) Aydin Sayili : *The Observatory in Islam*, 1960, Ankara.

(177) この言葉はマラガ天文台の設立の時にもナスィールッディーン・トゥースィーによって主張された。周天周期の最も長い土星のそれがほぼ二八年であり、従って土星を含めた惑星の観測を行うためにも、三〇年の期間を必要とした。

(178) M. Jourdin : Mémoire sur les instruments employés à l'observatoire de Mêragah (*Magasin Encyclopédique*, vol. 4, 1809), H. J. Seemann : Die Instrumente der Sternwarte zu Marāgha nach den Mitteilungen von al-'Urdī (*Sitzungsberichte der phys. -Med. Sozietät*, Bd. 60, 1928)

(179) ジャマール・エッディンのことは、Khwāndamir : *Habibassiyar*, 1533 にあるという。本書二四一ページのハルトナー論文一九三ページ参照。なお山田慶兒『授時暦への道』（一九八〇年刊）参照。

(180) 本書二四一ページ参照。

(181) 桝本セツ氏の厚意によってこの書物を見ることができたが、後に筆者はソビエト科学院よりの寄贈を受けた。なおロシア文の判読には吉田淳三氏の助力を受けた。カリニヤゾフ氏は先年日本に来たが、同氏はこの書物によってスターリン賞を受けたという。なおウルグ・ベクには一〇一八個の恒星表があり、これは十七世紀の天文学者ヘベリウスの著書に収録された。このヘベリウスの星座図録は一九六八年にソ連のウズベック共和国で出版され、筆者が解説を加えた訳書を一九七七年に地人書館より出版した。

(182) E. S. Kennedy: *The planetary equatorium of Jamshīd Ghiyāth al-Dīn al-Kāshī*, 1960 のほか、ケネディ教授はアル・カーシーに関する幾つかの論文を発表されている。

(183) G. R. Kaye: The Astronomical Observatory of Jai Singh, *Archaeological Survey of India*, New Imperial Series XV, Calcutta 1918. なおこの論文の入手は小原銀之助氏の厚意による。なお宮島一彦「昔の天文儀器」（現代天文学講座第一五巻『天文学史』収録、一九八二年刊）にジャンタル・マンタルの記事があり、参照されたい。

(184) デリーとNotkeyの経度差は七一度四分であり、四つの半円の傾斜角のいずれにも一致しない。このいい伝えは、はたしてどういう意味を持つのであろうか。

(185) ハルトナー教授の諸論文は、同氏の六〇歳記念論文集 *Oriens・Occidens*, 1968 にまとめられている。

[増補注]

⑳ ウルグ・ベクの下で一〇一八個の星について新しい観測が行われた。E. B.Knobel: *Ulugh Beg's Catalogue of Stars*, 1917 参照。

一　暦の計算

一　太陰太陽暦の概略

中国における数理天文学は、朔望月と太陽年とを結合して作製された太陰太陽暦の誕生にはじまる。ここにいう暦は、月日の配当を中心とした内容のもので、日月の位置、日月食、惑星運動などを論ずる数理天文学に関する部分については、第二章以下に取扱うことにする。ふつう暦は次の三種類に分けられる。

(a)　太陰暦（lunar calendar）
(b)　太陰太陽暦（luni-solar calendar）
(c)　太陽暦（solar calendar）

(a)の太陰暦は、現在もイスラム諸国で使用されるもので、朔望月の長さを唯一の基本定数として作られる。(c)の太陽暦は、現在多くの文明国で使用され、太陽年（厳密には回帰年）の長さを基礎とし、その起源はエジプトにさかのぼる。(b)の太陰太陽暦は、その名が示す通りいわば両者の折中であり、毎月の日数は朔望月を基礎としてきめられ、一方、一年の長さは、ある期間について平均すると、ほぼ一太陽年となるように工夫されている。この種の暦は、過去の中国や日本で行われただけでなく、バビロンやギリシアでも使用された。また中国のばあいは中華民国の成立（一九一二）まで、日本では明治六年（一八七三）の太陽暦採用まで行われた。太陰太陽暦は朔望月と太陽年を結合して月日の配当を行うが、この二つの基本定数は通分可能（commensurable）ではない。したがって両者をどう結びつけるかが重要な問題となる。まず一月の長さは朔望月によって決定されるが、初期の暦では平均朔望月（現在値　二九・五三〇五八日）を基準とし、毎月の第一日は経朔（mean conjunction）と一致するようにした。具体的には二九日の小月と三〇日の大月とを配置した。この大小月を交互におくと、平均して一月の長さは二九・五日となり、平均朔望月より短くなるので、何ヵ月目かに大月を二個続けて置く必要がある。これを連大と呼んでおこう。いま連大がおかれる月を、その前の連大月から数えた月数は、ほぼ次の計算で与えられる。

$$\frac{0.5}{29.53058-29.5} \fallingdotseq 16.35$$

新城博士は「周初の年代」[186]の研究において、連大月が現われる周期を一五ヵ月及び一七ヵ月とし、この二つの周期を結合してほぼ上記の値に近づけたものを採用した。

次に朔望月と太陽年との結合は、$29^{d}.53058$と$365^{d}.2422$（回帰年の現在値[187]）とのあいだで行われる。太陰太陽暦では一年に平年と閏年との区別があり、平均は一二ヵ月、閏年は一三ヵ月である。平年に比べて多い一月を閏月と呼ぶが、閏月はやはり小月もしくは大月となりうる。この閏月をどのように置くかという置閏法の決定が、太陰太陽暦では最も重要な問題であった。漢代の文献においてしばしば取りあげられる四分暦によって、この問題を述べてみよう。現在値をとって考えると、まず、

$$365^{d}.2422 \times 19 = 6939^{d}.6018$$

$$29^{d}.53058 \times 235 = 6939^{d}.6886$$

となって両者はほぼ等しく、

235朔望月≒19太陽年

という関係が成立する。ところで $235=12\times19+7$ であるから、一九年間に七回の閏月を挿入すれば、一九年間の平均で一年の長さは太陽年と等しくなる。四分暦ではこの関係を知り、これを暦作製の上に利用した。四分暦では一年の長さを $365\frac{1}{4}$ 日にとり、朔望月と太陽年の日数が厳密に上式で結びつけられると考えた。したがって四分暦での朔望月は、

$$1\text{朔望月}=\frac{365\frac{1}{4}\times19}{235}=29\frac{499}{940}\text{日}$$

となる。

四分暦の成立によって完成をみた中国の太陰太陽暦では、この一九年の周期を一章と呼んだ。この周期はまた、前四三二年にギリシアの天文学者メトンによって唱えられたものであり、メトン周期（Meton's Cycle）の名で広く知られている。ところで四分暦による一章一九年の日数は $365\frac{1}{4}\times19=6939\frac{3}{4}$ 日であり、なお日の端数が残っている。四分暦をはじめ、中国で暦では古くから夜半をもって一日のはじめとし、毎月のはじめに朔、さらに一年については冬至をもって計算の起点とした。すなわち冬至、朔が夜半の時刻と合致する瞬間をとらえて暦計算の起点とし、冬至を旧一一月に含ませることから一一月朔夜半冬至と呼んだ。はじめ某年前一一月朔夜半冬至より出発して一九年を経過した一一月の第一日には夜半より3/4日だけ経過した瞬間に冬至と朔が一致する。それよりさらに一九年を経過すれば、冬至及び朔は一一月の第一日の夜半後2/4日となり、次の一九年後には1/4となり、最初より数えて四章七六年を経過すると、再び一一月朔夜半冬至の状態に復帰する。このことは、七六年の日数が、

$$6939\frac{3}{4}\times4=27759\text{日}$$

となって、日の端数がなくなることと一致する。以上のことから知られることは、一章一九年のあいだは、一章ごと

に連大月や閏月の位置がいくぶん変化することを示しており、七十六年周期を考えることによって、各七十六年周期を通じて両者の位置が不変となる。一章一九年とともに重要な七十六年周期を、四分暦では蔀と呼び、時に四分暦を七十六年法と称することがある。太陰太陽暦を使用したギリシアにおいても、この七十六年周期が注意されており、前四世紀の天文学者カリポスの名によってカリポス周期（Calippus' Cycle）と呼ばれた。

なお、四分暦について付記すると、中国では干支が復帰する六〇の周期を重要視したことから、次の周期をも考えた。

一紀　76×20＝1520年……555180日　六〇の倍数

一元　1520×3＝4560年……六〇の倍数

一紀では日の干支がもとにもどり、一元はその上に年の干支が復帰する最小の周期である。干支では甲子より数えはじめることが、ふつうに行われた。

四分暦の成立は、十九年及び七十六年周期の確立を意味し、中国の数理天文学における最初の注目すべき成果であった。次に四分暦成立の経過を述べよう。

二　殷代の暦

中国の歴史時代は、現在のところ殷王朝からはじまる。暦の知識についても、殷以前にさかのぼることはできない。かつて清朝時代に来朝したキリスト教宣教師のあいだで、中国の歴史はきわめて古いと考えられ、それを立証する資料の一つとして『尚書』堯典の天文記事がとりあげられた。すなわち伝説上の聖天子堯が、天文学者の義和に命じて星を観測させ、春夏秋冬の季節を正したという次の記事による。

日中星鳥。以殷仲春。　日永星火。以正仲夏。

宵中星虚。以殷仲秋。　日短星昴。以正仲冬。

堯典の四中星と呼ばれるこの記事は、昏（evening twilight）の時に鳥、火、虚、昴などの星座が南中することによって、それぞれ仲春（春分をふくむ月）、仲夏（夏至）、仲秋（秋分）、仲冬（冬至）を正したものと理解されている(188)。これによって天文観測が行われた堯の時代を確定できると考えられた。もっとも初期の研究者A. Gaubil（漢名宋君栄、一七二二—五九年華）はこれらの記事から堯の時代は前二二〇〇年ごろであろうと推定した(189)。しかし、この種の記事の取扱いにあたっては、昏の時刻をどうとるか、鳥、火、虚、昴を現在のどの星に同定するか、さらにある広がりを持った星座が南中するというのはどういう意味かなど、多くの決定しなければならぬ問題があり、しかもこれらの決定には明確な根拠を欠いている。なお堯典には上文に続いて「朞三百有六旬有六日、閏月を以て四時を定め歳を成す」の文があり、置閏を行う暦計算の成立を思わせる記事がある。しかし、現在の堯典そのものはよほど後世に書かれたことは、現在誰も疑わないし、四中星の記事によって堯の年代を推定する試みは、全く重要性を持たない。ただここで注意しておきたいのは、季節を正すために星の南中が観測されたことである。『礼記』月令の記事(190)がそれであり、歴代の正史における「律暦志」にも中星（南中する星）の計算が行なわれている。これに対し、エジプトでシリウスを観測したのは南中ではなく、夜あけの直前に東空にシリウスが出現するheliacal risingを観測していることである。

一九世紀の終りから、河南省安陽（殷墟と呼ばれた殷王朝の都址）において、文字を刻んだ亀甲、牛骨片が多数発見せられ、現在はその数は十万片をこえている。この甲骨文は、もともと占卜に使用されたもので、簡単な記事が多いが、しかし、多数の甲骨文を検討することによって殷王朝の歴史を解明することができたとともに、殷代の暦に関する多くの研究が行われてきた。[191] 甲骨文では月名は順序数で示されるが、第一月は正月と書かれた。また各月は大月三〇日小月二九日から成り、[192] さらに閏月は年末におかれて一三月と書かれた。民国一八年に行われた殷墟の発掘では、四個の完全な亀甲が発見され、その内の一つで、後に武丁時代のものと推定された甲骨文より、必要な記事を抜書すると、

癸酉卜。品貞。旬亡𡆥。十二月。（『殷暦譜』下編巻四）

癸巳卜。宙貞。旬亡𡆥。十三月。

……

癸酉卜。宙貞。旬亡𡆥。二月。

とある。この記事について少しく説明すると、いずれも十干の最後の日（癸）から向う一〇日間（旬）の吉凶を占う卜旬の記事であり、日付に続いて卜人の名、向う一〇日間に凶事が起らないことを記し、最後に卜旬の日を含む月名がある。一三月は年末におかれた閏月を意味する。これらを一二月にはじまり、翌二月に続く一連の卜辞と考えると、一三月と一月の両月を隔てて、同じ癸酉の日が一二月と二月にみえる。したがって一二月癸酉をその月末とし、二月癸酉をその月初にとり、一三月と一月の総日数を五九日とする以外に、以上の記事を満足させることはできない。換言すると、一三月と一月とは、いずれかが大月であり、他は小月であると結論される。こうした小月および大月の存在を立証する資料は他にもあり、また連大月が置かれたことも確実である。さらに閏月を書いていることからみて、殷代の暦が太陰太陽暦であったことは疑いなかろう。

殷代の暦はまだ十分に解明されたとはいえない。それにもかかわらず、殷代の暦を想定し、当時の暦譜（毎年の暦）を作製する試みが幾人かの学者によって行われた。ことに一九四八年に刊行された董作賓の『殷暦譜』[193] は最も注意すべきものである。もともと安陽の歴史が、前一四世紀のころ般庚がこの地に遷都してからはじまり、殷末に至る

まで一二王が引き続いて王位についた。この一二王の名は、

般庚　小辛　小乙　武丁　祖庚　祖甲　廩辛　康丁　武乙　文武丁　帝乙　帝辛（紂王）

であるが、董作賓はこれを五期に分け、さらに種々の制度に二種の相違がみられるとして、新派、旧派の区別を行った。分期と分派の関係は次の通りである。

旧派
　般庚、小辛、小乙、武丁（以上第一期）、祖庚（第二期）、文武丁（第四期）
新派
　祖甲（第二期）、廩辛、康丁（第三期）、武乙（第四期）、帝乙、帝辛（第五期）

これらの新旧の派は、はじめに旧派があって後に新派が現われるというのではなく、般庚より祖庚までが旧派、次の祖甲より武乙までが新派、再び文武丁の時代が旧派、最後に帝乙、帝辛が新派となっている。旧―新、旧―新と二回の交替が行われたことになる。新旧における各種の制度の相違のうち、暦に関して董作賓が指摘しているのは、時間、日、月、年、閏などすべての点にわたっている。董作賓はまず、殷代の暦はすでに初期の段階を脱し、四分暦が実行に移されたと想定する。もちろん甲骨文の暦日記事に合わせるために、四分暦によって計算したものに若干の修正を行わざるを得なかった。すでに述べたように四分暦では一九年の周期を採用して置閏を行うが、特にこの置閏法に関して、新派のあいだで無節置閏法なるものが採用されていたとする。中国で行われた具体的な置閏法については後述するが、ふつう中気を含まない月を閏月とするが、董作賓によれば節気を含まない月を閏月にしたのが殷代の暦計算法であったという。さらに重要な点について両派の相違をまとめると、

旧派　閏月をいずれも歳末において一三月とする。
新派　一三月の呼称は卜辞にみられない。

無節置閏法により、閏月はその直前の月名を重ねるだけで、閏何月という言葉は使われていない。換言すると、新派のあいだでは、一年を通じていずれの月にも閏月がおかれるわけで、旧派の法を歳終置閏法と呼ぶならば、新派のそれは歳中置閏法といえよう。

以上が董作賓の見解の要点である。考古学者として殷墟の発掘にすぐれた業績を挙げ、また甲骨学の第一人者であったこの学者の見解を軽々しく論評すべきではなかろう。しかし、太陰太陽暦において最も重要な置閏法を中心として、置閏法の発展過程を考慮するとき、董作賓の見解には賛成できない。置閏法は太陰太陽暦の本質ともいうべきもので、これが新旧両派の交替によって容易に変えられることははなはだ理解しがたい。また無節置閏法の如きものは、後代の暦に全く行われなかったものであり、このような特殊なものを殷代の暦に想定することは大きな無理がある。もともと甲骨文は断片的な資料が多く、これらの暦日を連続した暦譜に排列するばあいに、それを某年某月の暦日とする必然的根拠を欠くばあいがあり得る。また新派のばあい、一三月の呼称が甲骨文にみられないといっても、直ちに歳終置閏が行われなかったとみるのは早計のように思われる。殷を受けついだ周代のはじめには、銅器に刻まれた金文資料があり、それには一三月という記載がみえており、西周の時代には歳終置閏が一般的であったと思われる。殷末の新派から、少なくとも置閏法に関する限り、周初に再び旧派のそれにもどったと考えられないこともないが、暦の知識からみて、歳終置閏法から歳中置閏法への移行には大きな飛躍が考えられねばならない。この移行は、暦法発達史からみてまさに革命的ともいえる。こうしたことが新旧両派の交替できわめて容易に行われたとは、暦法の立場からみて到底考えられないことである。さらに最も重要な点は、殷代においてすでに四分暦という高次な暦法を想定することは無理であり、この見解は賛成しがたい。漢代の文献に、四分暦を分って黄帝、顓頊、夏、殷、周、魯の六暦とする記事があり、たまたま殷暦の名があることより、殷代に四分暦を想定する発想が生まれることになったのであろうが、以下に述べるように、きわめて高次な四分暦の成立はよほど後代のことと考えねばならない。

すでに述べたように、太陰太陽暦における置閏法は、古代人にとってきわめて解決のむずかしいものであった。次にバビロンの太陰太陽暦における置閏法をとりあげ、中国のそれとを比較しよう。

三　バビロンにおける置閏法

バビロンでは古くから太陰太陽暦が使われ、メトン周期の如きも、バビロンの知識をギリシア人が受け継いだのである。バビロンにおいてどのように置閏法が確立して行ったかは、ノイゲバウアーの論文にみえており、いまはそれにしたがって記述を行う[194]。

バビロンでは、おそくともセレウコス期以後（前三一二年以降）にはメトン周期が実際に行われたことは確実である。しかしながらセレウコス期およびそれ以前における置閏は、最終月 Adaru のあとに置く歳終置閏——イノゲバウエルに従ってXII_2と記す——と、ちょうど中間の第六月 Ululu の次におくVI_2との二種類であって、一年を通じて中間に適宜に閏月を置くことは行われていない。ノイゲバウアーが前六一九—三三八年のあいだについて、記録より求めた閏月数は七四個あるが、その中の五七個はXII_2であり、残りの一七がVI_2であり、歳終閏月を置く例が圧倒的に多い。

バビロンの暦では、毎月の一日は三日月の見える日にはじまった。その当然の結果として、一日のはじめは夜半からではなく、三日月の見える夕方から数えられた。古い時代にはおそらく三日月を観測して第一日をきめたと思われるが、後になると、三日月の見える日を予め推算するようになった。この推算法についてはセレウコス王朝期のものが知られているが、この計算自体はそれ以前からバビロンで行われたものと推定される。この算法によると、朔における日、月の位置に$1\frac{1}{2}$度を加えることによって、毎月の第一日における太陽の位置とした。ノイゲバウアーはセレウコス紀元（S. E.）の第一年から第一九年までについてⅥもしくはⅥ₂、およびⅫもしくはⅫ₂の終りの日、すなわち朔における太陽の位置を計算し、それに$1\frac{1}{2}$度を加えてⅦ（Tešrit月）およびⅠ（Nissan月）の第一日（三日月のみえる日）における太陽の位置を求めた結果によると、

Ⅶ月第一日に　天秤宮にあるもの　一七
　　　　　　　乙女宮にあるもの　二

Ⅰ月第一日に　白羊宮にあるもの　一六
　　　　　　　牡牛宮にあるもの　三

この計算をさらに過去に適用すると、前五九〇—四五〇年のあいだでは、Ⅶ月のはじめには太陽の位置はすべて天秤宮にあり、少しの除外例を除いて、Ⅰ月のはじめには白羊宮にある。太陽が天秤宮の初点にくるのは秋分であるから、前五九〇—四五〇年のころは秋分がⅦ月に含まれるように置閏することが重要視されたと思われ、そのために前五〇〇年の前後にはⅥ₂がⅫ₂に比べ比較的多くみられる。よってバビロンにおける置閏法は、そのままではⅦ月に太陽が乙女宮（天秤宮の前）にくるようならⅥ₂をおき、同じようにⅠ月に双子宮（白羊宮の前）にくるようならⅫ₂をおいて季節を調節したのである。太陽が天秤宮の初点にくる時は秋分であり、白羊宮の初点にくるときは春分である。よって春分と秋分とが、閏月をおく基準となったともいえる。

ノイゲバウアーは先人の研究をまとめあげたのであるが、前三八二年ごろから閏月は一九年周期の第三、六、八、一一、一四、一九年目におかれることが、ごくわずかの例を除いて、ほとんど確立していた。それ以前については、幾分資料は欠けるが、メトン周期の存在を前四八〇年までさかのぼることができる。これがノイゲバウアーの結論であり、バビロンにおけるメトン周期、すなわち一九年間に七回の閏月をおくことの知識は、前四三二年におけるメトンの提唱よりも半世紀ほど古い。

以上述べたノイゲバウアーの研究で注目されることは、天文学発達の初期の段階では、一年を通じて任意の月に閏月がおかれるのではなく、XII_2もしくはVI_2に限られ、しかも数字の上では歳終置閏のXII_2が圧倒的に多いことである。

このようなバビロンにおける置閏法を考慮しながら、中国のばあいを考えてみよう。中国の暦は、一般に施行する段階においてはギリシアにまさっており、中国人は古くからすぐれた科学的才能を持ち、また国内に統一した暦を実施する政治的組織を持っていた。したがって古代中国人の暦法知識がバビロンより劣るという先入観を持つべきではなかろう。しかし、歳終置閏法から、一年を通じて適宜に閏月をおく歳中置閏法がすでに殷代に存在したということになると、やはり大きな問題が残る。中国のばあいは、春分や秋分よりも冬至に重点がおかれた。したがって冬至を特定の月（後代の暦では一一月）に固定させることにすれば、容易に歳終置閏が行われる年を決定することができる。すなわち冬至の日時を観測し、それが特定の月に含まれないばあい、その年の終りに閏月をおくのである。もし歳中置閏を行おうとすれば、春分や秋分、冬至や夏至などのほかに、一年一二月を通じて、各月における太陽位置の観測もしくは太陽の位置に対応する季節の標目を設定することが必要である。中国のばあいには二十四節気が各月における季節の標目であり、二十四節気、少なくとも十二中気の成立こそが歳中置閏法の行われる前提条件なのである。ところが甲骨文には冬至、夏至の存在を思わせる記事はあっても、二十四節気の名称はみられない[195]。このことこそ、殷代に歳中置閏の存在を想定する董作賓の見解に反対する根本的な理由なのである。次に二十四節気の成立とその意義について考えてみよう。

四　二十四節気と置閏法

二十四節気は一二個の中気と一二個の節気に分けられ、中気と節気は交互におかれる。古い時代には、たとえば四分暦を例にとると、中気から次の中気、または節気から次の節気までの間隔は、

$365\frac{1}{4}\div 12=30\frac{7}{16}$日……三〇・四三七五日

であり、中気から次の節気まで、もしくは節気から次の中気までは、

$30\frac{7}{16}\div 2=15\frac{7}{32}$日……一五・二一八七五日

である。中国暦では、ふつう冬至を含む月を一一月とし、従って中気の一つである冬至を一一月中と呼び、その直前の節気（大雪）を一一月節と呼んだ。いま二十四節気を中、節に分け、それが所属する月名を併記すると、表28の如くである。

後世における中国暦の置閏法は、節気を除外して、中気をそれぞれの月に固定することによって行われた。すなわち中気から次の中気までの間隔は三〇・四三七五日であり、朔望月二九・五三〇八五日（いずれも四分暦の数値）より少し長い。そのために何年かをおいて中気を含まない月が生じてくる。この月を閏月とし、前の月名に従って閏何月と呼んだ。『左伝』文公元年（前六二六年）に、

先王の時を正すや、端を始めに履み、正を中に挙げ、余を終りに帰す。

とあるが、ここで「挙正於中」とは、中気に結びつけて月名をきめたことを意味する。なお「帰余於終」とは、適宜

表29　二十四節気

節気	旧　暦	新　暦	中気	旧　暦	新　暦
立春	正　月　節	2月4日	雨水	正　月　中	2月19日
驚蟄	二　月　節	3月6日	春分	二　月　中	3月21日
清明	三　月　節	4月5日	穀雨	三　月　中	4月20日
立夏	四　月　節	5月6日	小満	四　月　中	5月21日
芒種	五　月　節	6月6日	夏至	五　月　中	6月22日
小暑	六　月　節	7月7日	大暑	六　月　中	7月23日
立秋	七　月　節	8月8日	処暑	七　月　中	8月23日
白露	八　月　節	9月8日	秋分	八　月　中	9月23日
寒露	九　月　節	10月8日	霜降	九　月　中	10月24日
立冬	十　月　節	11月8日	小雪	十　月　中	11月22日
大雪	十一月節	12月7日	冬至	十一月中	12月22日
小寒	十二月節	1月6日	大寒	十二月中	1月20日

新暦の日付は年により一日の誤差がある

に任意の月に閏をおかないで、ある年に閏月をおく必要が起ると、それを歳終にくり下げることを意味した。すなわち歳終置閏法はまた帰余置閏法とも呼ばれるわけで、この方法が先王の時代に行われたというのである。

太陰太陽暦では閏月をおいて季節を調節したが、それでも年によって最大一ヵ月に近い季節のずれが起る。そのために暦に二十四節気を書きこんで正確な季節の標目とした。その名称は周の王朝が勢力を持っていた華北の気象状態にちなんで付けられたもので、これが現在も行われている日本のそれと合致しないのは当然である。これまで二十四節気は、ただ季節の標目としての意義しか考えられなかった。しかし、暦計算の立場からすれば、歳中置閏法が成立するための前提条件であった。二十四節気の成立こそは、置閏法の革命をもたらしたものであり、この意味で二十四節気を新しく見直さなければならない。

殷代には表もしくは髀（gnomon）によって太陽の影を測定し、冬至の日時を決定することができたと想像される[196]。冬至の測定が行われれば、すでに述べたことによって、某年に閏月をおくべきかどうかが決定され、歳終置閏を行い得る。しかし、適宜に任意の月に閏をおく方法は十二中気を含めた二十四節気の成立に結びつくもので、これが完全な形で記述されるのは『礼記』月令篇を待たねばならなかった。この月令篇には、二十四節気のそれぞれの日の昏に南中する二十八宿名が記載されており、これを手がかりに能田忠亮博士が行った研究によれば、月令篇の天象記事は、前六二〇年を中心として前後百年の範囲にあるものと考えることができた(197)。一九七七年に湖北省随県の近くから曾候乙墓が発掘され、多くの副装品の中に二十八宿の名を記した漆箱が出土した。この墓は前五世紀末のものと推定され、したがってこのころに二十八宿が存在したことが、遺物の面から立証された（『文物』一九七九年第七期、王健民ほか論文）。

ここで董作賓のいう無節置閏法について一言しておこう。すでに述べたように、漢代の六暦はいずれも四分暦であって、その相違はもっぱら計算の起点となる暦元を異にすることにある。ところでその六暦の中の一つである顓頊暦について、『後漢書』律暦志の劉洪の言葉に、

乙卯の元、人正己巳、朔旦立春に、三光は天廟（営室）の五度に聚る。

とみえており、あたかも立春（正月節）を暦元の日とするような記載がある。ふつう中国の暦では、冬至一一月中を暦元の日とするが、冬至は直接に観測より求め得る。新城博士も指摘されているように(198)、立春は観測より得られたものでなく、冬至を暦元とする暦より計算によって立春を暦元とするものに改めただけであって、この記事をもって無節置閏法が殷代に存在したと考えるのは大きな飛躍である。ことに立春を含めた十二節気の名称が甲骨文にみられない以上、こうした置閏法の存在を認めることはできない。

なお上述の二十四節気は一年の二四等分として定義されているが、清朝の時憲暦においては、太陽が一年を通じて黄道を一周するところから、黄道を二四等分し、それぞれの等分点に太陽が来る時をもって節気を定義した。前者を平均的な恒気というのに対し、清代のそれは定気と呼ばれた。

五　置閏法の確立

戦国時代（前五―三世紀）のある時期に三正論が唱えられたと考えられる。[199]これによると夏、殷、周の三王朝はそれぞれ歳首を異にして、周は冬至月（冬至を含む月）を歳首とし、殷はその一ヵ月おくれ、夏はさらに一ヵ月おくれの歳首をとったというのであり、それぞれの歳首は周正、殷正、夏正と呼ばれた。前四世紀のころ鄒衍は五行説によって王朝の交替を説いたが、こうした思想と同じ基盤から生れたものであろう。この中で夏正は、後代の暦がほとんど採用したもので、立春に近い正月を歳首とするもので、立春正月と呼ばれた。こうした三正論が現実に夏、殷、周の時代に行われたのではないが、冬至の観測を唯一の根拠とした周初の暦に対し、新城博士が周正を擬定されたことは、理論的にみて妥当と考えられよう。しかし董作賓氏が暗に三正論に従い、殷代の暦が殷正を採用すると考えたのは、かなり問題がある。

ところで周初の金文に一三月の呼称がみられることから、周初には歳終置閏が行われたことはほとんど確実であるが、しかし、当時の置閏がきわめて規則正しいものであったとは考えがたい。しかし、経験の積み重ねによって、十九年周期に気づき、一九年に七回の閏月をおくことによって季節をうまく調節することを知るようになったと思われる。ただ周初のころは暦日資料が少なく、なんら決定的なことは言えない。しかし、時代を下げて春秋時代（前七二二―四七九）になると、『左伝』を中心として豊富な暦日資料がある。『左伝』の成立年代については過去にいろいろ活発な議論があったが、暦日そのものは古い資料に基づいたものとみるほかはない。新城博士はこれを材料として春秋時代の暦譜を作製された。[200]バビロンの古記録では、はっきりと閏月を記録したものが少なくないが、『左伝』には閏月の記載はきわめて乏しい。しかし、幸いなことに、日を数えるのに六〇を周期として循環する干支が使用され、これを利用することにより、閏月の位置を推定することができる。ただどこに閏月があるかを正確に決定することは困難であって、いくらかの曖昧さが残る。ところで新城博士は周の武王が殷を滅ぼした周初の年を前一〇六六年と算定し、それ以後数世紀にわたって一三月の歳終閏が行われたものと想定した。また同博士によって作製された春秋時代の暦譜（「春秋長暦図」と呼ばれた）によると、歳中閏が現われるのは前六六〇年のⅤ$_2$（閏五月）であり、それ以後もしばらくⅫ$_2$（歳終閏）が続いた後、前六二七年のⅥ$_2$から頻繁に歳中閏が現われる。この暦譜からみると、歳中閏が一般的になるのは前七世紀末からといえそうである。この年代はさきに能田博士が『礼記』月令篇の二十四節気について得られた年代と相応ずるもので、歳中置閏法が二十四節気の成立と結びつくことを裏付けている。ところで「春秋長暦図」によって、仮りに前七二二年よりはじまる一九年ごとのあいだの閏月数を数えてみると、表30に示すようになる。これによると前五八九―五七一年の周期からして、十九年法が実際に行われていたことを知るのである。なおこれ以後の各章（一九年ごと）について、置閏年を「春秋長暦図」によって表記すると表31の如くである。このように中国における章法の成立は前五八九年にさかのぼることができ、これはバビロンにおける十九年法の成立に比べて一〇〇年ほど古いことになる。しかし、バビロンの研究が進めば、この先後関係はどう変更されるかが今後の問題であろう。こうして前六世紀のころに知られた十九年法から、七

表30　「春秋長暦図」による閏月数

年　次	閏月数	年　次	閏月数
722–704B. C.	7	589–571B. C.	7
703–685	6	570–552	7
684–666	7	551–533	7
665–647	7	532–514	7
646–628	6	513–495	7
627–609	7	494–476	7
608–590	8		

表31　「春秋長暦図」による置閏年

章	年　次	置	閏	年				
Ⅰ	589–571B. C.	3	6	8	11	13	16	19
Ⅱ	570–552	3	5	8	11	14	17	19
Ⅲ	551–533	3	5	8	11	13	16	19
Ⅳ	532–514	3	6	8	11	13	16	19
Ⅴ	513–495	2	6	8	11	13	16	19
Ⅵ	494–474	3	5	8	11	13	16	19
章　法		3	6	8	11	14	16	19

十六年法を根幹とする四分暦の成立までには、やはりかなりの年数が経過したものと考えられる。やはり新城博士の「戦国秦漢の暦法」(201)においてこの七十六年法は前五世紀半ばに成立したものと結論された。ここでは一応この結論に従っておく。

六　暦計算法の発達

中国で最初に成立した暦法は四分暦であった。その一年の長さはユリウス暦と同一で、きわめてすぐれた値である。漢代にはいって、王朝の交替に伴い「正朔を改める」という原理が確立し、それに従って改暦を行う議論が前漢の初期から行われた。ついに武帝の太初元年(前一〇四年)に改暦が断行された(202)。この改暦の基礎となったものは太初暦(後に増補されて三統暦となる)であるが、これによる一年の長さは、

$365\frac{385}{1539}$日……三六五・二五〇一六日

であり、四分暦よりいくぶん劣る数値が採用された。四分暦は戦国時代のころから実行されるようになり、秦漢にも行われ、太初改暦に至った。この四分暦には、暦元を異にすることによって、計算の起点を異にする六暦が存在したことは上述の通りである。歳首については周代のはじめは冬至正月、すなわち周正が採用されていたと思われるが、春秋中期以降にはそれより二ヵ月おくれた夏正に移行して行った。秦から漢のはじめには、正月は夏正を採用しながら別に夏正による一〇月を歳首とすることが行われた(203)。武帝の太初改暦からは歳首を夏正にとるようになったが、その過渡期である太初元年の前年(元封六年)は、一五ヵ月を含むことになった。

太初暦でいくぶん改悪された一年の定数は、後漢時代に再び四分暦が採用されるに及んで、その旧にもどった。その後、王朝の交替、時には同じ王朝のあいだに何回となく行われた改暦の度に、一年や一月の長さの改訂が行われたが、全般的にみると、時代とともにこれらの定数は改良された。ついに南宋の統天暦では、現行のグレゴリオ暦と同じく、一年は三六五・二四二五日となり、この数値は元の授時暦、明の大統暦に受け継がれた。年月の長さのほか、改良をみた諸点を以下に述べよう。

〔破章法〕四分暦にはじまって、それ以後の暦では一九年間に七閏月をおく方法が行われた。これが章法と呼ばれる。すでに示したように、

$$365^d.2422 \times 19 = 6939^d.6018$$

$$29^d.530589 \times 235 = 6939^d.6886$$

であり、一九年の日数は二三五ヵ月の日数よりわずか少ない。章法は一九年という短い周期のあいだで季節と月相がほぼ正しくくりかえされ、その点からみてすぐれた周期である。しかし、上記の比較からみて、改良の余地があり、それは閏月の割合を減少させる方法で行われる。この章法をはじめて廃止したのは、北涼の趙𣝣の玄始暦（四一二年施行）であり、この暦では六〇〇年に七四二一ヵ月が含まれ、従ってこの間の閏月数は二二一ヵ月であった。これは一九年間に六・九九八三個の閏月をおく割合である。このように一九年の章法を廃止した新しい置閏法を、劉宋の祖沖之（五世紀半）は破章法と呼んだ。祖沖之の大明暦では、三九一年間に一四四閏月をおいた。これ以降の暦ではいずれも破章法が採用されたが、もちろん閏月の割合は暦によってちがった。

〔定朔法〕バビロンの古い時代には、三日月の見えはじめをもって毎月の第一日をはじめていたという。これと同じ方法が中国で行われたかどうかを決定する資料に乏しいが、新城博士はこの方法が周初に行われたと推定し、周初の暦譜を作製された。

四分暦における毎月の第一日は、経朔（mean conjunction）の日とされた。毎月の長さは平均朔望月が基準となり、適宜に大小月が排列された。天文学的にみれば、定朔（true conjunction）によって毎月第一日を決定することが望ましい。しかし、定朔を計算するためには、太陽と月の真位置を計算する必要があった。中国ではまず月の運動の不等（平均運動からのズレ）が知られ、四二〇年のころ劉宋の何承天はこれを考慮に入れて定朔を計算することを提案した。しかし、この方法は実際の暦に採用されなかった。やがて太陽運動の不等が知られるようになり、太陽と月の真位置を考慮した定朔をもって毎月の第一日とすることが、七世紀の初頭、すなわち唐代のはじめから実施されるようになった。この法を最初に採用した傅仁均の戊寅暦（六一九年施行）では、定朔法に伴って大月が四回、もしくは小月が三回連続するようなことが起った。これを四大三小というが、もちろん従来の経朔法では絶えて起らなかったことである。そのために定朔法は一時中断されたが、戊寅暦の次に行われた李淳風の麟徳暦（六六五年施行）では、若干の便法によって四大三小が起らないようにし、再び定朔法を採用した。これ以後の暦法はすべて定朔の日を毎月の第一日とするようになった。

〔定気法〕経朔から定朔への移行とよく似た問題が、二十四節気のばあいに考えられた。六世紀の半ばに張子信が太陽運動の不等を発見したが、その結果、一年の日数を二四等分して節気を定義する恒気の法に代って、太陽が黄道上を行く度数によって節気を定義する定気の法が、隋の劉焯によって提唱された。しかし、この定気法は実際の暦に採用されないまま千年以上を経過し、清朝の下で西洋天文学による時憲書が発布されるようになってはじめて定気法が採用された。定朔法とならんで定気法が採用されると、一ヵ月のあいだに二つの中気が含まれたり、また時にはわずか数ヵ月をへだてて中気を含まない月が生じたりする。従って従来の無中置閏法では閏月をおくことができなくなる。このために新しい置閏法を考案しなければならない。『清史稿』時憲志四、康熙甲子元法の条に、

閏月を求むるには、前後両年に冬至あるの月を以て準となす。中積十三月なるは、中気無きの月を以て、前月に

従って閏を置く。一歳中、両つながら中気無きは、前に在る中気無きの月を閏となす。

とあるのが、その新法である。冬至月を一一月に固定し、前年の一一月から次年の一一月までの月数が一三ヵ月の時には、無中置閏法によって閏月をおく。しかもそのばあい、二個の無中気の月があれば、はじめの月を閏月とするのである。

なおこの定気法は、日本では天保暦（一八四三年施行）ではじめて採用された。もとより中国の影響である。現在の日本で行われる節気は、この伝統を受け継いだもので、太陽の視黄経が二七〇度となる冬至にはじまり、一五度を増すにつれて次の節気もしくは中気を計算する。

七　暦元と積年

現在の天文計算表では、一九〇〇年とか一九五〇年とかを計算の起点（epoch）にとっている。この時点での諸定数を与え、それ以後における任意時刻の天体の位置を計算する仕組となっている。暦法という用語は、単に暦を指すばあいのほか、多くはこうした計算の仕組を指していて、従って暦法は現在の天文計算表に対応する言葉として理解できる。暦法にもepochが示されるが、そのばあい改暦時にごく近い過去を起点とするものを近距と呼ぶ。近距の採用は、南宋の統天暦で行われ、さらに元の授時暦に踏襲された。授時暦は一二八一年より実施されたが、その前年冬至をepochとする。近距の採用は唐末の符天暦でも行われたが、これは一般の頒暦とはならなかった。これらを除く中国暦のすべては、頒暦時もしくは暦法の成立時よりさかのぼってはるかに古い年次をもって計算の起点とし、これをも一般に暦元と呼んだ。近距のばあいとちがって、遠い過去を暦元とする時には、季節、月、日などが規準状態になることを暦元の第一条件とした。たとえば、暦元は某年の前年一一月に甲子朔夜半冬至が合致することであった。もちろんこの一致は実際の観測によって確められたものでなく、それぞれの暦法の定数を使って観測時より逆算されたものである。たとえば四分暦では、一紀一五二〇年を経て一一月甲子朔夜半冬至の状態がくりかえされ、従って一五二〇年をへだてて暦元の条件がみたされる。過去にさかのぼる暦元とは反対に、暦元から数えて予報を行う年までの年数を積年という。

暦元を求めるには、一年及び一月の長さ以外のものが考慮されることがある。前一世紀の終りに劉歆が太初暦を増補して作った三統暦では、年月の定数のほか木星の運行周期を考慮している。このことは新城博士がはじめて指摘した。(204) 年月の長さに関しては、三統暦と太初暦とは同一であり、

$$1\text{年}=365\frac{385}{1539}\text{日},\ 1\text{月}=29\frac{43}{81}\text{日}$$

である。このばあい一一月甲子朔夜半冬至が復帰する周期は、一五三九を三倍した四六一七年（三統暦では一元という）であるが、さらに木星が規準状態にあり、さらに木星の影像である太歳によって定義される年の干支が太初元年（前一〇四）と同じく丙子となる条件が加わり、これらを満足する暦元は三統上元と呼ばれ、この年は太初元年をさかのぼること一四三、一二七年であると計算された。木星の対恒星運行周期は、三統暦によると一二年に$\frac{145}{144}$周天である。ところで漢以前から、中国では周天を一二等分して十二次と呼ぶことが行われた。バビロンにおける十二宮（zodiac）と類似するが、両者の関係は明白にされていない。十二宮の名称は主として動物名であるのに対し、十二次の名称は、古く『左伝』にみえており、天空上を西から東へ数えて、

寿星、大火、析木、星紀、玄枵、娵訾、降婁、大梁、実沈、鶉首、鶉火、鶉尾。

であり、十二宮と名称上の類似は全くみられない。これらはおそらく赤道に沿って、三〇度の広がりを持っている。

太初改暦のころには寿星、星紀、降婁、鶉首の中央に太陽が来る時が、それぞれ秋分、冬至、春分、夏至にあたるとされていた。バビロンの十二宮との相違は、単に名称だけのことでなく、十二宮が黄道の一二等分であるのに対し、十二次は赤道を基準にすること、さらに十二宮では各宮の初点に太陽が来る時をもって二至二分とするが、十二次ではその中央点に来る時をもって二至二分となる。それはともかく、三統上元には木星は星紀の初点にあると考えられている。三統上元が満足する残りの条件は、年の干支が丙子となることである。現在の干支紀年法では、改暦時の太初元年は丁丑歳であるが、劉歆はこの年を丙子とした。しかも劉歆は木星の影像である太歳の位置によって年の干支（特に十二支）が決定されるとしたが、この太歳も木星と同じく一二年に$\frac{145}{144}$周天、換言すると一四四年に一四五次を進むと考えた。年の干支は太歳がどの次にあるかによって決定されるが、劉歆の方法では年の干支は連続的に甲子より癸亥まで移って行くのではなく、一四四年間に一次をとびこえ、したがって一四四年目には干支を一つとばして年を数えるのである。いわゆる太歳紀年法ではこうした超辰法が採用される。以上の諸点を考慮に入れ、太初元年からさかのぼって三統上元に至る年数Nは、

$$N = 4617 \times p = 1728 \times q + \frac{144}{145}\left(60n + \frac{135}{144}\right)$$

ただし, p, q, n：整数, $n < 29$

によって与えられる。これを解いて、

$N = 143, 127$

が得られるが、これは『漢書』律暦志に三統上元の積年として記載されたものである。

木星はすべての惑星の中で最も中心的なものであるという考えは、バビロンやインドにみられる。年月日が基準状態に戻ることのほか、木星のような惑星の周期をとり入れた暦元は、七曜斉一之元という言葉で呼ばれた。このばあ

い木星以外の惑星を無視することが行われている。ところで上元積年の計算には、上記のような不定方程式を解くことが必要となる。三統暦編纂のころ、このような方程式がどのように解かれたかは、全くわかっていない。中国の数学書に不定方程式が取扱われるのは四・五世紀の『孫子算経』、『張邱建算経』であり、時代的には三統暦よりかなりおくれ、しかも算法自体も比較的簡単である。三統暦で解かれたと思われるような複雑な不定方程式は、一三世紀に書かれた南宋の秦九韶の『数書九章』でとりあげられ、この算法は大衍求一術の名で呼ばれた。ここでは積年を求める問題のほか、暦法関係以外の例題がとりあげられている。秦九韶はこの算法を天文学者に学んだと思われる。

以上のような積年もしくは暦元を考えることは古代文明国、たとえばインドにみられる。特に著名なものは、日月及び惑星の周期から導かれた *Kaliyuga*（四三二、〇〇〇年を一周期）によって、この周期がはじまる前三一〇二年を計算の起点とすることである。(205) 五世紀末の天文書 *Āryabhaṭīya* はこうした暦元を採用する。また積年に相当するサンスクリット語は *ahargaṇa* と呼ばれる。しかし、この問題に関しインドと中国とのあいだに何らかの交流があったかどうかは明らかでない。なお現在の天文学でも、Julian Period のように、古い過去（前四七一三）を計算の起点とすることが行われている。

年の干支について一言付記しておこう。三統暦では太歳による超辰紀年法を想定していた。これによると前九五年は超辰の年であるが、当時果して干支を一つとばして年を数えることが行われたかどうかは問題である。殷の時代には干支はもっぱら日を示すのに用いられ、これを年に適用するのは太初改暦のころからである。当時まだこの方法が固定していなかったと思われ、そのために超辰紀年法の如きものが想定されたものかと思われる。前漢末からは年の干支は連続的に数えられるようになり、そのばあい年の干支の上に「太歳」の語を残しているが、この太歳はもはや歳星の影像という意味はなくなっている。(206)

八　消長法について

天文学上の基本定数は、おおむね時間とともに変化する。たとえば一年の長さは、S. Newcomb : *Tables of the Sun*, 1895 によると、

$$365^{d}.24219879 - 0^{d}.00000614T$$

T : time from 1900, Jan. o. G. M. N., reckoned in terms of the Julian century, or 36525 days as unit

である。この式によると、過去にさかのぼると一年は長くなり、将来は短かくなる。中国暦でも、後漢四分暦以後、全体として一年の日数は短かくなっており、こうした事実をふまえて、ついに南宋の統天暦ははじめて一年の長さが年とともに変化することを指摘した。上述したように、統天暦では現行グレゴリオ暦と同じく一年を三六五・二四二五日とするが、改暦当時の紹熙五年甲寅（一一九四）から数えた年数 t に対し、一年の長さは次式のように変化すると述べている。

$$365^{d}.2425 - 0^{d}.0000021166t$$

この変化は Newcomb の値に比べて格段に大きく、もしこの割合で進めば一九〇〇年での一年は三六五・二四一〇日となる。このように数値自体は不正確であるが、一年の長さが変化することを指摘したことは正しい。こうした考慮は元の授時暦に受け継がれたが、少しく修正を加えられた。授時暦では至元一八年（一二八一）から一〇〇年単位の年数を T とし〔T〕をもって T の小数部分（一〇〇年未満の部分）を切捨てた整数とするとき、一年の長さを次式で与えている。

$$365^{d}.2425 - 0^{d}.0002〔T〕$$

すなわち統天暦とちがって、一年の長さが一〇〇年ごとに不連続的に変化する点に大きな相違がある。統天暦では毎年の歳実（一年の長さ）を計算する必要があるが、授時暦では一〇〇年のあいだ一定の値を使用することができる。計算上は授時暦の方が便利であるが、理論的には統天暦より劣る。こうした変化をとり入れた計算を消長法という。清初の梅文鼎の『暦学疑問』巻二に、授時の消長法は統天に及ばないといったのは、正しい指摘といえる。

上式において、授時暦における〔T〕の係数を0.0002と書いたが、『元史』授時暦の本文に誤って0.0001となっている。[207]これが誤りであることは、すでに江戸時代の天文学者渋川春海によって指摘され、0.0002の係数を使用したことから、再消長法と呼ばれた。ところで統天・授時の両暦では、消長法は単に歳実と周天度に適用されただけであった。やはり江戸時代の天文学者麻田剛立は、一年の長さ以外、他の多くの基本定数が年とともに変化することを唱えた。当時これを麻田の消長法と呼んだ。[208]

なお中国では、明代にはいって授時暦をほとんどそのまま受けついだ。ただ歳実消長法を無視したのである。[209]

九　冬夏至の測定

授時暦における消長法を述べたついでに、郭守敬がとくに熱心に行った冬至及び夏至の測定について付記しておこう。二至の中、とくに冬至の測定は中国の暦法では重要なものであった。冬至の測定によって一年の長さを正確に知ることができ、また冬至の日時は暦計算の起点となるものである。ところで冬至（もしくは夏至）の時を測定する観測器はノーモンであるが、郭守敬は古来の簡単な垂直棒（表）の代りに、巨大な建造物式ノーモンを使用し、また太陽の影像を鮮明にするための景符を使用した。こうした建造物式ノーモンの使用は、おそらくイスラム天文学の影響によるものと思われる。観測の精度をあげるため、観測器を巨大化することはイスラム天文学者の間で行われたところであった。ところでノーモンによる太陽の影（晷景）の測定は、太陽が南中する時に行われるが、冬至をはさんで行われた少なくとも三回の観測値が必要であった。すなわち a 日 b 日という相連続した二日の南中時の影長 p、q と、冬至をはさんで影長 r が p と q との間にくるような c 日における観測値とである。a、b の間に影長が r となる日時 x は、ＡＢを直線と考えて、

$$\frac{q-r}{r-p}=\frac{b-x}{x-a} \qquad (1)$$

より求められる。この x が求まると、影長をプロットした曲線が冬至を中心にして左右対称となるとみなして、冬至の日時 s は、

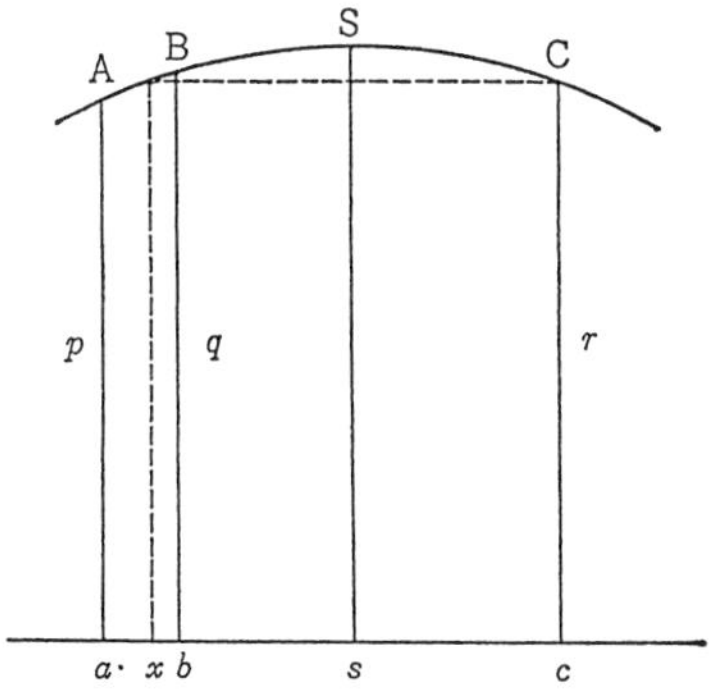

図 31　冬夏至の測定

$$\frac{c-x}{2}=s \qquad (2)$$

となる。こうした観測の処理法は、江戸時代の天文学者によって勾配術の名で呼ばれた。『元史』授時暦経上によると、授時暦以前には劉宋の祖沖之がこの種の算法を創案し、その後、北宋の紀元暦以後にだんだん改良が加えられたが、根本的には祖沖之のものと異らないと述べている。祖沖之の算法は『宋書』暦志下に、収められているが、その文は次のようである。

大明五年十月十日の影によるに一丈七寸七分半、十一月二十五日には一丈八寸一分太、二十六日には一丈七寸五分彊、その中を折取すれば天の冬至にあ

たり、まさに十一月三日にあるべし。その蚤晩を求むるに、後の二日の影を相減すれば、一日の差率なり、これを倍して法となし、前二日の減に、百刻を以てこれに乗じて実となし、法を以て実を除し、冬至の加時は夜半後三十一刻なり。

ここではさきのa日、b日がそれぞれ一一月二六日及び二五日であり、c日が一〇月一〇日にあたる。一日を一〇〇刻に分っているが、この点を除くと、夜半より数えた冬至の時刻は、式(1)および(2)から、

$$\frac{x-b}{2}=\frac{q-r}{2(q-p)} \qquad (1)、$$

となり、祖沖之の計算と一致する。このばあい、冬至の日である一一月三日はすでに予測されている。このように祖沖之の算法は内容的に授時暦の方法と同一であり、授時暦はただ計算の順序を変更したにすぎないといえる。

(186) 『東洋天文学史研究』（一九二八年）所収

(187) 回帰年の値は、昔ほど長く、年代とともにわずかばかり減少する。下文の消長法参照。

(188) 堯典の四中星については多くの論文が書かれている。天文学的には能田忠亮『礼記月令の研究』（一九三八年刊）中の堯典の論文がすぐれている。

(189) Gaubil: Traité de l'astronomie chinoise (*Observations mathématiques, astronomiques, géographiques, chronologiques et physiques, par les Pères de la Compagnie de Jésus*, t. 3, 1732) 中の書経天文に関する章参照。

(190) 能田氏上掲書参照。

(191) 殷代の暦にして多くの論文が書かれたが、董作賓『殷暦譜』は、有名な甲骨学者の手になったものである点から特に注目される。しかし、以下に批判するように、暦法の立場からすれば、根本的に賛成しがたい。董作賓教授の業績の批判を兼ね、殷代の暦を論じた小論に「殷代の暦法」（『東方学報』京都第二一冊　一九五二年刊）および「殷暦に関する二、三の問題」（『東洋史研究』第一五巻　一九五六年刊）がある。（いずれも本巻収録）

(192) 殷代に大小月が配当されたという点についても疑問を持つ学者がある。たとえば島邦男『殷墟卜辞綜類』（一九六七年刊）。しかし、筆者はその見解に賛同しない。当時の暦法は天象をみて時々に修正を行い、大小月の配置方法や置閏法がまだ十分に確立しなかったにしても、太陰太陽暦の原型はすでにでき上っていたと考えたい。

(193) 彼は第二次大戦中、四川の奥地に遁れ、きわめて不自由な生活の中から、この大著を生んだ。この書は暦法以外、甲骨学の研究を集大成したものとして注目される。

(194) O. Neugebauer: The Metonic Cycle in Babylonian Astronomy（*Studies and Essays in the History of Science and Learning in Honor of G. Sarton*, pp. 433–448, 1944）

(195) 基本的に董作賓は殷代の文化全体が高次な発達を遂げていたとみる。そのため暦法として高次な四分暦が存在したとみる。なお『殷暦譜』では月食記事を暦譜作製の基準点としている。殷代に月食が記載されたということには、反駁を唱える学者はほとんどないが、新星記事があるという説になると、筆者は到底賛同できない。

(196) 新城博士は、表の使用を春秋中期とし、その証拠としてこのころから暦法がいちじるしく整備されたとする。『東洋天文学史研究』三一六—三一七ページ参照。しかし、表のような素朴な観測器は、殷代に存在したとしても不都合はなかろう。

(197) 能田忠亮上掲書参照。なお能田博士の論文はすべて『東洋天文学史論叢』（一九四三年刊）に収録される。

(198) 『東洋天文学史研究』五三六ページ

(199) 新城新蔵上掲書一五ページ参照。この説による改暦は漢武帝の太初暦の制定であり、夏正の採用がきまった。

(200) 『左伝』が前漢末の劉歆の手になったという偽作説は、清朝の学者によって数多く議論された。日本では新城・飯島両博士のあいだで活発な論争があった。新城博士は『左伝』の、少なくともその天象記事は前四世紀半ばの観測によるものとされた。

(201) 新城新蔵上掲書に収録。

(202) 太初改暦とその太初暦、それを増補した三統暦の関係などについては、能田・藪内共著『漢書律暦志の研究』（一九四七年刊）（本著作集第2巻収録）参照。

(203) 能田忠亮「秦の改時改月説と五星聚井の弁」（『東洋天文学史論叢』収録）参照。

(204) 新城新蔵上掲書四五七—六五ページ参照。以下、上元積年の計算は新城博士の所論に従う。

(205) F. K. Ginzel: *Handbuch der Chronologie*, 3 Bds. 1906–1914.

(206) 小論「法顕伝歳在考」(『東方学会創立十五周年記念東方学論集』一九六二年刊)(本著作集第3巻収録)参照。

(207) 『元史』暦志三のはじめに「至元十八年歳次辛巳為元」の割注に、

上考往古。下験将来。皆距立元為算。周歳消長。百年各一。其諸応等数。随時推測。不用為元。

とある。百年各一の一は二の誤りであって、本文下段の式における第二項の係数は改正したものを用いた。

(208) 消長法の問題は中山茂「消長法の研究」(『科学史研究』第六六、六七、六九号　一九六三—六四年刊)参照。

(209) 『明史』暦志大統暦参照。

二　座標系とその変換

一　天体の位置表示

前四世紀半ば天象記事を収録したと思われる『左伝』には、天空を一二等分した十二次を基準として木星（歳星）の位置を示している。当時の知識によると、木星の周天周期は一二年であり、したがって一年で一次を動くと考えられていた。十二次のいずれにあるかによって年次を知ることができ、これが木星をまた歳星と呼ぶ理由であろうと思われるが、また歳星の位置によって星占が行われた。十二次の各々は、それぞれ支配する国があり、歳星の位置によって支配される国の吉凶が占われた。いわゆる分野説と呼ばれるものであり、『左伝』の中にそうした占星記事がみえている。中国における占星術の歴史からみて、『左伝』は最初の重要な文献といえる。『左伝』とほぼ同じころに成立した『国語』にも同様な占星記事がみられるが、『左伝』ほどに詳細ではない。ところで木星の位置を表示する基準となった十二次が、バビロンにおける十二宮と類似することはすでに述べた通りである。十二次とともに、後に天体位置表示の基準として十二次より重要な位置を獲得した二十八宿は、おそらく十二次よりも古く成立したと思われるが、先秦時代にはそうした基準としての役割を持っていなかった。十二次もしくは二十八宿による表示よりさらに進んで、度数による位置表示が行われてはじめて、天文学はようやく精密科学の領域にはいったといえよう。こうした度数は先秦の文献にみえず、漢代にはいって、それも武帝（前一四〇—八七在位）の時代からで、文献としては『史記』天官書、『淮南子』などが最初である。さらに『漢書』律暦志になると、度数を使って天体の位置を計算し表

表32　太初元年の赤道宿度

宿名	距　星	赤　経	赤道宿度		差
			観測	計算	
角	α Vir	174.35°	11.83°	11.71°	+0.12°
亢	κ Vir	186.06	8.87	8.82	+0.05
氐	α Lib	194.88	14.78	14.71	+0.07
房	π Sco	209.59	4.93	5.31	−0.38
心	σ Sco	214.90	4.93	4.51	+0.42
尾	μ_1 Sco	219.41	17.74	19.06	−1.32
箕	γ Sgr	238.47	10.84	10.28	+0.56
斗	φ Sgr	248.75	25.63	26.35	−0.72
牛	β Cap	275.10	7.89	7.74	+0.15
女	ε Aqr	282.84	11.83	11.74	+0.09
虚	β Aqr	294.58	9.86	9.40	+0.46
危	α Aqr	303.98	16.76	16.28	+0.48
室	α Peg	320.26	15.77	16.56	−0.79
壁	γ Peg	336.82	8.87	8.36	+0.51
奎	ζ And	345.18	15.77	15.79	−0.02
婁	β Ari	0.97	11.83	10.92	+0.91
胃	35 Ari	11.89	13.80	14.72	−0.92
昴	17 Tau	26.61	10.84	11.06	−0.22
畢	ε Tau	37.67	15.77	17.78	−2.01
觜	φ_1 Ori	55.45	1.97	1.17	+0.80
参	δ Ori	56.62	8.87	7.72	+1.15
井	μ Gem	64.34	32.53	32.76	−0.23
鬼	θ Cnc	97.10	3.94	4.01	−0.07
柳	δ Hya	101.11	14.78	14.77	+0.01
星	α Hya	115.88	6.80	6.71	+0.09
張	υ Hya	122.59	17.74	17.09	+0.65
翼	α Crt	139.68	17.74	17.94	−0.20
軫	γ Crv	157.62	16.76	16.73	+0.03

示することが完全に行われている。またこの律暦志には、十二次と二十八宿の関係、二十八宿の宿度（広度）が記述されているが、これらの宿度の数値からして、天体の位置表示には赤道座標系が使われていたことが知られる。二十八宿の宿度は、相隣る距星[210]間の広がりであるが、律暦志の二十八宿の宿度はそれぞれ二つの距星間の赤経差に該当するのである。太初元年当時における二十八宿の距星の同定、さらに赤経差としての宿度の計算と記事（観測）との比較は表32の通りであって、最終欄の差が小さいことによって、以上の事実が確かめられる。このように中国の天文学で基準座標として赤道を採用したことは注目に値する。ヨーロッパではギリシア時代に黄道座標を使用し、それが中世の時代に引き継がれ、赤道座標が中心となるのは一六世紀以降である。中国では後漢のころ黄道銅儀が作られ、日

月の位置を黄道を基準にして測ることが行われたが、しかし、長い歴史を通じて、赤道座標に中心をおくことは変りがなかった。現在の天文学が主として赤道座標を使用することからみて、いくぶん誇張していえば、中国は先駆的役割をはたしたといえる。

『漢書』律暦志において、日月の運動とならんで、はじめて「五歩」の名の下に惑星の位置計算が数量的に取扱われた。これらの記述にみえた度数は、もちろん赤道座標、特に赤道に沿った度数とみるべきである。すなわち赤経に対応する度数が示されているが、赤緯については言及されていない。中国で赤道座標が使用されたことは、精密観測器である渾天儀の構造からきている。同種のものはギリシアにもあり、現在これらはarmillary sphereと呼ばれる。渾天儀は太初改暦のころから使用されたが、これは南北極を軸として回転する子午環と、それに直交する赤道環から成立ったもので、当初は黄道環を欠いていたと思われる。上述したように黄道環は後漢の時代に考案されたが、渾天儀がかなり複雑な機構のものとなるのは、唐の李淳風以降であった。

バビロンにはじまって現代天文学に受け継がれた度数の分割は、全天（円周）を三六〇度に分け、度以下は六〇進法によって分、秒と呼んだ。ところが中国のばあいは、最初のころは、一年の日数と同じ数値をもって全天を分割した。たとえば四分暦では一年を三六五日四分の一とすることから、全天の度数もやはり三六五度四分の一とした。太陽の毎日の平均運動を一度とすることから、両者に対し同一の数値が考えられたのである。漢以後の諸暦では一年の長さが、それぞれわずかばかりであるが、暦によってちがう。そのために全天の度数も、現行法とちがって、不変というわけではない。もちろんその変化は微少であり、中国度の一度は現行度の〇・九八五六とみなしてほとんどさしつかえがない。ところで祖沖之の大明暦ではじめて歳差が導入されると、一年の日数と全天の度数とが一致しなくなり、両者の差をもって一年間における歳差とすることとした。なお度以下の端数は分数値で表わされるが、時には太、半、少と分け、さらにそれぞれに強、弱を付して呼ぶことが行われた。もちろん半は$\frac{1}{2}$であるが、太は$\frac{3}{4}$、少は$\frac{1}{4}$を表わし、強弱はそれぞれプラス$\frac{1}{12}$、マイナス$\frac{1}{12}$にあたった。従ってたとえば太強といえば$\frac{3}{4}$に$\frac{1}{12}$を加えた$\frac{10}{12}$である。こうした記載は、正史についていえば、『後漢書』律暦志に初見する。

二　中国の黄道座標系

赤道とならんで黄道に注意したのは前漢からであるが、とくに月の運動を黄道に沿って観測しようとしたのは後漢からである。『後漢書』律暦志にみえる賈逵論暦の条には、ついに永元一五年（一〇三）七月に勅命によって黄道銅儀が作られたことがみえる。これによって赤道を基準とした二十八宿の赤道宿度と同時に、黄道宿度がはじめて同書に記述されることになった。いわば黄道座標の使用のはじまりであるといえる。また同書には二十四節気における太陽の位置が示されており、たとえば冬至および小寒についての記事を摘記すると次の通りである。

冬至　日所在斗二十度　黄道去極百十一度
小寒　日所在女二度　黄道去極百十三度強

赤道に沿った太陽の位置は、冬至において斗二〇度、小寒において女二度であり、一応二十八宿を基準とし、二十八宿中の度数をもって表示している。次に黄道去極の度数とは、赤道極より黄道上の太陽に至る度数であり、太陽の北極距離を示している。しかし、それは現在の黄道座標系における黄緯を九〇度から減じたものではない。いま一度、第一部第二章で述べたことをくりかえすと、後漢の黄道銅儀では、それは現行のような黄道座標系（黄経と黄緯）の測定が行われたというのではない。後漢時代はもとより、中国の伝統的天文学では黄道は考慮するが、黄極は全く無視されてきたのである。換言すると、中国の黄道座標系は黄道と赤道極によって組織されたもので、きわめて特色があった。図32において天体の黄経をλ、黄緯をβとするとき、中国の黄道座標系は赤道極（P）を通る大円と黄道とによって天体の位置を表示するもので、図32のλ′、β′を、λ、βの代りに使用するのである。いまこうした黄道座標を極黄経（λ′）、極黄緯（β′）の名で呼ぶことにする。『後漢書』律暦志にみえる黄道去極度は90°−β′を意味するのである。こうした特殊な黄道座標系の使用は、すでに前漢末の時代からはじまっていると思われるが、元明のころまで受けつがれ、明末に西洋天文学が輸入され、はじめて現行の黄道座標系が知られるようになった。

しかしながら以上のような特殊な黄道座標は、中国独特のものでないことが知られる。実はこれと同じものがインド第三期のシッダーンタ天文書にみえるのである。ふつうインド天文学はヴェダ文献の時代を第一期とし、それに続く時代を第二期とし、西暦五世紀以降を第三期とする。第三期にはギリシア天文学の影響が顕著となり、またシッダーンタの名で呼ばれる天文書が幾つか編纂された。その一つであるSūrya Siddhāntaの英訳本では、上述の黄道座標をpolar longitude及びpolar latitudeと呼んでおり、上に極黄経、極黄緯と呼んだのは英訳本の用語を使ったのである。[211]ところでこうした座標がギリシアにおいて使用されたことが、フォークトによって指摘されている。前二世紀半ばのギリシアの有名な天文学者ヒッパルコスがこのような特殊な黄道座標を使用したという。周知のようにヒッパルコスの業績は、二世紀半ばにプトレマイオスによって書かれた『アルマゲスト』に収録されたが、ここには現在と同じ黄道座標が用いられている。ヒッパルコスが残した著述として、アラートスおよびユゥドクサスの著述に対する注釈が残っており、それの原文と独訳との対照本が次のように出版されている。

Hipparchi in Arati et Eudoxi Phaenomena Commentariorum libri tres, Griesch u. Deutch von K. Manitius, 1894.

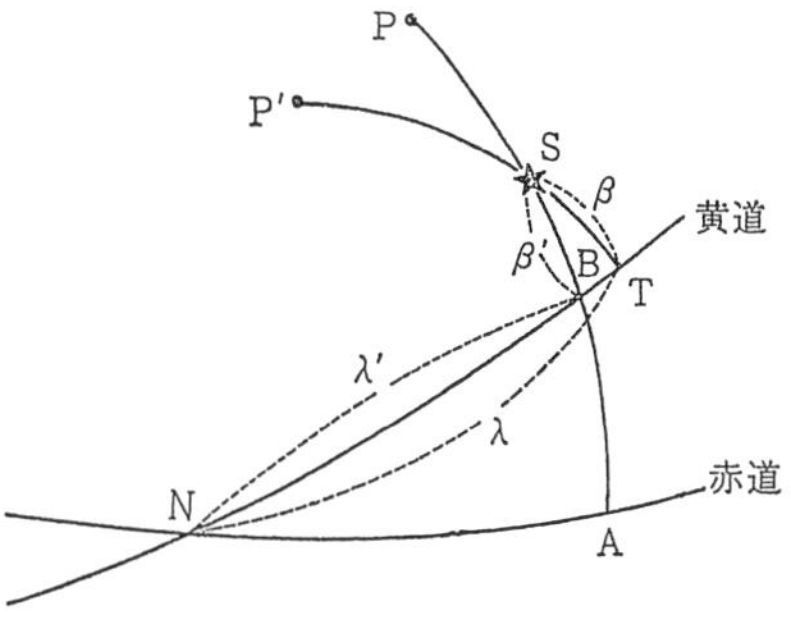

図32　中国の黄道座標系

またこの著述により、ヒッパルコスの星表とプトレマイオスのそれとを比較した業績に、

F. Boll：Die Sternkatalogue des Hipparch u. des Ptolemaios（*Bibliotheca mathematica*, 3 Folge, Bd. 2, S. 185–95, 1901）

がある。アラートスの注釈書には八八一個の星が含まれ、この中の三四〇個は、黄経もしくは赤経で位置を表わす代りに、星と同じに南中する黄道上の点 Mitkulmination（συμμεσουρανεῖ）が与えられる。これは上述した極黄経と一致する。さらにフォークトの記述によると、天体の位置観測に使用した観測器では直接に赤緯もしくは北極距離が測定され、また赤経もしくは Mitkulmination が読みとられており、現行の黄道座標が使われた痕跡はないという。以上のように中国で長い期間にわたって使用された特殊な黄道座標も、実はギリシアやインドで行われていたのであるが、これは相互の関係を示唆するものであろう。

中国の黄道座標の特殊性に筆者がはじめて注意したのは、『大唐開元占経』に収録された『石氏星経』の研究からであった[212]。この星表では星の位置は、入宿度（赤経に対応する）、去極度（北極距離）、黄道内外度の三種の数値で示される。黄道内外度は、星の黄道からの距離であり、内は黄道より北、外はその南を意味する。ところでこの距離は、現在の黄道座標を考えれば、当然黄緯と解し得るのであるが、それでは観測値と計算値とは一致せず、しばしば大きな不一致がみられた。しかし、これを極黄緯と解するならば、きわめてよく一致することがわかり、はじめて特殊な黄道座標が中国で使用されたことを知ったのである。『後漢書』律暦志以後の正史の幾つかに記載された二十八宿の黄道宿度も、各宿距星の黄経差ではなく、二つの距星間の極黄経の差と解して、はじめて正しいことを知ったのである。

三　黄赤道の関係

中国の黄道座標は上述のようなものであるが、黄道を基準にして天体の運行を考えるのは、太陽や月の位置を詳しく知ることから起る。ことに日月食の現象を取扱うには、どうしても黄道を考えねばならぬ。しかし、中国の基本的な座標が赤道に準拠する以上、赤道と黄道との関係が問題になってくる。また月の位置観測が進むにつれ、月が黄道とは別な白道上を動くことが明らかとなり、黄白道相互の関係も取りあげられてくるのは、まさに当然なことである。まず黄赤道の変換について述べよう(213)。

こうした変換に必要な黄赤道の傾斜角は、『後漢書』律暦志において二四度と記載されており、現行度数でほぼ二三・六六度である。じっさいには傾斜角の値にも永年変化があるが、中国の天文学でははるか後代まで、この値を採用し続けている。上述したように、『後漢書』律暦志には赤道宿度と並んで黄道宿度が記述されているが、両者の関係は数学的に求められたものでなく、おそらく黄道銅儀の上で読みとられたものであろう。黄赤道の変換をはじめて数学的にとり上げたのは、隋の劉焯の皇極暦（『隋書』所収）で、その推黄道術の条に記載されている。その後、この問題をとり上げたのは唐の一行の大衍暦（『唐書』所収）であり、その方法は皇極暦を受け継ぎながら、少しく修正を加えている。よってここでは大衍暦の方法を記述することにする。この部分の記載は九道議の条に述べられている。九道は月の軌道を論ずるばあいの用語で、九道議は本来的には黄白道の関係に関するものであるが、同種の問題として黄赤道の関係をも併せて述べているのである。ここでも黄赤道の傾斜角は二四度である。いま春分から夏至までの一象限について黄赤道の関係がわかれば、他の象限での関係は容易に与えられる。ところで春分から夏至までの一象限は中国度では九一度余であるが、まずこれを五度ずつに分けて、それを一限と呼ぶ。春分から数えて九限四五度のあいだで、表33のような割合で、黄道度が赤道度より多いとされている。

すなわち、この間での両者の差は、$\frac{1}{24}$度を公差とする算術級数をもって変化し、最終的には赤道四五度に対し黄道は四八度となっている。これと反対に、夏至から逆に春分に向う九限四五度に対して、同じ算術級数で変化するが、このばあいは赤道度が黄道度より多くなっている。このように春分および夏至より九限四五度をとると、中間（立夏のころ）になお一度余が残っているが、ここでは黄道と赤道との換算は「四立の際に至って、一度少彊は平による」とあって、一対一で変らないことが明らかにされている。

表33　黄赤道の差

九　　限	差
初限（ 0—5度）	$\frac{12}{24}$度
二限（ 5—10度）	$\frac{11}{24}$度
三限（10—15度）	$\frac{10}{24}$度
四限（15—20度）	$\frac{9}{24}$度
五限（20—25度）	$\frac{8}{24}$度
六限（25—30度）	$\frac{7}{24}$度
七限（30—35度）	$\frac{6}{24}$度
八限（35—40度）	$\frac{5}{24}$度
九限（40—45度）	$\frac{4}{24}$度

表34　大衍暦と計算値の比較

限	大衍暦	計算値 $\Delta(\lambda'-\alpha)$
初	0°.500	0°.456
二	0.458	0.440
三	0.417	0.412
四	0.375	0.368
五	0.333	0.312
六	0.291	0.249
七	0.250	0.179
八	0.208	0.106
九	0.167	0.028

以上のように黄赤道の換算を算術級数で表示することは、もとより近似にすぎない。現在の計算との比較を示しておこう。いま黄道上の点Sに応ずる赤道上の点をTとし、それぞれの極黄経、赤経をλ'およびαとすると（図33）、

$$\tan\lambda'\cos\varepsilon = \tan\alpha$$

によって、αに対するλ'を求めることができる。春分から数えて初限、二限……に至る$\lambda'-\alpha$を求め、さらに各限についての差$\Delta(\lambda'-\alpha)$を計算すると、これが上記の算術級数と比較さるべき数値となる。

両者の比較は表34に示される通りであって、大衍暦の記載と計算値とは一致しない。ただ全体として考えると、赤経四五度に対し極黄経は四七・六度であって、後者はほぼ四八度に近い。換言すると黄道と赤道との差三度を、九限にわたって算術級数に分割

したまでで、その間に十分な数学的取扱いが行われなかったことを示している。

四　黄白道の関係

上述したように『唐書』暦志における大衍暦九道議には、黄赤道の換算と同時に黄白道の関係が取りあげられる。もともと九道論とは月の軌道を論ずるもので、『漢書』天文志に「月に九行あり」とみえ、さらに『宋書』暦志に漢の劉向の九道論を引用しており、九道のことは前漢のころにすでに記述されている(214)。『宋書』の文では、

　劉向は九道を論じていう、青道二は黄道の東に出で、白道二は黄道の西に出で、黒道二は北に出で、赤道二は南に出ず。またいう、立春春分には東して青道に従い、立夏夏至には南して赤道に従う、秋は白、冬は黒、各々その方に随う。

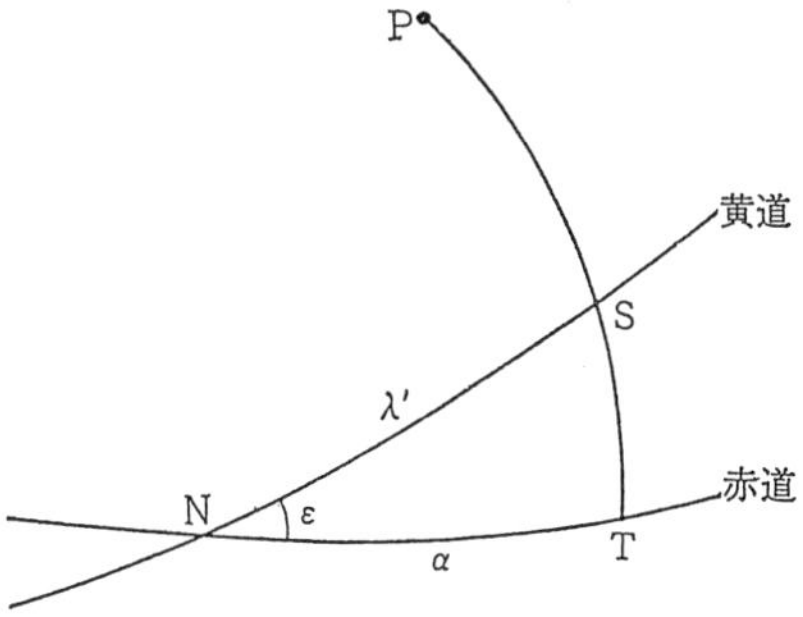

図33　黄赤道の変換算

とある。これによると、月道を分って九道とし、それぞれを五行説に従って四季と四色に配し、青・白・黒・赤はそれぞれ二道あり、さらに一色の黄道を加えて九道とするのである。すでに能田忠亮博士が指摘されたように、「四季を通じて観測に最も都合のよい満月の高度に高低の差あるに依って、月道に委蛇曲折ありとし、之を九道と名づけた(215)」ものであろうが、月の軌道が黄道と傾斜し、さらにその交点が移動する事実から生れた議論であろうと思われる。前漢末の耿寿昌は月の運動に遅速があることを知ったが、後漢になって月の運行に関する知識はいっそう深まった。『後漢書』律暦志における賈逵論暦に「九歳に九道一復す」という言葉があるが、

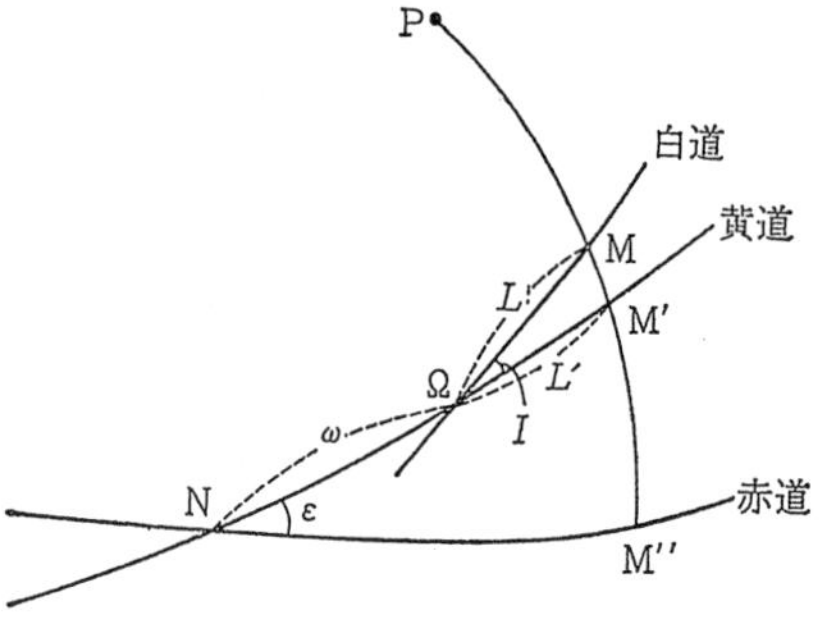

図 34　黄白道の変換

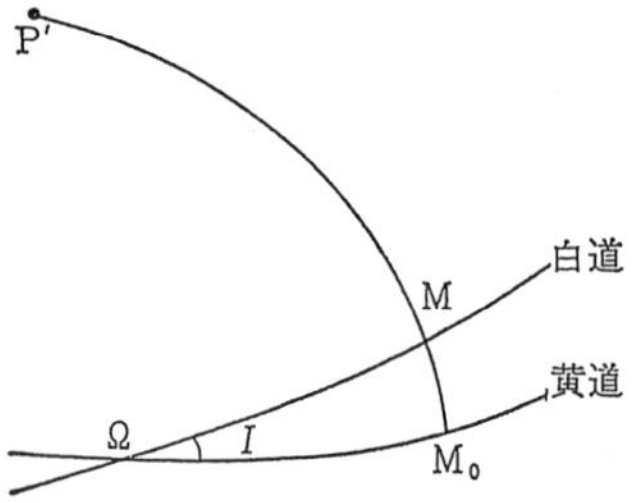

図 35　黄白道の変換（黄道座標）

これは月の近地点が前進する事実を明記したものと思われる。ここで九道とは、月の軌道というほどの意である。この律暦志には、月の運動を論ずる上文に続いて、もともと九道術なるものがあったが、廃棄された状態にあり、嘉平年間（一七二―七七）に治暦郎の梁国及び宗整が九道術に関する著述を献上したという。同書には他にも九道術に関する引用はあるが、それがいかなるものかは明記していない。この九道の天文学的意味は、黄白道の換算を行うばあいに明確となるもので、いま大衍暦の記述によってこの問題を考える。

黄赤道の傾斜角を二四度とするのに対し、黄白道の傾斜角は六度であり、この値は中国の天文表に共通している。もし中国の黄道座標が現行のものと同一であれば、黄白道の換算と黄赤道のそれとは何ら変りはなく、前節の式とほぼ同じ形の式によって簡単に処理される。ところが上述したように、中国の黄道座標は黄極を全く無視し、赤道極を通る時圏（hour circle）白道および黄道を切る点を考えるために、両者の変換は現在のように簡単にゆかないのである。いま図34において、白道上の月の位置をM、それに応ずる極黄経を$\omega + L'$、黄白道の交点Ωより白道上に測ったMまでの角度をLとする。LとL'との関係を求めるには、まず$\angle NM'M'' = A$とおき、球面三角形$NM'M''$において、

$$\cot A = \cos(\omega + L')\tan\varepsilon \qquad (1)$$

が得られ、次に黄白道の傾斜角をIとして、

$$\tan L = \frac{\sin A \sin L'}{\sin A \cos L' \cos I - \sin I \cos A} \qquad (2)$$

となる。もしふつうの黄道座標であれば、Lに相当するΩMとL'に相当するΩM_0との関係は、図35よりして、

$$\tan \Omega M \cos I = \tan \Omega M_0 \qquad (3)$$

となる。これを上式(2)と比較するに、前者ははるかに複雑になっており、L、L'の関係は式(1)を通じてω、すなわち黄白道の交点がどこにあるかによって異なる値となる。この交点はほぼ一九年をもって逆行するのであるから、中国流の黄道座標を考える限り、LとL'との関係は絶えず変化することになり、式(3)を用いたばあいのように簡単ではない。そこでいま大衍暦で代表した中国の天文計算ではまず黄白道の交点が二至二分および四立にあるばあいを考え、その時における月の八種の軌道を考え、それに対してL、L'の換算を考えるのである。古来、九道と呼ばれたものは、上記の八種の軌道に黄道を加えたものであり、九道論が起った天文学的根拠は、中国の特殊な黄道座標とそれに伴う黄白道の換算の特殊性から生れたものである。九道論は前漢末にはじまっているが、当時すでにこうした換算の問題が考慮されはじめたものかと思われる。

黄赤道の差（黄道差と呼ぶ）は九限四五度に対して三度であったが、黄白道の差（月道差）は同じく九限四五度に対し、交点Ωの位置によって異なる値となる。交点が二分にあれば、月道差は$1\frac{1}{2}$度、四立ならば$\frac{3}{4}$度、二至ならば0となり、順次$\frac{3}{4}$度を減ずる。これが大衍暦に示された関係であるが、公差の$\frac{3}{4}$度は、黄道差三度の$\frac{1}{4}$にあたり、あたかも黄道傾斜角二四度と白道傾斜角六度との比に対応する。なお二十四節気を細分した七十二候を考えると、二至二分四立の八節はそれぞれ九候をへだてており、九候について$\frac{3}{4}$度を増減するから、一候についての月道差はさらにその$\frac{1}{9}$を増減することになる。このことも大衍暦に記載されている。ところで交点が八節のいずれかにあるばあいについて、九限四五度に対して、月道差を計算し、大衍暦の記事との比較を行おう。計算された月

表35　月道差（c は中国度）

昇交点の位置	月道差	
	計算 $L-45^{c}$	大衍暦
春分	$+1.5^{c}$	$+1.50^{c}$
立夏	+0.2	+0.75
夏至	−1.1	+0.0
立秋	−1.6	−0.75
秋分	−1.1	−1.50
立冬	+0.2	−0.75
冬至	+1.5	−0.0
立春	+2.1	+0.75

道差は $L-45$ 度であり、この値はプラスもしくはマイナスとなるが、大衍暦には符号の記載がない。適宜、符号をつけて計算との比較を行ったものが表35である。この比較からみて、大衍暦の月道差計算はきわめて不完全なものであることがわかる。おそらく部分的に渾天儀のような観測器で読みとり、相互の関係を算術級数で増減するように修正を加えたもののようである。

中国の数理天文学では、黄白道の換算はほとんど必要がなかった。月の黄道上の運動（極黄経の変化）を知ることによって、月の位置計算はもちろん、日月食の問題を処理することができた。月の極黄緯を求める計算は、後漢劉洪の乾象暦において述べられたが、これも日月食の計算に必要がなかったため、その後の暦法にはほとんど省略されている。以上のように天文計算に必要となる黄赤道の換算でさえも、算術級数で増減するとの見込みの上で処理されていて、一応の数学的処理は元の授時暦まで行われなかったのである。よって次に授時暦の計算法を述べよう。

五　授時暦の計算法

元の郭守敬をその編纂者の一人とする授時暦は、中国を代表する善暦と称せられる。元の時代にはイスラム文化の影響がかなり強く、天文学の面でもそれが指摘されるが、授時暦自体は在来の天文計算法の中から生れたもので、直接的には北宋の紀元暦や南宋の統天暦から導かれている。授時暦の編纂には郭守敬のほか許衡、王恂などが参預しており、授時暦にみえた数学的処理の部分については王恂の功績が大きかった。郭守敬自身は主として観測儀器の整備とそれによる観測の仕事を担当し、また上記二人の学者が死亡した後に、授時暦議及び暦経の編纂を行ったのである。なお郭守敬が整備した儀器にはイスラムの影響があったことを注意しておこう。ところで授時暦議及び暦経は『元史』暦志に著録されているが、授時暦の詳細については『明史』暦志の大統暦の条も参照となる。周知のように明の大統暦は、消長法を除いて、授時暦をほとんどそのまま受け継いだものである。さらに『明史』暦志は、編纂にあたって新機軸を出し、はじめて図解による方法をとり入れており、以下に述べる黄赤道の換算方法についても、「元志」以上に詳しく計算の詳細を述べている。従って「元志」と並んで「明志」を参考にしながら、その方法を述べることとする。[216]

黄赤道の換算は、現在では球面三角法の知識によって簡単に処理される。この方法では球面上の角や弧の関係が与えられるが、郭守敬の時代にはそうした知識がなく、弧と弧との関係は、一度、弧と弦もしくは矢との関係に直し、二重三重の手続きを経て最終の結果に到達するのである。[217]ところで弧と弦もしくは矢との関係については、古くからいくらかの結果が得られていた。いま直径 d の円弧（その弧長 a）において、弦長を c、矢を b とし、さらに円弧の面積を A とすると、漢代の数学書『九章算術』巻一には、

$$A=\frac{1}{2}(cb+b^2) \qquad (1)$$

$$d=\left(\frac{c}{2}\right)^2\div b+b \qquad (2)$$

の二式が得られている。上式で(2)は正しいが、(1)は近似式である。さらに宋の沈括の『夢渓筆談』巻一八に会円術を説き、次の二式を与えている。

$$c = 2\sqrt{\left(\frac{d}{2}\right)^2 - \left(\frac{d}{2} - b\right)^2} \qquad (3)$$

$$a = \frac{2b^2}{d} + c \qquad (4)$$

上式でも、(3)は正しいが、(4)を導くには(2)を使っており、従って(4)は近似的な式である。ところで(2)と(4)からcを消去して、

$$b^4 + d^2b^2 - adb^2 - d^3b + \frac{a^2d^2}{4} = 0 \qquad (5)$$

を得る。この四次式を使い弧aに応ずる矢bを求め、さきに句股弦の法（ピタゴラス定理）によってだんだんに球面三角形における弧と弧との関係を処理するのである。すなわち極黄経と赤経との関係、さらにまた極黄経を与えて極黄緯を求める計算を行っている。[21]このほか『元史』授時暦の「白道交周」の条では白赤道の交点と黄赤道の交点との関係を求めている。薄樹人「授時暦中的白道交周問題」（『科学史集刊』第五期　一九六三年刊）に詳しい。

授時暦における黄赤道の変換には、式(5)を使用するが、これは近似的なものである。しかもその途中にかなり複雑な計算を行っていて、数値の切上げや切捨てが行われている。したがって最終的な結果にいくぶんの誤差が生ずることは当然であるが、しかし実際にはかなりよい結果を得ている。授時暦に与えられた数表から、春秋二分後を一〇度ずつに分けた赤経（赤道積度という）に対する極黄経（黄道積度）の比較をとりあげ、球面三角法を使った現行法による計算と比較する。いま『明史』大統暦の値をとってその比較を示すと表36のようになる。

なお球面三角法は明末に来朝した耶蘇会士の手で輸入され、清初の数学者梅文鼎らによってその研究が行われたことを付記しておく。

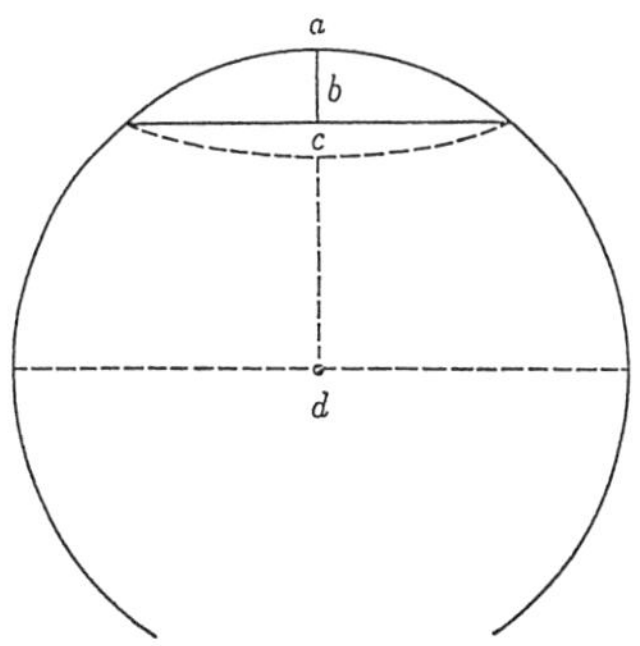

図 36　弧・弦・矢の関係

表 36　黄道積度の比較（括弧内は現行度）

大統暦		計算	
赤道積度	黄道積度	黄道積度	O−C
10^{c}	$10^{c}.8406$ （10°.684）	10°.730	−0°.046
20	21.5494 （21.240）	21.345	−0.105
30	32.0418 （31.518）	31.750	−0.232
40	42.2832 （41.675）	41.903	−0.228
50	52.2712 （51.518）	51.721	−0.203
60	62.0152 （61.123）	61.287	−0.164
70	71.5357 （70.488）	70.617	−0.129
80	80.8751 （79.712）	79.755	−0.043
90	90.1044 （86.806）	88.812	−0.006

(210) 距星は各宿について一つずつ選ばれ、ふつう西側に位置する大星が当てられた。一宿の距星から東に隣る次宿の距星までの広がりを、もとの宿の宿度もしくは広度と呼んだ。赤道および黄道に沿って測った二種の宿度がある。

(211) E. Burgess : Sūrya Siddhānta（*JAOS* vol. 6, pp. 141–498, 1860）

(212) 本書第一部第二章参照。ここでは重ねて説明しておいた。

(213) 以下、大衍暦における黄赤道及び黄白道の換算の記述は、小著『隋唐暦法史の研究』によった。詳細は同書にゆずる。

(214) 漢代に於ける九道論については、能田忠亮「漢代論天攷」（『東方学報』京都第四冊　一九三四年刊、『東洋天文学史論叢』一九四三年刊収録）中の月行九道論の条参照。

(215) 前掲論文参照。

(216)　筆者編『宋元時代の科学技術史』中に収録された筆者の「宋元時代の天文学」によった。

(217)　唐代に行われたインド天文書の漢訳「九執暦」では正弦関数にあたるものが紹介された。これが使用されると、こうした問題もよほど簡略化される。しかし、授時暦においても、そうした知識は使われなかった。

［増補注］

㉑　計算の詳細については李儼『中国数学大綱』（一九五八）上冊二四二―二五一ページ参照。

三　太陽と月の運動

一　太陽運動の不等（inequality）

中国の古い天文表（暦法）では、太陽は天空を等速度で動くとし、赤道に沿った日行を一度とした。現在ではバビロン以来の伝統に従って周天を三六〇度に分つが、中国では日行を一度とすることから、周天度数を一年の日数に等しい値とした。ところが天文表によって一年の長さにわずかな差があるから、従って周天度数も暦法によってわずかな相違がみられた。たとえば四分暦での周天度数は$365\frac{1}{4}$度であり、三統暦では$365\frac{385}{1539}$度である。いま四分暦の定数を採用すると、中国の一度は現行の$0^{\circ}.9856$であり、これは他の暦法にほぼ通用する。はじめは太陽の運動を赤道に沿って考えていたが、後漢以後には黄道上の運動をあわせて考えるようになった。このばあいも日行を一度とした。その後、三四〇年のころ東晋の虞喜によって歳差が発見された。虞喜は、太陽の位置（冬至における）が五〇年に一度の割合で西に移動すると考えた。周知のように、前二世紀のころギリシアの天文学者ヒッパルコスが歳差を発見したが、ギリシアでは歳差をもって恒星の位置が少しずつ東に移る現象と理解し、同じ現象に対する理解の仕方はかなりちがっていた。歳差の知識を天文表にはじめて取り入れたのは、五一〇年に南朝梁で施行された祖沖之の大明暦からであり、この暦法では一年を$365\frac{9589}{39491}$日とするのに対し、周天度数は$365\frac{10449}{39491}$度であり、この二数の差を度数で示したものが、一年間に冬至点が西に移動する度数であり、歳差と呼ばれた。上記の値では、ほぼ四六年に一度の割合で西に移動し、これは現在の歳差定数よりいくぶん速い動きを示している。

表37　定気間の日数

定気名	皇　極	大　衍	定気名	皇　極	大　衍
	d	d		d	d
冬　至	14.68	14.44	夏　至	15.76	15.99
小　寒	14.76	14.61	小　暑	15.68	15.82
大　寒	14.83	14.76	大　暑	15.60	15.68
立　春	14.83	14.90	立　秋	15.60	15.54
雨　水	14.76	15.02	処　暑	15.68	15.41
驚　蟄	14.68	15.15	白　露	14.76	15.29
春　分	15.76	15.29	秋　分	14.68	15.15
清　明	15.68	15.41	寒　露	14.73	15.02
穀　雨	15.60	15.54	霜　降	14.83	14.90
立　夏	15.60	15.68	立　冬	14.83	14.76
小　満	15.68	15.82	小　雪	14.76	14.61
芒　種	15.76	15.99	大　雪	14.68	14.44

太陽の運動は、もとより等速ではない。この等速運動からのずれは、六世紀半ばの天文学者張子信によって発見された。日行の不等は、ギリシアではヒッパルコスが知っていたというから、中国での発見は七〇〇年ほどおくれる。現在の天文学では、日行の不等の主要部分は、太陽の見掛けの運動を円とするか楕円とするかの相違であって、いわゆる中心差（equation of center）と呼ばれるものである。この中心差は正弦関数の形で表わされるが、日行の不等を発見した張子信及びその説を受け継いだ隋の劉焯の皇極暦では、不等が正弦関数の形になることを、十分に理解しなかった。一応その正しい理解が行われたのは唐の一行（大衍暦の撰者）からであった。皇極暦と大衍暦では、この不等を特別な形で表記している。すなわち定気による各節気間の日数が日行の遅速によって変化することから、これらの日数を表記する。いま二暦の値を並記しよう。この表で日数の長短により、それに応ずる区間の日行がそれぞれ遅くまた速い。まず大衍暦についていえば、冬至の前後に日行は最も速く夏至のころは最も遅い。大衍暦が施行された七二七年のころには、日行が最も速くなるのは冬至前九日ほどであるが、これをほぼ冬至と考えている。このような考えは元の授時暦まで受け継がれた。この冬至を中心にして、日数の長短は前後に対称となっており、このことは中心差が正弦関数の形をとることに相応ずる。ところが皇極暦では、冬至を中心に日行が速くなる点は変らないが、他に驚蟄、秋分のころにも同じく速くなっている。従って張子信やそれを受けた劉焯のばあいは、中心差の理解は不十分であったといえる。[22]

なお現在の天文学との関係をいえば、太陽が地球のまわりに楕円軌道を描くとき、太陽の真黄経をλ、平均黄経をl、平均近地点離角（mean anomaly）をgとする時、

$$\lambda \fallingdotseq l + a\sin g,\ a = 6910''.57$$

となり、$a\sin g$が中心差である。この関係を考慮に入れると、定気間の日数は、太陽の近地点通過（ほぼ冬至のころ）に最も短く、その前後の日数はほぼ対称となるのである。なおまた、中国の天文表では、太陽運動の不等を日行盈縮と呼んでいる。この盈縮の計算にあたって、中国ではすべて太陽の近地点通過を基準とするが、『アルマゲスト』で代表されるギリシア天文学では遠地点より出発して計算をはじめる。ここにもわずかながら両者の相違がある。

二　月の運動の不等

日行の不等とともに、前二世紀のヒッパルコスは月行の不等を発見した。月のばあいには、その不等の主要なものは中心差（やはり円運動と楕円運動の差）だけではないが、ヒッパルコス時代に知られたのはこれだけで、二世紀の天文学者プトレマイオスはさらに出差（evection）を発見した。いま月の真黄経をλ'、平均黄経をl'、平均近地点離角をg'とすると、

$$\lambda' = l' + 22640''\sin g'$$ …………中心差

$$+4586''\sin(2D - g')$$ ……出差

$D = l' - l$：日月の離角（elongation）

$\therefore\ D = 0^\circ$：経朔（mean conjunction）

$$D = 180^\circ$$：経望（mean opposition）

この二つの不等を考えると、朔望時にはいずれも$2D = 0^\circ$となり、上式は$\lambda' = l' + a' \sin g'$の形となり、朔望時だけに月の観測を行うばあいは、中心差と出差の区別を発見することが困難となる。プトレマイオスは、上弦及び下弦における月の観測を行い、はじめて出差の発見に成功したのである。しかし、中国では、その長い歴史を通じて、出差の発見は行われず、最後まで中心差に相当するものだけが取扱われた。

中国における月の運動に関する知識は、二世紀のころにはよほど詳しくなった。『後漢書』律暦志によると、ほぼ一九年の周期で黄白道の交点が逆行すること、すなわち月の運動が最も速くなる個所がほぼ九年で東に移動することを知った。前者の知識からは、朔望時のほかに交点月が知られた。交点月の知識は日月食の計算に重要な役割を持つものである。また後者の知識は、月の近地点移動と呼ばれるもので、これによって朔望時、交点月のほかに近点月が知られるようになった。月行の不等、特に中国暦法で知られる中心差はこの近点月を周期とする変化として表わされる。この知識が暦法にはじめて取り入れられたのは後漢末の劉洪による乾象暦からである。この天文表は『晋書』律暦志に詳しいが、近点月は暦周と呼ばれ、その数値は、

$27\frac{3303}{5969}$日……27.55336日（現在値　27.55455日）

である。これを周期として、月の運動は一日最高$14\frac{10}{19}$度から最低$12\frac{5}{19}$度のあいだを動くとされている。月行遅疾の名で呼ばれる月行の不等は、乾象暦においてすでに近地点を中心にして前後対称となっており、中心差に対する正しい理解が行われていた。『後漢書』律暦志によると、上下弦における月の観測が行われているようであるが、しかし、出差の発見には成功しなかった。もともと月の観測は日月食を予報することが最大目的であり、そのためには朔望時の観測に重点がおかれた。このことが出差の発見をもたらさなかった原因である。

三　経朔望より定朔望の計算

日月の運動における不等は、これによって日月の真位置を計算することができる前提である。また経朔望（mean syzygy）から定朔望（true syzygy）の時刻を求め、日月食の正しい予報に役立たせることが、いっそう重要な問題となる。経朔に代って定朔（true conjunction）をもって毎月の一日とすることは、劉宋の何承天が唱え、隋の皇極暦でとりあげられたが、この暦法はついに頒行されなかった。しかし、定朔の採用は唐代の暦法で行われた。もちろん食計算の必要から定朔望の日時を計算することは、すでに後漢末の乾象暦から行われていたが、しかし、当時はまだ日行盈縮の知識がなく、わずかに月行の不等による補正を行ったにすぎなかった。

いま日月の真黄経をλ、λ'、平均黄経をl、l'とすれば、

$$\Delta l = \lambda - l,\ \Delta l' = \lambda' - l'$$

は日月の不等を表わしている。もちろん中国のばあいは、いずれも中心差に相当するものだけが考慮される。いまT_m、Tをもって、それぞれ経朔望および定朔望の時刻とし、

$$\Delta t = T - T_m$$

をもって経朔望より定朔望を求める時の補正とすれば、λ、λ'を時間tの関数と考え、経朔望での値に添字mを付して、

$$\lambda = \lambda_m + \left(\frac{d\lambda}{dt}\right)_m \Delta t = (l + \Delta l)_m + \left(\frac{dl}{dt} + \frac{d\Delta l}{dt}\right)_m \Delta t$$

$$\lambda' = \lambda'_m + \left(\frac{d\lambda'}{dt}\right)_m \Delta t = (l' + \Delta l')_m + \left(\frac{dl'}{dt} + \frac{d\Delta l'}{dt}\right)_m \Delta t$$

となり、定朔（もしくは望）に対し $\lambda = \lambda'$（$\lambda = \lambda' + 180°$），$l_m = l'_m$（$l_m = l'_m + 180°$）であるから、上式から次の式が導かれる。

$$\Delta t = \left(\frac{\Delta l - \Delta l'}{\frac{dD}{dt} + \frac{d\Delta l'}{dt} - \frac{d\Delta l}{dt}}\right)_m \qquad (1)$$

ただし $D = l' - l$

あるいは分母において、$\frac{dD}{dt}$に対し残りの二項を無視すると、

$$\Delta t = \left(\frac{\Delta l}{\frac{dD}{dt}}\right)_m - \left(\frac{\Delta l'}{\frac{dD}{dt}}\right)_m \qquad (2)$$

ここで左辺の第一項は太陽、第二項は月の不等による補正である。すでに乾象暦では第二項による補正を考えた。いま唐の大衍暦について、(2)の補正をどのように行ったかを具体的に示そう。

まず太陽の不等による補正、すなわち第一項について考えよう。大衍暦では一年を$365\frac{743}{3040}$日とするから、これを二四等分した恒気（または常気）間の間隔は$15\frac{664.3}{3040}$日である。この数値は「三元之策」と呼ばれる。求めようとする補正値は、恒気ではなく、定気を引数とする表38から求められる。

この表で、まず盈縮分は定気間の日数が「三元之策」（恒気間の日数）より大きいか、また少ないかの数値を示しており、定気の間隔に対し、盈はプラス、縮はマイナスしたものが恒気間の日数となる。ただし与えられた数値は通法3040を分母とする日の端数であり、従ってたとえば定気による冬至から小寒までの間隔は、

$$15\frac{664.3}{3040} - \frac{2353(\text{盈分})}{3040} = 14\frac{1351.3}{3040} \cdots\cdots 14.44\text{日}$$

となる。第三行の先後数は、この盈縮分を馴積（次々に加減する）したものである。ところで太陽の平均運動は一日

に一度であるから、これはまた冬至から起算したそれぞれの節気までの補正（日数）であると同時に、Δlに相当する。第四行の損益率は盈縮分から導かれるもので、やはり通法を分母とする。ところで盈縮分を損益率で割った数値を求めると、たとえば冬至より驚蟄までについて、平均値一三・三六七を得る（表39）。この数値は、大衍暦において月の日行として与えられる一三・三六八七五度に一致する。最後の行の朓朒積は、この損益率を馴積したものであり、これは式(2)の右辺第一項に相当する。ただし上表からみて、第一項の分母$\frac{dD}{dt}$の代りに、$\frac{dl'}{dt}$が使用されていることになる。そうした省略が行われているが、ともかく朓朒積が定朔望の日を求めるための補正であることは、「唐志」大衍暦の条にみえる次の文から知られる。

表38　太陽の不等による補正値（大衍暦）

定気	盈縮分	先後数	損益率	朓朒積
冬至	盈　2353	先端	益　176	朒　初
小寒	1845	先　2353	138	朒　176
大寒	1390	4198	104	314
立春	976	5588	73	418
雨水	588	6564	44	491
驚蟄	214	7152	16	535
春分	縮　214	7366	損　16	551
清明	588	7152	44	535
穀雨	976	6564	73	491
立夏	1390	5588	104	418
小満	1845	4198	138	314
芒種	2353	2353	176	176
夏至	2353	後端	益　176	朓　初
小暑	1845	後　2353	138	176
大暑	1390	4198	104	314
立秋	976	5588	73	418
処暑	588	6564	44	491
白露	214	7152	16	535
秋分	盈　214	7366	損　16	551
寒露	588	7152	44	535
霜降	976	6564	73	491
立冬	1390	5588	104	418
小雪	1845	4198	138	314
大雪	2353	2353	176	176

表39　盈縮分と損益率の比

	盈縮分/損益率
冬　至	13.369
小　寒	13.370
大　寒	13.365
立　春	13.370
雨　水	13.364
驚　蟄	13.375
平　均	13.368

各々朔・望・弦の大小余を置き、入気・入転の朓朒定数を以て、朓は減じ朒は加え、定朔・望・弦の大小余となす。

この文は、月の不等をあわせて考慮したばあいを述べており、第二句の入気及び入転の語の中、入気は太陽の不等による補正に関係し、入転は月のそれである。またこの文では、上下弦についても定弦に対する補正が述べられているが、定弦を求める計算は、事実上その必要がなかった。

すでに上述したように、表37の先後数はΔlに対応する。いま概算として冬至に太陽の近地点があるとし、近地点離角（g）が九〇現行度となる時を春分としよう。中心差を$a\sin g$で表わすと、春分点での先後数を通法で割、さらに現行度に換算すると、大衍暦でのaに相当するものは$8597''$となる。現在使用されるニューカムの太陽表を用い、大衍暦がつくられた開元一二年（七二四）における中心差の係数aを求めると$7105''$となるから、大衍暦のそれは二〇パーセントほど大きい。なお春分における先後数七三六六をもって係数とし、他の先後数が$7366\sin g$の形で表わされるとして、gの値を冬至において零度、小寒、大寒……と一五度ずつ増して行くとし、先後数と$7366\sin g$との比較を図示すると、ほぼ一致することが知られる（図37）。このことは、大衍暦になって中心差がほぼ完全に理解されたことを意味する。

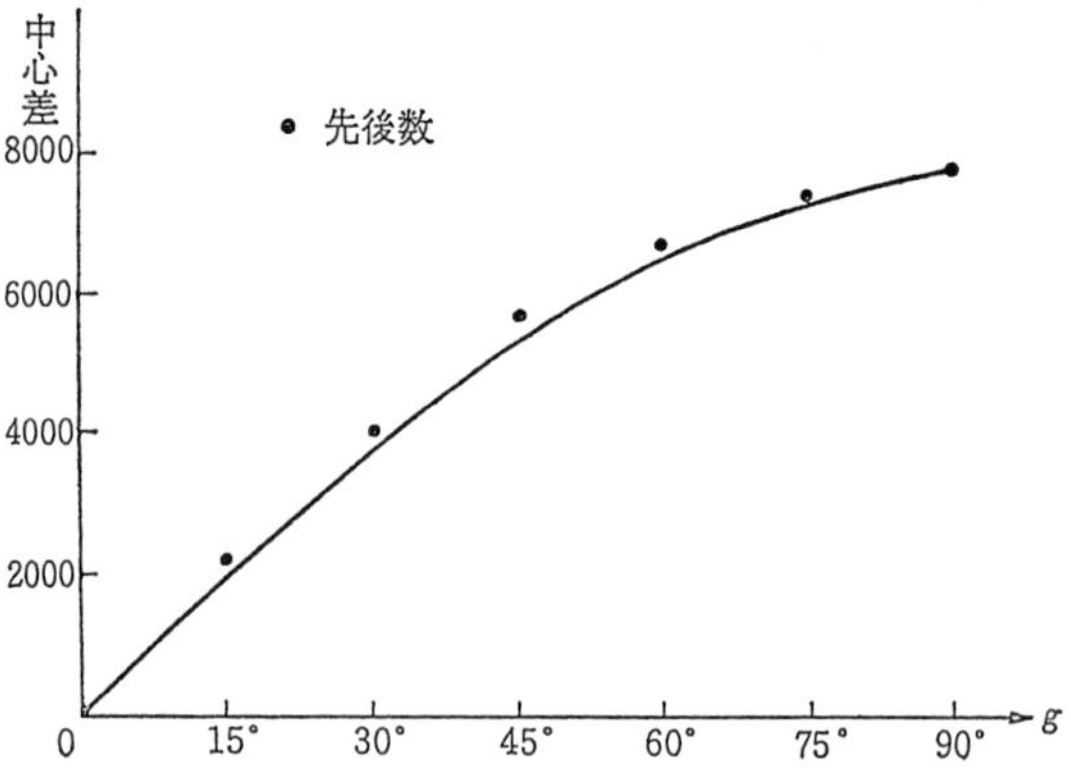

図37　先後数の比較

以上の補正は経朔望の日時が定気と一致するばあいに対して行われる。それが定気と相違するばあいには、不等間隔に対する補間法を使って中間の日時における補正が行われる。なおまた大衍暦以後、唐の崇玄暦からは恒気を引数とする表が使用されたことを注意しておく。このばあいには等間隔による補間法が使用される。これらの補間法は、

表40　月の不等による補正値（麟徳暦）

変日	離程	増減率	遅速積	変日	離程	増減率	遅速積
1日	985	増　134	速　初	15日	810	増　128	遅　29
2	974	117	速　134	16	819	115	157
3	962	99	251	17	832	95	272
4	948	78	350	18	846	74	367
5	933	56	428	19	861	52	441
6	918	33	484	20	877	28	493
7	902	9	517	21	893	4	521
8	886	減　14	526	22	909	減　20	525
9	870	38	512	23	925	44	505
10	854	62	474	24	941	68	461
11	839	85	412	25	955	89	393
12	826	104	327	26	968	108	304
13	815	121	223	27	979	125	196
14	808	初減　102 末増　29	103	28	985	144	71

中国におけるすぐれた計算法の一端を示すものであるが、別項で改めてとりあげる。

月の運動に関しては、太陽のばあいと同じく、月が近地点を通過する日時を起点として、不等を計算する表が与えられる。いま唐の麟徳暦について述べる。表40について説明を行えば、変日は月が近地点を通過してからの日数であり、離程は離程法六七で割って、月の日行（度数）を得る。麟徳暦では、月の平均日行は一三・三六八三五であり、いまこれに六七を乗ずると、平均の離程は八九五・六八ほどとなる。次に増減率及びそれを馴積した遅速積は、経朔望より定朔望を求める時の補正であり、総法一三四〇を分母とし、その数値は式(2)の右辺第二項にあたる。ところで月による補正計算でも、式(2)の第二項の分母としては、$\frac{dD}{dt}$の代りに$\frac{dl'}{dt}$が使用されていることが、次のようにして証明される。まず変日の離程から平均離程を引いたものを計算する（表41第二行）。この値を馴積したものが、$67\times\Delta l'$にあたる（第三行）。遅速積を総法一三四〇で割ったものが式(2)の第二項にあたるから、第二項と比較して、

表41　月の不等による補正値計算上の省略

変日	離程—平行	$67\times\varDelta l'$	遅速積	$67\times\varDelta l'\times\frac{1340}{\text{遅速積}}$
1日	+89.32	0	0	0
2	+78.32	+ 89.32	+134	893.2
3	+66.32	+167.64	+251	895.0
4	+52.32	+233.96	+350	895.7
5	+37.32	+286.28	+428	896.3
6	+22.32	+323.60	+484	895.9
7	+ 6.32	+345.92	+517	896.6
8	− 9.68	+352.24	+526	897.3
9	−25.68	+342.56	+512	896.5
10	−41.68	+316.88	+474	895.8
11	−56.68	+375.20	+412	895.1
12	−69.68	+218.52	+327	895.5
13	−80.68	+148.84	+223	894.4
14	−87.68	+ 68.16	+102	895.4
15	−85.68	− 19.52	− 29	901.9
16	−76.68	−105.20	−159	897.9
17	−63.68	−181.88	−272	896.0
18	−49.68	−245.56	−367	896.5
19	−34.68	−295.24	−441	897.1
20	−18.68	−329.92	−493	896.7
21	− 2.32	−348.60	−521	896.6
22	+13.32	−350.92	−525	895.7
23	+29.32	−337.60	−505	895.8
24	+45.32	−308.28	−461	896.1
25	+59.32	−262.96	−393	896.6
26	+72.32	−203.64	−304	897.6
27	+83.32	−131.32	−196	897.8
28	+89.32	− 48.00	− 71	905.9

$$\text{遅速積}\div 1340=(67\times\Delta l')\div\left(67\times\frac{dD}{dt}\right)$$

$$\therefore\ \frac{dD}{dt}\times 67=\frac{67\times\Delta l'\times 1340}{\text{遅速積}}$$

となる。よって上式の右辺を計算すると、その左辺に相当する値は、変日一五、二八にあたる数値を除いて、平均して八九六・一二となる（第五行）。この数値は、月の平均離程として得た八九五・六八とほぼ一致する。このことは、式(2)の右辺第二項の計算にあたって、$\frac{dD}{dt}$の代りに$\frac{dl'}{dt}$が使用されたことを意味する。

以上、例にとった大衍暦や麟徳暦では、$\frac{dD}{dt}$の代りに$\frac{dl'}{dt}$をとっている。両者の差は少ないが、しかし、省略計算であることにちがいはない。この省略をやめ、正しく$\frac{dD}{dt}$をとって計算したのは唐の宣明暦からであり、その後はほとんど大きな変化はなかった。

四　補間法による計算

いま経朔望の日時が定気（表38）もしくは変日（表40）に一致すれば、表値をそのまま使って定朔望への補正を行うことができる。しかし、これらが一致しないばあいは、補間法によって中間の値を求めなければならない。補間法の簡単なものは算術平均であるが、いっそうすぐれた補間式が隋の劉焯（皇極暦）によって使用されはじめた[218]。これは中国の天文計算における画期的な業績といえる。まず月については、表40に示されたように、一日毎の数値が与えられる。従って中間の値を求めるには等間隔の補間式が使用される。太陽のばあいには、引数を定気とすれば不等間隔の補間式が必要となるが、皇極暦やそれを受けついだ唐初の暦法は、省略計算によって等間隔の問題に還元している。一行の大衍暦になって、はじめて不等間隔の補間法が導き出されたのである。

いま一般に不等間隔についての補間法を述べよう。引数a、b、c、d……に対する関数$F(x)$の値をA、B、C……としよう。ガウスの公式によれば、

$$F(x)=A+(x-a)[a,b]+(x-a)(x-b)[a,b,c]+(x-a)(x-b)(x-c)[a,b,c,d]+\cdots\cdots(3)$$

ここで、$[a,b]=\dfrac{A}{a-b}+\dfrac{B}{b-a}$ ……1差

$$[a,b,c]=\frac{A}{(a-b)(a-c)}+\frac{B}{(b-a)(b-c)}+\frac{C}{(c-a)(c-b)}\cdots\cdots 2差$$

$$[a,b,c,d]=\frac{A}{(a-b)(a-c)(a-d)}+\frac{B}{(b-a)(b-c)(b-d)}+\frac{C}{(c-a)(c-b)(c-d)}+\frac{D}{(d-a)(d-b)(d-c)}\cdots\cdots 3差$$

大衍暦において太陽の不等による諸数値は表38に示された。いまΔlに相当する先後数を一般に$F(x)$、二つの隣りあった$F(x)$の差をΔ（一差）で示し、表38の一部を表42のように書き改めよう。いま当面の経朔望の日時が、冬至より数えてa日目の定気とその次の定気の間にあるとする。a日目の先後数を$F(a)=A$とし、それよりω_1日を隔てた次の定気のそれをB、さらにω_2日隔てた第三の定気のそれをCとしよう。定気のばあいは、ω_1とω_2は等しくない。また$B-A=\Delta_1$, $C-B=\Delta_2$として、添字によって一差（盈縮分）を区別しておこう。「唐志」大衍暦における計算法では、まず当面の経朔望の日時xがaと$a+\omega_1$との間にあって$x=a+s$とすれば、$a+s$日から$a+s+1$までの盈縮分が次のような形で与えられている。

$$盈縮分\ \overset{(末率)}{\frac{\Delta_1+\Delta_2}{\omega_1+\omega_2}}+\overset{(気差)}{\left(\frac{\Delta_1}{\omega_1}-\frac{\Delta_2}{\omega_2}\right)}-\frac{1}{\omega_1+\omega_2}\overset{(\frac{1}{2}日差)}{\left(\frac{\Delta_1}{\omega_1}-\frac{\Delta_2}{\omega_2}\right)}-\frac{2s}{\omega_1+\omega_2}\overset{(s\times日差)}{\left(\frac{\Delta_1}{\omega_1}-\frac{\Delta_2}{\omega_2}\right)}$$

これは「唐志」の記載をそのまま現代の表式に改めたままで、それぞれの項は特別な

表42　補間法による計算

定気	先後数 $F(x)$	盈縮分 Δ
冬至	（先）0	（盈）
小雪	−2353	−2353
大雪	−4198	−1845
……	……	……

用語（括弧内）で呼ばれる。この式は次のように改めることができる。

$$\frac{\Delta_1}{\omega_1}+\frac{\omega_1}{\omega_1+\omega_2}\left(\frac{\Delta_1}{\omega_1}-\frac{\Delta_2}{\omega_2}\right)-\frac{2s+1}{\omega_1+\omega_2}\left(\frac{\Delta_1}{\omega_1}-\frac{\Delta_2}{\omega_2}\right) \qquad (4)$$

これに対しガウスの式(3)において三差以上を略し、いまの記号に改めると、

$$F(a+s)=A+\frac{s\Delta_1}{\omega_1}+\frac{s\,\omega_1}{\omega_1+\omega_2}\left(\frac{\Delta_1}{\omega_1}-\frac{\Delta_2}{\omega_2}\right)-\frac{s^2}{\omega_1+\omega_2}\left(\frac{\Delta_1}{\omega_1}-\frac{\Delta_2}{\omega_2}\right) \qquad (5)$$

を得、式(4)に対応するものとして、

$$F(a+\overline{s+1})-F(a+s)=\frac{\Delta_1}{\omega_1}+\frac{\omega_1}{\omega_1+\omega_2}\left(\frac{\Delta_1}{\omega_1}-\frac{\Delta_2}{\omega_2}\right)-\frac{2s+1}{\omega_1+\omega_2}\left(\frac{\Delta_1}{\omega_1}-\frac{\Delta_2}{\omega_2}\right)$$

となるが、これは式(4)と全く一致する。さらに「唐志」大衍暦では、損益率、朓朒積に対する補間法を述べているが、朓朒積を $F(x)$ として、

$$F(a+s)=A+s\frac{\Delta_1+\Delta_2}{\omega_1+\omega_2}+s\left(\frac{\Delta_1}{\omega_1}-\frac{\Delta_2}{\omega_2}\right)-\frac{s^2}{\omega_1+\omega_2}\left(\frac{\Delta_1}{\omega_1}-\frac{\Delta_2}{\omega_2}\right)$$

となり、第二、三項を整理すると(5)と一致する。このように大衍暦における不等間隔の補間法は、二差までを考慮したばあい、完全にガウスの式と一致する結果を得た。なおこの方法は唐の宣明暦に受けつがれたが、宣明暦に続く崇玄暦からは、引数として定気の代りに恒気が用いられ、したがって不等間隔の補間式はもはや使用されなくなった。

等間隔の補間法は隋の皇極暦にはじまり、麟徳暦に受け継がれた。劉焯こそは、補間法の創始者といえよう。いま麟徳暦の記載によって、計算の過程を示そう。表40において、前同様に遅速積を $F(x)$ で示し、増減率（一差にあたる）を Δ で示そう。経朔望の日時が変日にはいってから $a+s_0$ であるとし、s_0 は日余（日の端数）とする。a と $a+1$

日、$a+1$日と$a+2$日とにおける遅速積の差、すなわちa日及び$a+1$日の下の増減率をΔ_1、Δ_2としよう。「唐志」麟徳暦の記載では$\Delta_1 \gtrless \Delta_2$に応じて計算のプロセスが少しくちがうが、結果的には同一である。よって$\Delta_1 > \Delta_2$のばあいについて、記載のままに計算式を書くと、

$$\left[\frac{1}{2}\left\{\frac{(\text{総法}-\text{総法}\times s_0)(\Delta_1-\Delta_2)}{\text{総法}}+\overset{\text{率差}}{(\Delta_1-\Delta_2)}\right\}+\overset{\text{通率}}{\frac{\Delta_1+\Delta_2}{2}}\right]\times\frac{\text{総法}\times s_0}{\text{総法}}$$

これを整理して、

$$\text{変率}：s_0\times\left\{\frac{\Delta_1+\Delta_2}{2}+\frac{1}{2}(2-s_0)(\Delta_1-\Delta_2)\right\} \qquad (6)$$

いまガウスの式(5)において$\omega_1=\omega_2=1$とおくと、

$$F(a+s_0)=A+s_0\times\left\{\Delta_1+\frac{1}{2}(1-s_0)(\Delta_1-\Delta_2)\right\}$$
$$=A+s_0\times\left\{\frac{\Delta_1+\Delta_2}{2}+\frac{1}{2}(2-s_0)(\Delta_1-\Delta_2)\right\}$$

となり、右辺第二項は麟徳暦による式(6)と全く一致する。すなわち変率をa日における遅速積Aに加えることによって、経朔望における遅速積$F(a+s_0)$が正しく求められる。

ところで月の運動は速いから、麟徳暦では第二段の近似を進めている。上に求めた遅速積$F(a+s_0)$は暦率と呼ばれ、経朔望の日時に補正される数値である。いま、

$$a+s_0+\text{暦率}=a+s_1$$

を得たとすると、$a+s_1$は定朔望の日時の第一近似である。暦率（s_1-s_0）をもって、さらに定率が次の形で計算され

る。すなわち式(6)の変率に次式を加える。

$$(s_1-s_0)\left[\left\{1-\left(s_0+\frac{s_1-s_0}{2}\right)\right\}(\varDelta_1-\varDelta_2)+\frac{\varDelta_1+\varDelta_2}{2}\right]$$

これを整理して、

$$\text{定率}：s_1\times\left\{\frac{\varDelta_1-\varDelta_2}{2}+\frac{1}{2}(2-s_1)(\varDelta_1-\varDelta_2)\right\} \qquad (7)$$

となる。これは上の変率の式(6)で、s_0 の代りに s_1 を置いた式と一致する。この定率を補正することによって、最終的に定朔望の日時を得ることができる。このような第二段の近似を行うことは、また現在の天文学的計算と一致するものであり、隋唐の天文学者の方法がいかにすぐれたものであったかを裏書きする。いま式(1)（三二八ページ）において、月の不等だけをとり出し、$\Delta l'$ による補正を $\Delta t'$ とすれば、

$$\varDelta t'=\left(\frac{-\varDelta l'}{\dfrac{dD}{dt}+\dfrac{d\varDelta l'}{dt}-\dfrac{d\varDelta l}{dt}}\right)_m$$

であり、この式の右辺において分母の第三項を無視して展開すると、

$$\varDelta t'=\left(\frac{-\varDelta l'}{\dfrac{dD}{dt}}\right)_m+\left(\frac{-\varDelta l'}{\dfrac{dD}{dt}}\right)_m\left(\frac{-\dfrac{d\varDelta l'}{dt}}{\dfrac{dD}{dt}}\right)_m \qquad (8)$$

この第一項は $\varDelta l'$ の時間的変化を無視したもので、麟徳暦にいう暦率に相当する。ただ $\dfrac{dD}{dt}$ の代りに $\dfrac{dl'}{dt}$ が使用されていることは、上述の通りである。いま、

$$a+s_0=T_m,\ a+s_1=T_1$$

とおけば、

$$\left(\frac{-\Delta l'}{\frac{dD}{dt}}\right)_m = T_1 - T_m$$

である。T_mは経朔望の日時、T_1は第一近似による定朔望の日時である。これを式(8)の右辺第二項に代入すると、

$$\Delta t' = \left(\frac{-\Delta l'}{\frac{dD}{dt}}\right)_m + \left(\frac{-\frac{d\Delta l'}{dt}}{\frac{dD}{dt}}\right)_m \times (T_1 - T_m) \doteqdot \left(\frac{-\Delta l'}{\frac{dD}{dt}}\right)_{T_1}$$

となる。このことは、まずT_mにおける補正を求め、かくの如くにして得られたT_1に対し第二補正を行う麟徳暦の方法が、現在の天文学の立場からみた結果と一致することを示している。

五　相減相乗法と平立定三差法

唐代の天文計算で使用された補間法は、不等間隔、等間隔を問わず、三差以上を無視したものである。このことは式(3)（三二四ページ）で示されたように、$F(x)$をxの二次式で近似することであるといえる。そこで複雑な補間式を使わずに、直ちに二次式を使って計算を行うこともできる。こうした二次式は八世紀後半の符天暦で使用されたが、また九世紀末に編纂された崇玄暦において、その撰者辺岡が使用したもので、相減相乗の法として知られる。この方法は、$F(x)$を近似するのに、

$$ax(b-x) \qquad a, b：定数$$

をもってするところから、その名称が生れた。この計算法は、一三世紀の終り、イスラムの天文学に伝わった。すなわち蒙古のフラグ汗によってペルシアを中心にイル・ハーン国が建てられ、ナスィールッディーン・トゥースィーが命を受けてマラガに天文台を建てた。ここには中国人学者が滞在したが、恐らくこれらの学者から伝わったものであろう。またこの時には、一般の中国暦の知識も伝えられた。一五世紀に蒙古の流れを汲むウルグ・ベグがサマルカンドに天文台を建てたが、こうした中国暦の知識が受けつがれた。この天文台の中心となった天文学者はアル・カーシーであり、ウイグル暦の名で中国暦のことが書きとめられ、相減相乗法を使用して太陽及び月の不等による補正が計算された。太陽のばあいには一年のあいだを三六四限に等分し、月のばあいには一近点月を二四八限に等分し、それぞれの中心差による経朔望から定朔望への補正が、次のような式で計算された。いまこの補正をΔt、起点より数えた経朔望までの限数をxとし、さらに太陽及び月に対し添字s、mを付して区別すれば、

太陽：　$x_s \leqq 182$　ならば，$x_s' = x_s$

$x_s > 182$　ならば，$x_s' = x_s - 182$　として，

$$\Delta t_s = \pm \frac{2}{9} x_s' (182 - x_s')$$

月：　$x_m \leqq 124$　ならば，$x_m' = x_m$

$x_m > 124$　ならば，$x_m' = x_m - 124$　として，

$$\Delta t_m = x_m' (124 - x_m')$$

として与えられた。[219]

辺岡にはじまった相減相乗法は、さらに元の授時暦に至って三次式に拡張された。それが平立定三差の法と呼ばれるものである。すなわち、関数$F(x)$を近似するのに、

$$ax + bx^2 + cx^3$$

なる三次式が使用され、

a：平差, b：定差, c：立差

と呼ばれ、これらの係数は関数値の一差、二差、三差から導かれたのである。換言すると、授時暦になって三差までを考慮するようになり、補間法は格段の進歩をするようになる。周知のように宋元の間には中国の数学史上において画期的な飛躍が行われた時であり、その業績の一つに招差法があり、補間式を適用して級数の総和を求めることが行われた。授時暦における平立定三差の法は、こうした中国数学の発展から自然に導かれた結果であって、外来の影響は考えられない。この補間法の発達は、また中国天文学者の成果であって、ヨーロッパよりはるかに先んじている。

（218）皇極暦にはじまる補間法は、小著『隋唐暦法史の研究』（一九四四年刊、八九年改訂）（本著作集第2巻収録）ではじめてとりあげた。なおこの種の問題については、李儼『中算家的内挿法的研究』（一九五七年刊）がある。中国における補間法が、幾何学的方法で導き出されることは、清末の李善蘭『麟徳術解』に述べられる。筆者編『中国中世科学技術史の研究』一一三ページ参照。

（219）E. S. Kennedy: The Chinese Uighur Calendar as described in the Islamic Source (*Isis*, vol. 55, 1964). なお筆者編『宋元時代の科学技術史』数学及び天文学の項を参照されたい。

［増補注］

㉒ 皇極暦にはじまり授時暦に及ぶ二十三暦の日暦の精度については陳美東「日暦表之研究」（『自然科学史研究』第三巻第四部、一九八四年）がある。

四　日月食の計算

一　唐以前の計算

日月食は最もいちじるしい天体現象であるから、古くから注目されていたことはいうまでもない。『左伝』の中には春秋時代を通じて三七個の日食が記録されているが、月食の記事はみられない。当時の人々にとって、月食はさほど注意すべきものでなかったが、日食は不吉の前兆として恐れられた。日食に人々は太鼓を打ちならし、犠牲を社（土地神）に捧げたが、おそらく神々の怒りをしずめ、早く日食の終ることを祈ったのであろう。『左伝』の天文記事が書かれたと思われる前四世紀半ばには、まだ食予報の方法を全く知らなかった。バビロンやギリシアのばあいと同じく、食の予報は食周期を使用することにはじまったが、それは『漢書』律暦志にみえた三統暦からであった。西方では二二三ヵ月のサロス周期が知られていたが、同じく食周期を使った三統暦では一三五ヵ月の値を採用した。これは一一・五食年にあたり、三統暦ではこの間に二三回の日食もしくは月食が起るとして予報を行った。このように食周期を採用する点では同じであっても、バビロンと中国とでは、その周期にちがいがみられた。その後、後漢末の劉洪が編纂した『乾象暦』では、八九三年の周期を採用し、この間に一八八二回の食が起るとしている。しかし、このような食周期に頼る方法では、十分な予報が行えないことはいうまでもない。

食計算を一歩前進させたのは、三国の魏で使用された景初暦であった。この暦の撰者である楊偉は、朔もしくは望における太陽（もしくは月）の位置が黄白道の交点から一五度以内にあることをもって、食の起こる条件とした。すなわち朔望時における太陽もしくは月の位置を計算し、それと黄白道との位置関係から食の予報を行ったもので、この問題がはじめて数学的に取扱われたのである。上記の一五度は、現在の理論における食限にあたり、その数値もほぼ満足すべきものである。この数値に応じ、食分は一五を分母とした分数値で表わされることになったが、この食分表示は後世の暦法にも踏襲されたのである。景初暦では、こうした食分多少のほか、日食虧起角を推測する簡単な方法が記述されている。

楊偉にはじまった食計算法は、その後いくらかの改良が行われた。ことに隋の劉焯、張冑玄に至って、日行盈縮の法が採用され、太陽の位置が正確に計算されるようになり、また日食において太陽視差を考慮するようになった。しかし、こうした食計算が改良整備されたのは唐代であって、次にまず大衍、宣明の二暦について、その方法を述べよう。

二　入交定日の計算

唐代暦法における日月食の計算法は、すでに小著『隋唐暦法史の研究』（本著作集第2巻収録）において述べた。隋の劉焯の皇極暦より出発している[23]。ここではその概要をまとめるが、まず入交定日の計算から述べよう。

すでに述べたように、日月食は日月が黄白道の交点（以下、単に交点という）の近くにある場合に起る現象であり、それが朔のころなれば日食、望なれば月食となる。日月が交点に接近する程度によって食の深浅がきまり、ある限界以上に交点より離れると食は起らない。従って日月の会する朔望時に、日月が交点から離れる度数を知ることが、食推算の第一歩である。ところで隋唐の諸暦では、この去交度数の代りに、去交度数をほぼ月の日平行（mean daily motion）で割った数を用いる。すなわち交点と定朔望における月の位置との黄経差を、逆行する黄白道の交点に対し、平行運動を行う月が動くに要する日数である。これを入交定日というが、それはまさに去交度数と相応ずる数値である。大衍暦における入交定日の計算は次のように行われる。

$$入交定日 = \underbrace{入交汎日 \mp 入気朓朒}_{（入気常日）} + \frac{交率}{交数} \times (\mp 入転朓朒) \qquad (1)$$

朓：上符号，朒：下符号

ここで入気朓朒および入転朓朒は、それぞれ太陽及び月の不等による補正であり、その数値は例えば「唐志」大衍暦に示されている。また入交汎日は、月の交点経過と経朔望の時刻との差であり、日を単位に表わされる。以上の式は、現在の数理天文学の知識では、次のように説明することが可能である。

いま定朔望及び経朔望の時刻をそれぞれT、T_mとし、一般に日月及び交点の真黄経をそれぞれλ、λ'およびN、とくに経朔望での値を添字mで示そう。さらに経朔望での日月の平均黄経をl、l'とすると、

$$[\lambda' - N]_T = \lambda'_m - N_m + \left[\frac{d(\lambda' - N)}{dt}\right]_m (T - T_m)$$
$$= \lambda'_m - N_m + \left[\frac{d(\lambda' - N)}{d(\lambda' - \lambda)} \cdot \frac{d(\lambda' - \lambda)}{dt}\right]_m (T - T_m)$$

ここで$\Delta_t = T - T_m$は三一八ページの式⑵において与えられる。なお式⑵の$D = \lambda' - \lambda$である。いま日、月の日平行dl/dt、dl'/dtをそれぞれn、n'とし、交点の逆行の日平行をkとすれば、

$$\left[\frac{d(\lambda' - N)}{d(\lambda' - \lambda)} \cdot \frac{d(\lambda' - \lambda)}{dt}\right]_m \doteqdot \frac{n - k}{n' - n}\left[\frac{dD}{dt}\right]_m$$

となる。三一八ページの式(2)を使って、

$$〔\lambda' - N〕_T = (l' - N_m) + (\lambda'_m - l') + \frac{n-k}{n'-n}〔-\Delta l + \Delta l'〕_m$$

を得る。朔の場合には太陽と月との黄経は一致し、望の場合には半周天の差がある。よって朔の場合は上式のままとし、望の場合には両辺に半周天度を加える。その結果を $n'-n$ で割ると、上式の左辺は入交定日、右辺の第一項は入交汎日を与える。n'に比して n は小さいから、これを省略すると、

$$\frac{\Delta l}{n'} = \mp 入気朓朒,\ \frac{\Delta l'}{n'} = \mp 入転朓朒$$

上符号：朓，下符号：朒

であるから、これを代入すると、

$$入交定日 = 入交汎日 \mp 入気朓朒 + \frac{n-k}{n'-n}〔\mp 入転朓朒 \mp 入気朓朒〕$$

となる。これと大衍暦において使用される式(1)と比較すると、ほとんど同じ式となる。右辺第三項の括弧において、入気朓朒が省略されているが、入転朓朒に比して小さい場合が多いから、この省略もほぼ妥当であろう。

さらにまた式(1)との比較において、

$$\frac{交率}{交数} = \frac{n-k}{n'-n}$$

とならなければならない。いま大衍暦の数値によって両者の数値を計算すると、

$$\frac{343(\text{交率})}{4369(\text{交数})} = 0.0785$$

$$\frac{n-k}{n'-n} = \frac{1.05377}{12.36875} = 0.0852$$

となり、少しく相違がある。もともと交率、交数なる用語は劉焯の皇極暦より使用せられ、交点月と食年の比として与えられている。すなわち、

$$\frac{\text{交点月}}{\text{食年}} = \frac{\text{交率}}{\text{交数}}$$

であり、この解釈に従えば、

$$\frac{\text{交率}}{\text{交数}} = \frac{n-k}{n'-k}$$

であって、これなれば上記のように0.0785となる。したがって大衍暦にも皇極暦と同じ解釈が踏襲されているといえよう。なお上記の交点月の値より食年を求めると、

$$\text{食年} = 346.608\ \text{日}$$

を得る。これは現在値にごく近い。

以上は大衍暦について述べたが、隋唐諸暦において大体共通する。ただ大業、戊寅の二暦のみはいくぶん簡単となっている。式⑴で計算した入交定日が交点月の半分より大きい時は、朔望における月の位置は降交点を過ぎている。ふつう昇交点より降交点に至る月道を陰暦、降交点より昇交点までを陽暦と称いており、陰暦もしくは陽暦にはいってからの日数により、食の有無及び食分が決定される。このことは日月食に共通である。次に日月食の中、比較的簡

単な月食の計算を述べよう。

三　月食の計算

大衍暦では月食の有無をきめる食限を望差日及び交限日と呼ぶ。望差日は、朔望日の半分より交点月の半分、すなわち交中日を減じたものにあたり、交限日はこの交中日より望差日を減じたものである。大衍暦の数値は、

$$望差日 = 1\frac{483.9339}{3040}日,\ 交限日 = 12\frac{1358.6322}{3040}日$$

であり、入交定日が陰歴もしくは陽歴にはいってから、望差日以下なるか、あるいは交限日以上なるか、によって月食が起る。この時を入食限という。この入食限は日数で表わされるが、この数に周天度と交点月の比を掛けることによって、ほぼ月食が起るための去交度表を得る。大衍暦では、計算の便宜上、

$$\frac{周天度}{交点月\times 3040} \fallingdotseq \frac{11}{2643}度$$

という近似値を採用しており、これに望差日を真分数に改めた場合の分子 3523.9339（望差）を乗じ、

$$\frac{11}{2643}度\times 3523.9339 = 14.7度$$

を得る。これが入食限を度で示した数値である。これは部分食を含めた場合であるが、皆既食のそれは、

$$\frac{11}{2643}度\times 779=3.3度$$

と計算される。すなわち大衍暦に「望去交分が七百七十九以下は皆既」とみえている。この両限において食分を一五に均分し、

$$\frac{3523.9-779}{183}\fallingdotseq 15$$

としており、一般の食分に対しては、入交定日（交限以上の場合には交中日より減ず）を真分数に直した時の分子、すなわち去交前（後）分が皆既食限より大きく、しかも望差以下であれば、この差をもって望差より減じ、さらに一八三をもって除して生ずる数を食分とする。この食分は、去交度に従って単に等分したもので、月面の虧けた部分を定量的に示したものではない。

大衍暦では月食のかけはじめ及び再び輝きはじめる方向に関する記載があるが、これはきわめて粗雑なものである。最後に月食の継続時間の計算方法について述べておこう。まず食分の深浅に応じ、汎用刻率なるものが計算される。すなわち部分食に対しては、食分をもって直ちに刻数とし、それに食分が五、一〇、一五以下なるに従い、それぞれ二、四、五刻を上述の刻数に加える。この計算法によれば、たとえば皆既月食の汎用刻率は二〇刻となる。この数値は一般の場合であるが、交点にごく接近して月食が起る場合には、最大二一刻の汎用刻率が採用される。これらの数値は虧初より復末に至るもので、皆既中の継続時間についての記述はみられない。以上のように算出された汎用刻率に、月食時における月行遅疾の補正を施したものが定用刻数であり、これが求める継続時間となる。いま月食中における地影の移動を無視すれば、虧初より復末の間に月が地影を通過する距離をcとし、月食中における月の日実行を$\frac{d\lambda'}{dt}$、日平行を$\frac{dl'}{dt}$としよう。両者の差を$\frac{d\Delta l'}{dt}$とすれば、現在の天文学の立場からみて、継続時間は次のようにし

て与えられる。但し一日を一〇〇刻として、

$$\text{継続時間（刻）} = \frac{100 \times c}{\frac{d\lambda'}{dt}} = \frac{100 \times c}{\frac{dl'}{dt} + \frac{d\Delta l'}{dt}} = \frac{100 \times c}{\frac{dl'}{dt}} \left(1 + \frac{-\frac{d\Delta l'}{dt}}{\frac{dl'}{dt}} \right)$$

となる。括弧の外の数は、大衍暦にいう汎用刻率に相当するものである。上式右辺の括弧中の第二項は、通法を分母とし入転損益数を分子とする分数にあたる。大衍暦における定用刻数の計算は、

$$\text{定用刻数} = \text{汎用刻率} + \text{汎用刻率} \times \frac{\text{入転損益数}}{\text{通法}}$$

であり、これは現在の天文学の立場から求めた継続時間と一致する。汎用刻率そのものにはいくぶん問題はあるが、それを使って定用刻数を算出する方法は、現在の天文学からも首肯されるところである。月食に限らず、中国の天文書では現象の物理学的意味づけを全く省略している。月食の場合について、計算のプロセスだけが示されていて、月食は地影の中に月がはいることによって起り、従ってその継続時間は、月が地影を横切るために要する時間であるという説明は全く施されていない。しかし、上述の計算方法の一致からみれば、現象の正しい理解を持っていたと思われる。

なお食甚の時間として、大衍暦では定望の日時にわずかな修正をほどこしたものを採用している。ただこの修正がいかなる根拠によるものか、はっきりしない。後の宣明暦になると、定望の日時を食甚としている。食甚の前後に、継続時間の半分を加減して虧初及び復末の時刻が得られる。

以上の計算は大衍暦にみえるところであるが、後世の暦法のそれも、ほとんど変化がない。

四　大衍暦における日食計算

日食の場合にも入交定分が日食の有無を知り、食分の深浅を決定する基準となることは言うまでもない。しかし、月食の場合とちがって、日食の状態は観測者の場所によって大きく変化する。これは日月の視差に基づく変化である。近測によれば、日月の地平視差はそれぞれ角度の八・八秒及び五七分三秒である。一般に視差はそれぞれの天頂距離によって変化し、地平の時に最大であり、天頂において零となる。また太陽の視差は小さく、月のそれに対し無視できる。事実上、中国の諸暦では太陽の視差は無視される。ところで日食における月の視差による影響を計算することは、中国の天文学者が苦心したところであり、いわば日食計算の中心課題であったといえる。

いま、ある観測地点よりみた月の天頂距離をz、その時の視差をHとしよう。月の地平視差をH_0とすると、

$$H = H_0 \sin z$$

で与えられる。さらに観測地の緯度をφ、月の赤緯および時角をそれぞれδおよびhとすれば、

$$\cos z = \sin\delta\sin\varphi + \cos\delta\cos\varphi\cos h$$

によってzが計算される。日食の場合には、日月の位置はほぼ等しいと考えられる。観測地点がきまっておれば、zは日月の時角とその赤緯の関数として与えられる。ところでこの赤緯は、日食が一年中のいかなる季節（すなわち月日）に起るかによって決定される。換言すると、視差Hは、日月の時角と日食の起る季節によって変化する量であるといえる、ところが「唐志」大衍暦の記述では、気節による変化だけを考慮し、時角の関係にはふれていない。この点ははなはだ不可解であり、あるいは記述に脱漏があるかと思われるが、ともかくその記述に従ってやや解析的に取扱ってみよう。

図38において、月の真位置をM、天頂をZ、月が視差のためZMの延長上の点M′に見えたとしよう。それに伴い、白道ΩMはほぼそれに平行な視白道Ω′M′に移り、交点ΩはΩ′となる。日食時の入交定分がΩΩ′以内にある場合、月は陰暦（黄道の北）にありながら、陽歴（黄道より南）の食として見える。いま入食限を視白道上において考えるならば、実際の白道上での入食限は、陰歴に対して大きく、反対に陽歴に対して小さい。すなわち視白道上の入食限に、陰歴に対してはΩΩ′に応ずる量を加え、陽歴に対しては同量を減ずる必要がある。以上のことは、交点が昇交点もしくは降交点であっても、全く同じである。実際の白道上で陰歴および陽歴における入食限として大衍暦に採用した値は、

陰歴　蝕差　一二七五　蝕限　三五二四　或限　三六五九

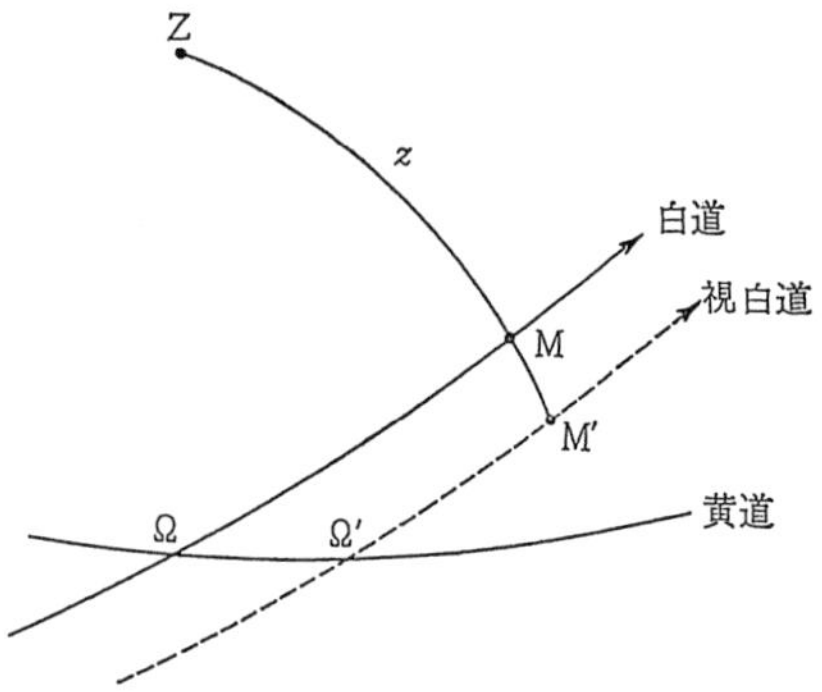

図38　視差による白道の移動

陽歴　蝕限　一三五　或限　九七四

である。ここで蝕差（食差）というのはΩΩ′に相当する量である。ところでΩΩ′の距離は、視差の値によって一定しない。上記の蝕差は、いわば基準となるべきΩΩ′であり、これに対し季節（時角による変化は省略）の変化に伴う補正を加える必要がある。すなわち大衍暦では季節に応じた差積の表（表43）があり、これを蝕差に加減することにより、観測日時における日食の定差を得ることができる。この差積の補正は蝕限にも適用され、その結果を定限と称している。上記の蝕差は、冬至における定差であることが知られる（大衍暦は時角零の場合のみを記述すると思われる）。なおこの差積の表は、日食が正午に起るものとした場合の補正とみなされる。さて以上の数値は、月食におけると同じく、通法を分母とする日の端数であり、また$\frac{11}{2643}$を乗ずることによって度数に換算することができる。すなわち次の如き数字が得られる。

陰歴　蝕差　五・三一度　蝕限　一四・六七度　或限　一五・一三度

陽歴　蝕限　〇・五六度　或限　四・〇六度

冬至の$\Omega\Omega'$にあたる蝕差度数を、陰歴蝕限より減じ、また陽歴蝕限に加えることにより、視白道上における蝕限を得ることができる。陰歴及び陽歴に対し、

陰歴　九・三六度

陽歴　五・八七度

である。理論的にはこの両者はほぼ等しいと考えられるが、大衍暦ではかなり相違しており、この点はやはり大衍暦の粗漏といえよう。

表43　差積表

定気	増損差	差　積	定気	増損差	差　積
冬至	増　10	積　初	夏至	損　65	積 450
小寒	15	積　10	小暑	60	385
大寒	20	25	大暑	55	325
立春	25	45	立秋	50	270
雨水	30	70	処暑	45	220
驚蟄	35	100	白露	40	175
春分	40	135	秋分	35	135
清明	45	175	寒露	30	100
穀雨	50	220	霜降	25	70
立夏	55	270	立冬	20	45
小満	60	325	小雪	15	25
芒種	65	385	大雪	10	10

次に食分の計算に移る。大衍暦では陰歴食と陽歴食に分ち、前者の場合は去交定分より定差を減じたものが一〇四以下であれば皆既であり、後者の場合は六〇以下であれば皆既となる。この皆既の限界より去交定分が大きければ部分食となり、その食分は、次式に示すように、別々の分母で割り、一五の段階に等分される。

陰歴　$\frac{3524-1275-104}{143}=15$,　或蝕　$\frac{3659-1275-104}{152}=15$

陽歴　$\frac{135+1275-60}{90}=15$,　或蝕　$\frac{974+1275-60}{143}=15$

次に日食の継続時間は、月食の場合と同じく、大略の値が与えられる。まず食分を直ちに刻数とし、部分食にはその食分にかかわらず一率に二刻

を加える。皆既の時には、食分一五にやはり二刻を加え、その汎用刻率は一七刻となる。しかし、皆既の場合は、日月が視交点に接近する度合に応じて、これよりいくらか刻数を増すことがある。以上の汎用刻率より定用刻数を求める計算は、月食の場合と同様である。

以上の日食計算では、観測地点として古来「地中」もしくは「土中」と呼ばれた河南省洛陽に近い陽城（$\varphi=+34°26'$）が採用されている。しかし、これとちがった観測地点に対する計算方法が、大衍暦になってはじめて取りあげられている。それによると任意の観測地点に対し、定気の二至二分における正午の晷景（ノーモンの影）、すなわち中晷を測り、陽城において同長の晷景が得られる日を求め、前表よりその日の差積を求める。この差積が観測地における二至二分の差積となる。このようにして得た差積を補正して、同様に計算を進めることができる。しかし、この方法は十分なものとは言えない。

五　宣明暦における日食計算

宣明暦の内容は「唐志」にみえるが、この暦法は清和天皇の貞観四年より八〇〇年にわたって使用されてきたため、わが国において宣明暦に関する研究が行われてきた。現存する研究書として、たとえば『宣明暦』七巻がある。これには大小二種の刊本があるが、半紙判の大本の末尾には寛永二一年（一六四四）開板と記されている。第一巻に術数の大略を説き、等四巻には「交食私記」があり、残りの五巻はすべて立成である。この刊本と内容的に似て、また増補註解を加えた抄本が東北大学の林文庫に収められている。この抄本は七冊から成り、その一冊である「交食私記」の末尾に永久三年（一一一五）に大外記の中原某が書いたことが明記されている。『続群書類従』巻一六五にみえた中原氏の系図より、永久三年のころ大外記であったのは中原師遠であり、彼はまた天文密奏を兼ねていた。このように抄本『宣明暦』は平安朝の末期に成立したが、林文庫のものは寛永二一年に写されたものである。この抄本と並んで、いま一つ、「唐志」宣明暦を補う文献として朝鮮の『高麗史』巻五〇志第四に載せられた宣明暦がある。高麗はその建国（九一八）より宣明暦を使用し、忠宣王（一三〇九―一三）に至って授時暦を採用したが、日月食に関しては依然として宣明暦の計算法に頼り、その滅亡（一三九二）まで変らなかったのである。授時暦は中国の伝統的暦法を代表するものであるのに、交食に関しては宣明の旧術が行われたことは、交食計算において宣明暦は極点に到達していたことを意味する。いま上記の諸書を参照しながら、宣明暦における日食計算を簡単に述べよう。

すでに述べたように、日食計算では月の視差による影響を考慮することが、重要な問題である。この影響について、大衍暦では二十四節気における差積のみを与えており、その記述はきわめて不十分なものであった。それに対し宣明暦では、視差による影響を時差、気差、刻差及び加差の四種に分けて考える。しかし、これを四種に分けることには深い天文学的根拠はなく、むしろ便宜的なものである。この中の加差は、「唐志」の記載によると、立冬から大寒までに起る日食に適用される小さな補正であり、『高麗史』やわが国の『宣明暦』七巻にはほとんど無視されており、ことに林文庫本には「この術（加差）は本経に出ずると雖も、今世は之を用いず」とあり、後世は全く省略されたのである。よって月の視差による影響は、時差、気差、刻差の三種であり、これは三差と呼ばれる。ところでこれら三差の中、時差は定朔より食甚時間を求める補正であり、気差、刻差は視白道上の去交度に加えられる補正であり、後者こそは食の有無深浅を知る上に必要なものである。ところで気差、刻差の補正を施すにあたって、大衍と宣明とでは、いくぶんその方法がちがっている。大衍暦においては視差による差積を蝕差及び蝕限に補正して得る定差、定限と去交度との関係を吟味したが、宣明暦では気差、刻差をはじめに去交度に加減し、反対に蝕限はそのままにしておくのである。宣明暦では、蝕限は視白道上において与えられており、実白道上での去交度を視白道上に換算するため

の補正として、気差、刻差が使用される。宣明暦に与えられた蝕限の値は、

陰歴蝕限　六〇六〇　陰歴定法　四〇四
陽歴蝕限　二六四〇　陽歴定法　一七六

であり、これは視白道上で考えられているから、大衍暦における蝕差はもはや必要でない。この点は、むしろ宣明暦における進歩といえよう。なお上記の定法は皆既の条件を与える。大衍暦の場合と同じようにして、蝕限の値を度数で与えることができる。すなわち上記の値に$\frac{11.67}{7303}$を乗ずればよいが、『高麗史』ではこれに相当する数値を$\frac{11}{7303}$としており、次のような値が得られる。

陰歴蝕限　九・七度　高麗史ならば　九・一度
陽歴蝕限　四・二度　高麗史ならば　四・〇度

この数字は大衍暦の値（三四一ページ第五・六行）とほぼ似ている。この場合にも陰歴と陽歴に対しかなりな差異があることに疑問が残る。

ところで実白道の去交度分を視白道上のそれに改めるため、気差及び刻差が計算されなければならない。すでに述べたように、月の視差による影響は、日食時における日月の赤緯及びその時角の関数として与えられるが、この両者の影響を便宜的に気差と刻差に分けており、一応現在の天文学との比較が可能である。両者の和を実白道上での去交度分に加減することによって、視白道上での去交度分が得られ、これと蝕限を比較することによって日食の有無深浅を知ることができる。三差の中、時差は蝕甚時に対する補正であるが、現在の天文学の立場からみて、十分に正しいとは言えない。以上の三差の意味及び現在の天文学との比較は、すでに『隋唐暦法史の研究』において行ったので、ここでは省略する。なお「唐志」宣明暦の条に「その九服の蝕差は、また考詳すべからず」と述べており、中国各地での日食の状態については、最初よりその予報を断念しているのである。

要するに中国における日月食の計算は、唐代においてほぼ極点に達したのであって、その後においては根本的な変革はなかった。中国の天文学者たちは、日月食の予報に最も頭をなやましたが、十分な解決を得ることができなかった。ことに日食の場合、月の視差による影響をいかに求めるかに苦心しているが、これに対しても望ましい結果は得られていない。そのために食予報はしばしば適中せず、唐代以降にも頻繁な改暦が行われる原因となった。しかしながら、記述の表面にあらわれていないが、日月食がどうして起るかという物理的意味を、十分に把握していたことを特に注意しておきたい。

六　惑星の位置計算

初期の五星運動論

『尚書』舜典に「在璿璣玉衡、以斉七政」とある句は日月五星の七つの天体を観測しその運行をととのえることと理解されてきた。しかし中国の古典に五星、すなわち木火土金水の五つの惑星に関する記載は少ない。五星の知識が増大したのは恐らく戦国時代以降のことであろう。新城博士によって戦国時代の天文観測に依拠したとされる『左伝』には、五星という言葉もみえ、また特に歳星（木星）に関する記載が豊富である。この星が十二年で天を一周すること、従って一年に十二次の一つを行き、その位置によって年を呼ぶことができ、いわゆる Planetenjahr の例が中国に存在したことを示している。何れの古代民族でも五星の運行を知ることによって占星術が生れたが、『左伝』においても歳星の位置によって分野説を考え国家の運命を占った。占星術の発展は天文観測の発達に大きな影響を与えたことは言うまでもないが、『史記』天官書に戦国時代の列国時代には、列国が戦争にあけくれ国家の存亡を占うことが流行し、そのために「その禨祥を察し、星気を候うこと尤も急なり」とあるように天文観測が盛んに行われ、甘徳・石申などの著名な天文学者が輩出した。その結果、歳星のみならず他の惑星についての運動に関する知識も増大したものと思われる。その成果を漢代に整理したものが『漢書』律暦志にみえた惑星の位置計算法であった。この漢志の記載は前漢末に劉歆によって編纂された三統暦にみえるが、近年それ以前に書かれた惑星運動に関する記録が発掘されており、まずこれについて述べよう。

一九七二年初めに長沙馬王堆の第一号墓が発掘され、ほぼ完全な婦人の遺体が出土し世界の人々を驚かした。この婦人は漢初に長沙国宰相であった軑侯利倉の夫人と推定された。この発掘につづいて翌年には隣接して第二号、第三号墓が発掘された。何れも軑侯と関係の深い人物の墓であるが、特に第三号墓は天文関係その他の木簡を出土しており、しかもその木簡の一つから文帝一二年（前一六八）のころに埋葬されたものと推定された。この墓からは多数の帛画、帛書、簡牘類が発掘され、その成果はいち早く一九七四年第七期の『文物』で紹介された。『易経』『老子』などの古典写本のほか「長沙国南部地図」などの帛書地図のほか、医書、天文、雑占などの注目すべき帛書が含まれる。ここでは特に『五星占』と名付けられたものをとり挙げる。(220) 全文はほぼ八千字に及ぶかなりな長篇である。中国人学者の努力によって、現在の文字に書き改めた「釈文」が『文物』一九七四年や『中国天文学史文集』に収録されている。はじめに木、金、火、土、水の順序で、その運行の大要や占星術的記載がある。木星に例をとって最初の部分を訳出すると、

東方は木、その帝は大浩、その丞は句芒、その神は上りて歳星たり、歳ごとに一国におり、歳を司る。

とあり、五行の木にあたるものが天上において歳星（木星）となり、一二年で天を一周し、この星は毎年地上の一国を支配する。これは分野説と称するものである。天周を一二等分したものを十二次というが、歳星は一年一次を行くと考えられ、歳星の位置によって年（歳）を明示する紀年法が戦国時代に行われており、木星を歳星と呼ぶのは、こ

うした事実に由来する。この文章につづいて、

歳星は正月を以て営室と晨に（東方に出で、その名を摂提格という。その明歳は二月を以て東壁と晨に出で、その名を）単閼という。

とみえる。括弧の中はもともと脱文であるが、『史記』天官書や『淮南子』天文訓その他に類似の文章があり、それらによって中国人学者が補ったものである。摂提格、単閼などは十二支の異名で、それぞれ寅歳、卯歳を意味する。営室や東壁は二十八宿の一つである。歳星が日の出前の東空に現われる晨見（heliacal rising）が寅歳には正月に営室とともにみられ、卯歳には二月に東壁とともにみられることを述べている。以下同じような記載が異なった年、宿に対し、三月から一二月までにわたって書かれる。晨見は日の出前の東空に星がみえはじめる現象で、エジプトではシリウスの晨見によって季節を定めたという有名な事実がある。しかし中国のばあいには『礼記』月令篇にみるように、季節を知るには星の南中（meridian transit）が重要視され、晨見に関する記述はあまり多くない。この点でも『五星占』の記述は珍重される。

上文では晨見がみられる年を干支で表わしており、具体的にそれが西暦で数えて何年に当るかを指定していない。もともと『五星占』では水、火の両星に対する記述は簡単であるが、木、金、土の三星については秦始皇帝元年から数十年にわたる晨見の状態が表記されている。まず木星についていえば、秦始皇帝元年（前二四六）から漢文帝五年（前一七五）までの七二年間が表記されている。七二年は当時考えられていた公転周期十二年（現在値は一一・八六年）の六倍である。表の縦行には十二年ごとの年次があり、横列には縦行の一つ一つに続く年次がしるされており、各行のはじめには晨見に伴う二十八宿名がある。始めの二列を転載すると、

相写営室晨出東方	秦始皇帝元	（十）三	（廿）五	（卅）七	（漢）九	（代皇）二
与東壁晨出東方	二	（十）四	（廿）六	（卅）八	十	三

である。ここで代皇とは漢高祖の皇后（呂后）のことである。第一列では木星が営室とともに晨見する年次は始皇帝元、十三、廿五、卅七、漢九年、代皇二年など、十二年ごとに起ることを示している。第二列には東壁と晨見するのは第一列のそれぞれの年の翌年となっている。この表では晨見の起る月が明記されていないが、第一列は正月、第二列は二月と順次一か月おくれの月を示しているものと思われる。これとほぼ同様な表が金星及び土星について記述されているが、木星が十二年周期で表記されているのに対し、金星及び土星はそれぞれ八年、三〇年を隔てて表が作られている。木、土に対する年数は当時それぞれの公転周期と考えられていたものであるが、金星に対する数値はこれらと全く性質を異にする。金星の公転周期は〇・六一五二年である。ところで惑星の会合周期は惑星と太陽との位置関係が同一となる周期であり、また公転周期は惑星と恒星との関係が同一状態に復帰する周期である。金星のばあいには、

5 会合周期 = 2919.5 日, 13 公転周期 = 2921.1 日, 8 太陽年 = 2921.9 日

で、この三者はほぼ等しい。換言すると、八年を隔てて太陽、金星、恒星の位置関係が同一状態に復帰するのである。金星に対するこの八年周期は古くバビロニアでも注意されたものである。従って金星の晨見に対して八年周期で表記している『五星占』の記事は、現在の観点からみても正しい。これに対し公転周期のみに頼って表記された木、土の両星のばあいは実際の天象とは合致しないのである。金星に倣って類似した表記を木、土の両星に適用したに過ぎないようであるが、なお今後の研究に委ねたいと思う。

『五星占』にみえる木、土両星及び金星を加えた三星の会合周期はかなり詳しい。惑星の運動に関しては『史記』天官書に大略の数値がみえるが、一段と進歩した値は『漢書』律暦志に引用された三統暦の値である。いま現在値とを併せて三者を列記すると上表の如くである。『五星占』の値は三統暦の値に接近しており、三統暦は『史記』天官書を通り越して、直接に『五星占』の成果を受けつぎ、それを改良したもののように思われる。

『五星占』にはこうした会合周期のほか、平均的な日行（daily motion）の値を与えている。木星では一日の運行は二〇分で、「十二日にして一度を行く」とあるから、一度は二四〇分に細分されている。中国の天文学では一年の日数と一周天の度数とは同一であるから、この数値からも木星の公転周期は十二年であることが知られる。『五星占』は漢初に書かれたものであり、さらにその知識は秦始皇帝元年（前二四六）にさかのぼるものと思われるが、当時すでに度数の使用が行われていたことが知られる。しかも一度は二四〇分に細分されている。しかし当時の観測技術からすれば、一度の十分の一、すなわち〇・一度の精度を得ることも困難であったと思われる。中国では古来十進法が比較的によく使用されたが、もちろん十二進法や六十進法も行われた。しかし二四〇進法の使用はごく特殊なものであった。秦の孝公一二年（前三四九）に秦に仕えた商鞅が各種の制度を改めたが、その一つとして、それまで百平方歩を一畝としたのを改めて二四〇平方歩を一畝とした。一度を二四〇分とするのは、この変法と何らかの関係があると考えられる。

表44　会合周期の値（単位1太陽日）

惑星	五星占	三統暦	現在値
水星	欠	115.9	115.9
金星	584.4	584.1	583.9
火星	欠	780.5	779.9
木星	398.5	398.7	398.9
土星	377	377.9	378.1

以上述べてきたところにより、中国での度数表示は秦始皇帝元年のころまでさかのぼり得ることが確かめられた。この度数について、バビロニアと中国とでは大きな相違がある。バビロニアでは現行と同じく三六〇度の分割が行われ、それは天空の分割だけでなく、幾何学上の円の分割にも適用された。ところが中国では度数は天空に対してのみ適用され、数学上での度数分割は絶えて行われなかった。思うに中国では太陽が一日に一度を動くとして度数割りが考案されたので、こうした成立の歴史に限定され数学への適用をみなかったものと思われる。しかしともかく度数分割が行われるようになり、中国の天文学は前三世紀後半のことから急速に精密化したものであり、その成果が三統暦に結集したものと考えられる。

なお馬王堆三号墓出土の天文関係資料としては他に「天文気象雑占」と呼ばれるものがあ

る。長さ一・五メートル、幅四八センチの白絹に『史記』天官書で妖星と呼ばれた種類の奇妙な星（中には雲の類）が多数描かれている。この奇妙な星には彗星も含まれる。中国の天文学史家席沢宗氏に「馬王堆漢墓帛書中的彗星図」なる論文があることを注意するにとどめよう。

『漢書』律暦志にみえた五星運動論のあらましは、すでに『漢書律暦志の研究』（能田忠亮博士との共著、一九四七年刊）（本著作集第2巻収録）において紹介したところであり、そのあらましを述べると次のようである。漢志では惑星の運動を、太陽との相互関係において考えていることが特徴的である。[221]地球からみて惑星と太陽が同じ方向にある合の状態を過ぎて、惑星と太陽との距離がある度数に達すると、はじめて夜明けの東空に惑星が見えはじめる。これが「始見」であるが、この状態から始めて順逆留状の状態を一順して再び「始見」の状態に復帰する期間が、いわゆる一回の会合周期である。太陽に接近している金水の二惑星と、地球より遠方にある火木土の三惑星とでは、会合周期の間における運動の状態がかなり相違するので、漢志には金水の場合の会合周期を「復」、火木土の場合には「見」という術語を使って区別している。「始見」の時における惑星の位置は、太陽を規準にして与えられており、この始見の位置から会合周期の間を通じて順逆留状それぞれの状態にある日数とそれに応ずる惑星の運動――赤道に引直した度数が漢志に詳しく与えられている。従って漢志における惑星の位置計算は、まず計算しようとする特定日に近い始見の日時とその時における惑星の位置（太陽を規準とした赤道度で与えられる）を計算し、次に始見日から特定日まで動いた惑星の赤道度数を加えるという方法で行われる。このような計算方法は、現在における惑星の位置計算とも異なっているばかりでなく、古いプトレマイオスによるギリシア天文学の方法とも異なっている。しかしセレウコス王朝時代におけるバビロンの方法と酷似している。ノイゲバウアーはこの両者の相違を歴史的発展の結果であるとして、次のように述べている。[222]

バビロンの人々は、月の最初と最後の出現とのアナロジによって、第一に惑星の見と伏とに関心を持った。彼等が最初に決定しようとしたのは、これらの現象の周期的なくりかえしとそれからのずれである。プトレマイオスが惑星論を展開した時に、太陽及び月の運動の不規則さを十分満足に説明する幾何学的方法をすでに手に入れていた。そして類似の幾何学的モデルが見掛け上の惑星軌道の概括的説明に使用されてきた。だから全体として惑星運動の厳密な幾何学的理論を提供することが理論天文学の明白な決勝点となり、特殊な現象は独特な関心を多分に失った。特にギリシア天文学者によって、地平線上の現象は必要な観測資料として最悪なものであることを知るほどに観測の経験が十分に発展した後には、そうであった。

ギリシア天文学では惑星の運動を説明するためにも円運動の組合せという幾何学的モデルを考えたから、位置計算を行うにあたって「始見」などの特殊な現象は直接に必要でなかった。これに対しバビロンの天文学はモデルを考えずに直接的に見えるままの惑星運動を説明しようとしたのであり、この場合に太陽との相互関係でひき起される周期的な現象——会合周期に注目したのである。バビロンと全く相似た方法が漢代の五星運動論にみられるのは、相互の交渉があったかどうかは別として、まことに興味深いことである。ただバビロンではすでに周期的なくりかえしからのずれを論じているようであるが、漢代には会合周期の期間における運動の状態はいつも一様であって、すべてが周期的なくりかえしとして考えられていた。

漢志にみえると同じような惑星の位置計算法はほぼ隋代までつづいた。ただ漢志では惑星の運動がすべて赤道に引直して考えられているのに対し、後漢の四分暦以後では黄道に引直して考えられているのは、一つの進歩と言うことができるであろう。しかしともかく前漢の三統暦にはじまり隋初の張賓による開皇暦までは、いわば惑星運動論による初期の時代と見ることができよう。なお三統暦以下の諸暦の会合周期は付録（三九八～九九ページ）にまとめて表記した。

隋唐とそれ以降の五星運動論

月の運動が不斉一であることは後漢の劉洪によって知られていたが、六朝末から隋初にかけて太陽の運動も斉一でないことが知られ、気朔の推算や日月食の計算に大きな変革が起り、さらに隋の劉焯によって補間法が創始せられ、唐代暦法の基礎は隋代にでき上った(223)。五星運動論の場合にも隋代は著しい変革期の一つであり、それに貢献したのは太陽運動の不斉一を発見した張子信である。隋の張賓による開皇暦は『隋書』律暦志にごく簡単に記述されていて、その五星運動論は詳しく分らない。しかし『隋書』天文志に張子信の法を受けついだものとして張冑玄、劉孝孫、劉焯などを挙げ、張賓に言及していない。この点からみて開皇暦は三統暦にはじまる初期の時代に入れてさしつかえないであろう。従って五星運動論における新しい発展の記載は、張冑玄の大業暦に始まっている。しかしこの新しい知識は張子信に依るものである。『宋史』巻七五「明天暦」の条に周琮の論暦を載せ、「張子信悟月行有交道表裏、五星入気加減」と述べている如く、太陽の不斉一が一年を周期として変化することを知った張子信は、それと類似なずれが惑星運動に存在することを観測したのである。張子信は『北斉書』方技伝及び『北史』芸術伝に列ねられた人物であるが、この両伝には特に天文学を研究したという記載はない。彼は北斉の滅亡（五七七年）のころに死んでおり、少にして医学に詳しく、また文学に通じ、『魏書』の編者魏収らと詩の贈答があったという。また北斉に仕えたことがあったが、平時白鹿山に隠棲し、易占をよくしたという。彼の天文学に関する業績については『隋書』天文志に詳しく、それによると彼は北魏末に起った葛栄の乱を海島に避け、そこで三十年にわたって観測をつづけ、多くの新事実を発見したことが記されている。海島とあるから、恐らく山東省沿岸の一島であろうと思うが、戦争のはげしい混乱の時期にもこうした平安の地域があって、一事に専心するには平和の時代よりも好都合であったということが、張子信の研究を促進せしめた原因となったのであろう。こうした混乱時において寧ろ学問が著しく向上している例は、たとえば宋元間における数学及び医学の発展にみられるところであって、中国の学術発展を考える時に注目すべき事実であろう。

　まず『隋書』律暦志によって大業暦の内容を検討してみよう。記載の順序は木火土金水となっており、この順序は後世の正史にそのまま受けつがれている。この中で比較的簡単な木星の運動について述べてみよう。

　現在の方法では計算しようとする目時における惑星の位置は直接に求められる。この場合に運動の不規則によるずれは斉一運動による計算に附加される。ところが大業暦における計算では、まず始見の正しい日時を求めることから始められる。斉一運動による始見の日時、即ち会合周期を用いて算出した始見の日時を平見日と呼び、これに不規則運動によるずれを加減して定見日を得る。木星のように地球から遠く離れた惑星の場合には、不規則運動によるずれは、第一近似として木星自体の軌道が楕円であることから、天を一周する期間を周期とする適当な補正が加えられる、換言すると斉一運動と考えた場合に得られた位置が天空の何処にあるかによって、加減される補正の値が異なってくる。ところで中国の方法ではまず斉一運動による平見の日時が計算されているが、平見時における惑星の位置は直ちに求められる。即ち平見時には太陽と一定距離（木星のばあいその数値は黄道度で十四度）にあるから、太陽の位置を求めることによって、惑星自体の黄道度数が計算される。次にこの黄道度数に応ずるずれを計算するわけであるが、大業暦の方法では天空上の位置の代りに、平見時が二十四節気に関して何処にあるかによって、適当な補正が考えられる。二十四節気に関して太陽の位置は与えられるから、二十四節気における平見時の関係を知れば、惑星自体の位置も知られることになる。従って二十四節気との関係から得られた補正を加減することは、原理的には現在の方法と同一である。ただ現在の方法では直接に度数に加減するのに対し、大業暦の方法では度数を日時に換算し、これを平見日に加減して定見日を得ている。定見日が得られると、この日時における太陽の黄道度数に個々の惑星に対して与えられた去日度数を減ずることによって定見日における惑星の位置が得られる。任意の日時における惑星の位置は、この定見日における位置を規準にして求められる。以上が惑星の位置計算法の大略である。斉一運動からのずれは、

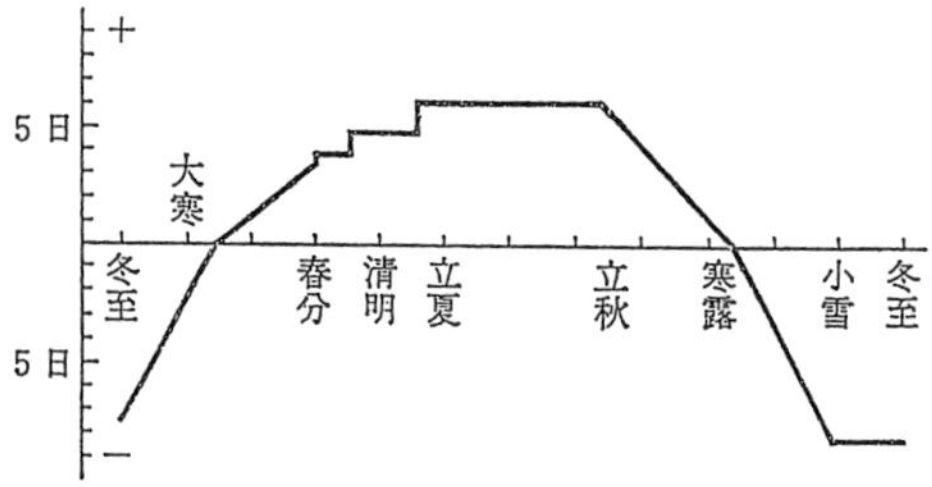

図39　大業暦　木星平見日への補正（定見日—平見日）

第一近似としては大体連続的な正弦曲線となる筈であるが、大業暦の場合には不連続な補正となっている。二十四節気に関する位置によって、平見日に加減される日時は図39に示すような不連続線によって示される。こうした方法にもバビロン天文学と著しい類似があるらしい。

晨見に始まった歳星の見掛けの運動は、まず順行し、やがて留から逆行に転じ、再び留を経て順行となり、伏に終って会合周期を完結する。これについて大業暦の文には次のようにみえる。

木初見。順。日行万六百一十八分。日益遅六十分。一百一十四日。行十九度万三千八百三十二分。而留。二十六日。乃退。日六千一百一分。八十四日。退十二度八百四分。又留。二十五日三万七千六百一十二分小分四。乃順。初日行三千八百三十七分。日益疾六十分。百一十四日。行十九度三千七百一十八分。而伏。

この文で示されたように、三統暦の記載とちがって、順行での日行が等差級数的に増減している。さらに大業暦以降では逆行についても等差級数的に変化する。なお上文で採用されている度法は四二六四〇である。

以上のように計算される歳星の見掛けの位置はかなり正確なもので、宮島一彦氏が地球及び歳星が太陽のまわりに等速円運動をするとして現在の常数や計算式で求めた結果と比較すると±1°.6以下の誤差が認められるに過ぎず、かなり正確な位置予報が行われていたと考えられる。鎮星（土星）についての記載は歳星に類似するが、熒惑・太白・辰星はやや複雑であり、ここでは省略する。なお大業歴編纂と同じころ劉焯が皇極暦を造った。これは官暦とならなかったが、『隋書』律暦志に掲載された画期的な暦法であり、五暦運動論にも大きな改良が加えられた。例えば晨見の日時についても、平見日に対し惑星自身の不均一運動を補正したものを常見日と呼び、さらに太陽運動の不均一を補正して定見日としている。しかしここでは皇極暦の内容を省略し、皇極暦の影響を受けた唐代の五星運動論について述べる。

唐代最初の官暦は傅仁均が撰した戊寅暦であるが、『唐書』暦志に述べているように、張冑玄の法を祖述したもので、五星運動論についても特に新しいものはない。よって次の李淳風の麟徳暦について述べよう。なお唐初の三暦、すなわち戊寅・麟徳・大衍暦については新旧唐書の両暦志にみえているが、両者の記述にいくらかの出入がある。例えば晨見時の去日度数は唐志には欠略し、旧唐志には歳星について一四度とみえる。以下歳星を中心に述べると、晨見からはじまる会合周期は終日と呼ばれるが、この値を使って平均的な晨見日である平見日が計算される。これより歳星運動の不斉一による影響を補正する方法はすでに述べた大業暦と同じで、数値こそ異なるが、図39に似た変化をする。ただしこの補正後の日時は常見日と呼ばれ、さらに太陽の不斉一運動による補正を加えたものが定見日である。こうした計算は皇極暦を受けついだものであり、大業暦に比べて一段と詳細になっている。

歳星の会合周期は三九八日余であり、太陽の光で見えなくなる伏日は伏分を二倍したものを総法一三四〇で除したもので、三五日余である。晨見にはじまる会合周期のあいだに歳星が天空上を動く見掛けの平均値は、新唐志によると次の通りである。

初順。百一十四日。行十八度五百九分。日益遅一分。前留。二十六日。旋退。四十二日。退六度十二分。日益疾二分。又退四十二日。退六度十二分。日益遅二分。後留。二十五日。後順。百一十四日。行十八度五百九分。日益疾一分。日尽而夕伏。

大業暦と同じように晨見から順、留、逆、留、順を経て伏となるが、順、逆のあいだの毎日の運動は何れも等差級数的に増減する。逆行を二段に分けて記述したのは、その間に歳星が衝の位置にあり、その前後を区別している。なお鎮星に対する記述は歳星に類似するが、熒惑・太白・辰星に対しては複雑な取扱いがなされており、節気によって会合周期中の運動が大きく変化している。新唐志大衍暦議の末尾に、

　其入気加減。亦自張子信始。後人莫不遵用之。原始要終。多有不叶。

とあり、張子信に始まる入気加減は常見日（大業暦では定見日）の計算や、熒惑・太白・辰星の三星については会合周期中の運動の補正に使用されたが、大衍暦ではこの方法が十分に満足すべきものでないことを知ったのである。大衍暦の五星論では次の二点について大きな変更が行われた。その一つはまず「晨見」を重視する三統暦以来の方法を棄て、まず合の日時を求めている。晨見は観測時の気象条件や惑星の光度によって変化するが、合の日時はそうした条件に影響されることがなく、理論的になったといえる。次に第二点は、上述したように入気加減による補正を改め、現在の理論に近いものを採用したことである。入気加減は惑星の不斉一運動に対する補正であるが、従来は一年で移り代る節気に対して行われており、理論的にはあまり意味がない。いま惑星の近日点黄経をε、平均運動をn、近日点経過から数えた時間をt、軌道の離心率をeとすると、惑星の真黄経λは中心差を考慮して、

$$\lambda = nt + \varepsilon + e\sin(nt + \varepsilon)$$

となる。この式で表わされる惑星の不斉一運動、すなわち中心差による補正を行っていると考えられる。陳美東氏や宮島一彦氏が指摘しているように、大衍暦「歩五星術」の冒頭に会合周期（終日）の数値と並んで書かれた「変差」はこうした近日点位置の変化を示すものである。陳美東氏が指摘したように、

$$\text{近日点移動(1年)} = \frac{\text{変差}}{\text{通法}} \times \frac{\text{通法}}{\text{乾実}} \times 360 \times 60 \times 60''$$

によって現行度の秒で示した近日点移動が与えられる。[224] ここで通法は三〇四〇、乾実は周天度を示す一一一〇三七九太である。この式で与えられる近日点移動とP. V. Neugebauer: *Tafeler zur astronomischer Chronologie* II（1914）に

与える現在値と比較すると表45の如くであり、両者はかなり異なっているが、当時としてはやむを得ない。これらの数値を使って任意の年における近日点黄経を求めることができる。大衍暦では暦元から数えて開元十二年（七二四）までの積年を九六九六一七四〇年としており、しかも暦元時の近日点黄経は五星に対して共通で、冬至点に一致するとしており、これより求めた値とP. V. Neugebauerによって逆算した値とを比較して表46を得る。この数値をみると、太白、辰星ではかなり相違するが、他の三星の値はよく近似している。

大衍暦では合の日時を起点とするが、まず平均的な平合日を計算し、それに常合日を求めるために惑星の中心差の補正を加える。この補正は「五星爻象暦」の表を使って行われる。爻象暦の各欄は周天を二十四等分したもので、しかもそれらは近日点より数えた度数である。ここに掲げられた損益数やそれを累積した進退数は $e\sin(nt+\varepsilon)$ に対応する数値である。こうして常合日が求まると、次に太陽の不斉一運動を考慮して定合日を求めることは従来と同様である。こうして求めた定合日より出発して、晨見が起り、それより順、留などの見掛けの運動について、各段の平均的な日数や度数が記述されるのは、やはり従来と同じである。しかしこれにも惑星の不斉一運動による補正が加えられる。これに必要なものとして「変行度常率」（志）がある。歳星について冒頭の二列を摘記すると、

星名	変行日	変行日中率	変行度中率	変行度常率
歳星	合後伏	17日332	行3度332	行1度357

とある。この表を説明すると、合のあと伏の状態が $17\frac{332}{760}$ 日つ

表45　近日点移動の年平均値

星名	大衍暦	Neugebauer
歳星	39″.85	57″.92
熒惑	37.37	66.24
鎮星	26.75	70.47
太白	35.63	49.46
辰星	159.65	55.91

表46　開元12年の近日点黄経

星名	大衍暦	Neugebauer
歳星	344°.91	353°.80
熒星	299.74	312.62
鎮星	69.74	68.08
太白	238.49	113.98
辰星	285.58	57.71

づき、その間の見掛けの運行度数は $3\frac{332}{760}$ 度であり、変行度常率が $1\frac{357}{760}$ 度である。この変行度常率は歳星がその軌道上を動くとして、$17\frac{332}{760}$ 日間の平均運動度数であり nt に相当する。こうした数値により、従来の入気加減を排して $e\sin(nt+\varepsilon)$ で与えられる中心差の補正が各段に対して計算される。

以上歳星を中心にごく簡単に大衍暦の五星運動の計算法を述べた。極めて不十分なものであり、五星全体についての研究はすべて今後の検討を待たなければならないが、大衍暦に至って急激に惑星運動論が理論的になったことは理解されたことと思う。しかし上述の解説は現在の理論との対比で行ったもので、当時の理解とはかなり異なっていることに注意しておきたい。上文では近日点のことにしばしば言及したが、この言葉に対応する記述は全くない。近日点という概念は惑星が太陽のまわりの軌道を公転するという事実と結びつくもので、いわばコペルニクスの太陽中心説に至って明確化される概念である。大衍暦当時に太陽中心説はもちろんそれに類似する考えがあったとは思えない。しかしすでに太陽や月に対して中心差による補正を行っており、惑星に対しても類似の補正を行うことを考えて観測材料を整理した結果、表45に示した近日点黄経に対応する数値の算出に成功したものといえよう。

大衍暦以後あまり大きな変化はないが、中国の伝統的暦法の最後を飾る元の授時暦について一言しておこう[225]。授時暦においても惑星の特定位置から数えた黄道度数、入暦度数を求め、それに応じた不斉一運動の補正を計算する。この特定位置は現在の度数に換算して二・六度である。ところで授時暦の暦元にあたる至元十八年（一二八一）のころには木星の近日点は二・八度であり、特定位置としてほぼ木星の近日点を考えていることになる。なお入暦度数に応じた補正は盈縮差と呼ばれる。入歴度数を四象限に分け、第一第二象限を盈初・盈末、第三第四象限を縮初縮末と呼び、例えば盈初の度数 x に対し $ax+bx^2+cx^3$ という三次式によって盈差を計算している。a、b、c はそれぞれ平差、定差、立差と呼ばれる常数であり、このような三次式によって中間値を求める方法は平立定三差の法と呼ばれ、補間法として日月の位置計算にも使用されている。こうした計算法において大衍暦と相違する点はあるが、惑星の近日点黄経に近いものが求められていることは、もちろん太陽中心説のようなものを想定していたからではなく、日月の不斉一運動による補正方法を惑星にもあてはめて観測資料を整理した結果であると考えられる。

中国暦における内惑星の光度

かなり前に発表したものであるが、コペルニクスとの関係で興味ある事実なので、ほぼそのままここに再録する。(226) コペルニクスの有名な著書 *Revolutionibus* の序文で金星の光度変化が問題となった。序文を書いた Osiander によると、金星が地球からもっとも遠ざかる外合の時ともっとも近づく内合の時との光度差は、プトレマイオス流のモデルでは四等差となるが、実際ははるかに小さいものであり、この差異は明らかに天動説の大きな矛盾として指摘されている。一九五九年に発表されたプライスの論文(227)では、1957/1958 年の英暦から得た結果から外合時と内合時の光度差は僅かに一等程度にすぎず、内合時がやや明るいという。ところで Osiander がプトレマイオスのばあい四等差が出るというのは、光の強さが距離の自乗に比例して減少するという事実だけを基礎にしたものである。Osiander が指摘した天動説の大きな欠陥は、皮肉にもコペルニクスによって説明されなかったことはプライスの論文で指摘されている。その理由は簡単であるが、ガリレオの発見まで待たねばならなかった。と言うのは、内合の近くで金星の表面が欠けて三日月となるため、外合、内合時の光度差が、単に距離による減光を考えたばあいより少なくなるからである。

Osiander は言及していないが、水星のばあいにも三日月の現象があるから、距離の他に三日月による減光が伴う。一九六一年の夏、数人の同学と高野山の宿坊で授時暦の研究会を行った時、この問題についてやや興味ある事実に注意した。中国天文学で水星や金星などの内惑星が内外合の近くでは太陽の光に掩われて見えない現象を「伏」と呼び、まもなく太陽から東西にいくぶん離れて見え出すのを「見」と呼ぶ。外合の近くでは暁方に伏（晨伏）となって外合となり、やがて夕方に見（夕見）となるが、内合ではまず夕伏から内合、次に晨見となる。ところで見伏の状態が起るばあい、その惑星が太陽から見掛け上離れている度数（仮りに見伏度数と呼ぶ）は、その時における惑星の光度によってきまる。すなわち光度が明るければ見伏度数は小さく、暗ければ大きくなる。授時暦では、金星のばあい外合、内合をとわず見伏度数は一〇・五中国度となっており、これは内外合時において金星の光度変化を認めていないことになる。授時暦の値は宋代の紀元暦に溯るが、これ以前に行われた宋の崇天暦（『宋史』巻七三）では外合時の見伏度数を一一度、内合時を九度とし、明らかに内外合における光度差に注意し、しかも内合時に光度がいくぶん大きくなることを示している。この点からみると授時暦はむしろ崇天暦より退歩していることになる。

次に水星のばあい、授時暦でも内外合でも見伏度数が相違するが、崇天暦の数値を引用すると、外合時には一四度、内合時には二一度となっている。すなわち外合時には内合時より地球からの距離が遠くなるにも拘らず、水星の光度が明るくなることを意味する。これは金星のばあいと全く反対である。いま一九五八年の英暦を見ると、外合は三月三日、内合は四月一六日に起っているが、この附近における水星の光度は、

外合附近	二月二五日	マイナス〇・九等
	三月二日	マイナス一・二等
	三月七日	マイナス一・四等
内合附近	四月一一日	二・二等
	四月一六日	三・二等
	四月二一日	二・七等

であり、明らかに内合附近では外合附近より光度が小さく、その差は三〜四等にものぼっている。この光度の大小は崇天暦以降の暦において同様の傾向を示している。

もともと水星の観測は困難なものであり、ヨーロッパでもあまり観測されなかったと思われる。Osiander が金星の光度変化を述べて水星に言及しなかったのは、恐らく材料不足が原因だったと思われる。従って中国天文学者が水星について光度変化の事実を正しく理解したことは、きわめてすぐれた業績といえよう。

(220) 以下この節の大部分は小論「馬王堆出土の五星占について」（『科学史からみた中国文明』ＮＨＫブックス一九八二年刊）を転載した。
なお「五星占」の詳細な訳注については川原秀城・宮島一彦「五星占」（山田慶兒編『新発現中国科学史資料の研究　訳注篇』一九八五年刊）を参照されたい。三九四〜九五ページの表にみえる木星の数値はこの論文によって訂正した。

(221) 以下は「中国天文学における五星運動論」（『東方学報』二六冊、一九五六年）（本著作集第2巻収録）によった。

(222) O. Neugebauer: *The Exact Sciences in Antiquity*, 1952. p. 122. 矢野道雄・斎藤潔訳『古代の精密科学』一一六ページ（一九八四年刊）。

(223) 上掲の小論「中国天文学における五星運動論」によるところが多いが、その後『自然科学史研究』四の二（一九八五）に劉金沂「麟徳暦行星運動計算法」及び陳美東「我国古代五星近日点黄経及其進動的測算」が発表された。陳美東氏の論文は有益で、この論文をみた後に中国科技大学の銭臨照教授の八十歳記念論集のために隋唐時代の五星運動論を書いた。これは中国訳され、有名な反体制物理学者方励之主編の『科学史論集』（一九八七）に「隋唐時代的五星運動論」として収録された。なお宮島一彦「大衍暦の五星計画法」（山田慶兒編『中国古代科学史論』一九八九）をも参照した。

(224) 陳美東上掲論文参照。

(225) 小論「中国天文学における五星運動論」参照。

(226) この小論は『科学史研究』六〇号（一九六一）に発表した。

(227) S. Price: Contra-Copernicus, A critical reestimation of the mathematical planetary theory of Ptolemy, Copernicus, and Kepler（*Critical Problems in the History of Science*, pp. 197–218, 1959）.

［増補注］

㉓　劉焯の皇極暦は日月食の計算についても画期的なものであった。その方法は唐の麟徳暦に踏襲された。この計算法はここに述べなかったが、劉金沂「麟徳暦交食計算法」（『自然科学史研究』第三巻第三期、一九八四年）参照。

補遺

補遺二二ページ　殷暦

図1は董作賓『殷暦譜』（一九四五）下編巻三交食譜月食四に取上げられた甲骨文である。左図に「庚申月有食」とみえ、月食記事と推定された。甲骨文には占卜を行った日附干支、月名、時には王の即位年数が刻される。甲骨文研究の開拓者董作賓は殷代暦法の解明に大きな業績を挙げた。当時の暦には二十九日の小月と三十日の大月を区別すること、年末閏を置いて十三月と呼ぶことを指摘し、殷代に太陰太陽暦が行われたことを立証した。図1右図に「十三月」の文字が見える。さらに月食記事に注目し、現在天文学の知識でその月食が何時見られたものであるかを逆算推定し、これらの年次を殷代年代学の軸に据え、当時の年代学及び暦日の再編成を行った。日月食表には、

T. R. von Oppolzer : *Canon der Finsternisse*, 1887.

があるが、これに収録された月食は西暦前一二〇七年以後であり、当面の殷代月食の研究にはさらにそれ以前の月食表が必要である。董作賓自身もそうした古代の月食の日時を計算したが、その後 H. H. Dubs や R. R. Newton などの学者によっていっそう詳しい月食表が作られている。ところで日食に比べて月食は夜に起り、一般人の関心を引くことは少ないにも拘らず、殷代の昔に何故に多くの月食記事が残されたかは大きな疑問である。しかしプトレマイオスの『アルマゲスト』では西暦前七二一年以降に観測されたバビロニアの月食記事を利用して月の運動の不斉一を研究しており、バビロニアでも古くから月食観測を行っていたことが知られている。恐らく殷代には占星術が盛んでそのために宮廷天文学者が召しかかえられて夜中にも天象の異変を観測したものと思われる。筆者は本書注（1）に掲げ

たような殷代暦法に関する小論を発表したが、月食記事を利用した研究は行わなかった。この問題についての研究は現在のところなお不十分で、今後の検討に委ねたい。上述の研究についての参考文献は、例えば、

David N. Keightley : *Sources of Shang History*, 1978.

を参照されたい。なお年代学に関して殷代王朝の世系を明らかにすることも重要であるが、最近の成果は張光直原著、小南・間瀬共訳『中国青銅時代』（平凡社刊、一九八九）二一八ページにみえる。

補遺三七ページ　秦漢の暦法

漢武帝の太初元年に太初暦が頒布されてから暦代暦法は正史に著録されているが、それ以前について『漢書』律暦志に漢の建国にあたり、

すべてのことは草創期にあったから、秦の暦法を受けつぎ、北平侯張蒼の主張に従って顓頊暦が採用された。

とあり、四分暦の一種である顓頊暦が採用されたという。漢代には暦元を異にする六種の四分暦が知られており、顓頊暦はその一つで、唐志「大衍暦議」や『開元占経』によると西暦前一五〇六年甲寅歳正月己巳朔旦立春を暦元とする。これによって顓頊暦による暦日の計算ができるが、この暦が使用されていたかどうかは当時の暦日記録との照合が必要である。一九七二年四月に山東省南部の臨沂から二座の漢墓が発掘されたが、その第二号墓から竹簡暦書が出土し、その中に漢武帝の元光六年（前一三四）の暦と推定されるものがあった。この暦書は一年の始めを十月とし、歳末閏を後九月と呼んでおり、秦始皇帝の採用した制度に従っている。いま竹簡暦書の各月一日の干支と顓頊暦による計算結果とを比較すると、上表のようであり、六個所について竹簡暦書と相違している。ところが陳久金・陳美東（「古暦初探」、『文物』一九七四年第三期）はこの相違を次のように解決した。すなわち顓頊暦暦元の時刻の旦を正午に

月　日	暦書干支	顓頊暦
10月1日	己丑	己丑
11月1日	己未	戊午
12月1日	戊子	戊子
正月1日	戊午	戊午
2月1日	戊子	丁亥
3月1日	丁巳	丁巳
4月1日	丁亥	丙戌
5月1日	丙辰	丙辰
6月1日	丙戌	乙酉
7月1日	乙卯	乙卯
8月1日	乙酉	甲申
9月1日	甲寅	甲寅
後9月1日	甲申	癸未

改めることによってすべてが暦書の干支と完全一致するのである。これによって唐代の文献に伝えられた顓頊暦の暦元に僅かな修正を行ったものが、漢初に使用されていたと考えられ、『漢書』律暦志に漢初には秦の顓頊暦が受けつがれていたことが立証された。なお少しく問題は残っているが、ほぼこの結論は信頼できると思われる。小著『科学史からみた中国文明』一九八二年、二〇二―二一〇ページ参照。

補遺六〇ページ　二十八宿の起原

一九七七年九月に湖北省随県の近くで一座の大墓が発掘された。出土した銅器の一つに楚恵王が前四三三年に曹侯乙に贈ったことを示す銘文があり、埋葬の上限は前四三三年ごろであり、前五世紀末期の墓と推定された。曾侯乙墓の出土品には三層に吊りさげられた打楽器としての編鐘があり、多くの人を驚かせたが、ここでは二十八宿名を記した漆箱が注目される。これによって二十八宿の成立はおそくとも前五世紀末にさかのぼることが確定されたと思う。なお二十八宿の問題について一九七七年に安徽省阜陽県で発掘された汝陰侯墓の出土品が注目される。汝陰侯は漢初の功臣で四代続いたが、この墓は文帝一五年に亡くなった夏侯竈及びその一族の墓と考えられた。出土品には竹簡、漆器、銅器、鉄器、陶器などあったが、漆器には二十八宿円盤、六壬式盤、太乙九宮占盤などがあった。二十八宿円盤では二十八宿名とそれぞれの広度が読みとられ、この広度の検討から潘鼐「我国早期的二十八宿観測及其時代考」（『中華文史論叢』所収、一九七九）は、この広度の測定の下限を前六世紀初と推定している。しかし筆者はこの推定はいささか古すぎると考えている。天体の位置を度数で表示するのはかなり遅い時代のことであろう。

補遺八五ページ　石氏星経の観測年代

西ドイツのフランクフルト大学自然科学史研究所の前山保勝氏は、

On the Astronomical Data of Ancient China（ca. －100～＋200）(*A Numerical Analysis, Archives internationales d'Histoire des Sciences*, vol. 25, no. 97, 1975)

The Oldest Star Catalogue of China, Shih Shen's Hsing Ching,（*ΠΡΙΣΜΑΤΑ*, Festschrift für Willy Hartner, 1977）. の二論文で独特な統計的方法を用い、前七〇年ごろが『石氏星経』の観測年代であることを論証された。この論証は筆者の推定を支持するものである。本文には渾天儀の使用について西方との関係を示唆したが、一般に文化や文物の伝播は慎重に論ずべき問題で、なお今後の検討を待ちたい。しかし張騫の遠征にはじまった漢武帝の西域経営は独り汗血馬の輸入やブドウその他の有用植物の伝来にとどまらず、さらに高次な西方文物の輸入が行われたと考えるべきであろう。

補遺一〇八ページ　瞿曇悉達の家系

一九七七年五月に西安（長安）の近くから瞿曇譔の墓が発掘され、その墓誌銘から瞿曇羅、瞿曇悉達など唐代暦家とした活躍したインド天文学者の家系が明らかになった。長安に住みついた瞿曇逸の子として瞿曇羅が唐太宗の時代に生れ、三十余年にわたって太史令となり、「経緯暦」「光宅暦」を編纂した。羅の子として高宗の時代に生れた瞿曇悉達もまた太史令となり、有名な『開元占経』を編纂したほか、玄宗の命を受けインド天文書から「九執暦」を訳出した。悉達の第四子が墓の主の瞿曇譔であり、睿宗景雲三年（七一二）に生れ、はじめ武挙に及第して軍人となったが、やがて太史局に仕えた。開元二一年（七三三）には陳玄景と共に大衍暦が九執暦を写したものに過ぎないことを玄宗に上書し、かえって玄宗の怒りを買って左遷された。しかし二五年の後、粛宗の時に長安に呼び戻され司天台に職を得て司天少監となった。代宗の時代に天象の占いに失誤があったため官爵を削られたことがあったが、永泰元年（七六五）には司天監（太史令に当る）に昇任し、大暦一一年（七七六）に六五歳を以て逝去した。その兄弟の瞿曇謙及び譔の第五子の瞿曇晏も共に天文学者となった。このように瞿曇氏の一族四代は百余年にわたって唐代の天文台に仕え、大きな業績を挙げた。晁貨山「唐代天学家瞿曇譔墓的発現」（『文物』一九七八年所収）。

補遺一一二ページ　符天暦

注(75)に述べた桃裕行氏は符天暦について多くの論文を書かれた。一九七五年までに発表された論文や中山茂氏の論文をまとめて筆者は「唐曹士蔿の符天暦について」(『ビブリア』第七八号、一九八二年)を発表したので、本文と重複する点はあるが、再録する。

曹士蔿と符天暦について

私はかつて『ビブリア』第三八号（一九六八・四）、中山正善真柱追悼の一文「科学史文献を通じて」において天理図書館に符天暦の断簡が所蔵されていることを述べた。これは仙台藩の暦算家多々良保祐（一七〇八―八四）編の『天文秘書』中に含まれる『符天暦経日躔差立成』であり、この断簡を発見したのは東京天文台の故前山仁郎氏であった。江戸時代にも暦算家西村太沖編『符天暦』、僧円通の『縮象符天暦書』など同名の書物があるが、内容は全く異なり、これは唐代に編纂されたものである。宋欧陽修の『新五代史』司天考に、

唐建中時。術者曹士蔿始変古法。以顕慶五年為上元。雨水為歳首。号符天暦。世謂之小暦。祇行於民間。（馬）重績乃用以為法。遂施于朝廷。賜号調元暦。

とあるのが、それである。朝廷から一般に頒布される公暦を大暦というのに対し、民間にのみ行われた暦法を小暦と呼んだと思われる。中国では暦は国家のシンボルとして重要視され、民間人には暦法研究さえも禁止されたことがある。唐では天宝（七四二―五五）の乱を経て国内が混乱し、朝廷の威令が行われなくなり、私暦の類が流行した。『唐書』芸文志巻三暦算類をみると、曹士蔿の著書として『七曜符天暦』一巻及び『七曜符天人元暦』三巻が著録されているが、前者に対し「建中時人」と注記されている。建中年間（七八〇―八三）のころに造られた私暦、符天暦は唐末から五代、さらに宋代にかけてかなり流行したと思われ、ことに五代の後晋時代に公暦となった馬重績の調元暦はこの法に倣ったことが上文によって知られる。ところが符天暦の内容は上文を除いてほとんど不明であり、またその撰者曹士蔿についても断片的な記載しか残っていない。上文では術者とのみ記されており、彼は暦算家であるとともに占いを善くした人物であったらしい。『唐書』芸文志巻三の五行類に曹士蔿『金匱経』三巻が著録されており、これはその占いに関する著述であったと思われるが、すでに佚して伝わらない。南宋陳振孫の『直斎書録解題』巻一二には『羅計二隠曜立成暦』一巻が著録され、その解題の文に、

称大中大夫曹士蔿。亦莫知何人。但云起元和元年入暦。

とあり、大中大夫の称号を持つ曹士蔿なる人物の著述であるとするが、陳振孫はこの人物について全く知らなかったようである。ここで羅計というのは羅睺・計都を略称したもので、これらはインド天文学で日月五星の七曜と並んで黄白道の二交点に存在すると考えられた二隠星であり、この語はサンスクリットの rāhu 及び ketu の音訳である。この語を書名とする点からみて曹士蔿の治めた暦法はインド天文学と関係が深かったと推定される。このことは宋馬端臨の『文献通考』巻二一九に『合元万分暦』一巻を著録し、それに対し、

鼂氏曰。唐曹氏撰。未知其名。暦元起唐高宗顕慶五年庚申。蓋民間所行小暦也。本天竺暦為法。李献臣云。

という解説がある。ここで晁氏とあるのは『郡斎読書志』の著者、南宋の晁公武のことであり、現にこの書の巻一三暦算類に同文がみえる。顕慶五年庚申を暦元とすること、またこの暦法が小暦と呼ばれたという記事からみて、『合元万分暦』は符天暦の別称と思われる。この暦法に対し、晁氏は李献臣の説を引き、これが「天竺暦に本づく」と述べている。符天暦にはインド天文学に特有な羅睺・計都の運動をとりあげていたと思われ、この推定もほぼ妥当なものであろう。

以上が曹士蔿に関する記事のほとんどすべてであって、唐の建中年間の術者であり、その撰になる符天暦がインド天文学の影響を受けていることが知られるに過ぎない。ところが近人周済氏はこの人物はもともとサマルカンドに居住した昭武九姓に属する人物ではなかろうかという説を提案している(1)。隋及唐初にサマルカンドを中心として昭武氏を名乗る九姓、すなわち唐、安、曹、石、米、何、火尋、戊、史を姓とする小国があり、これらは唐太宗の時に西突厥とともに唐に帰属し、長安に流寓したという。曹士蔿はこの昭武九姓の曹姓の出身であろうというのが周済氏の推測である。『唐書』巻二二一西域伝下の康国の条にこの昭武九姓のことがみえ、それについて、

以十二月為歳首。尚浮図法。祠祆神。出機巧技。

とある。その暦法での歳首は中国と一か月の相違があるほか、仏教を尚び、さらに祆神（ペルシアのゾロアスター教）を信仰し、すぐれた技術の才能があったとみえている。これによるとインド及びペルシア文化の影響を受けたと思われるが、周済氏がこの記事から直ちに昭武九姓の曹氏を曹士蔿に結びつけるのは速断に過ぎるように思われる。しかし符天暦が西方の影響を受けた暦法であることは、ほぼ動かしい難い事実と思われる。

曹士蔿が造った符天暦について従来知られたことは『五代史』司天考の上文がほとんど唯一であった。この記事によると、符天暦は「始めて古法を変えた」とされ、伝統を破棄した二点を挙げている。従来の公暦では計算の出発点となる暦元を全く不必要に古い年次に起している。例えば公暦第一号ともいうべき漢の太初暦は制定時の太初元年（前一〇四）を溯ること一四・三二二四年を以て暦元とした。これ以後この伝統は忠実に受けつがれ、歴代の暦法はすべて何十万、何百万年の過去を溯って暦元を想定した。こうした尨大な年数を想定する暦元を上元、制定時までの年数を上元積年と呼んでいるが、これに対し制定時より比較的近い過去を起算点とする暦元を近距と呼ぶ。前者は古さが価値の規準と考えられた中国暦に特有なものであり、後者は実際的・合理的であり現在の天文計算の方法と一致するものである。符天暦はこうした現代的ともいえる暦元を採用し、唐高宗の顕慶五年（六六〇）を起算点としている。これは建中年間を溯ること一二〇年ほどである。近距を採用することは従来の公暦にはなかったが、唐の開元六年（七一八）のころインド人天文学者瞿曇悉達が編纂した九執暦は近距を採用し、顕慶二年を暦元としている。しかしこれはインド天文学に本づく暦法で、しかも公暦とはならなかった。こうした前例があるとはいえ、近距の採用は公暦にはなく、従って「古法を変えた」第一点である。次に暦元としては年のほかに月日を指定する必要があるが、上文では「雨水を歳首とする」とある。ここに歳首とあるのは誤記と思われ、気首とするのが正しい。伝統的な公暦では暦元の月日は冬至であり、これが気首と考えられていたが、符天暦はこの伝統を変更し、正月中気である雨水を気首としたのである。もちろん雨水を気首とすることも劉宋の何承天の元嘉暦にその先例があるが、これは公暦として唯一の例外であり、これが「古法を変えた」第二点に挙げられる。ところで先例となった元嘉暦では雨水の日と正月朔とが一致していた。しかし符天暦のばあいは、顕慶五年雨水は正月三日甲辰（660 A. D. Feb. 18, J. D. 1, 962, 171）であり、正月朔はその二日前の壬寅である。符天暦は近距を採用した点及び雨水を気首とした点で九執暦及び元嘉暦にその先例をみるにもかかわらず、暦元の年について九執暦とは三年の相違があり、また元嘉暦では暦元の年に雨水が正月朔とは一致しているのに、それを受けついでいない。やはり先例を意識しながらも、そのままに受けつぐことを拒否したといえよう。暦元年の設定について考えられることは、符天暦の制定が建中元年庚申（七八〇）であったとすれば、それより一二〇年前の庚申にあたる顕慶五年を暦元としたのではなかろうか。

『五代史』司天考にはみえないが、符天暦が古法を変えた点がいま一つ考えられる。上述したように『文献通考』巻二二九に著録された曹士蔿の『合元万分暦』が符天暦の別称であろうと述べたが、万分暦という名称からみて天文常数の端数が一万を分母として表示されたと思われる。従来の暦法では、例えば年・月の日数の端数はすべて分数の形で表わされた。日本で長く使用された唐の宣明暦についていえば、一年は$365\frac{2055}{8400}$日、一月は同じ分母を使って$29\frac{4437}{8400}$日であった。符天暦はこの分母を一万としたと思われるのであって、これは小数表示の使用を意味するものであり、諸種の計算を簡略化するに役立ったと考えられる。符天暦は日月五星及び羅睺・計都の計算を行っているが、これら九曜の常数も恐らく万分法に拠ったのであろう。以上のような近距や万分法の採用は後に元の授時暦に採用され、符天暦は小暦に過ぎなかったとはいえ、その先駆的役割は高く評価されるのである。しかしその具体的内容については以上に尽きるのであって、年・月の日数という基本常数さえも不明である。

符天暦もしくは七曜符天暦はまた合元万分暦と呼ばれたことを推定したが、『唐書』芸文志巻三に『曹士蔿七曜符天人元暦』三巻が著録され、これも符天暦を説いたものと思われる。私はかつて九世紀初に西天竺の波羅門僧金倶吒が撰した『七曜攘災決』にいう『七曜新術』が符天暦の別称ではなかろうかと述べたことがある[2]。この『七曜攘災決』は七曜及び羅睺・計都の位置を計算し、その位置に本づいて人々の吉凶を占い、同時に災を攘うことを書いたインド伝来の占星書である。七曜の計算には貞元一〇年（七九四）を暦元とし、羅睺・計都については元和元年（八〇六）を暦元とし、一見符天暦とは相違している。しかしまた羅睺・計都の位置を表記したところには、元和元年が日本の大同元年にあたり、その年は「上元庚申後百四十七年」とみえ、この上元は符天暦の暦元である顕慶五年庚申と一致するのである。この点からみて『七曜新法』はやはり符天暦の系統を引くもので、七曜及び羅睺・計都に対して暦元を変更したものでないかと思われる。[3] いま一つ符天暦の別称と思われるものを挙げておこう。『文献通考』巻二二〇に『怡斎百中記』[4] 一巻が著録されているが、その注記に、

陳氏曰。東陽術士曹東野自言。今世言五星者。皆用唐顕慶暦。暦法更本朝。前後無慮十余変。而百中経猶旧。安得不差。乃用見行暦推算。其説如此。未知能質也。

とみえる。陳氏は『直斎書録解題』の著者である南宋の陳振孫である。この文章で唐顕慶暦までが曹東野の言と思われるが、この顕慶暦はあるいは暦元を顕慶五年とする符天暦でなかったかと想像される。なお顕慶暦を唐と称しているところから、曹東野は宋人であり、曹士蔿とは別人であろう。

『五代史』司天考によると後晋の馬重績の調元暦は符天暦を倣い、近距として唐天宝十四年乙未（七五五）を暦元とし、雨水を気首としたことがみえる。さらに恐らく万分法をも採用したかと思われるが、調元暦の詳細は不明である。

後晋の調元暦は公用されること僅か五年で終り、後漢を経て後周の初年には唐の崇玄暦の如きものが使用されたが、その顕徳二年（九五五）に王朴は勅命を受けて欽天暦を撰した。『五代史』巻三一王朴伝によると、

顕徳二年。詔（王）朴校定大暦。乃削去近世符天流俗不経之学。

とある。ここで大暦とあるのは顕徳三年より公用された鉄天暦である。鉄天暦では万分法に代って統法七二〇〇を採

用し、近距の代りに顕徳三年をさかのぼる七二六九・八四五二年の過去を上元としている。さらに『五代史』司天考に王朴が当時の暦法の大体を述べて、

近自司天卜祝小術。不能挙其大体。遂為等接之法。蓋従仮用。以求経捷於是乎。交有逆行之数。後学者不能詳知。因言暦有九曜。以為注暦之常式。今皆削而去之。

この文で等接之法というのは『唐書』暦志の唐崇玄暦の条に、この暦の編纂主任であった辺岡のことを記し、

（辺）岡用算巧。能馳騁反覆于乗除間。由是簡捷・起径・等接之術興。

とみえ、また径捷の語は簡捷・起径の語を略したものと思われる。この崇玄暦は、さきにも述べたように、欽天暦以前に後晋で採用されたものである。ところで『五代史』司天考の文章とこの王朴伝の文章を比較すると、王朴伝の小術はやはり符天暦のことであり、これを使って司天台の役人が占星術的記事を作製し、しかも七曜のほか羅睺・計都などの位置計算を行い、これらを暦注として暦書に記入していたというのであろう。民間暦として符天暦が流行したのは、実にその占星術との関係であり、しかもそれは民間の私暦にとどまらず、司天台の役人によっても重要視され、公暦（崇玄暦）と平行して暦注編纂に使用されたのである。このようにして唐末・五代に流行した符天暦は王朴の削去にもかかわらず、宋代に至ってもなお占星術の有力な原典として存続したことは、『宋史』芸文志に著録された書物によって知ることができる(5)。

中国の暦法は毎年の暦日計算の基礎となるだけでなく、日月五星の位置計算、日月食の預報計算の基礎となる。符天暦はもちろんこうした計算の基礎を与えるものであるが、日月五星のほかに羅睺・計都を加え、九曜の位置を計算することができた。しかし私暦に過ぎなかった符天暦が流行し公暦に拮抗するほどの勢力を持ったのは、一にそれが占星術と深く結びついていたからである。ここで占星術について簡単に述べておこう。占星術は大別して三種とするが、その第一は公的占星術といい、絶えず天体現象を観測し、それによって国家や支配者の運命を占うもので、中国

でも盛んに行われ、その影響は日本に及んだ。中国で古く国立天文台が設立されたのは、こうした占星術からの要請が有力な原因である。第二の占星術は主として個人の運勢を占うもので、そのために特に個人の誕生時の天体現象が重要視された。誕生時に東の地平線に出現する恒星をホロスコープと呼んだことから、この種のものをホロスコープ占星術と呼んでおこう。この占星術はギリシアの時代に発達し、ヨーロッパに受けつがれたが、一方東に伝わってインドやイスラム諸国で流行した。恒星現象のみならず、日月五星が十二宮のどの位置にあるか、またそれらの相互関係などから占いが行われた。インドにももともとこの種の占星術があったと思われるが、ギリシアの影響を受けてさらに大きく発展した。十二宮のほかに二十八宿（または二十七宿）が考慮され、羅睺・計都などの二隠曜などの位置計算が行われた。この種のホロスコープ占星術はもともと中国になく、仏教の伝来とともに中国に伝わったのである。その本格的輸入は唐代のことであり、こうした占星術の原理を説いたものとしてインド僧不空の『文殊師利菩薩及諸仙所説吉凶時日善悪宿曜経』（略して『宿曜経』）が挙げられる。これは唐乾元二年（七五九）に書かれ、さらに広徳二年（七六四）に不空の弟子楊景風によって注釈を加えられた。次節に述べる日本の宿曜道の名称はこの書物と深い関係がある。少し後れ西天竺の金倶吒によって書かれた『七曜攘災決』は七曜新術によって、七曜及び羅睺・計都の位置計算を行っており、この種の占星術に役立つものであった。しかしホロスコープ占星術の基礎となった暦法は実に曹士蔿が編纂した符天暦であり、この種の占星術が流行した社会を背景にして民間に流行し、さらに後周の時代に司天台の役人によっても使用されたのである。この符天暦はすでに藤原佐世の『日本国見在書目』（寛平年間、八八九―九七）に著録されており、早くから日本の暦学者に注目されていたと思われる。しかしこの暦法の研究が本格的に行われたのは、次節で述べるように天台僧日延からであり、宿曜師たちのテキストとして重要な役割を果たすことになった。

なお第三の占星術とは選択とも呼ばれ、暦に記入された日の吉凶である。日本では大安、仏滅などの六曜が現在も流行しているが、これは選択の一種である。

符天暦と宿曜道

日本では古く文武天皇の大宝元年（七〇一）に大宝令が制定されてから、唐制に倣った官制が整備されてきた。その中で天文暦法を取扱う官署として陰陽寮があった。唐制ではこれに匹敵するものは太史局であり、その中心は暦計算と天体現象の観測であったが、日本のばあいこのほかに陰陽五行説に基く呪術的な陰陽道がその中に含まれ、官署の名称もこの学派の名によって代表された。そうした相違はあったが、陰陽寮に包括される陰陽道、暦道、天文道などは中国の伝統的学問から出発した学派であった。ところが平安朝時代にはいってインド占星術を中心とした天文学が仏教僧によって伝えられた。この学派が宿曜道であり、この学問に習熟した人々が宿曜師と呼ばれた。宿曜師は主として僧侶であり、陰陽寮に所属する天文学者たちとは別個に天体位置の計算をして人々の運勢を占っただけでなく、ある時期には勅命を受けて暦編纂の仕事にも従事したのである。しかもこの計算に当って使用された暦法が符天暦であったと思われる。符天暦及びこの暦法と宿曜道と関係を深く研究された桃裕行氏が、宿曜道の成立は空海、円仁、円珍などが『宿曜経』を輸入してからに始まるという通説に対し、『宿曜経』は必ずしも宿曜道における重要な書物でなく、曹士蔿の符天暦が宿曜道におけるバイブルであったと断定されたのは妥当な見解である。桃氏はこの問題に対し多くの論文を書かれており、この節では専ら桃氏の業績によって日本における符天暦の伝来と流通を述べることとする。(6)

九世紀末以前に符天暦は日本に伝えられたことは上述の通りであるが、しかしこの暦法を唐土で研究し再輸入したのは天台僧日延であった。日延は村上天皇の天暦七年（九五三）に越人蔣承勲の帰船に乗って呉越国に渡った。当時の中国は五代十国の時代で、中央には後周が君臨し、地方には幾つかの小独立国があった。呉越国は銭氏の建てた国で、江南の要衝を占拠し、その領域内には天台宗が創始された浙江省の天台山寺があった。唐末以来の争乱によって天台山寺にも多くの天台教籍が失われていたため、かつて日本に伝えられた経典を繕写してほしいとの要請があり、これに応えて比叡山の天台座主によってこれを送致する使者として日延が選ばれたのである。日延はまた暦数の学に通達していたとみえ、当時陰陽寮の役人として陰陽・暦・天文三道の博士であった賀茂保憲の要望により中国に流行している暦法輸入の使命をも受けた。日本では清和天皇の貞観三年（八六一）以来唐宣明暦を使用し、すでに百年近くを経過していたが、その間中国では数回の改暦が行われていた。日延は呉越国に四年間滞在し天徳元年（九五七）に帰朝するが、その間彼が学んだ暦法は当時後周で公用されたと思われる崇玄暦ではなく、民間の小暦と称せられた符天暦であった。竹内理三氏が発見された『大宰府神社文書』によると、日延は、

入司天台。尋学新修符天暦経幷立成等。

とあり、国立天文台にあたる司天台において符天暦を学んだのである。ここで立成というのは暦計算に直接役立つ数値表である。日延が当時の公暦を研究しないで小暦である符天暦を学んだのは、すでに上述したように司天の役人といえども占星術のために符天暦を研究しており、日延の関心に合致したためと考えられる。

日延によって再輸入された符天暦は直ちに宿曜師たちのテキストとなり、占星術の目的に使用されただけでなく、陰陽寮で公用される宣明暦と並んで宿曜師たちが宣旨を受けて行った造暦にも使用された(7)。

符天暦は一時期造暦にも使用されたが、その主要な用途は誕生時の天体位置によって個人の運勢を占う、いわゆる宿曜勘文の作製であった。その一例として『続群書類従』巻第九〇八に収録された『宿曜運命勘録』を転載し、少しく説明を行うことにしよう。まずはじめに、

宿曜運命勘録

天永三年壬辰十二月廿五日戊申時丑誕生男

大寒初日

算勘

自上元庚申歳距今日所積日数。十六万五千四百廿八日

紀法八　当己酉

政法四　水曜直

九曜行度

太陽盈縮行女宿五度十九分

太陰遅暦行尾宿四度九十三分

歳星後退行井宿廿一度三十分

熒惑前順遅行翼宿初九十三分

鎮星後順行室宿九度三十二分

太白後伏行女宿九度九十五分

辰星前順疾行危宿四度十分(7)

蝕神頭運行奎宿一度十四分

蝕神尾順行軫宿九度四十四分

これにつづく十二宮立成図などがあるが、一応上記の文章について説明を加えよう。運勢を占われた人物の名は不明であるが、鳥羽天皇の天永三年（一一一二─一一一三）一二月二五日丑刻生れの男子である。ここで上元とあるのは単に暦元を意味するもので、上述してきた上元ではない。それが庚申歳であることは符天暦の暦元と一致する。さらに天永三年一二月二五日戊申はJ. D. 2, 127, 595である。上文で計算した顕慶五年雨水甲辰から起算した積日数は一六・

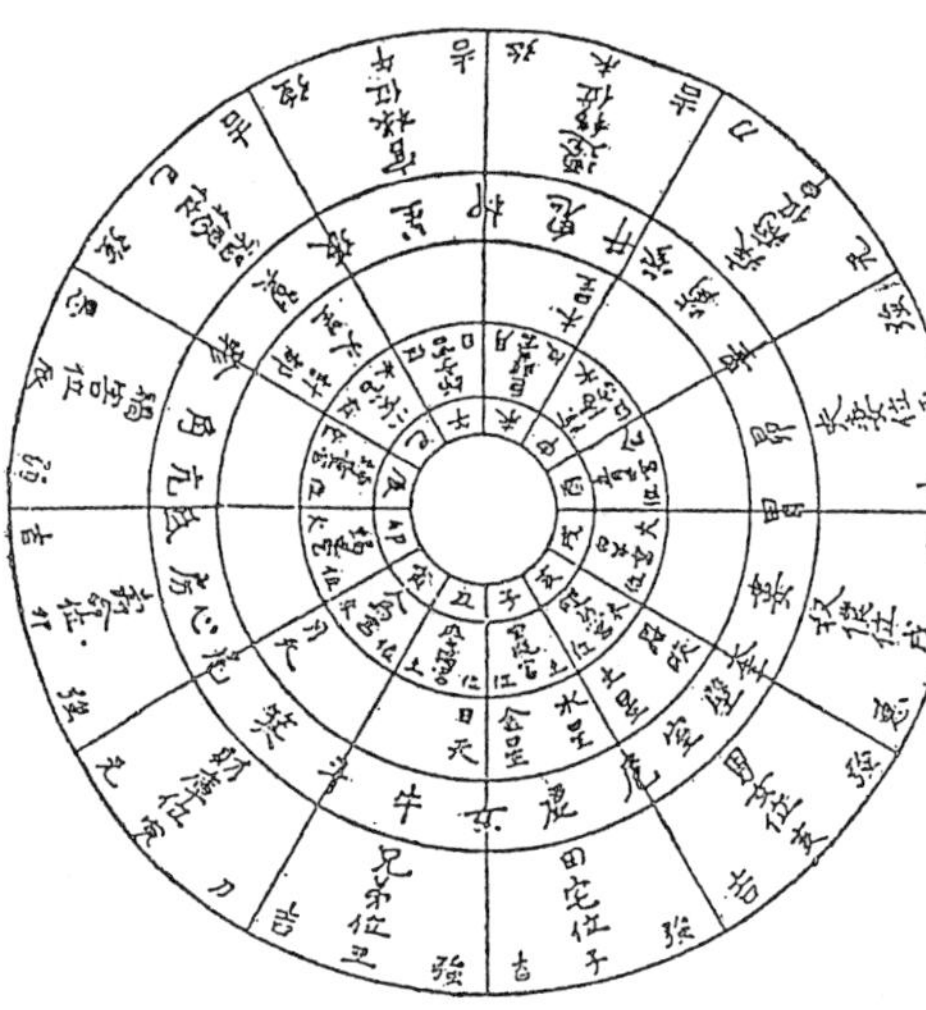

十二宮立成図
（続群書類従完成会本『続群書類従』第908）

五四二五日であり、原文の積日数と三日の差がある。桃氏がすでに指摘されたが、この相違は次の理由によるものと思われる。平安朝時代には寅刻（午前四時前後）を以て日を改めたが、もし中国流に夜半を以て日を改めたとすれば誕生日は一二月二六日己酉であり、ここに一日の相違が考えられる。さらに顕慶五年正月一日壬寅より起算すると、雨水甲辰とのあいだに二日の相違が生ずる。このように原文の積日数は、その暦元年の干支とともに符天暦を基礎とし、ただ雨水甲辰を出発点とする代りに、正月朔から数え始めている点に小異がみられるのである。しかしともかく符天暦による計算を前提にしていることは決定的といえよう。

夜半を日初として数えると、運勢を占われた人物は天永三年一二月二六日丑刻（午前二時前後）の誕生であり、この日は己酉、曜日にして水曜日である。政法四は日曜日を一として数えた数値である。この誕生時における九星の位置が九曜行度として記されているが、これは当然符天暦による推算と断定すべきであろう。ただ符天暦では羅睺・計都と呼ばれた二隠星が蝕神頭及び蝕神尾と呼ばれている。すでに述べたように前者は梵語の音訳である。インドの伝承では黄白道の二交点に蝕神としての龍首・龍尾が位置し、それに妨げられて日月食が起ると考えられており、ここでの用語はこの伝承をそのままに表現したものと思われ、宿曜師たちの手でいくぶん名称を変えられている。両者は半周天度を隔たった位置にあることは、蝕神頭が奎宿一度十四分、蝕神尾が軫宿九度四十四分と記載されていることから窺われる。これら九曜の位置が二十八宿に関連して記載されていることは、主として十二宮を使用するギリシア本来のものでなく、中国風に変更したものである。もちろん十二宮と同じく、二十八宿も黄道帯を分割するものと考えることができるので、この両者はたがいに対応させることができる。この両者を対応させたものを同心円の図に表わし、それに九曜の位置を書きこみ、さらに最外側にラテン語で domus と呼ばれるものを書きこんだものが、『宿曜運命勘録』では十二宮立成図と呼ばれている[8]。これが誕生時のホロスコープと呼ばれるものであり、その人の一生の運勢を占うのに役立つのである。同心円の最内側には時計廻りに十二支名があり、それぞれに対応した十二宮名が第二円に記入されている。十二宮名は、

白羊、青牛、陰陽、巨蟹、獅子、小女、秤量、蝎虫、人馬、磨羯、宝瓶、双女

であり、白羊宮は黄道上で数えて春分点を〇度として三〇度までの範囲であり、青牛宮は三〇―六〇度、以下、天空上を西から東に三〇度ずつを数えた範囲を占めている。第三円には十二宮における九曜の位置が記され、第四円には十二宮に対応する二十八宿名が示される。最外側は domus であるが、この図では誕生時に東の地平線に現われる十二宮（ここでは蝎虫宮）にあたるものを寿命位と呼び、以下、西から東に数えて、

Ⅰ寿命位、Ⅱ財庫位、Ⅲ兄弟位、Ⅳ田宅位、Ⅴ男女位、Ⅵ奴僕位、Ⅶ夫妻位、Ⅷ疾病位、Ⅸ遷移位、Ⅹ官禄位、
Ⅺ福徳位、Ⅻ禍害位

となっている。寿命位から奴僕位までは誕生時にほぼ地平下にある六宮に対応し、夫妻位より禍害位までの六位はほぼ地平線上に位置する六宮に対応する。ギリシアに始まった西方占星術では十二宮と domus とは厳密に一対一の対応をしないが、日本の宿曜道ではいくぶん変更されたものが使用されたのである。恐らく中国で改変されたのであろう。

十二宮立成図につづいて、

所属本宮星宮宿等

本命星廉貞星
本命曜水曜
本命辰壬辰神
本命宿尾宿
本命宮蝎虫宮
本主宮人馬宮
本命位三方主　火　金　月
栄禄位三方主　木　日　土
福徳位三方主　月　金　火
　已上件本命属星。常可令祈供。

という記述がある。少しく説明を加えると、本命星の廉貞は北斗七星中の第五星の別称であり、辰及び申年生れの人を守護する神であり、僧一行に『北斗七星護摩法』の著述があるように、密教系の宗派では現在でも北斗七星に対する星祭りの行事が行われる。誕生日の曜日、日の干支はそれぞれ本命曜、本命辰と呼ばれ、誕生時に月が位置する二十八宿の尾宿が本命宿と呼ばれたと思われ、寿命位にあたる十二宮の蝎虫宮は本命宮と呼ばれる。また尾宿が含まれる人馬宮は本主宮と称されている。最後の本命位三方主、栄禄位三方主、福徳位三方主などについては筆者には理解し難い。以上の文につづいて、第一天性章、第二栄福章、第三運命章、第四諸運章、第五行年章などがあり、ホロスコープに本づいてこの人物の性格をはじめ諸種の運勢が記されており、特に第五行年章ではこの人物について四一歳より五七歳に至る毎年の運勢を判断した簡単な文章がある。これらの判断にはその根拠となる文献が示されているが、その名称を挙げると、文殊経、五行定分、聿斯経、宿曜経、大集経、日蔵経、攘災決（?）などであり、その多くは現存の仏典に含まれている。やや不明なのは五行定分であるが、これは『宋史』芸文志に『符天五徳定分暦』三巻ではなかろうかと考える。また聿斯経は『唐書』芸文志巻三の暦算類に、

都利聿斯経二巻　貞元中。都利術士李弥乾伝自西天竺。有璩公者訳其文。

とあるものと思われる。なおここには陳輔聿斯四門経四巻の名がみえる。なおこのほかに「経云」もしくは「本経云」とあるのは恐らく符天暦の原文にあったものかと思われるが、符天暦の原文が伝わらない現在では、それを確かめることができない。

ホロスコープの現存するものとしては、上述の天永三年のもののほかに、文永五年（一二六八）六月二六日丙午亥時生れの男子に対する「宿曜御運録」と称するものがあることが、桃氏によって報告されている。類似のものであるから、ここではその説明を省略する。ところで宿曜道で使用されたホロスコープ占星術はもちろん中国でも流行したのである。十分に資料の捜羅を行っていないが、ここでは晩唐の詩人杜牧（八〇三―五二）が自ら記した墓誌銘の文章を引用しよう。(9)

予生於角星、昴畢於角為第八宮、曰病厄宮。亦曰八殺宮。土星在焉。火星継来。星工楊晞曰。木在張。於角為第十一福徳宮。木為福徳大君子。救於其旁。無虞也。予曰。自湖守不周歳遷舎人。木還福於角足矣。土火還死於角宜哉。復自視其形。視流而疾。鼻折山根。年五十斯寿矣。

二十八宿の一つである角宿が杜牧の誕生時に東の地平線に現われたのであり、上述の十二宮立成図をみると角宿は秤量宮に所属する。このばあい秤量宮は寿命位に対応するが、これより反時計廻りに数えて第八宮が青牛宮であり、これが疾病位に対応し、昴・畢はこれに所属することが図より知られる。墓誌銘では疾病位のことを病厄宮もしくは八殺宮と呼んでおり、この呼称の相違は当時ホロスコープ占星術が流行し幾つかの学派があり、学派によって名称を異にしたことを意味するのであろう。ここに昴・畢を持ち出したのは、荒井健氏の著書（注（9）参照）にあるよう

に、墓誌銘が書かれる直前に杜牧は夢を見、その中で「お前の名は畢と変った」と告げられたことに関係する。畢は「竟」とか「尽」とかの意で、生命の終りを意味する不吉な言葉であった。次に記された土星及び火星の位置は恐らく悪夢を見た当時のものかと思われるが、ともに不吉な星と考えられており、杜牧はいよいよ自らの命運が尽きるように思った。それに対し占星術士の楊晞は誕生時のホロスコープによって、

木星が張宿にあり、この宿は角宿から数えて第十一番の福徳宮にいます。木星は福徳大君子であり、これが傍から助けてくれるので、心配はありません。

と慰めたのである。しかし杜牧の不安は治まらなかった。

私は湖州の太守から、一年もせぬうちに中書舎人に栄転した。幸運の星である木星は自分の寿命宮の角に福をもたらしてくれた。今度は悪運の星である土・火が寿命宮の角に死をもたらしても仕方がない。それに自分の人相をみると、目がギラギラしすぎ、眉間の下の鼻の部分に横皺がある。いま五十歳になったが、自分の寿命が来たのである。

このように杜牧は判断したが、この判断の通りに杜牧は五十歳でその命を終えたのである。

domus の呼称からみて杜牧のホロスコープは符天暦以外のものに依ったのであろう。しかしホロスコープ占星術の流行した中・晩唐の時代において、符天暦はこの方面のテキストとしてもっとも権威のあるものであったと思われ、そのために後周の時代に準公暦の地位を占め、司天の役人に使用され、やがて日本に伝わって、宿曜道のテキストとして使用されたのである。

符天暦断簡

西方伝来の占星術書として重要視される符天暦の天文学的内容については、その『五代史』司天考にみえる以外は、

従来ほとんど不明であった。幸にしてその断簡が天理図書館に所蔵されることが知られた。桃氏の論文（四）にも表の一部を除いてほぼ全文が引用されているが、再びここに必要な部分を転載しておこう。表題に始まる第一段は、

符天暦経日躔差立成一巻（少分ハ退除数也。盈縮ノ定差也。）

日躔差法。経文幽微。非久習者。致或難了固。今新張立成。得其意定率即固。経朔弦望中日度分。以差積度分。盈加縮減為定日度分。其後毎日累加一度。若盈縮暦一度已上九十一度已下。以差率盈加縮減。九十二度已上百八十二度已下者。以差率盈減縮加。次日定度分。去命度数。加常定法。専与経意不相違之。

于時興福寺　仁宗依長徳元年八月十九日造暦宣旨推歩

日一時分（八分卅三）宿曜勘時以件分勘加云云

この文章の大部分は次に掲げる「日躔立成」の用法を説いたものであり、「于時興福寺…」は、宿曜師である奈良興福寺の僧仁宗が長徳元年（九九五）八月十九日に造暦宣旨を蒙った時に使用した暦法がこの符天暦であることを注記したものと思われる。以上の文章につづいて「日躔立成」が二段に分けて表記されている。中国暦法では三六〇度を周天度とする現行とはちがい、三六五度余を周天度とする。端数は暦法によって相違するが、符天暦の数値は不明である。この立成では半周天度の端数を省略して一八二度と記し、上下二段に分けて一度から百八十二度に至る盈縮度数・差積度分を表記している。いま最初の数行を転載しよう。

日躔立成

盈縮度数	差積度分
百八十二度	空
一度百八十一	五分四十八
二度百八十	十分九十一

五分卅六
三度百七十九　十六分二十七
下略

三度の右側に五分卅六という注記があるが、これは二度の差積度分十分九十一と三度のそれとの差である。こうした注記は他にもみえる。これらの表値の意味については、立成の末尾に、

盈縮度ヲ上ニ置テ、分已下小分不置之、一下ニ、半周天置テ、上ノ盈縮度可減、小分以一分各不尽之、其後以下乗上テ、以卅三除之クル商算ヲ、為差度ト也。

とある。少しく読みにくい文章であるが、これは日躔立成の計算法を述べたものであり、すでに中山茂氏がその解釈を発表している。(10) 日躔は太陽の位置を示す言葉であり、上記の立成は太陽の平均黄経度（盈縮度 l）と真黄経（λ）との関係を示したものである。両者の差は中心差（差積度分）と呼ばれるが、ギリシアやそれを受けついだインドの天文学では、Aを常数として、

$$\lambda - l = A \sin l$$

で示されるように正弦函数を使用して計算された。唐開元年間にインド天文学者瞿曇悉達が編纂した九執暦も同様な式を使用している。ところが符天暦断簡による計算法は中山氏が解釈されたように、

$$\lambda - l = \frac{1}{3300} l (182 - l)$$

という式で計算されている。さきに引用した立成の一部についていえば、第三行の一度は l であり、小字の百八十一は $182 - l$, 下段の五分四十八は $\lambda - l = 0.0548$ 度であることを示しているのである。

符天暦にみえたこの計算法と類似のものが十五世紀のイスラム天文学者ウルグ・ベクの書物にみえるウイグル暦に

取上げられていることは、今井湊氏の論文[11]に報告されており、さらにこのウイグル暦はすでに十三世紀のイルハン国の天文学者ナスィールッディーン・トゥースィーの書物にみえていることがE. S. Kennedy氏によって報告された[12]。こうした計算法がギリシア及びインドの天文学に存在しないところから、中山氏はナスィールッディーン・トゥースィーが符天暦の影響を受けたと述べている。この点はなお検討を要するが、中国でも符天暦の影響と思われるものが指摘できる。後周のころに公暦として使用されたと思われる崇玄暦は唐代最後の造暦であり、景福二年（八九三）より公用された。撰者の辺岡はいわゆる相減相乗の法を使用しており、これは上式が示すような計算式の使用を意味するものと思われる。さらにその影響は元の授時暦に及んだ。上式はlの二次式であるが、授時暦はそれを拡張して三次式を使用した。これも恐らく符天暦を基礎にして発展したものと思われる。なお授時暦は暦元として近距を採用し、また端数を万分法に倣って小数表示を行っているが、これも主として符天暦より出発したものと考えられよう。

最後に符天暦断簡の来歴について述べておこう。日躔立成の末尾に、

本云寛喜二年三月十日以約童令書写畢
宝暦丙子秋八月払幽蠹補欠文以加修矣
安平叔

とあり、日延の原文が鎌倉時代の寛喜二年（一二三〇）に書写され、さらに安平叔、すなわち京都の土御門泰邦の手によって江戸時代の宝暦六年丙子（一七五六）に補修を加え再び書写されたのである。仙台藩の暦学者多々良保祐は土御門泰邦の傘下にあって宝暦改暦に参加した人物であり、この断簡を抄写することができたのであろう。なおこの人物は戸板保祐という名でも知られている。

結び

符天暦は八世紀末の唐代に術士曹士蔿によって編纂された暦法であり、民間に行われた小暦に過ぎなかったが、五代の時代には司天の役人にも使用され、準公暦として重要視された。この暦法が重要視された理由は、唐代に伝わった西方系のホロスコープ占星術の主要なテキストであったからと思われる。唐では天宝の乱以後、国内は混乱し、不安な世相を反映して占星術の如きものも流行した。ホロスコープ占星術の如きものが、仏教僧の手で中国に伝わったのもこの前後と思われ、晩唐の詩人杜牧の例にみる如く、多くの人々によって信仰されたと思われる。この種の占星術が天台僧日延の手によって日本にもたらされ、宿曜師のテキストになったことは、桃裕行氏のすぐれた論文によって明かにされた。しかし符天暦の天文学的内容はほとんど知られていなかったが、先年天理図書館にその断簡が存在することが知られた。それは日躔立成に関する記事で、太陽の真位置を計算する表である。中山茂氏が指摘したように、その計算法はギリシアやそれを受けついだインドの方法とはちがい、また中国の伝統的方法とも相違することが明かになった。この方法は一三世紀末のイルハン国の天文学者によってウイグル暦と呼ばれたものの計算法に影響しただけでなく、中国の暦法、ことに元の授時暦の計算法に発展したと考えられる。こうした事実が判明したのは、実に天理図書館の断簡が発見されたからであり、この断簡は中国及び日本の暦法史研究にとってきわめて重要なものといえる。この小論は第一節及び第二節の杜牧の条を除き、桃氏や中山氏の業績紹介が中心となった。

(1) 周済「曹士蔿及其符天暦」『歴史学』一九七九年創刊号。
(2) 「唐代における西方天文学」、本書一八七ページ。
(3) このばあい暦日計算の暦元を顕慶五年としたのではなかろうか。暦日計算と五星の位置計算の暦元とを異にするものに宋元嘉暦がある。

（4）南宋晁公武の『群斎読書志』巻一三暦算類に『百中経』三巻が著録され、その注記に、

右自紹興二十一年以上百二十年暦日節文也。

とあり、『百中記』とは暦譜のようなものであった。『怡斎百中記』はこのほかに五星の位置をも記入されていたのであろう。

（5）『宋史』芸文志巻五の天文類には符天経一巻、曹士為《ママ》符天経疏一巻、符天通真立成二巻、符天九星算法一巻、符天五徳定分暦三巻、郭潁夫符天大術休咎訣一巻、張渭符天災福新術五巻、五行類には符天人元経一巻、暦算類には曹士蔿七曜符天暦二巻、七曜符天人元暦三巻、楊偉符天暦一巻、李忠議重注曹士蔿小暦一巻、七曜符天暦一巻、符天暦三巻、符天行宮一巻、章浦符天九曜通元立成法二巻、合元万分暦（作者名術、不知姓名）などが著録される。なお天文類に韓顕符天文明鑑占十巻があるが、乾顕符は宋代の天文学者で、この書は符天暦と関係がない。

（6）桃裕行氏のこの問題に関する主要論文は、

桃（一）「符天暦と宿曜道」史料　一九六四年二月二九日日本歴史地理学会例会報告。

桃（二）符天暦について『科学史研究』七一号、一九六四年。

桃（三）日延の天台教籍の送致　森克己博士還暦記念論文集『対外関係と社会経済』一九六八年。

桃（四）日延の符天暦齎来　吉川弘文館刊『律令国家と貴族社会』所収、一九六九年。

桃（五）宿曜道と宿曜勘文『立正史学』三九号、一九七五年。

桃（六）保元元年の中間朔旦冬至と長寛二年の朔旦冬至—暦道・算道の争論と符天暦の問題『日本古代史論苑』（遠藤元男先生頌寿記念論文集、一九八三年刊）。

（7）桃（五）によると宿曜師たちが符天暦によって暦計算を行うようになったのは日延帰朝の翌年からであるという記事が、谷川士清の『日本書紀通証』に一条兼良の言葉として引用されている。しかしこの言葉は現存する兼良の著書にはみえないという。桃氏によれば、確かに宿曜師たちが宣旨を受けて造暦に従事したのは、長徳元年（九九五）から長暦三年（一〇三九）までほぼ五〇年であったという。この長徳元年には、天理図書館の断簡によって知られるように、宿曜師仁宗が宣旨を受けたのである。しかし符天暦が宿曜道のテキストとして使用されるのは、はるか後までのことであり、一四世紀末までつづいた。桃（五）参照。

続群書類従完成会の活字本には続とあるが、宮内庁図書寮の抄本に従って疾に改めた。

（8）桃（五）一四ページによると、この名称は日本に現存する文献によって相違し、十二宮位天地図、御元時図、御誕生元時象図、御降誕生象図などと呼ばれている。

（9）『樊川文集』巻八による。なお以下の占星記事については荒井健『杜牧』（筑摩書房、一九七四年刊）二三四ページ以下に詳しい。

（10）中山茂「符天暦の天文学史的位置」『科学史研究』七一号、一九六四年。

（11）今井溱「Ulugh Beg 表の畏吾児暦」『西南アジア研究』八号、一九六二年。

（12）E. S. Kennedy : The Chinese-Uighur Calendar as Described in the Islamic Sources. *Isis*, vol. 55, 1964. ケネディ氏の論文では、類似の式が（$\Delta t_s = \pm \frac{2}{9}\chi'_s(182 - \chi'_s)$）と記されている。

補遺二二三ページ　日月の位置計算

この問題について陳美東「回暦日月位置的計算及其運動的幾何模型」（『自然科学史研究』八の三、一九八九）という有益な論文が発表され、筆者の小論も批判の対象となっている。ただ残念なことに李朝『世祖実録』の回々暦が無視されている。これには『明史』回々暦や『七政推歩』にみられない文章があり、是非とも参照すべきである。本文に書いたように、太陽位置の計算のために最行高度及び日中行度の値が太陰暦の総年、零年、月分、日分の四個の立成に表記される。しかしこのほかに宮度立成は太陽暦に関係したもので、太陰暦と太陽暦と両者に必要な立成が混在している。何故にこうした混在があるのかを説明するためには、もともと太陽暦で与えられた日附に対し、それに対応する太陰暦の日附を計算し、それに対応した総年以下の立成で最高行度及び日中行度を計算したものと理解しなければならない。こうした迂遠な計算方法を使用したのは、原本はペルシアの太陽暦に拠りながら、太陽暦に対する立成を入手していなかったためであろうか。しかしこうした考えが成立するためには、太陽暦を太陰暦の日附に換算する文章が必要であるが、『明史』や『七政推捗』にはそうした記述がない。ところが幸に実録本の七政算外篇上の「求宮閏日」及び「求総年零年及各宮月日」の条にそうした計算方法が記述されており、以上の推定はほぼまちがいないものと考えられる。

以上のように太陽位置の計算についてやや理解に苦しむところがあるが、本文に述べたように太陽暦による毎月を十二宮名で呼び、その日数が三十二日、三十一日、三十日、二十九日などとなっているのも、そうした日数配分がペルシア太陽暦とは相違する。なお「求宮分閏日」の条に、

置西域歳前積年。減一。以一百五十九年之。内加一十五閏応。以一百二十八屢減之。

とあり、春分からスタートして太陽暦による平年、閏年を計算している。陳美東氏の論文二二四ページ脚注②には割注の閏応一五を考慮してヘジラ紀元の年の春分日時を六二二年三月一八日二時四九分としている。日の端数の二時四九分は$\frac{15}{128}$日を時間に直したものであり、日の始まりを夜半と見做している。しかし『明史』回々暦法一の用数の条に、

宮度起白羊。節気首春分。命時起午正。

とある。ペルシア太陽暦は周知のように春分を年初とし、この点は上述と一致するが、午正を日のはじまりとすることがペルシア暦にあったのかどうかは不明である。実録本にも日のはじまりを午正とする記述が二、三か所にみえており、もしこれを考慮すると閏応の時間は午後二時四九分となる。なおP. V. Neugebauer: *Tafeln zur astr. Chronogie* II (1914) を使ってヘジラ紀元の年の春分日時を計算すると 622 A. D. Mar. 19, 10 p. m. ごろとなる。

あとがき

一九六九年に本書の初版が刊行された。中国暦法を中心とした極めて特殊な内容であったが、幸にして朝日新聞社から朝日賞を受けた。一九七五年にその第三刷を刊行したが、その間数人の方から誤記誤植の指摘を受けかなりの訂正を施した。しかしなお不完全な点が残っているのに気がついた。ことに初版では惑星の位置計算に関する部分が欠除していたので、これを第三部の末尾に附加することにした。しかし初版以来二十余年を経過し、その間に幾つかのすぐれた論文が発表されており、今回の出版にあたってそれを無視することができなかった。でき得れば全体を書き直したいという気持はあったが、それには新しい研究を行わなければならないし、また平凡社にも多くの迷惑をかけることになる。そうした事情を考慮し、追加訂正をでき得る限り少なくし、ページ数や行数に大きな変更のないように努力した。しかし増補訂正は四十数個所に及んだ。それでもなおやむを得ない点については「補遺」の項を設け附録のあとに附け加えることになった。結果的にはかなり面倒な印刷となったが、こうした面倒を快く引き受けて下さった平凡社の方々、特に岸本武士氏の御厚意に深く感謝する次第である。なお初版発行以来いろいろと御注意を頂いた多くの方々に対し、心から感謝する。初版以来今日までの間に同好の士である東京大学教授の広瀬秀雄氏や桃裕行氏が逝去された。私は幸にして改訂版を出すことにこぎつけたが、なお多くの誤りが残っていることと思う。大方の叱正をお願いする次第である。

今回の増訂版に対し特に同志社大学の宮島一彦氏の助力を得たことを追記する。

一九九〇年五月吉日　　藪内　清

付録

一 暦法の撰者及び施行年次

漢太初暦にはじまる暦法の中、国家の頒暦となったものの要約をまとめる。これについては、清汪日楨『歴代長術輯要』および『古今推歩諸術考』、民国朱文鑫『暦法通志』（一九三四年刊）などのまとまった著述が参考となるが、主として筆者の『隋唐暦法史の研究』（本著作集第2巻収録）及びAstronomical Tables in China, from the Wutai to Ch'ing Dynasties (*Jap. J. in the History of Science*, No. 2, 1963)（本著作集第7巻収録）の結果によった。

暦名	撰者	施行年次
太初（三統）	鄧平（漢）	漢太初元年（前一〇四）――後漢元和元年（八四）
四分	編訢・李梵（後漢）	後漢元和二年（八五）――後漢滅ぶ（二二〇）・蜀（二二一―二六三）・魏（二二〇―二三六）
乾象	劉洪（後漢）	呉黄武二年（二二三）――呉滅ぶ（二八〇）
景初（泰始・永初）	楊偉（魏）	三国魏景初元年（二三七）――魏滅ぶ（二六五）・晋泰始元年（二六五）――晋滅ぶ（四二〇）・宋（四二〇―四四四）・北魏（?―四五一）
三紀	姜岌（後秦）	後秦白雀元年（三八四）――後秦滅ぶ（五一七）

玄始　趙　　　　𣪧（北涼）　北涼玄始元年（四一二）――北涼滅ぶ（四三九）・北魏興安元年（四五二）――正光二年（五二一）

元嘉（建元）何　承　天（南朝宋）　宋元嘉二二年（四四五）――宋滅ぶ（四七九）・斉（四七九―五〇三）・梁（五〇二―〇九）

大明　祖　沖　之（南朝宋）　梁天監九年（五一〇）――梁滅ぶ（五五七）・陳（五五七―八九）

正光　李業興・張竜祥（北魏）　北魏正光四年（五二三）――北魏滅ぶ（五三四）・東魏（五三四―三九）

西魏（五三五―五七）・北周（五五七―六五）

興和　李　業　興（東魏）　東魏興和二年（五四〇）――東魏滅ぶ（五五〇）・北斉（五五〇）

天保　宋　景　業（北斉）　北斉天保二年（五五一）――北斉滅ぶ（五七七）

天和　甄　　　鸞（北周）　北周天和元年（五六六）――宣政元年（五七八）

大象　馬　　　顕（北周）　北周大象元年（五七九）――北周滅ぶ（五八一）・隋（五八一―八三）

開皇　張　　　賓（隋）　隋開皇四年（五八四）――開皇一六年（五九六）

大業　張　冑　玄（隋）　隋開皇十七年（五九七）――隋滅ぶ（六一八）・唐（六一八）

戊寅　傅　仁　均（唐）　唐武徳二年（六一九）――麟徳元年（六六四）

麟徳　李　淳　風（唐）　唐麟徳二年（六六五）――開元一六年（七二八）

大衍　一　　　行（唐）　唐開元一七年（七二九）――上元二年（七六一）

五紀　郭　献　之（唐）　唐宝応元年（七六二）――建中四年（七八三）

正元　徐　承　嗣（唐）　唐興元元年（七八四）――元和元年（八〇六）

観象　徐　昂（唐）　唐元和二年（八〇七）——長慶元年（八二一）
宣明　徐　昂（唐）　唐長慶二年（八二二）——景福元年（八九二）
崇玄　辺　岡（唐）　唐景福二年（八九三）——唐滅ぶ（九〇七）・後梁（九〇七—二三）・後唐（九〇七—三六）・後晋（九三六—三八）
調元　馬重績（後晋）　後晋天福四年（九三九）——同八年（九四三）・遼大同元年（九四七）——統和一二年（九九四）
欽天　王　朴（後周）　後周顕徳三年（九五六）——宋乾徳元年（九六三）
応天　王処訥（宋）　宋乾徳二年（九六四）——大平興国七年（九八二）
乾元　呉昭素（宋）　宋太平興国八年（九八三）——咸平三年（一〇〇〇）
儀天　史　序（宋）　宋咸平四年（一〇〇一）——天聖元年（一〇二三）
崇天　楚衍・宋行古（宋）　宋天聖二年（一〇二四）——治平元年（一〇六四）・宋熙寧元年（一〇六八）——同七年（一〇七四）
明天　周　琮（宋）　宋治平二年（一〇六五）——同四年（一〇六七）
奉元　衛　朴（宋）　宋熙寧八年（一〇七五）——元祐八年（一〇九三）
観天　皇居卿（宋）　宋紹聖元年（一〇九四）——崇寧元年（一一〇二）
占天　姚舜輔（宋）　宋崇寧二年（一一〇三）——同四年（一一〇五）
紀元　姚舜輔（宋）　宋崇寧五年（一一〇六）——北宋滅ぶ（一一二七）・南宋紹興三年（一一三三）——同五年（一一三五）
大明　賈　俊（遼）　遼統和一三年（九九五）——保大五年（一一二五）・金天会元年

（一一二三）――同一四年（一一三六）
大明　　　　　　　　楊級（金）　金天会一五年（一一三七）――大定二一年（一一八一）
重修大明　　　　　　趙知微（金）　金大定二二年（一一八二）――天興三年（一二三四）・元大祖一〇年（一二一五）――至元一七年（一二八〇）
統元　　　　　　　　陳得一（南宋）　宋紹興六年（一一三六）――乾道三年（一一六七）
乾道　　　　　　　　劉孝栄（南宋）　宋乾道四年（一一六八）――淳熙三年（一一七六）
淳熙　　　　　　　　劉孝栄（南宋）　宋淳熙四年（一一七七）――紹熙元年（一一九〇）
会元　　　　　　　　劉孝栄（南宋）　宋紹熙二年（一一九一）――慶元四年（一一九八）
統天　　　　　　　　楊忠輔（南宋）　宋慶元五年（一一九九）――開禧三年（一二〇七）
開禧　　　　　　　　鮑澣之（南宋）　宋開禧四年（一二〇八）――淳祐一一年（一二五一）
淳祐　　　　　　　　李徳卿（南宋）　宋淳祐一二年（一二五二）
会天　　　　　　　　譚玉（南宋）　宋宝祐元年（一二五三）――咸淳六年（一二七〇）
成天　　　　　　　　陳鼎（南宋）　宋咸淳七年（一二七一）――景炎元年（一二七六）
本天　　　　　　　　鄧光薦（南宋）　宋景炎二年（一二七七）――南宋滅ぶ（一二七九）
授時（大統）　　　　王恂・郭守敬（元）　元至元一八年（一二八一）――明滅ぶ（一六四四）
時憲　　　　　　　　湯若望（清）　清順治二年（一六四五）――清滅ぶ（一九一一）

二　諸暦の基本定数

ここには年・月の定数だけをかかげる。上述の暦法のほか、とくに隋の劉焯の『皇極暦』を収めた。頒行をみなかったが、それが優秀な暦法であったことは、本文中でしばしば述べた。ところでこれらの定数における日の端数は、すべて分数で表わされる。この分数の分母は、諸暦によって呼称を異にする。また年・月に対し、古くは分母の数値を異にしていたが、唐の麟徳暦から同一のものが使われ、総法という名で呼ばれた。総法には年・月に対し共通した数値という意味がある。この総法は、後に日法と呼ばれることが多かった。これらの呼称に、いくぶん各暦の特色がみられる。授時暦では一万を分母としたから、一種の小数記法といえる。この記法はすでに五代の調元暦で行われた。調元暦がまた万分法と呼ばれるゆえんである。この調元暦は、唐末の民間暦で行われた符天暦の影響によると考えられる。なお分数で示された値を、小数値に換算したものも、あわせて載せておいた（三九六―九七頁）。

三　五星の会合周期

五星についての基本常数として重要な会合周期を以下に掲げる（三九八―九九頁）。

暦名	1　年（日）	1　月（日）
太初	$365\frac{385}{1539\text{(統法)}}$, 365.2502	$29\frac{43}{81\text{(日法)}}$, 29.53086
四分	$365\frac{1}{4\text{(日法)}}$, 365.2500	$29\frac{499}{940\text{(蔀法)}}$, 29.53085
乾象	$365\frac{145}{589\text{(紀法)}}$, 365.2462	$29\frac{773}{1457\text{(日法)}}$, 29.53054
景初	$365\frac{455}{1843\text{(紀法)}}$, 365.2469	$29\frac{2419}{4559\text{(日法)}}$, 29.53060
三紀	$365\frac{605}{2451\text{(紀法)}}$, 365.2468	$29\frac{3217}{6063\text{(日法)}}$, 29.53060
玄始	$365\frac{1759}{7200\text{(蔀法)}}$, 365.2443	$29\frac{47251}{89052\text{(日法)}}$, 29.53060
元嘉	$365\frac{75}{304\text{(度法)}}$, 365.2467	$29\frac{399}{752\text{(日法)}}$, 29.53058
大明	$365\frac{9589}{39491\text{(紀法)}}$, 365.2428	$29\frac{2090}{3939\text{(日法)}}$, 29.53059
正光	$365\frac{1477}{6060\text{(蔀法)}}$, 365.2437	$29\frac{39769}{74952\text{(日法)}}$, 29.53060
興和	$365\frac{4117}{16860\text{(蔀法)}}$, 365.2442	$29\frac{110647}{208530\text{(日法)}}$, 29.53060
天保	$365\frac{5787}{23660\text{(蔀法)}}$, 365.2446	$29\frac{155272}{292635\text{(日法)}}$, 29.53060
天和	$365\frac{5731}{23460\text{(蔀法)}}$, 365.2443	$29\frac{153991}{290160\text{(日法)}}$, 29.53071
大象	$365\frac{3167}{12992\text{(蔀法)}}$, 365.2438	$29\frac{28422}{53563\text{(日法)}}$, 29.53063
開皇	$365\frac{25063}{102960\text{(蔀法)}}$, 365.2434	$29\frac{96529}{181920\text{(日法)}}$, 29.53061
大業	$365\frac{10363}{42640\text{(度法)}}$, 365.2430	$29\frac{607}{1144\text{(日法)}}$, 29.53060
皇極	$365\frac{11406.5}{46644\text{(気日法)}}$, 365.2446	$29\frac{659}{1242\text{(朔日法)}}$, 29.53060
戊寅	$365\frac{2315}{9464\text{(度法)}}$, 365.2445	$29\frac{6901}{13006\text{(日法)}}$, 29.53060
麟徳(1)	$365\frac{328}{1340\text{(総法)}}$, 365.2448	$29\frac{711}{1340\text{(総法)}}$, 29.53060
大衍	$365\frac{743}{3040\text{(通法)}}$, 365.2444	$29\frac{1613}{3040\text{(通法)}}$, 29.53059
五紀	$365\frac{328}{1340\text{(通法)}}$, 365.2448	$29\frac{711}{1340\text{(通法)}}$, 29.53060
正元	$365\frac{268}{1095\text{(通法)}}$, 365.2447	$29\frac{581}{1095\text{(通法)}}$, 29.53059
観象	未詳	未詳
宣明	$365\frac{2055}{8400\text{(統法)}}$, 365.2446	$29\frac{4457}{8400\text{(統法)}}$, 29.53060
崇玄	$365\frac{3301}{13500\text{(通法)}}$, 365.2445	$29\frac{7163}{13500\text{(通法)}}$, 29.53059

諸暦の基本定数(1)これより年、月に対し同一の分母を採用。

暦　　名	1　　　年（日）	1　　　月（日）
調　　元	未詳（日法一万）	未　詳
欽　　天	$365\frac{1760.4}{7200(\text{統法})}$, 365.2445	$29\frac{3820.28}{7200(\text{統法})}$, 29.53059
応　　天	$365\frac{2445}{10002(\text{元法})}$, 365.2445	$29\frac{5307}{10002(\text{元法})}$, 29.53059
乾　　元	$365\frac{720}{2940(\text{元率})}$, 365.2449	$29\frac{1560}{2940(\text{元率})}$, 29.53061
儀　　天	$365\frac{2470}{10100(\text{宗法})}$, 365.2446	$29\frac{5359}{10100(\text{宗法})}$, 29.53059
崇　　天	$365\frac{2590}{10590(\text{枢法})}$, 365.2446	$29\frac{5619}{10590(\text{枢法})}$, 29.53059
明　　天	$365\frac{9500}{39000(\text{元法})}$, 365.2436	$29\frac{20693}{39000(\text{元法})}$, 29.53059
奉　　元(2)	$365\frac{5773}{23700(\text{日法})}$, 365.2436	$29\frac{12575}{23700(\text{日法})}$, 29.53059
観　　元	$365\frac{2930}{12030(\text{統法})}$, 365.2436	$29\frac{6383}{12030(\text{統法})}$, 29.53059
占　　天	$365\frac{6840}{28080(\text{日法})}$, 365.2436	$29\frac{14899}{28080(\text{日法})}$, 29.53059
紀　　元	$365\frac{1776}{7290(\text{日法})}$, 365.2436	$29\frac{3868}{7290(\text{日法})}$, 29.53059
重修大明	$365\frac{1274}{5230(\text{日法})}$, 365.2436	$29\frac{2775}{5230(\text{日法})}$, 29.53059
統　　元	$365\frac{1688}{6930(\text{元法})}$, 365.2438	$29\frac{3677}{6930(\text{元法})}$, 29.53059
乾　　道	$365\frac{7308}{30000(\text{元法})}$, 365.2436	$29\frac{15917.76}{30000(\text{元法})}$, 29.53059
淳　　熙	$365\frac{1374}{5640(\text{元法})}$, 365.2436	$29\frac{2992.56}{5640(\text{元法})}$, 29.53059
会　　元	$365\frac{9432}{38700(\text{統率})}$, 365.2437	$29\frac{20534}{38700(\text{統率})}$, 29.53059
統　　天	$365\frac{2910}{12000(\text{策法})}$, 365.2425	$29\frac{6368}{12000(\text{策法})}$, 29.53067
開　　禧	$365\frac{4108}{16900(\text{日法})}$, 365.2431	$29\frac{8967}{16900(\text{日法})}$, 29.53059
淳　　祐	$365\frac{857}{3530(\text{日法})}$, 365.2428	$29\frac{1873}{3530(\text{日法})}$, 29.53059
会　　天	$365\frac{2366}{9740(\text{日法})}$, 365.2429	$29\frac{5168}{9740(\text{日法})}$, 29.53060
成　　天	$365\frac{1801}{7420(\text{策法})}$, 365.2427	$29\frac{3937}{7420(\text{策法})}$, 29.53059
授　　時	365.2425	29.530593
時　　憲	365.2422 及び 365.2423	29.53059

(2)分母を呼ぶ術語は不明なので、一般的な呼称に従い、日法とする。以下の諸暦についてもほぼ同じ。

五星の会合周期――その１

暦法＼五星	木	火	土	金	水	備考
三統	日 389.71	日 779.53	日 377.90	日 584.13	日 115.91	漢書 見・復
四分	.846	.532	378.059	.024	.881	後漢書 終
乾象	.855	.485	.080	.021	.883	晋書 終
景初	.943	.814	.096	.088	.873	晋書・宋書 終
元嘉	.873	.759	.080	.957	.881	宋書 終
大明	$\frac{35664}{39491}$ (.903)	$780\frac{1216}{39491}$ (.031)	$\frac{2756}{39491}$ (.070)	$\frac{36761}{39491}$ (.931)	$\frac{34739}{39491}$ (.880)	宋書 終
正光	$\frac{4780}{6060}$ (.789)	$779\frac{5108}{6060}$ (.843)	$\frac{341}{6060}$ (.056)	$\frac{5151}{6060}$ (.850)	$\frac{5282}{6060}$ (.872)	魏書 合終
興和	$\frac{12608}{16860}$ (.748)	$\frac{15143}{16860}$ (.898)	$\frac{981}{16860}$ (.058)	$\frac{14502}{16860}$ (.860)	$\frac{14816}{16860}$ (.879)	魏書 合終
開皇	$\frac{85809}{102960}$ (.833)	$\frac{92086}{102960}$ (.894)	$\frac{6533}{102960}$ (.063)	$\frac{93975}{102960}$ (.913)	$\frac{90725}{102960}$ (.881)	隋書 (合率)
大業	$398\frac{37612.4}{42640}$ (398.882)	$779\frac{39466}{42640}$ (779.780)	$378\frac{3847}{42640}$ (378.090)	$583\frac{39297}{42640}$ (583.922)	$115\frac{37498}{42640}$ (115.879)	隋書 終
皇極	$\frac{41156}{46644}$ (.882)	$\frac{41919}{46644}$ (.899)	$\frac{4162}{46644}$ (.089)	$\frac{42756}{46644}$ (.917)	$\frac{40946}{46644}$ (.878)	隋書 復
戊寅	$\frac{8351}{9464}$ (.882)	$\frac{8767}{9464}$ (.926)	$\frac{854}{9464}$ (.090)	$\frac{8688}{9464}$ (.918)	$\frac{8323}{9464}$ (.879)	新旧唐書 終
麟徳	$\frac{1163.45}{1340}$ (.868)	$\frac{1220.60}{1340}$ (.911)	$\frac{103.29}{1340}$ (.077)	$\frac{1229.09}{1340}$ (.917)	$\frac{1178.66}{1340}$ (.880)	新旧唐書 終
大衍	$\frac{2659.06}{3040}$ (.875)	$\frac{2843.86}{3040}$ (.935)	$\frac{279.98}{3040}$ (.092)	$\frac{2711.12}{3040}$ (.892)	$\frac{2679.72}{3040}$ (.881)	新旧唐書 終
五紀	$\frac{1162.36}{1340}$ (.867)	$\frac{1228.83}{1340}$ (.917)	麟徳に同じ			新唐書 終
正元	$\frac{950.04}{1095}$ (.868)	$\frac{1002.79}{1095}$ (.916)	$\frac{84.63}{1095}$ (.077)	$\frac{1004.28}{1095}$ (.917)	$\frac{962.045}{1095}$ (.879)	新唐書 終率
宣明	$\frac{7340.83}{8400}$ (.874)	$\frac{7795.26}{8400}$ (.928)	$\frac{679.79}{8400}$ (.081)	$\frac{7645.85}{8400}$ (.910)	$\frac{7390.25}{8400}$ (.880)	新唐書 周策
崇玄	$\frac{11962.11}{13500}$ (.886)	$\frac{12416.91}{13500}$ (.920)	$\frac{1084.54}{13500}$ (.080)	$\frac{12148.76}{13500}$ (.900)	$\frac{11878.97}{13500}$ (.880)	新唐書 平合日
欽天	$\frac{6376.06}{7200}$ (.886)	$\frac{6622.11}{7200}$ (.920)	$\frac{576.90}{7200}$ (.080)	$\frac{6543.96}{7200}$ (.909)	$\frac{6335.52}{7200}$ (.880)	旧五代史 周策

五星の会合周期——その2

暦法＼五星	木星	火星	土星	金星	水星	備考
応天	8857.28 10002 (.886)	9202.18 10002 (.920)	806.51 10002 (.081)	8996.10 10002 (.899)	8802.30 10002 (.880)	宋史 平合
乾元	2555.8625 2940 (.869) 約分 87	2704.5917 2940 (.920) 92	236.0831 2940 (.081) 8	2676.1735 2940 (.910) 91	2587.2094 2940 (.880) 88	宋史 周日
儀天	8787.756 10100 (.870)	9291.110 10100 (.920)	808.350 10100 (.080)	9189.540 10100 (.910)	8887.280 10100 (.880)	宋史 周日
崇天	9238.32 10590 (.872)	9756.59 10590 (.921)	852.29 10590 (.880)	9629.16 10590 (.909)	9320.28 10590 (.880)	宋史 周日
明天	34504 39000 (.8847) 約分 8847	36536 39000 (.9368) 9368	3446 39000 (.0883) 883	35196 39000 (.9024) 9024	34184 39000 (.8765) 8764	宋史 終日
観天	10586.92 12030 (.880)	11190.76 12030 (.930)	1091.85 12030 (0.91)	10831.34 12030 (.900)	10552.07 12030 (.877)	宋史 周日
紀元	.8860	.9297	.0917	.9028	.8762	宋史 周日
統元	.8879	.9201	.0799	.91	.88	宋史 終日
乾道	.8860	.9302	.0915	.8957	.8761	宋史 終日
淳熙	.8857	.9295	.0918	同上	.8768	宋史 終日
会元	.8846	.9194	.0918	.9028	.8760	宋史 終日
統天	.8849	.9296	.0916	.9028	.8762	宋史 周策
開禧	.8860	.9292	1548.91 16900 (.0916)	15256.19 16900 (.9027)	.8760	宋史 周策
成天	.8857	.9290	680.21 7420 (.0917)	.9026	6499.90 7420 (.760)	宋史 周策
大明暦	(.903)	(780.031)	(.70)	(.931)	(.880)	遼史 金史
重修大明暦	.88	.9316	.0903	.9014	.8760	周日
授時暦	.88	.9290	.0916	.9026	.8960	元史

元嘉以前は、日の端数を示す分数分母が一定でない。これらには小数値のみを掲げた。大明以降は分母がすべて共通である。カッコ内の数値は計算による日の端数。明天暦以降には分数のほかに小数を使った表示が記載される。

(『増補改訂 中国の天文暦法』平凡社、一九九〇)

第二編　殷代の暦

殷代の暦法——董作賓氏の論文について

殷代の暦法について近年、中国人学者の間に活潑な論争が展開されてきた。この問題については大島利一氏が「卜辞中の暦法を繞る論争」と題し東洋史研究第一巻四号（一九三六年）に発表されたことがある。ところが一九四五年に甲骨学者として著名な董作賓氏が『殷暦譜』上下篇を刊行し、ここに殷暦に関する研究は全く新しい段階にはいった感がある。董氏の研究結果に対しては現在なお多くの反対があり、また董氏自身も引続いて発表した論文に於て自らの見解を部分的に訂正したところも少なくない。しかし甲骨学者として最高の地位にある董氏が甲骨文を縦横に駆使して行ったこの研究は、確かに他の群小の研究を威圧するのである。従来董氏は殷代の暦法を相当高次なものと評価してきたが、『殷暦譜』に於てはこの見解が一層強められてきたようである。もし董氏の見解が正しいとすれば、殷及び周代を以て暦法制定への準備時代として低く評価する従来の研究結果は、全く新しく考慮し直す必要があり、場合によっては根底より覆えされる可能性さえある。してみると問題は独り殷代の暦法にとどまらないで、周代をも含めた古代暦法史全体の問題となり、その影響するところは甚だ大きい。この意味で董氏の『殷暦譜』は我々に多くの関心を起させるのである。しかし残念なことに我々はまだ『殷暦譜』を手にすることができないばかりでなく、近い将来に『殷暦譜』を入手する可能性も少ないので、この書の前後に出版された董氏の論文を中心として若干の批評を加えたいと思う。先ずここに取り上げた董氏の主要な論文を列記すると、次の通りである。

A　研究殷代年暦的基本問題　国立北京大学四十週年紀年論文集乙編上　一九四〇年

B　殷暦譜後記　歴史語言研究所集刊第十三本　一九四八年

C　殷代月食考　歴史語言研究所集刊第二十二本　一九五〇年
D　中国古暦与世界古暦　大陸雑誌第二巻第十期　一九五一年
E　大亀四版之四卜旬版年代訂　大陸雑誌第三巻第七期　一九五一年

以上の中、Aは『殷暦譜』刊行前の論文であって、『殷暦譜』作製の方針を述べたものとして最も注意せられる。またCは年代決定に最も重要な資料となる月食記事についての検討であって、殷代暦法に関し最も興味ある問題を提供している。またDは董氏自らその研究結果をまとめたもので、これによって成果の概略を知ることができる。なお図書季刊（第六巻第三・四期）に『殷暦譜』の紹介があるが、簡単なもので参考に値しない。論文Dは、Chinese Association for the United Nation から出版された *A Symposium of the World Calendar* 中に英訳されている。

一

従来とも董氏は殷代の暦法を以て高度に進化したものと解釈してきた。即ち先ず第一に殷代暦法には大小月の区別があること、第二に閏法の存在を指摘した。閏法は二段に変化し、殷の前期（第一・二期＝武丁至祖甲）は「十三月」を閏月とする帰余置閏法であり、後期（第三・四・五期＝廩辛至帝辛）にいたって漢以後の暦法に於て一般的である無中置閏法に改まったと考えた。しかも既に第二期に於て無中置閏法の存在を認め、この第二期を以て置閏法変更の時期と定めたのである。従って董氏の見解を少し押し進めると、既に殷代を以て制定暦の時代にはいっていたと言うことになる。そして事実この見解を明瞭にしたものが『殷暦譜』であったと思われる。Aの論文に於て董氏は殷代の暦日記事を整理するために殷暦をとりあげ、ほぼこれに近い暦法が殷代に行われたと考えた。ここに言う殷暦というのは、漢初に伝えられた六暦の一種であり、一年を三六五日四分日の一とする四分暦に属するものである。名称は殷暦となっているが、単に名を古代に仮りただけで、もとより殷代に行われたという証拠はない。董氏が殷暦を採用して殷代の暦日との比較を行った理由として挙げているのは、

第一、殷暦は曾て漢初に使用され史実とかなりな関聯がある

第二、殷暦には冬至日躔の記録がありその制定時期を決定し得る

という二理由を挙げている。第一については『漢書』五行志に「高帝三年十月甲戌晦、日有食之」とある記事が天象よりも寧ろ殷暦と合致することをその有力な証拠としている。しかし漢初の暦法について新城博士に詳しい研究があり、それによると博士は当時行われたものを殷暦第二変法と称し、連大法に於て殷暦と完全には一致していないことを立証した。また第二の理由は、「続漢志」に「甲寅之元天正甲子朔旦冬至、七曜之起初用牛初」の記事に於て甲寅之元は殷暦を示し、この殷暦では七曜、特に太陽が冬至に牽牛初度にある時を起算の初としていると解したのである。よって冬至日躔が牽牛初度にある時を西暦前三七〇年とし、これを殷暦の制定時代とみたのである。ところで冬至日躔が牽牛初度にあたるのは、厳密には西暦前四五一年であり、三七〇年とするのは正しくない。さらに冬至日躔を牽牛初度とするのは、必ずしも殷暦に附属したものとは思えないのである。これらの難点はあるにしても、西暦前四、五世紀以降にあたって、極めて殷暦に近い暦法が行われ、しかも暦日と実際の天象が合致していたという立論は大体承認してよいであろう。ところで殷暦に採用された朔策（朔望月）の値は正確値よりも幾分大きく、董氏の計算によれば凡そ三〇七年にして一日の相違を生ずる。換言すると西暦前三七〇年を殷暦起算の初とすると、それから三〇七年経過すれば天象に対し一日の後れを生じ、逆に昔に溯れば三〇七年毎に一日だけ天に先んずることになる。もちろん三〇七年では完全に一日の差を生ずるが、これほど経過しないでも、一日に足りない端数の相違が、時によって日附に於て一日の差を生ずることがあり得る。よって董氏は三〇七年を二等分し、前三七〇年をはさむ前後一五三年ほ

どを合天の時期とし、前二九三年（三七〇年から一五三年の半分を引いたものに等しい）から後一五三年の間は合天或後一日の時期と考えた。先きに引用した『漢書』五行志の記事で日食は当然朔にあるべきはずであるのが暦日では晦となって後一日となっている。恰もこの時期は合天或後一日の期間にあたっている。董氏は前三七〇年以前に溯ってほぼ一五三年毎に合天、合天或先一日、先一日、先一日或二日等々の区間を設け、事実このようなことが古文献に記載された暦日によって立証されることを論じている。比較の材料として取上げられたものは、『春秋経』に於ける若干の日食記事及びそれ以前の時代についての若干の暦日記事であった。『春秋』以前の暦日記事については、

(1)幽王六年十月辛卯朔日食（『毛詩』十月之交）

(2)帝辛十一年正月丁酉朔（甲骨文）

(3)太甲元年十二月乙丑朔（『漢書』律暦志世経引伊訓篇）

の三個を最も重要な比較資料とした。(1)の十月之交の日食については、従来いろいろと議論のあるところで、幽王六年の日食は中国北部では殆ど見ることができないから、寧ろ平王三十六年とすべきであるという有力な反対が曾て平山清次博士等によって主張されたところである。(3)は世経に引く伊訓篇の記事であって、董氏はこれを以て真史実と見做している。世経の作者劉歆はこれを以て三統暦の甲辰統七十七章首にあたる乙丑朔旦冬至とし、三統暦による計算と記事が合致することを誇っている。三統暦による甲辰統は西暦前三一八二年の前年冬至に始まるから、その七十七首章は一七三八年の前年冬至に当る。また三統暦では湯が天子の位にあった期間を十三年としており、その歿年が太甲元年に重なっていると解している。これによると乙丑朔旦冬至の含まるる年は西暦前一七三九年となる。董氏は太甲元年を湯歿するの翌年に含まれるとし、西暦前一七三九年殷正十二月朔の日を殷暦によって計算して庚申を得た。ところでこの頃は、西暦前三七〇年を規準にし殷暦を以て逆算すると先四日或五日の時期にあたっており、庚申と乙丑とではちょうど先天五日となって董氏の推定に合致することを確かめた。また(2)は甲骨文よりその資料を求めたも

ので、帝辛十一年正月乙未朔が西暦前一一六四年に含まれるとし、この時期が先二日或三日であるのに対し、これに一致して殷暦による朔日干支逆算では先天二日になっていることを確めた。

以上の計算に於て殷の年代、歳首及び月初を如何に決定するかが重要な前提となるのである。先ず歳首の問題について董氏は殷代に殷正が使用されたと考えた。すでに顧頡剛や新城博士等によって三正論が歴史的事実でないことが強く主張されたにも拘らず、董氏は全くこれらの説を否定した。また月初についても周初に於て三日月を月初とする従来一部の学者の見解に反対して、天文学的には一層進歩した、朔を月初とする見解を採用している。因みに王国維がその生覇死覇考に於て生覇、死覇等の名称がほぼ一月を四分した七日ずつの名称であるという説に対しても董氏は反対で、寧ろ『漢書』律暦志に述べているように、一月に於て月相に関係した特定の日附と解釈している。この点は重要な関係を持たないので、ここでは述べないでおこう。さらに殷の年代については世経の説を採用し、周初を前一一二二年、さらに殷の年数を六二九歳とした。殷王の世代については諸書を勘案し最終的に得た結果として論文Cに採用された盤庚遷殷以降の年数は、

盤庚	14
小辛	21
小乙	10
武丁	59
祖庚	7
祖甲	33
廩辛	6
康丁	8
武乙	4
文武丁	13
帝乙	35
帝辛	63
計	273

であり、帝辛五十二年が周初の年代、西暦前一一二二年にあたっている。

以上のように殷の年代、歳首及月初を適当に仮定し、殷暦を以て逆算した結果と記事との間に当然予期せられる誤差が生ずる事実からみて、董氏は逆に最初の仮定も正しいと考えたようである。さらに暦元の異なった幾つかの四分暦（殷暦を含めた）によって殷代の暦日を説明し得る可能性があることをほぼ立証し得たと考えたようである。従って次に行うべきことは、適当な暦法を仮定し、殷代の暦譜を作製し、それによって甲骨文の暦日と合致せしめ、合致

せざる場合には最初に仮定した暦法に若干の修正を加えればよいことになる。董氏の『殷暦譜』を見ていないので決定的なことは言えないが、恐らくは以上の方法が使用されたことと思う。同じ四分暦でも、暦元の取り方によって暦日を適当に先後させることができるから、規準となるべき重要な暦日記事に合致するよう暦元を移動させ、幾つか暦元の異なった四分暦を以て一応は殷代を覆うことができよう。殷代を通じて何種類の異った暦元が採用されたか、換言すると何回の改暦が行われたか、これについては詳細に知り得ないが、論文Dには武丁より帝辛に至る二七三年間に暦法が三回変ったことを述べている。

二

董氏の殷代暦法研究に於て最も注意すべきものは、甲骨文に於て月食記事を発見し、これを利用して殷代暦法の重要事項を決定したことである。この月食記事については論文Cに詳しい。いまこの論文によって述べてみよう。

甲骨文に於て発見された日食及び月食記事（本書二二頁図1参照）と見做されるものは十片あるが、暦日を欠く日食月食各一片及び稍意味不明なるもの一片、さらに同文の二片を除くと、年代学上に使用し得るものは五回の月食記事である。この中で最も重要なものは十二月庚申月食とあるものである。記事には年次を決定する資料を欠いているので、純天文学的な食表によってこの記事に該当する年代を求めなければならない。しかし古い殷代の頃に対してはこれまで作られたT. von Oppolzerの食宝典にも計算されていないので、董氏はアメリカの天文学者H. H. Dubsの助力を仰いだ。Dubsはその計算結果をまとめ、A Canon of Lunar Eclipses for Anyang and China, −1400 to −1000; *HJAS* 10（1947）pp162–178. に発表した。この表によると−1400（i. e. 1401 B. C.）から−1000（1001 B. C.）に至る四百年間に於て庚申の日に月食が起るのは八回あるが、その中で記事の十二月を殷正によるものとして、ユリウス暦の十一月乃至十二月に起って記事を満足するものは次の二食である。

前一三一一年十一月二十四日

前一二一八年十一月十五日―十六日

ところが後者は董氏の『殷暦譜』に於て文武丁五年十一月十五日庚申―十六日辛酉に当っており、十二月の記事に該当しない。残りの前一三一一年の月食の日は武丁二十九年十二月十六日辛酉に当るが、月食はその日の安陽地方時午前一・七時に始まり午前五・二時に終っている。よって董氏は、当時の日附がその日の夜明けに始まり翌日の夜明けに終ると考え、この月食は当時の日附法では十二月十五日庚申夜に該当するものと考え、記事に一致するものと見做した。この論証に於て先ず問題となるのは当時夜明けより日附を改めることが行われたか否かである。おそくとも漢代に於ては夜半より日を数える方法が厳密に行われたが、中国以外の古代民族の例では日附けを日没或は日出より改めることが行われていたから、董氏のような推論も或は可能なことであろう。しかし董氏の推論が月食記事を満足させるためのものであって他に確証がないならば、董氏の結論は甚だ不確実なものとなろう。恐らく『殷暦譜』には有力な証拠があることと思うが、前掲の諸論文にはそれが述べられていない。次にユリウス暦による前一三一一年の月食が殷正十二月に該当するか否かである。董氏は他の暦日の研究からみて殷代には無節置閏法が行われたと推論し、これによって前一三一一年の月食が殷正十二月であることを証拠立てている。曾て董氏は殷代の置閏法は帰余置閏法から無中置閏法に発展したと考えたが、『殷暦譜』に於てはこの結論を改め無節置閏法であるとした。無節置閏法は無中置閏法という言葉から董氏が発明した名称で、後世の暦法がすべて中気の有無によって月次及び閏月を定めたのに対して、殷代には寧ろ節気が用いられたというのである。例えば前一三一一年の月食後九日が小雪にあたっており、従って月食を含む月は殷正十二月としての条件を満たすとしている。董氏の言葉を借りると『殷代「以節為建」、殷十二月、為建子之月、其月必含有子月的節気、即必含「小雪節」』と言うことになる。これに反し前一二一八年の月食を含む月は、月食後十一日が夏正十一月節立冬に当るから、寧ろ殷正十一月としての条件を満足し、従って十二月庚申月食の記事に合致しないと考えた。ところで董氏が小雪を節気とするのは極めて不注意な誤りであって、小雪は夏正十月中気でなければならない。董氏によると前一三一一年の月食前六日は立冬節に当っているから、董氏の無節置閏法からすればこの月食を含む月は殷正十二月でなくて殷正十一月でなければならない。もし董氏が無節置閏法を固執するならば、最も重要な年代学上の拠点である月食記事の説明が不可能になる。ところでこの庚申月食の記事を含む甲骨文は殷代に無節置閏法及び殷正が行われたという董氏の結論に最も重要な資料となったものである。即ち董氏によるとこの甲骨文には続いて十三月（閏月）があり、この閏月を隔てた武丁三十年一月には小寒（殷正正月節）及び大寒（同正月中）が含まれ、従って殷正が行われた重要な確証になる。また董氏の推算では逆に二十九年の一月には冬至（同十二月中気）のみが含まれて節気がなく、さらに同年二月より十二月に至る各月には何れも中気が含まれており、従って無中置閏法は適用されない。よって董氏は論文Bに於て「如以節気所在為建、則此一月已不得為建丑、是此年当閏、乃有十三月之閏也」と述べており、二十九年一月が閏月となるべきはずなのを、当時は帰余置閏法であったためにそれを歳末にずらしたものと見做し、従って二十九年に十三月のあることは無節置閏法の確証の一つとして重要視するのである。もし無節置閏法に帰余置閏法を混じたものが当時行われたと解すると、董氏が小雪を十二月節としたことも些細な誤記として看過することができよう。即ち月食が起ったのは当然殷正十一月であるべきはずが、置閏を十三月に繰り下げたために、暦には十二月として取扱われたと解釈すればよい。しかしこの解釈によれば、先きに除去された前一二一八年の月食に対し、董氏が、

文武丁五年、十一月十一日丙辰霜降、二十六日辛未立冬、立冬亥月節、当為殷正的十一月、

とし、それが殷正十一月に当るという理由で排除されたが、さらに閏月の状態を知らなければ最終的の結論とするこ

とはできない。この点については『殷暦譜』を見なければ何とも言えない。しかし上述の董氏の解釈で武丁二十九年一月に節気がないから此年に閏月をおくべきであるという立論は、もし無節置閏法という語が無中置閏法に倣って用いられたとすると甚だ不可解と言うほかない。無中置閏法では十二月に続く月が中気を含まなければ、その中気のない月を閏十二月とするのである。従って無節置閏法でも節気を含まない武丁二十九年一月は前年末の閏月となり、当然武丁二十八年に十三月がなければならない。ところが実際には武丁二十九年に十三月があるのであるから、董氏の言う無節置閏法という言葉も問題であるし、さらに極端に言うと置閏法の問題は最初から改めて考え直す必要があるとさえ思われる。

他の四回の月食記事に対し、董氏は次のような年次を比定することができた。

八月癸卯月食　小乙六年八月十五日

壬申月食　武丁五十八年十一月十五日

乙酉月食　武丁二十年六月十五日

甲午月食　盤庚二十六年三月十六日

しかし董氏は此等の資料並びに比定は、十二月庚申月食ほどに確定的でないと考えた。しかし八月癸卯月食はやはり殷正使用の一証として利用された。さらに尚一つの重要な資料は『逸周書』小開解篇に見える月食記事である。論文Cでは、それが周代のもので時代が下るために幽王六年の日食は全く考慮されていない。『逸周書』の月食は周文王三十五年のことと解し、「正月丙子拜望食無時」なる記事に於て、董氏は拜を月食の翌日に於ける拜祭と解し、月食を丙子の前日である正月乙亥とした。やはりこの記事を真史実と解し、これに該当するものをDubsの月食表から求め、ユリウス暦一一三七年一月二十九日にして帝辛三十八年殷正正月十六日乙亥と断定した。この正月には小寒及び大寒が含まれているから、庚辰月食を含む甲骨文及び他の一資料と共に、殷代の正月が殷正によるものであることを確証するものと考えた。同時に殷周年代の関係を示す有力な資料として使用せられた。

三

董氏は民国二十五年春の第十三次発掘に於て得た次の一片、

（上欠）亡□若□在□。行圣、五百四旬七日、至、丁亥、従。在六月。

についての解釈を論文Dに述べている。それによると「行圣」は耕種の事を指し、「至」は夏至であり、「従」は照弁了の意であると考えた。この甲骨文は文武丁時代のものであるが、当時の日数計算法では卜を行った日を数えないが、もし卜を行った日を数えると五百四十八日目が夏至となる。ところで何日から起算したかと言うことは此文に全く見えないが、董氏は「大概是従某一年的冬至日起」とみて或年の冬至を第一日として翌々年の夏至までが五百四十八日であると解釈した。さらにこの年代を限定して文武丁十二年（前一二一二）殷正正月十一日庚申冬至より起算して十三年殷正六月二十六日丁亥夏至に至る期間と考え、一方四分術によれば一年は三六五・二五日であり冬至より翌々年の夏至に至る一年半の日数は五四七・八七五日となり繰上げて五四八日となる。従って前記の甲骨文に言うところの日数と合致し、殷代に於て四分暦が使用された有力な証拠となることを述べた。

しかしこの論証はいろいろな疑問を引き起させる。先ず文武丁十三年の夏至は六月丁亥の日附によって決定されるが、十二年正月の冬至は如何にして決定されたのであろうか。さらに「至」を夏至とする解釈の是非、また何故に冬至より起算したと解釈するか。これらの疑問にも増して不可解なのは、五四八日が四分暦の日数に合致するという見解である。別に四分暦でなくても、一年の日数がほぼ真に近い値であれば、この数値を満足する。董氏が「這些数字、都不是容易偶然相合的」と言っているのは、全く理解することができない。論文Bには『殷暦譜』に対する諸家の意見を引用しているが、その中に唐蘭は『殷暦譜』中の日至譜の撤回を董氏に勧めたようである。唐蘭の意見では前記の「至」は単に誰かが来たことの意である。これに対しもちろん董氏は反対であり、五四八日が四分暦の一年半の日数に該当するが故に極めて重要な資料であることを述べている。

もちろん董氏が殷代の暦法を以て四分暦とする理由はこれだけではない。例えば論文Dによると、相当長い期間に亙って、その間に於ける月数及び日数が四分暦法の数値に合することを述べている。董氏の推算によると十二月庚申月食が起った武丁二十九年より二年を溯った武丁二十七年の一月朔は壬辰（J. D. ＝1241859）であり、また帝辛十三年の十二月晦は己酉（J. D. ＝1297376）にあたっている。この推算が如何にして得られたか、従ってその結果の妥当なるか否かについては全く述べられていないので、ここでは問題外とし推算結果を一応認めることとする。そうするとこの二個の拠点の期間は一五二年一八八〇月五五五一八日となるのであるが、この結果を有力な根拠として董氏はこれが四分暦の二蔀八章に該当していること、従って殷代に行われた暦法が完全に四分暦に合致することを結論している。しかしこの結論が正しいとは思われない。董氏の論法は先きの「至」を含む甲骨文を論じたのと全く同じものであり、その場合と全く同じ反駁が加えられるであろう。ここで二個の拠点の間隔が二蔀八章に等しい一五二年となったのは必然的なことではなく、むしろ一五二年の年数をもつ間隔が選ばれたのである。従って二蔀八章という言葉に拘泥する必要はなく、問題は一五二年が一八八〇月五五五一八日となる暦法は何かということになる。このような暦法は独り四分暦だけでなく、『漢書』律暦志に見えた三統暦でもよい。後世に行われた多くの暦法によってこの条件は満足されるはずである。極端に言えば、一定の法則に従った制定暦が行われていなくても、大たい天象に合致するように適宜修止を加えるというような方法でも、それがよく天象に合致したものであれば略々この条件を満足し得るはずである。之を要するに、董氏が殷代の暦法を四分暦と限定する論拠は概して薄弱であるように思われる。

四

以上に於て董氏の諸論文についての批評を終るが、始めにも言ったように『殷暦譜』を見ていないので批評が妥当でなく董氏に礼を失した点が多いことを恐れるのである。しかし筆者の見た論文の範囲では、董氏の立論はなお多く検討を要するものが含まれているように思われる。ここには董氏が採用し真史実と見做した文献（甲骨文を含めて）解釈についての当否は全く言及しなかった。ただ天文学的な取扱の批評にとどめた。その範囲に於て、殷代に四分暦が行われたという董氏の論証は極めて薄弱であった。呉其昌がその「金文暦朔疏証」に於て漢代の三統術による逆算を以て周初の暦日をかなり強引に整理したが、董氏の方法も多分に相似ていると言っても、必ずしも過言ではなかろう。また月初を朔とすることは可能な解釈であるにしても、董氏の言う無節置閏法の説は充分に論証されたものとは思えないのである。ことに無節置閏法が無中置閏法と類似から得られた言葉であるにも拘らず、武丁二十八年の歳末に置かるべき閏月が次年の歳末に置かれたのは、当時整然たる置閏法がなかったことの重要な反証とさえ考えられるのである。四分暦は連大法、置閏法について極めて整然たる組織を持った高次の暦法であって、このような高次の暦法が殷代に行われたことは、よほどの論証のない限り言えないことである。董氏は論文Dに於て周初及春秋時代に四分暦が行われたことを立証しているが、この場合に採用されたのは極く少数の暦日である。このような僅小の材料から推定して四分暦の存在を立証することは甚だ危険なことと言わなければならない。我々は若干の修正を許すという条件の下に於て、四分暦乃至それに類似した中国歴代の暦法を以て、僅少な暦日資料を説明することは常に可能なように思われる。だからと言って逆に当時に於て制定暦が存在したと立論するのは困難であろう。董氏が『殷暦譜』に傾倒された努力に対しては深く敬意を表するものであるが、筆者はなお一層の検討を希望してやまない。

（『東方学報』京都、二一、一九五二）

殷暦に関する二、三の問題

昨年厳一萍氏が『続殷暦譜』を刊行したが、その中に同氏が曾て『大陸雑誌』に載せた「正日本藪内清氏対殷暦的誤解」(1)なる論文を収録し、またその序文に董作賓氏の『殷暦譜』を学術的立場から検討したのは筆者だけであると述べている。筆者の小論を唯一の学術的な批判であるというのは全く面映ゆい感じがする。しかし『殷暦譜』に対する反駁、あるいはその所説と全くちがった見解を取っている学者は相当に多く、ことに台湾の学者にはかなり激しい言葉で董氏の説を批評しているものがある。こうした幾分感情的な批評に対し、董氏一派の学者は全く黙殺するという態度をとっているのであるが、しかし相当な学者の中に董氏の説を受け入れない人々のあることは無視できない。(2)例えば殷暦の重要な起算点である周初の年代について、董氏は西暦一一二二年を採用しているのに対し、カールグレンは竹書紀年その他に依って一〇二七年説を採用し、この最も基本的な年代について百年の相違がみられる。この一〇二七年説はアメリカのH・ダッブスも採用している。ダッブスは曾て董氏の殷暦研究に協力し、殷代の月食表を計算(3)したことがあり、董氏の論文にダッブスの名はしばしば挙げられる。このダッブスが周初の年代に関して董氏と見解を異にしているばかりでなく、董氏が『殷暦譜』作製の上の重要な拠点と考える月食記事の同定について、ダッブスは全く異った日附を考えている。(4)例えば董氏によると武丁の時に起った庚申月食を一三一一年のそれに同定するのに対し、ダッブスはむしろこれを一一九二年の月食と主張しており、周初の年代と同じくここにも百年あまりのくいちがいがみられる。さらに中国にも陳夢家氏のように董氏の業績に批判的な学者がいる。陳氏は董氏の断代研究についてさえ異論を持っており、周初の年代についても一〇二七年を採用している。(5)率直に言って董氏の『殷暦譜』に賛意を表する学者はごく狭い範囲に限られており、むしろ批判的な立場の人々が多いのである。もちろんカールグレンその他の説については、董氏はその批判を怠ってはいないが[6]、しかし十分に説得してはいない。筆者はさきに小論を発表した後、梅原博士の厚意によって『殷暦譜』を読むことができたが、この大著を読了した現在においても、さきの見解はほとんど修正を要しないと考える。『殷暦譜』に捧げられた董氏の努力には最大の敬意を払うのであるが、結論的に言って現在の研究段階において『殷暦譜』に載せられたような詳しい暦の復原は極めて無理であり、年月日の配当は実情から離れたものと言わねばならぬ。董氏は当時の天象に合致するような暦を、四分暦に基づいて作製したが、しかしこうした合天の暦が当時行われたとは思われない。後世の春秋時代はもちろん、漢代に行われた暦法でも、実際の天象と暦とはしばしば食いちがっており、これら後世の暦法より一層すぐれた暦法を殷代に想定すること自体にすでに大きな無理がある。こうした根本的な問題のほかに、董氏の立論にはいろいろな仮定が横たわっている。例えば毎月の始めが朔であり、毎日の始めは日出であり、また置閏法に無節置閏法という目新しいものを仮定している。さらに殷の帝王を旧派と新派に分け、この両派においていろいろ制度を異にすることを論じ、それが暦法の面にも及んでいるとする。すなわち旧派では歳末閏であるが、新派ではこれより進んだ置閏法があったと考えた。もちろん董氏の立場からすれば、これらは決してアプリオリな仮説でなくて卜辞資料に基づいて立証できるものであろうが、しかしその立証も董氏が作製した『殷暦譜』を援用しなければならぬので、いわば董氏の議論全体が堂々めぐりをやっている点が少なくなく、極端に言えば殷暦を復原するための確実な基準点と断定し得るものが全くない。しかしまた明確な反対を唱えるだけの積極的な資料にも乏しく、筆者自身が数年間厳一萍氏の論文に答えなかった理由もここにある。筆者自身は少なくとも現在の甲骨学の現状からみて、『殷暦譜』のような詳しい暦譜を作製することは甚しく無理であり、むしろ一つ一つの基礎的な問題を掘り下げて研究し、その上で可能ならば暦譜の作製に進むべきであると考える。こうした基礎的な二、三の問題について以下に筆者の見解を述べようと思う。

一　二十四節気と置閏法

董氏によると殷代には四分暦が行われていたというが、実際的には四分暦を基礎とした推算暦を卜辞の日附に一致させるためにかなり修正しており、四分暦が行われたというのも漢以後の制定暦時代ほどの厳密さはない。しかし一応まとまった暦法があり、置閏法の如きも一定の法則があったと考えられている。董氏は殷の武丁以降を五期に分け、また別に全体を四段に分け、第一、第三段を旧派、第二、第四段を新派とし、新旧の交替に伴って礼制その他に著しい変改があったと考え、閏法についても旧派では歳末閏（十三月）が採用せられ、新派では後世の置閏法と同じく閏月は歳末に限らない方法——仮りにこれを非歳末閏と呼ぶ——が採用されたが、しかしこのように閏月の位置について新旧に伴う著しい変化があったにも拘らず、両派共に無節置閏法が行われたと論じている。[7]この無節置閏法という用語自体はもちろん、その内容も全く董氏の創案に成るものである。後世一般に行われた置閏法は無中置閏法と呼ばれるもので、二十四節気を中気と節気とに分けるとき、中気の含まれない月を以て閏月とした。これが後世一般の方法であるのに、董氏は節気の含まれない月を閏月とする置閏法が殷代にあったという新説を提出した。この新説は漢の六暦の一に数えられる顓頊暦の記載にヒントを得たものと思われるが、ほかには全く根拠のないものである。ところで無中置閏法にしろ無節置閏法にしろ、その何れが行われたとしても二十四節気の成立を仮定しなければならぬが、現在のところ冬至もしくは夏至の存在を卜辞中に立証し得るとしても、[8]それによって殷代に二十四節気の成立を推定することはできない。古代の文化国であったバビロンやエジプトでは古くから夏至や冬至は知られていたが、ここでは終に二十四節気の成立は見られなかった。冬至夏至のいわゆる二至は古代にも容易に気付かれる天文現象であるが、二至から二十四節気への発展は必ずしも自然的展開ではなく、むしろある目的のために作為された一個の体系的組織であると考えられる。ノイゲバウアーが行ったバビロニアの古暦の研究によれば、[9] 西暦前七世紀から前四世紀のころバビロニアでは主として歳末閏が置かれ、時には六月の次に閏月がおかれた。置閏法は決して非歳末閏ではなく、歳の半ばと歳末とに限られていた。バビロニアでは十二宮中の特定の一宮に太陽が在る月を一定の月とさだめ、もしこの月に特定の一宮に太陽が位置しなければ、その年には閏月があるとみて歳末閏を置くのである。この方法では太陽の位置観測によって閏月の有無が決定されるが、歳末閏に対しては特定の一宮に太陽がやってくる月が問題になるのであって、他の宮での太陽の位置は直接には必要でない。しかし非歳末閏では個々の宮における太陽の位置を観測する必要が起り、しかも観測からだけで置閏を一義的に決定できない場合も起る。[10] この点を考えると簡単に歳末閏から非歳末閏へ移行するものではない。これと同じようなことが中国の場合にも言える。冬至（もしくは夏至）が測定できる状態にまで天文学が進んでいたならば、歳末閏を規則的に置くことは可能である。月数を一（正）、二、三……と数えて行くとき、例えば十一月に冬至がくるものとしておけば、実測の結果この月に冬至が来ない場合には歳末閏を置いて季節を調節することができる。ところが非歳末閏に従って置閏することになると、二至だけでは不十分であって、この場合に中国では季節の目標となる二十四節気の設定が必要になったと思われる。二十四節気は歳末閏から非歳末閏へと移行するための必要から生れた作為的な組織であって、二十四節気の成立は置閏法と深く結びつくものである。冬至だけに頼って歳末のみに置閏するのでは、年間を通じての季節のずれが歳末になってやっと調節される。古い時代の粗放な農業では、こうした歳末閏でもあまり不都合は感じなかったであろうが、時代と共に農業が進歩して行くと、非歳末閏によって季節のずれをできる限り正しく調節する必要が起ってくる。歳末閏から非歳末閏への移行は、その間に農業の大きな進歩を想定する必要があり、また天文学そのものにも著しい変換があったことを考えねばならぬ。董氏の見解では殷代にはすでに歳末閏と非歳末閏が知られていたことになるが、もしこの二つの置閏法の間に天文学の著しい変換を考えようとすれば、旧派新派の交替でごく簡単に閏法が移行することはあり得ない。

もちろん武丁もしくはそれ以前に二つの置閏法の存在を認めるほど高次な天文学があったとすれば別であるが、筆者にはこうした見解も認め難い。むしろ殷代を通じて、少なくとも閏法に関しては新旧の区別はなく、古い歳末閏の方法が採用され、さらに西周の時代にそれがそのまま引き継がれたと考えられる。周初の若干の金文資料に十三月と書いた歳末閏の記載があり、これらの資料は殷周交替の間において置閏法に変化がなかったことを物語るものであろう。そして恐らく東周時代のある時期に二十四節気が作られ、非歳末閏が行われるに到ったとみるべきであろう。

非歳末閏が行われるようになった時期の後にも、歳末閏が行われた時代はあった。漢の武帝の太初元年に太初暦が制定された後には二千年にわたって非歳末閏が行われたが、漢初から太初制暦に至る約百年間には変則的な暦法が行われ、歳首を十月としすべての閏月は歳末に置いて後九月と呼んだ。漢初には五徳終始説に基づいて漢を水徳とする説が行われ、水徳に応じて十月を歳首としたもので、後九月の採用にこうした一連の思想が背景となった。しかしともかく非歳末閏が知られるようになってからでも歳末閏が現に行われているが、この事例から殷代における新旧置閏法の存在を是認することはできない。漢初の時代は二つの置閏法がそれ以前から知られていて、単に思想的な立場から歳末閏を一時採用したに過ぎなかったのである。

二　卜辞資料による置閏法の検討

歳末閏から非歳末閏への移行の間にはかなり大きな天文学上の変革があり、非歳末閏は二十四節気の成立に結びつくもので、恐らく殷代から西周にかけての時代には非歳末閏を置くほどに天文学は進んでいなかったであろうと推論してきたが、実際に卜辞資料についてどうであろうか。董氏の『殷暦譜』下篇巻五「閏譜」に引用された卜旬の記録は、董氏が非歳末閏の存在を立証するものとして有力なものである。これは殷契佚存三九九に見えるもので、細長い牛骨上に八個の卜旬記事があり、その中に月名（六月及び七月）を附記したものが四個ある。記事の中から必要な月名と干支とを抜き出し、併せてその排列を示そう。

(30)	(50)	(40)	(30)	(10)	(60)	(50)	(20)
癸巳	癸丑	癸卯	癸巳	癸酉	癸亥	癸丑	癸未
卜兄貞	卜出貞	卜貞旬	卜兄貞	卜大貞	卜大貞	卜大貞	卜兄貞
旬亡𡆥	旬亡𡆥	亡𡆥	旬亡𡆥	旬亡𡆥	旬亡𡆥	旬亡𡆥	旬亡𡆥
	七月				六月	六月	六月
(八)	(七)	(六)	(五)	(三)	(二)	(一)	(四)

卜旬記事の右に添えたアラビア数字は甲子を1とした干支番号であり、左に添えたものは董氏による卜旬記事の順序である。四分暦及び後世一般の暦法では、一月は三十日もしくは二十九日であり、従って一月には三個の癸日は含まれるが、四個の癸日が含まれることはあり得ない。従って六月に癸丑があれば、これに続く七月に癸丑があることは不合理となる。よって董氏は上記の卜旬記事を以て非歳末閏の有力な資料と考えた。すなわち殷代には閏月を呼ぶのに特別な呼称がなく、上の卜旬記事において(一)から(五)までは正閏二個の六月に配属されるものとし、単に六月と書いた(四)の記事は後世の記載では閏六月とあるべきものと考えた。一月の日数が三十日もしくは二十九日とすれば、確かに董氏の解釈は最も妥当なものとなるであろう。しかしもしこの前提が棄てられれば、別の解釈も成立することになる。そして筆者はこの別の解釈がむしろ妥当であると考えるのである。

董氏の『殷暦譜』では月の第一日を朔としているが、これは別に深い論証があってのことではない。董氏は殷代の天文学をかなり高次なものと考え、月初を朔とする如きは当然であると考えられたことであろう。しかし古代文化民族では月初を朔とする以前に、月初を三日月の見え始めである新月とする一時期があった。[11] 今日でもイスラム暦では断食月であるラマダーンの月初は新月の観測によって決定されており、この事実はアラビアの古暦法が新月の観測によって月初を決定した時代を持っていたことを示していると思われる。[12] この新月を以て月初とする方法では、一月の長さは大体二十九日三十日を交互にくりかえす平朔法とはちがって、むしろ定朔法に近くなる。平朔法では一個月として二九・五三日の平均朔望月を採用するが、定朔法では真朔から真朔までを一月とするから、一月の長さはこの平均値からかなり変化し、最も長い一月は三〇・五日ほどとなり、また最も短い時には二八・五日ほどとなる。いいかえると一月の長さは二八・五日から三〇・五日位のあいだを変化する。ところで新月の見えるのはこの真朔を規準にして何日目かということになるが、普通には真朔の翌日とか翌々日に見られるとしても、[13] 新月のころの月の軌道の状態や、場合によっては気象状態に左右されて、適確に真朔から新月までの日数を決定することはできない。従ってもし新月の出現を以て月初を始めることにすれば、一月の長さは上述の上下限（二八・五―三〇・五日）からさらに一日あるいはそれ以上もずれることがあることを予想させる。従ってもし殷代の天文学がなお低い段階にあるか、或は古い伝統を残していて新月の観測によって月初を定めたとすれば、一月のあいだに四個の癸日が含まれることも決して不可能でなくなる。こうした仮定に立って上記の卜旬記事を解釈すれば、㈠から㈣に至る干支は同一の六月に含まれていても差支えがなく、従って卜旬記事が正閏二個の六月に含まれるとする董氏の解釈は必ずしも採用しなくてもよい。しかし上記の資料だけでは董氏の説の当否、従ってまた筆者の見解が正しいかどうかは決定できない。しかし幸にして筆者の説を支持する材料を卜辞に求めることができる。以下に挙げる資料は弘前大学の島邦彦氏の好意によるものである。[14]

殷契佚存四七（簠室殷契徴文、雑事三六）に次の資料がある。

(30)	十三月	旬亡𡆥	兄	癸巳
(40)		旬亡𡆥	兄貞	癸卯卜
(60)		旬亡𡆥	兄貞	癸亥卜
(50)	十二月	旬亡𡆥	兄貞	癸卯卜
(40)		旬亡𡆥	兄貞	癸卯卜
(30)		旬亡𡆥	兄貞	癸巳
(30)	十月	旬亡𡆥	兄貞	癸巳
(30)		亡𡆥	兄	癸丑

このト辞には歳末閏を示す十三月の記載があるから、これ以外に閏月は存在しないはずである。それにも拘らず、十月に癸巳があって同じ癸巳が十三月にあるから、もし一月が三十日もしくは二十九日とすれば、この一連のト旬記事は五個月にまたがるものとなる。このことは十三月の歳末閏のほかになお一つの閏月を置くことになり、到底考えられないことになる。明かに董氏が殷代に一応まとまった置閏法があったという見解に矛盾する。従ってこの一連のト辞を無理なく説明するには、新月の観測を以て月初とするという筆者の解釈以外に方法はない。ただこの解釈が正しいにしても、上記のト旬記事が少ないために、その一々を一義的に各月に配属させてしまうことが困難であることを注意しておこう。

なお同じ見解によって次の資料に対する解釈を示そう。これは殷虚ト辞六八七のものである。

(20)	未卜	貞旬		九月
(10)	癸酉卜	𣎵貞旬	亡𡆥	八月
(60)	癸亥卜	𣎵貞旬	亡𡆥	八月
(50)	癸丑卜	𣎵貞旬	亡𡆥	八月
(40)	癸卯卜	𣎵貞旬	亡𡆥	八月
(30)	癸巳	貞		七

このト辞の最下段には七月癸巳があり、八月には四個の連続した癸日があり、さらに最上段にそれに続く九月癸未がある。董氏の見解では当然閏八月の存在を考えねばならぬが、しかしその場合には九月癸未の解釈は全く不可能に

なってしまう。これに反しもし新月を以て月初とする筆者の見解が正しいとすれば、中間の四個の癸日は同一の八月に含まれるとみて何らの矛盾はなく、極めて合理的に解釈されるであろう。

以上の卜辞は資料として決して多くはないが、殷代の月初が新月を以て始めたことを立証する有力な資料とみることができる。いまこの月初の解釈を正しいとすると、佚存三九九に記録された資料は、必ずしも董氏がいうように非歳末閏を立証するものとみるわけにはゆかない。『殷暦譜』閏譜には、もちろんこの一例の外に非歳末閏を立証する資料を挙げているが、しかしそれらは何れも多くの卜辞資料を組合せて得られたものであり、佚存三九九のような直接的資料とは成りにくいものである。従って決定的な資料とは考えられない。ともかく以上述べてきたところにより、筆者は殷代の暦法では月初を新月にとっていたことを立証し得たと考え、この見解からみて新派の場合にも非歳末閏の存在は認め難いと考える。新旧によって置閏法が機械的に交替するというのはあまりに形式的な観念論であって、むしろ殷代を通じて同一の置閏法が存在し、それが西周の時代にそのまま引継がれたと考えたい。

三　生覇死覇について

西周金文のいくつかに十三月という記載があり、これに反し別に閏月の記載が全くないことは、西周時代にも歳末閏が行われたことを立証するものと思われる。上述したところによって殷代には新月を以て月初としたと思われるが、歳末閏と共にこうした月初も西周のころにそのまゝ行われていたのではなかろうか。西周の金文には生覇とか死覇とか明かに月相を示す言葉がしばしば使用されていて、日をしるすのに月相に深い注意を払っているのであるから、当然月初として新月が採用されたのではなかろうかと考える。ところで月相をしるす生覇死覇に対する筆者の見解を述べてみたい。

生覇死覇に関する王国維の論文は極めて独創的なものであって、彼のすぐれた頭脳を示す好個の論文である。彼は西周の金文に月相を示すと思われる言葉として初吉、既生覇、既望、既死覇の四種類のみが使われていることに着目し、これが一月を四分した日数を示すものと考えた。ところで一月は二十九日もしくは三十日であるから、何れも四で割り切れず、また月の大小によって分割は異なる。王国維は月の第一日を朔であると考えて疑わなかったが、彼による四分月法は次のようである。

初吉　一日（朔）——七もしくは八日
既生覇　八、九日——十四、五日
既望　十五、六日——二十二、三日
既死覇　二十三、四日——晦日

この分割では一区分が一定の日数になっておらず、七日もしくは八日となる。この王説を採用し、さらに月初を新月とする修正を加えたのが新城博士であって、博士による修正案によれば、朔日を第一日と数えた場合に、

	初吉	既生覇	既望	既死覇
大月を承けて	2—8	9—15	16—22	23—2
小月を承けて	3—9	10—16	17—23	24—1

のような区分が考えられた[15]。この案では初吉、既生覇、既望は何れも七日であるが、既死覇は八日もしくは九日となる。新城博士のように新月を月初とする場合には、単に一月を三十日と二十九日に採るだけでは不十分であることは上述したところであり、この点からも新城博士の修正案は正しくない。しかしこの点は一応不問に附して、何故このような四分月法が考えられたかについて考えよう。王国維はこの点に触れていないが、新城博士は「思ふに初吉、既

生覇、既望、既死覇の四分月法は、後に西洋方面にて発達したる週法の原始的なものであり、周初に周の民族によりて輸入されたものであらうと思はれる[16]」と述べ、四分月法について西方の週法との関係を暗示している点が注意される。恐らく王国維も週法に暗示を受けて四分月法説を唱えたものと思われる。しかしもし四分月法が週法と関係があるか、或は同じような原理によって生れたものとすれば、一区間が一定の七日とならず、或は八日九日になることに大きな問題がある。殷代に三分月法に結びつく旬法が使われているが、これはいつも十日となっていて、発生的には一月の長さと関係があったにしても、実用上では旬は月に関わりなく一定の日数でくりかえされる。十日という一定した日数であることに、旬が一つのサイクルとして実用される理由がある。宗教的な儀式を行うとか或は市場を開くとかの目的のために、七日とか十日とか比較的短時日でくりかえされる間隔が要求されるのであって、この場合に日数が時によって不定というのではほとんど意味がない。

ここで週日の起原について少しく述べておこう。この問題について従来の説の主要なものを述べよう。まず年代学者として著名なギンツェルの説では[17]、週日は小アジア地方に発生したものであり、七を神秘的な数と考える思想と結びついていると言っているが、また同時に太陰月の長さに関係を持つことを肯定してニールセンの説を引用する。ニールセンによると朔を含む前後三日間は月が見えない時であり、バビロンではこの三日間は特別に取扱われた。ところで二個月をひとまとめに考えると、その日数は五十九日であり、これから特別な三日を差引くと五十六日となり、これを八で割って週日のサイクル七日を得る。ここで二個月をひとまとめに考えることは、現在のアラビア暦の月名に Safer I, Safer II, などとして残っていると言う。ギンツェルは七という神秘数に基づく週日の起原を考えながらも、ニールセンの論文を引いて、週日が太陰月の日数に結びついている事実を否定していない。また『古代オリエント精神文化』を書いたエレミアスによると[18]、小アジアにはもともと五日の週が行われ、後に新しい七日の週日が使われたが、この場合に毎月の七、十四、二十一、二十八日及び十九日（7×7－30）が悪日と呼ばれたという。この原始的な週日では月毎に一応断絶しており、後になって連続的な週日に変化したと考えられる。またイタリアの天文学者スキアパレリの書いた「旧約の天文学」[19]には最も初期における週の形式は「月の初め（新月）から順次に七日、十四日、二十一日、二十八日と数え、最後の一日か二日はそのまま終りに残され、次の月には全く同じ勘定が新しく始められた。月の位相と結びついている此の週の形式が古くバビロニアで用いられた事は、現在大英博物館に保存されているバビロニア暦のある部分にも見られる。この貴重な記録は遺憾ながら一月しか含んでいないが、その中には祭典や犠牲の祝われる事や王のそれに加わるべき事が示されている。月の第七日、第十四日、第二十一日、第二十八日は『運の悪い日』と註され、その側にはその日にしてはならない色々な事が記されている」という。しかもこの記録は西暦前七世紀のアッシュルバニパール王の時のもので、バビロンにおいても週日の起原はあまり古くまで溯れない。

いまこれらの諸説を検討してみると、月の四分月法と西方の週法とを結びつけることは、時代的にみて簡単に肯定できない。それにしても四分月法が何か西方の週法と相似た理由によって中国に発生したとしても、

一、それぞれの区分が七という一定数でないこと

二、四つの区分を何故に特殊な名称で呼ぶ必要があったか

という点が解明されねばならないし、殊に第一の点は王国維の説、従ってまたそれを引継いだ新城博士の説にとって容易に越え難い難点である。

『殷暦譜』の著者董作賓氏も生覇死覇について興味ある論文を書いた。[20]董氏は王説乃至新城説を否定し、『漢書』律暦志にみえた劉歆の説に近い解釈をとり、初吉以下の名称はあるまとまった日数を含むものでなく、それぞれ特定の日附を示すものとした。上にも述べたように董氏は月の第一日を朔として、次のような日附を結びつけた。

既死覇、初吉、（朔）　初一日

（旁死覇、載生覇、朏）　初二、三日

既生霸、（望）　　　　十五日

既望、（旁生霸）　　　十六、七、八日

ここで括弧に入れた朔、旁死霸その他は金文に見えないものであって、時代的に成立の不確実な尚書その他に見える言葉であって、一応これらは別個に取扱う必要があると思われる。董氏によると朔を初吉、既死霸と両様に呼ぶことは、銅器の製作者がちがえば用語も異なってくるからであり、また金文を時代的に分けると西周の早期は既死霸が多く使用され、晩期から東周にかけては初吉が多く使われることを指摘している。

以上述べた董氏の説は劉歆説を修正したものである。もちろん劉歆は生霸死霸について最も古い解釈を伝えている学者であるから、これをまず考慮に入れることは正しい。しかし董氏の説にはかなり理論的に矛盾が含まれている。董氏は初吉、既死霸等の語が月の位相に結びついたものであることを認めながらも、時にはいくぶん月の位相と離れて制定暦の日附けに結びつける解釈を並存している。現在望と言えば十五日或は十六日（場合によっては十七日）となるにも拘らず、董氏はこれを制定暦の十五日に固定している。これに反し現在では望の翌日として一義的にきまっている既望が十六、十七、十八日となっている。このように董氏の立場には全く一貫性が欠けており、信頼するに足りない。もちろん董氏はいろいろと金文資料によって自説の正しいことを立証しているが、金文自体の絶対年代が予め決定されてないのであるから、こうした論証からは何も確定的なものは生れるはずがない。金文には制定暦において最も重要な朔及び望の語が出ていないことは極めて不可解なことであり、また何故に既生霸、既死霸という変った言葉が使われたかも問題であるし、こうした疑問を含めて同時に解決しなければ、この問題はいつまでも氷解しないであろう。

筆者はここで董氏の解釈が成立しないという、直接的な一資料を掲げておこう。それは史頌毀及び頌鼎であって、これには次のような年月日が記録されている。

史頌段　　隹三年五月丁巳(54)
頌　鼎　　隹三年五月既死覇甲戌(11)

この二つの銘文は共に頌或は史頌に関係したもので、このほかにも頌に関係した数個の銅器が知られている。これらは何れも同一人物に関係した銅器と思われるもので、しかも上記の二銘文には同年同月の干支があり、もしこれが同じ帝王の下に作られたものとすれば、暦法研究上正に稀有の資料と言える。ところで従来の研究者、例えば郭沫若氏はこれらを恭王、呉其昌氏はさらに後の宣王に当てており(21)、銅器が作られた世代について見解を異にしているが、しかし二器が同じ王の三年五月に作られたことには異論はない。銘文からみてこの二人の学者の見解は正しいと思われるが、いまこの銘文が同じく三年五月に作られたとした時に、二つの干支からみて既死覇を朔とする董氏の解釈が全く成立しないことは明かである。従って董氏は一方の頌鼎を懿王に当て、史頌鼎は干支からみて同年に所属しないことを注意するに留めているが(22)、これは不確実な解釈のために確実な金文資料を歪めたものであって、董氏の態度を肯定することができない。

ところで前記二銘文が同じ年月に作られたものとする場合に、王国維の解釈では矛盾なく干支が解決される。このことは既に郭沫若氏が説いているところである。しかしすでに王説の成立しないことを述べた以上、この二銘文の干支を矛盾なく解釈するため、生覇死覇に対する別個の説が考えられなくてはならない。金文に見えた月相を示す用語の解釈にあたって、次の二点を特に注意しなければならぬ。

一、後世の制定暦で最も重要な朔及び望の語がないこと

二、金文には初吉、既死覇、既生覇、既望の四種類しかあらわれないが、この中既死覇、既生覇はごく特殊な用語で西周末から東周を通じて使われなくなり、この点において初吉、既望とはいくぶん性質を異にすると思われること

である。こうした事実を念頭において新しい解釈を試みるとき、最も重要な参考となるのはインドの古暦法に関するギンツェルの記述である(23)。すなわちそれによるとリグヴェダの中に、月の位相を示す四つの言葉があり、その二つは新月と満月の神を言い表わす sinîvalî 及び anumati であり、他の二つの神は râkâ 及び kuhu で、前者は新月から満月までの月光増大の状態を指し、後者は満月以後の月光減少の状態を指す言葉である。新月及び満月をそれぞれ特殊な言葉で呼ぶことは他の民族にも例が多いが、太陰月を半分ずつに分けることはかなり珍らしい。しかしギンツェルが指摘しているところでは、この方法はインドのみならず若干のアジア民族において重要な役割を果たしていると述べられている。さらに新月から満月に至る前半月は śukla paksha、満月以後の後半月は krishna paksha とも呼ばれると述べている。漢訳仏典や三蔵法師の旅行記にインドの暦法を書いて白半月及び黒半月の名を挙げているのは、正に上記サンスクリットの意訳と解することができよう。

ここで筆者は当面の問題に戻ろうと思う。既生霸、既死霸などの語が西周の一時期に行われて滅んだことは、一見こうした言葉が外国から移入されたことを思わせるものであり、もしこの想像がいくぶんの正しさを持つとすれば、インド及びその周辺で古くから使用された月の二分説に関係ある用語と解することも許されるであろう。殊に上のサンスクリット語に見える paksha の語があまりにも霸の音に似ているではないか。しかしサンスクリットについても、また言語学の知識にも暗い筆者が、これらのことから確定的な結論を主張するのは差控えるが、しかし王説及び董氏の説に多くの難点がある以上、筆者の見解は最も可能性のあるものと言うことができよう。すでに既生霸及び既死霸に対する筆者の見解が上の如きものであれば、当然の結論として新月或は満月の代りに初吉及び既望の語が使用されたものと思う。後世には満月は望でありその翌日を既望と呼ぶのであるが、既生霸または既死霸の用例と同じく既字は完全にある状態になったことを示す「強め」の意味を持った言葉であったと思われる。

なお上記のような既死霸の解釈によって、さきに述べた史頌殷及び頌鼎の銘文を同じ年月のものとして矛盾なく説明できることは言うまでもない。

余論

以上簡単に述べてきたところは、殷周天文学の根本問題にふれるもので、しかも筆者は極めて大胆に新しい見解をおし進めてきた。資料的な面や中国以外の古代天文学の面で筆者の知識が欠けていて、そのために思わぬ誤解がないとは言えないが、筆者の見込みはだいたいにおいて誤りないことを信じている。筆者は殷代はもちろん、西周時代にかけての層法は制定暦の段階に到っていないと考えるもので、上述したところによって次の諸点を明かにした。

一、殷代のすべてを通じ歳末閏が行われた。従って二十四節気は成立しておらず、無中置閏法も無節置閏法もなかった。

二、月初は朔より始めず、新月の観測を以て月の第一日とした。

この二点は周代にも受継がれたと思われる。さらに周代金文に見える月相を示す語に対しては、

三、周代には一太陰月を二分し、前半月を既生覇、後半月を既死覇と呼び、初吉及び既望を以て月初（新月）と満月をあらわした。

という解釈を最も可能性のある説として提案した。要するに筆者の見解は殷代はもちろん、周代のある時期までは制定暦への過程時代であって、従って多分に観象授時的な要素を残していたと考えるのである。堯典にみえた四中星の記事の如きも、単に形式的な記述ではなく、簡単な方法として中星によって季節を知る必要のあった古代中国の現実を反映したものとみるべきであって、たとえ堯典そのものの成立は新しくても、その中に盛られた内容は西周或はそ

れ以前にも溯る伝承によったものと考えるべきであろう。
ところで置閏法は歳末閏から非歳末閏に進展して行くわけであるが、この場合に二十四節気の成立が考えられねばならぬ。なおその場合にも董氏の言う無節置閏法の存在は極めて無理な提案であって、やはり無中置閏法を考えるべきであろう。こうした置閏法の大きな変換は、現在のところ春秋時代の初期までしか溯ることができないであろう。また月初を朔とすることもほぼ同じころに行われたのではないかと思う。論語の中に「告朔之餼羊」の語があるが、これは月初を新月としていた時代の名残りを示す言葉ではないかと考えている。[24] 新月を観測して月初とした古代には、恐らくこの新月に犠牲を捧げたことであろう。ところが朔を以て月初とする時代になると、月初にこうした犠牲を捧げる意義は全く失われてしまう。孔子の時代には古代の慣習に従って朔日に犠牲を捧げる儀式だけは残っていたが、もはやその意義は失われてしまって、犠牲の廃止が問題になったのであろう。このように考えると孔子以前一世紀あるいは二世紀の昔において、月初を新月から朔に改めるような大きな変革の時期があったと思われる。こうして置閏法と月初は、春秋時代初期に起ったと推定される天文学の大きな変革に伴って、後世の暦法にみられるものに変って行ったものと考えたいのである。
度々述べたように筆者の研究はなお修正を要すべき点が多いのであるが、ひとまず現在の見解を述べて董作賓、厳一萍の両氏に答えたい。なお伊藤道治氏より有益な示教を受けたことを感謝する。

この小論は文部省科学研究費によって行われた研究結果である。

註

（1）これは東方学報京都第二十一冊に載せた小論「殷代の暦法―董作賓氏の論文について」（本巻収録）の批評である。
（2）B. Kargren : Some weapons and tools of the Y'in Dynasty, *BMFEA*. No. 17, p. 118, 1945.

(3) H. H. Dubś: A canon of lunar eclipses for Anyang and China, −1400 to −1000, *HJAS*, X1 62–178 1947

(4) H. H. Dubs: The date of the Shang period, *TP*. XV 322–335, 1951.

(5) 陳夢家「西周年代考」(一九四四年)及び「商殷興夏周的年代問題」(『歴史研究』、一九五五年)を見よ。なお陳氏の断代研究には「甲骨断代学」甲篇(『燕京学報』、第四十期、一九五一年)がある。

(6) 董作賓「西周年暦譜」(『歴史語原研究所集刊』、第二三本下冊、六八一—七六〇、一九五二年)に周初の年代に関する諸家の説を詳しく検討しており、この中にカールグレン、陳夢家のほか、新城博士、丁山など、董氏と異なった見解を持つ人々の採用した年代を表記している。

(7) この用語はもちろん適切でない。中国における後世の暦法及び日本の旧暦における置閏法を指すもので、閏月は歳末に限らないが、歳末に来る場合も起り得る。

(8) もちろん董氏は至日の存在を卜辞中に見出しているが、至字の解釈に対し唐蘭氏は至日と考えていない。しかし饒宗頤「殷暦之新資料」(『大陸雑誌』、九巻、二〇三、一九五四年)にも至日の存在を卜辞中から立証している。殷代の天文学が至日(場合によっては春秋の二分)の知識を持つ程度に進歩していたことは筆者も認めるが、しかし直ちに二十四節気の成立を仮定するのは無理である。

(9) O. Neugebauer: The "Metonic Cycle" in Babylonian Astronomy (*Studies and Essays in the History of Science and Learning in honor of G. Sarton*, 433–448, 1944)

(10) 太陽の位置観測によって閏月の場所を決定するのは、中国における定気法に似ている。中国では長く恒気による置閏法を使っていたが、やっと清朝になって定気法を使用した。定気法は太陽の位置によって置閏を決定するが、しかしこれだけでは一義的に置閏がきまらないため、無中置閏法に修正が加えられた。藪内「西洋天文学の東漸」(『東方学報京都』第十五冊、一五三頁註①、一九四六)参照。

(11) この場合には一日の始めは日没から始められるのが普通である。

(12) バビロンの古暦法も新月を月初としていたらしい。ねず・まさし訳『文明の起原』下(岩波新書)一八〇頁には「ハムラビ王の手紙(西紀前二〇〇〇年ごろ)において、われわれは新月の出現を観測する任務の役人の報告をよむ。新しい一ヵ月は、役人が月の再現を王に報告した時にはじめて、公式にはじまった」と見える。

(13) しかし真朔の日にも新月が見えることは稀有でない。小川清彦氏が曾て注意された唐書天文志の儀鳳二年正月甲子朔、月見西方の記事は、月齢僅か十三時間で新月が見えた珍らしい例である。しかし通例は真朔の翌日または翌々日に見える。

(14) 但し以下の資料に関する島教授の見解は筆者と異なっている。

(15) 新城新蔵「周初の年代」(『東洋天文学史研究』、六二頁、一九二八年)

(16) 上掲書六一頁。

(17) F. K. Ginzel: *Handbuch der Chronologie*, Bd. 1. 242, 1906.

(18) A. Jeremias: *Handbuch der altorientalischen* Geistkultur, 162, 1913.

(19) 森川光郎訳『旧約の天文学』一八五頁、一九三九年刊。

(20) この問題について董氏はいくつかの論文を書いている。すなわち「四分一月説弁正」(『華西大学中国文史研究所輯刊』、一九四一)「金文中生覇死覇考」(『傅故校長斯年先生紀念論文集』、一九五二)及び『西周年暦譜』などである。

(21) 郭沫若の説は『両周金文辞大系』六三、六四頁にあり、呉其昌の説は『金文暦朔疏証』巻五に見える。

(22) 上掲『西周年暦譜』七二六頁参照

(23) ギンツェル上掲書三一一—三一七頁参照

(24) 論語鄭註には礼人君毎月告朔於廟有祭とある。なおこれに関し、Dubs: The Date of Confusius' Birth, *Asia Major* N. S. 1. P. 140. において朔を月初とするのは西暦前六〇〇年頃であると述べているようだが、この論文は未見である。

(『東洋史研究』一五—三、一九五六)

解題

宮島一彦

第一巻『定本　中国の天文暦法』解題

著者は暦法こそが中国天文学の本質であり、政治イデオロギーと結びついて重要な意味をもつことを『隋唐暦法史の研究』において指摘したが、その観点で扱いを秦漢から清朝まで広げ、更にいくつかのトピックスを盛り込んだ集大成が『中国の天文暦法』(平凡社、一九六九：増補改訂版、一九九〇)であり、この書の刊行によって六九年の朝日文化賞を受賞した。本書所収の他の二編の論文は、殷の暦法についてそれよりいくぶん詳しく論じたものである。

1　『中国の天文暦法』

著者の多岐にわたる研究対象のなかでも、中心をなすものは中国の暦法である。本書の初版出版は一九六九年で、著者が京大人文科学研究所を定年退官するにあたり、自らの記念出版としたものである。

著者が過去に発表したが既刊の単行本に収録されなかった論文が主体で、体系的なものとするため、新たに書き加えられたものや、単行本から抄録したものも含まれる。収録された論文にも、省略して要点のみにとどめたものがある。原論文は本書の注(1)〜(12)に示されている。抄録された原論文や単行本は本著作集の別の巻に収録されているので、参照されたい。単行本に関しては、現在も比較的容易に入手できるものは収録されていない。なお、その後の研究で進展があったり内容に変化が生じたものは、それに応じて加筆修正されているので、原著を読む際には注意が必要である。

一九九〇年に出た増補改訂版のあとがきには、一九七五年に初版の第三刷りを刊行し、誤記誤植をかなり訂正したが、なお不完全な点が残り、また、その後いくつかの優れた論文が発表されているので、本来、全体を書き直したいが、それには新たな研究が必要であるし、出版社の事情もあるので、増補改訂版とするにとどめた、とある。「あとがき」の前に「補遺」が加えられた。

著者は著書や論文別刷りの各々一つを訂正用として手許に置き、気付いたことや、指摘を受けた誤り等について書き込みをしていた。本書についても初版本に書き込みをしたものが残っているが、増補改訂版と比較すると、右記の理由で、それらが反映されていないものも多い。本著作集では著者の判断で変更しなかったと思われるものを除き、これらの訂正や書き込み分を反映させて「定本」の語を冠することにした。また、写真のいくつかを新しいものに差し替え、校正段階で見つかった図や数値、ローマ字記号やつづりの誤りと思われるものも、筆者の責任において訂正した。

なお、二〇一七年に杜石然氏によって本書の中国語訳が出版された。これは増補改訂版に基づいている。

1-1　序文および序論

序文では、中国の天文学の特質について、簡潔に総論を述べている。

現代科学はインターナショナルなもので、国家や国民によって――もちろん分野による発達の程度は国によって違うが――それぞれに独特な特質を持つことはなく、その成果はすべての国において共有される。しかし近代より前の科学はそうではなかった。自然界の事物現象に対して、それぞれの国家や民族によって、それぞれに異なる探求や理解の仕方があり、それぞれ異なる社会や政治・思想や宗教とのかかわり方があった。中国の場合も然りで、政治イデオロギーとのかかわりから、天文学が政治の一翼を担い、暦算天文学が官僚またはその予備群、あるいはその経験者によって研究されてきた。この天文学の伝統的パターンは漢代に確立され、古代から国立天文台が設けられ、国家公務員の天文学者が営々と断絶することなく、暦計算のシステムを発展させ、天体観測を積み重ねてきたことは世界に類例を見ない。半面、このことは進歩を緩慢なものとし、一四、五世紀までの中国の科学技術は西洋にまさって、世界トップクラスであったにもかかわらず、その後は西洋科学に凌駕され、ついに中国では近代天文学、ひいては近代科学は生まれなかった。著者の表現から逸脱したが、これが序文の趣旨である。

序論は、右の序文より具体的に中国の天文暦法の特質を総括する。

天文現象の中には正確な周期をもって循環するものがある。人々の生活を強く規定するものは早くから認識され、それらに関する知識が体系化された。科学の諸分野でも、天文学は多くの古代文明で最も早く成立した――すなわち体系化された――ものの一つといえる。古代の天文学の暦算・占星・宇宙論という主な三つのジャンルのうち、中国では特に暦法と占星がよく発達した。これが政治を最優先する中国文明の特質に起因することは、本書や『中国文明の形成』（本著作集に収録せず。岩波書店、一九七四、二〇〇二）において指摘される。中国の宇宙構造論については序論の注(4)において「ほとんど進展がなく、本書では全く触れなかった」と、先輩の能田忠亮の研究（『中国天文学史論叢』恒星社厚生閣、一九四三、一九八九）を参考文献として挙げている。著者自身の文としては、本著作集第六巻所収の「中国の宇宙構造論」（『中国天文学・数学集』朝日出版社、一九八〇）、『中国の天文学』（恒星社恒星閣、一九四九）がある。

占星術もインド系の宿曜占星術関係以外はほとんど扱わないが、宿曜占星術や西洋ホロスコープ占星術と違い、中国の占星術は全星座を占いの対象としているし、日月五惑星の運動や、座標系の問題にもかかわっているので、星座についてはある程度扱われている。中国の星座と占星術の起源についても『中国文明の形成』を参照されたい。

昔の中国においては、天文とはほぼ、今でいう占星術のことで、本書のタイトル『中国の天文暦法』の天文はその意味と現代の天文学を兼ねた意味で使われている。本書では暦法史のほうが詳しく論じられている。

昼夜の交代、月の満ち欠け、季節の循環は生活に特にかかわりの深い周期的現象であり、それらを時間の長さを表現する単位として組み合わせたものが暦である。しかし、この三者の長さは互いに整数比をなさない。それらの組み合わせかたにより、暦は太陰暦・太陰太陽暦・太陽暦の三つのタイプに分かれる。

太陰暦は月の満ち欠けの周期である朔望月（現代の精密値は約 29.530589 日）にしたがう。たとえば朔の日をついたちとすれば、一か月は二九または三〇日となる。一二か月を暦の一年とするが、これは三五四日前後にしかならない。いっぽう季節の循環周期すなわち太陽年は約 365.2422 日（現代の精密値）で、両者に約一一日の差があるため、日付と月の満ち欠けの関係はほぼ同じに保たれるが、月日と季節の関係は年とともにずれてゆく。

この差は約三年で太陰暦の一か月分に達するので、ときどき一年の月数が一か月多い一三か月の閏年を設けてずれを修正し、月つまり太陰の朔望周期に準拠しつつ、太陽による季節の循環をも尊重する暦を、太陰太陽暦という。追加された一か月を閏月と呼ぶ。中国では殷代から清朝滅亡まで、この太陰太陽暦が使われた。

閏月の挿入は、初めは経験的に適宜行われたが、しだいに一九年に七回置かれるようになる。二三五朔望月がほぼ一九太陽年と等しいからで、一九年七閏法あるいは章法と呼ばれるが、この周期は古代ギリシアでもメトン周期として知られていた。しかし、ノイゲバウアーによれば、バビロンではギリシアより半世紀も前からこの置閏法が行われていた。著者の師・新城新蔵によれば中国では、前六世紀ごろに確立したと推定される。置閏法（閏年・閏月をいつ挿入するかの方法）に関する詳しい解説と議論とは本書第三部に扱われている。

このほか董作賓の殷代の暦の研究に対する批判や、インド・バビロン・ギリシアとの類似を指摘する。これらはあらためて第三部で扱われるが、前者については詳しくは本巻収録の二つの論文を参照されたい。天体や天文現象の場合は、世界のどこからも同じものを観察していることが多いので、方法や解釈の単なる見かけ上の類似は、独立に同じレベルや内容に到達した可能性もある。それゆえ後者については、ノイゲバウアーの「数学や天文学のような精密科学の場合に（具体的な）数値や計算法の類似から明確な立証が可能である」との主張を引き、東西交流・文化の伝播を示唆しながらも、断定は避け、慎重な姿勢をとっている。

殷から清に至る三〇〇〇年以上の間、同じく太陰太陽暦を用いながら、改暦とは何を改めたのか。それは、例えば天文定数、すなわち一太陽年とか一朔望月などの数値の精密化、また、それらの定数を組み合わせての、冬至の日時、朔の日時、等々の計算法の改善である。新しい天文現象が発見されると、その知識をもこの計算システムに組み込み、繰り返し改暦が行われた。

中国科学技術史研究において著者と並び称されるニーダムは、大著『中国の科学と文明』の中で、「編暦の全歴史は、調和できないものを調和させようとする果てしない歴史であり、そのために、無数の閏月のシステムといったものは、科学的興味に乏しいものである」と書いた（邦訳第五巻「天の科学」思索社、一九七六）が、むしろここにこそ中国天文学の真髄があることを著者は指摘した。

1-2　第一部　中国の天文暦法

第一部は漢代の暦法の話から始まる。それに先立つ殷周・春秋戦国・秦の暦法については第三部および補遺、さらに、本巻所収の他の二編の論文で扱われる。

中国文化の伝統的パターンは漢代に定まり、天文学もその例に漏れないという指摘は重要である。天命を受けた支配者である天子は天の徳を理解し、天の意に添った善政を行わねばならない。天の徳は日月五惑星の整然たる運行とそれによってもたらされる規則正しい季節の循環や月の満ち欠けや昼夜の交代に現れており、それらが規則正しく繰り返すことによって安定した食糧生産も確保できる。天体の運行法則をよく把握して、正確な暦法を制定することは、天の意に沿った善政であり、天の徳を把握している証であり、だからこそ天から民の支配を委託されたのである。観象授時――天文現象を観察し民に食糧生産の時機を教えること――は天子の義務であった。

天子が天の意に背いて悪政を行えば、天は天変地異を起こしてイエローカードを突きつける。それでも天子の行いが更まらなければ、レッドカードが出て、その王朝は滅び、新しい王朝が成立する。天命が革まる、すなわち革命である。中国における天変占星術はここから始まり、別の形へも発展していった。

新たに天命を受ければ、服色（正式の服の色）を易え、正朔（正は正月、朔はついたち。合わせて暦法の意）を改めるなど、制度全般を変える、受命改制が行われた。暦法はその王朝のシンボルとなり、周辺民族が中国の正朔を奉じる（用いる）ことは、中国に服従することを意味した。

新しい王朝は滅んだ王朝より優れた暦を制定せねばならない。秦から支配を引き継いだ前漢においては、武帝の代に至ってようやくその条件が整い、機運が高まって、漢を五行の火徳とし、服色はそれに基づいて赤と定まった。そして、全国から有能な天文学者が集められ改暦事業が始まった。

先立つ秦の暦は顓頊暦と呼ばれる。戦国時代には国によって異なる暦が使われたと考えられ、この顓頊暦を含めて少なくとも六つの暦の名が伝えられている。これらはいずれも、一太陽年の長さを$365\frac{1}{4}$日とし、一九太陽年＝二三五朔望月の関係が成り立つと考えたから、一朔望月を$29\frac{499}{940}$日とするものであったと推定される。一太陽年の長さの端数が四分の一であることから、広い意味で四分暦と呼ばれる。秦が天下を統一した時にも受命改制の考えから服色は黒とされ、年初の月は改められたが、改暦は行われなかった。

顓頊暦については近年の考古学的発掘により、ある程度のことが明らかになってきている。本書補遺を参照されたい。一太陽年の正確な値と、四分暦の採用値との差は僅か一一分一四秒に過ぎない。しかるに太初暦では一太陽年を$365\frac{385}{1539}$日、一朔望月を$29\frac{43}{81}$日とする。このような数字の根拠は八一という数が度量衡の制度と関係づけられたことにある。現在の精密値と比べると四分暦より僅かに悪い。その程度の違いは当時の観測精度では認識できず、実際の朔と暦のついたちとにずれがあれば暦日を全体に前後させれば済むことであるが、少なくとも分数の桁が大きく、計算が煩雑になる。問題が紛糾し、猛烈な反対があったにもかかわらず、このような天文定数が採用され、改暦に至ったのは、受命改制の政治イデオロギーが優先されたからであり、太初と改元され、新暦の採用が決定されて、翌年から施行された。しかし浸透するまでにかなりの年数を要した。

前漢末に劉歆が撰した三統暦と太初暦との関係を、同じであるとする文献も、別であるとする文献もある。新城は、太初暦は太陽と月との関係及び月日の配当を扱っただけで、三統暦はそれに惑星現象の計算を補ったものと推定し、著者も同じ立場で、本著作集第二巻収録の、著者と能田との共著『漢書律暦志の研究』の中で詳しく論じている。中国の暦はこの三統暦によって、単なるカレンダーでなく、現代の天体暦、あるいは天体位置表のような体裁を備えるに至った。また、上述のように太初暦において既に朔望月の分母が度量衡の制度と結び付けられたが、劉歆は天文定数を度量衡や音律の理論と結び付けた。暦法を記録した『漢書』の巻が「律暦志」と題されるのはそのためである。これは現代科学から見れば意味を持たないが、当時はむしろ、その故に高く評価された。古代ギリシアにも、自然界の事物現象を数的関係でとらえるピュタゴラス学派があったが、中国のこの考え方もそれと通じる、いわば数的世界観といえる。世界を観るのに、機械論的宇宙観だけが唯一の観方ではなかった。

前漢における、精度や計算の便よりも政治イデオロギーを優先した改暦は後々に火種を残した。後漢は王莽の簒奪から漢が復活しただけだから、改暦は不要のはずであるが、四分暦への改暦が行われた。これは右記のようないきさつがあったうえに、太初暦が天文現象と合わなくなってきたことに主な理由があるが、前漢末に起こった、緯書によって未来を予知する讖緯思想の流行も影響した。

本書においてはこのように、編暦という天文学的な営みが、政治や思想の影響を受けてきたことを明らかにしており、この姿勢はすでに『隋唐暦法史の研究』（本著作集第二巻所収）にみられる。科学の歴史はその学説の変遷や進歩を研究するだけでなく、思想との関係（科学の思想史）や社会との関係（社会史）にも目を向けなければ、真の姿を明らかにすることはできない。天文学もまたしかりである。

前漢代に耿寿昌により月の天における運動の不等速（月行遅疾）が発見されただけでなく、後漢の賈逵はこの原因を月道に遠近があるためとし、その場所が年々移動して約九年で元の場所に戻ることを指摘した。現在のいわゆる近地点移動である。これらはヘレニズム時代にギリシアのヒッパルコスが、前二世紀半ばに発見している。

月行遅疾を考慮して朔望の日時を求める計算法は後漢の劉洪が作った乾象暦に記されたが、この暦は後漢では採用されず、三国時代の呉で用いられた（月行遅疾は暦日には反映されず）。漢にかわった魏では景初暦が採用されたが、漢の継承・復興を標榜した蜀では、後漢と同じ四分暦が用いられた。

なお、あまり論じられないテーマとして後漢の時法（時刻制度）を扱っている。

『星経』には撰者とされる人物の異なる種々のものがあって、現在まで伝えられるものもあれば、散逸して諸書に断片が引用されるにすぎないものもある。『石氏星経』は戦国時代の魏の石申撰とされる天文書で、これも佚書である。唐・瞿曇悉達の撰した『大唐開元占経』には同書からの引用が多数あるが、その中に、一一〇余の恒星の天球座標の観測データが含まれる。これらの観測年代について、上田穣は前三六〇年頃と後二〇〇年頃の二群に分かれるという結論を導いた。西方世界で現存するもっとも古い星表はヒッパルコスのもので、約一〇〇〇個の星を星座別に配列して、明るさ（等級）・黄道座標が与えられており、前二世紀の観測と考えられる。もっともそのままの形では伝えられておらず、ローマ時代のギリシア人天文学者プトレマイオスの『アルマゲスト』に、星の座標に歳差を補正したものが収録されている。上田の推定が正しければ、『石氏星経』のデータの一部はヒッパルコスの観測より古いことになる。しかし著者はこの結論に疑問を持って再検討し、前七〇年頃、すなわち前漢の単一の時期の観測として解釈できることを示すとともに、著者が極黄緯・極黄経と呼ぶ特殊な座標値が与えられていることも示した。前者はのちに、前山保勝の研究により裏付けられた。また、後者と同様の座標系は古代インド（中国より新しい）やヒッパルコスの観測にも見られることを指摘している。さらに、このような座標の測定は渾天儀の存在が必須であり、太初改暦の時以降中国で渾天儀が使われるようになったことと符合するとした。徐振韜のように渾天儀の使用はそれ以前にさかのぼると、異を唱える研究者もいるが、著者の見解は妥当と思われる。これは著者の研究の中でも初期の、しかも重要な成果で、『東方学報』京都第八冊（一九三七）に「唐開元占経中の星経」として発表したが、著者はこれを予報的研究であるとして、本書で改めて詳しく論じている。

前漢時代に用いられた渾天儀は簡単な構造であり、それに先んじてヒッパルコスもそれと同程度のアーミラリー・スフェアを使用している。この辺にも西方からの天文学の伝播をうかがわせるものがあることを著者も示唆している。

南北朝時代には、異民族（漢民族から見れば）の支配した北朝でも中国の伝統に従って暦法が重視されたが、南朝と違い、受命改制という儒家的イデオロギーによる改暦の考えが薄まり、同一の王朝で複数の改暦が行われた。南朝・宋の何承天の月行遅疾を考慮して各月の大小を決める案は実現しなかったが、その元嘉暦は善暦と評価される。古代百済や日本でも用いられた。また、破章法が北朝では北涼～北魏の趙𢾺（玄始暦）によって、南朝では宋の祖冲之の大明暦（施行は玄始暦より一〇〇年ほど遅い）によって導入されたこと、東晋の虞喜によって三〇〇年代前半に歳差が発見されたこと、北魏末～北斉の人・張子信が太陽運行の不等速（日行盈縮）を発見したことなどの注目すべき進歩があった。章法の一九太陽年＝二三五朔望月というのは近似式であって、厳密には成り立たない。この関係に縛られずに太陽年の長さと朔望月の長さを定めるのが破章法である。とはいえ、当時は一以下の端数は分数で表されたから、何らかの整数比関係は成り立っている。歳差は、天における赤道が太陽の経路である黄道に対し少しずつ位置を変えてゆくため、両者の交点である春分点と秋分点が、年々少しずつ西に移動し、季節の循環周期である一太陽年（太陽が冬至点から冬至点まで、あるいは春分点から春分点まで移動する日数）が太陽が真に天を一周する一恒星年より僅かに短くなる現象で、西方ではヒッパルコスが発見している。日行盈縮は太陽の周りを公転する地球の速度が近日点付近では速く、遠日点付近では遅くなるため、見かけ上太陽の運行に遅速が生じるもので、やはりヒッパルコスが発見している。中国での月行遅疾の発見がヒッパルコスにあまり遅れないのに、日行盈縮の発見は七〇〇年も遅いことを、著者は注(64)で「大きな疑問」と書いているが、月行遅疾に比べると周期が長く変化幅が小さいうえ、太陽の位置の観測は困難だから、むしろヒッパルコスの優秀さを評価すべきであろう。歳差の発見は五〇〇年ほど遅いが、この量も極めて小さい。

隋代には短い支配の間に二度の改暦があり、それなりの進歩があったが、官暦とならなかった劉焯の皇極暦は当時の専門家たちがその妙を称賛したもので、『隋書』律暦志に詳細が記されている。実施されなかった暦の詳細が正史に記録された稀有の例である。特徴は日行盈縮・月行遅疾・歳差を導入、計算に補間法を用いたことなどで、唐代の暦法に大きな影響を与えた。

隋唐の暦法については『隋唐暦法史の研究』に詳しい。正朔を改めることを国家の大事とする考えは南北朝以来やや薄れ、唐代には八〜九回に及ぶ改暦が行われた。この中で、李淳風の麟徳暦はのちには儀鳳暦と呼ばれ、新羅や日本でも用いられた。次の僧・一行による大衍暦は優秀な暦で、日行盈縮・月行遅疾を導入、日食に地域差を考慮、不等間隔補間法を使用するなどした。日本でも用いられた。ただし、大衍というのは易の用語であり、易数をもって暦法を説いている。これは三統暦に通じるもので、現代科学から見れば、いたずらに難解・複雑にしているだけである。

大衍暦の施行前、太史令（天文台長）瞿曇悉達が玄宗の勅命を奉じて九執暦の翻訳を行った。彼はインドの天文学者の家系で中国に帰化した人の子孫であり、九執暦もインドの天文学に基づくものである。これについても右記『隋唐暦法史の研究』に詳しい論考と英訳（後者は第七巻に収録）がある。また、第七巻収録の英語論文も参照されたい。

このように、唐代にはインドの天文学が伝えられ、また、元・明代にはイスラム天文学が伝えられたが、それらの影響は部分的なもので、中国天文学の本質を変えるに至らなかったと、著者は指摘する。確かに、古代ギリシア・ローマからヨーロッパ近世に至る天体運行計算には幾何学モデルが不可欠であった。中国の暦法の場合、すべてを数理計算や代数学的処理で行い、ほとんど幾何学モデルを用いない。これは西洋天文学の受容前までずっと維持される。

宋代は政争が顕著になったせいかいっそう頻繁な改暦が行われた。この時代は中国のルネッサンスともいうべく、市民文化が隆盛となり、科学技術の他の分野では興味深い進歩がみられるが、それとは裏腹に暦法では隋唐に比べて大した進歩がない。そのなかで、北宋の紀元暦と南宋の統天暦の一部の内容は、元の暦法に影響を与えた。また、沈括は『夢渓筆談』(月報I参照)の中で太陽暦について記している。

北宋皇祐年間の観測データと、南宋代に刻まれた石刻天文図とが残っていることは極めて貴重である。中国には西方とは全く別の星座体系があった。それらの星座の星が現在われわれの観る現行星座のどの星にあたるか、同定するのは簡単な事ではない。石刻天文図の星座でさえ、一部を除いて著しくデフォルメされている。著者は皇祐年間に観測された三八〇余の星の座標を、現代の観測値からさかのぼった精密値と比較して同定を行った。原論文「宋代の星宿」(『東方学報』京都第七冊、一九三六)の内容を本書に抄録している。著者の最初期の重要な業績である。この時の、距星以外の星まで含めた詳細な計算ノートが残っている。

北宋の『新儀象法要』所収の星図および南宋の淳祐石刻天文図に関する考察は『中国の天文学』(本著作集第三巻)にも含まれる。

南北朝時代の北朝同様、異民族である元の王朝でも暦法は重視され、太祖フビライの時に授時暦が編纂された。この暦は極めて優秀で、元朝一代を通じて行われただけでなく、マイナーチェンジを施しただけで、明を経て清朝初めまで用いられた。具体的内容は著者と中山茂による『授時暦——訳注と研究』(アイケイ・コーポレーション、二〇〇六。本著作集に収録せず)を、編纂の詳細ないきさつは山田慶児『授時暦の道』(みすず書房、一九八〇)を参照されたい。この改暦事業は、古今の暦理に明るい許衡、算法の妙を得た王恂、観測と機械の工夫に優れた郭守敬をはじめ、おもだったメンバーだけでも十人前後、多数のメンバーで組織された大プロジェクトであった。実務のトップ王恂は頒暦の翌年に四七歳で死去、まだ定稿が完成しておらず、ナンバー2の郭守敬がこれを完成させた（その間、日本や東南アジア遠征の大軍事行動が起された）ことから、この暦の撰者はしばしば郭守敬とされるが、授時暦の特徴は精密な観測に基づくとともに、高度な算法を駆使するところにあり、前者は郭守敬に負うが後者は王恂の貢献であって、撰者として「許衡は省略するとしても、…王恂の名を逸することはできない」と著者は強調する。授時暦では冬至の日時とその時の太陽の座標が正確に決定され、太陽年として365.2425（分母を一万に統一したから、実質上一〇進法）という現代のグレゴリオ暦と同じ値を求め（宋の統天暦も同じ）、計算に招差法（高度な補間法）、疑似球面三角法が用いられた。統天暦でいったん用いられた（歳実）消長法も導入された。（歳実）消長法は太陽年の長さが年月とともに変化するというものである。著者はこの現象が定性的には実在するものであることから高く評価するが、著者も認めるように授時暦の採用値は何桁も過大である。しかもその根拠は歴代の暦法の採用値が漸減していることにあるが、これはもともと出発点である四分暦の値が過大であったため、観測精度の向上とともに次第に真の値に近づいただけであり、評価は分かれよう。日本の渋川春海の貞享暦や、麻田剛立もこの考えを採用したが、いずれも何桁も過大である。元代にはイスラム天文学が伝わったが、観測器にその影響がみられるものの、暦法そのものには本質的な影響を与えなかった、というのが著者の見解である。

明は国号を定めた年から大統暦を頒行したが、内容は授時暦と変わらず、その後、消長法が廃された。授時暦の消長法は太陽年の長さを一〇〇年ごとに改めるものであり、元は一〇〇年に達せず中国支配を放棄したから、結局消長法は使われなかったに等しい。明末、宣教師たちが西洋天文学を伝え、徐光啓がアダム・シャール（湯若望）とともに『崇禎暦書』なる天文学の大百科全書を編纂し、西洋天文学に基づいて改暦しようとしたが、その前に明が滅んで実現しなかった。

満州族の建てた清が明を滅ぼし、中国は再び漢民族以外の民族が支配することになったが、やはり暦法は重視された。『崇禎暦書』は『西洋新法暦書』と名を変え、これに基づいて時憲暦が施行された。ここに中国で初めて西洋天文学に基づく暦法が施行されることになった。漢民族は外来要素を取り入れることに消極的であったが、清の支配者層は漢民族でないため、外来要素に対しそれほど抵抗はなかったと思われる。しかし、抵抗が全くなかったわけではなく、漢人の楊光先の誣告により、新暦制定にかかわった中国人五名は処刑され、アダム・シャールは地震の発生で死一等をまぬかれ、獄中で死んだ、と著者は書いているが、順治帝の母后のとりなしで釈放され、教会に軟禁されて死んだ、というのが正しい。ために一時大統暦に戻ったが、間もなく疎漏さを暴露し、時憲暦が復活した。この暦では、二十四節気の日時を決めるのに定気法（第二部参照）が用いられた。

時憲暦はティコ・ブラーエの天動説を修正したモデルに基づいている。コペルニクスの地動説も紹介されたが、中国人の関心はあくまで暦法であった。

明末から清にかけての西洋天文学の伝入について、著者は究明が十分でないと日ごろから漏らしており、その仕事は後学にゆだねられた。

元・明・清と、再び一朝一暦に戻ったが、清の時憲暦は途中でかなりの改定が行われており、建前上、名称を変更しなかっただけとも言える。清が滅び中華民国が成立すると、西洋のグレゴリオ暦が採用され、長い太陰太陽暦使用の時代が終わり、太陽暦の時代となった。

著者の文体は簡潔であるが、改暦のたびに展開される人間模様の記述は結構面白い。

1-3　第二部　西方の天文学

東西文明の伝播と交流は常に研究者の関心の的である。かつて戦前には、中国の天文学は独自に発達したとする、著者の師・新城新蔵と、ギリシアあるいはメソポタミアから伝わったとする飯島忠夫の論争があった。著者も中国と西方の天文学との関係について強い関心を抱いており、第二部はそれらについての考察を集めたものである。ここでの西方には西域やインドも含まれる。

初期のインド天文学は仏教の伝来とともにもたらされ、三国・南北朝時代にはインド天文学に西域の天文知識が加わったものが伝わっていた。特に唐代になると、インド人天文学者が中国に帰化したり、さらに太史令になるものも現れた。瞿曇悉達の九執暦についてはすでに述べた。元代にはイスラム天文学が伝わったが、同時に中国の天文学もイスラム圏に伝えられた。明末からは西洋天文学がもたらされるのは先に述べたとおりである。

第二部では、第一章で仏教系の天文占星書について述べる。現代人の生活に密着した七曜日（週日）は唐代の中国に伝えられ、それが平安時代の日本にもたらされた。なお、西洋占星術の十二星座（黄道十二宮）もほぼ同じ時代に伝わっており、意外に古い。

まず西天竺のバラモン僧・金倶吒の『七曜攘災決』の七曜（日月五惑星）及び計都・羅睺の運行の記述と運行表について述べる。計都・羅睺はインドにおいて想定された天体で、実在しない。様々に解釈されるが、この書では羅睺は黄道に対する白道（月の経路）の昇交点（南から北に横切る交点）、計都は現代の遠地点に相当する点を想定している。この書はホロスコープ占星術のためのものと考えられる。ホロスコープ占星術は生まれた日時における天体の配置によって個人の運勢を占うもので、インドで盛んであり、中国伝統の公的占星術と全く異なる。

ホロスコープ占星術はギリシアでも盛んであった。プトレマイオスの占星術書『テトラビブロス』（四つの書の意）の系統を引く書物は明代に『天文書四類』として漢訳された。著者は『都利聿斯経』もギリシア的占星術に由来するものと推定し、その原本について強い関心を示している。また、唐代に伝わったホロスコープ占星術の例として詩人・杜牧の例を挙げている。これは補遺でもやや詳しく取り上げられた。

次いで、第二章でスタイン敦煌文献中の暦書について扱うが、これは西方との関係というより、中国の暦法の問題である。大小月の配列や閏月の挿入個所は毎年変動する。年・月・日への干支の配当は途切れず続いてきた。さまざまな暦注も、定まった配当のルールを持っている。敦煌は中国の版図の周辺に位置するため、中央の暦としばしばわずかな食い違いが生じた。したがって、完全に一致する年代を見いだせないこともあるが、暦や文書の断片に記載された右記の内容を手掛かりにして、年次を推定できる。『中国の天文学』でも扱われた話題である。

第三章「元明時代のイスラム天文学」では、東西に広がったイスラム圏における天文学的活動とその中国への伝来を略述し、第一節では、元の回々司天台長官でペルシア系の天文学者・札馬魯丁が作ったイスラム式天文儀器について述べる。郭守敬の観測器や後述のインドにイスラムの影響がみられる。

第二～五節は回々暦における日月五惑星（七政）の運行計算について述べる。これは『明史』回々暦法の条、『七政推歩』、朝鮮の『世祖実録』所収の「七政算外篇」に記録されたもので、天文学的内容は同一であり、互いに補い合うものである。ペルシアで成立した天文書に基づくものと著者は結論した。プトレマイオス『アルマゲスト』の幾何学的モデルに基づきつつ、天文定数をより正確にし、立成（計算のための表）を二重引数にするなど、より進歩させたイスラム天文学を述べたものであって、扱う年代や観測地の緯度は明の実情に合わせている。周転円・離心円・エカント等の概念が組み合わされ、黄道面に対する傾斜も考慮した複雑なシステムであり、著者はこの回々暦を理解するために『アルマゲスト』の邦訳（恒星社厚生閣一九四九・五八、一九八二。本著作集に収録しない）に取り組んだという。第六節は『七政推歩』『世祖実録』所収の星表（恒星位置のカタログ）について述べており、前述の『アルマゲスト』のカタログ及び一五世紀のウルグ・ベクのカタログ（本著作集第四巻に解説を収録した『ヘベリウス星座図絵』にあり）のどちらとも違っており、イスラム天文学研究に新しい資料を提供するものと著者は期待している。

『明訳天文書』の原本がイスラム天文学者クーシャールの著述に基づくものであることは今井溱氏がすでに指摘し

ていた。第四章「クーシャールの占星書」はその写本のコピーをケネディー教授から入手し、当時は森本公誠氏の、後には矢野道雄氏のアラビア語の判読によって、確認した研究である。併せてそこに含まれる星表について考察している。

イスラム圏では学問熱心な君主によって都に天文台が建てられた。その著しい特徴の一つは巨大観測器である。インドのムガール帝国のジャイ・シン二世の天文台（ジャンタル・マンタル）や郭守敬の観星台（第三章第一節）にその影響がみられる。第五章「イスラムの天文台と観測器械」はそれらについて述べる。書き出しは本書の他の部分とは異なり、紀行文的で、珍しく情緒的な表現がみられる。

1-4　第三部　天文計算法

第一章は暦法の計算の基礎を具体的に説明したものである。第一節の主な内容は本稿の初めのほうで述べた。第二節は殷代の暦について論じ、董作賓の説を批判しているが、本著作集に収録した論文に詳しい。第三節はバビロンにおける置閏法をノイゲバウアーの研究に基づいて、やや詳しく述べている。しかし主な目的は中国の置閏法を述べ、さらに董作賓の見解を改めて批判することにある。中国でははじめ、閏月を年末に置く歳終置閏が行われ、さらに二十四節気のうちの中気が含まれない月を閏月とする歳中置閏（無中置閏）へと進んだとする。これに対し董作賓は二十四節気のうち節気が含まれない月を閏月とする歳中置閏（無節置閏）が殷代から行われたとする。しかし、甲骨文には冬至・夏至を思わせる記事はあっても、それ以外の二十四節気の名称は見られない。これが、著者が董氏の説に反対する根本的な理由である。

中国における二十四節気と置閏法の関係は第四節でもう少し具体的に述べられる。太陰太陽暦で、日付と季節の差が年々一一日程度ずつ累積するのを時おり閏月を挿入して調整しても、最大一か月程度のずれはまぬかれない。そのため、二十四節気の日付を暦に記載して、季節の推移の目安とする。二十四節気は一太陽年を二四に分割し交互に一二個の中気と一二個の節気としたもので、時憲暦より前には一太陽年の時間的長さを単純に二四等分した。中気から中気までの長さは一二等分となり、太陰太陽暦の一か月より僅かに長い。そのため、原則は各月に一つの中気が含まれるが、ある月の朔（ついたち）の直前に中気があり、次の月の朔の直後に次の中気があって、前者の月には中気が含まれないということが時々起こる。この月を閏月とする、というのが歳中置閏法で、董作賓の主張する殷の（無節）歳中置閏法と区別するなら、無中（中気がない）置閏法ということになる。太陰太陽暦の平均の一か月の長さと中気間の長さの差は、太陰太陽暦の一年と一太陽年との差を一二分の一にしたものであり、歳終置閏法だと、季節とのずれが一か月を超えても、その修正を年末まで待たねばならないから、その間、ずれがさらに増大するが、歳中置閏法だと、もっときめ細かく差を修正できる。

第五節ではこのような中国の置閏法がいつごろ確立したかを推論する。これは一九年七閏法の確立ということと同じであって、前五八九年までさかのぼることができ、バビロニアより一〇〇年古いことになるが、そちらの研究が進めば前後関係が変わる可能性も示唆している。第六節はそれ以後の発達についてで、破章法・定朔法・定気法が述べられる。破章法については前述した。定朔法というのは、日月の運行の不等速を考慮して実際の日月が同方向に来る真の朔（定朔）の日時を計算し、その日をついたちとするものである。日月が等速運動すると考えて朔の日時を求めたものを経朔という。しかし月の運動に遅速（二七・三日周期）があり、しかもその時期が毎月（平均二九・五三日）変動し、その上、太陽の運動にも遅速があるため、定朔と経朔の日時は一致しない。そのため経朔の夕方、西空に細い月が見えたり、経朔数日前なのに月が太陽に近づいて見えなくなったりする。定気法は、二十四節気の日時を決めるのに、一太陽年を時間的に二四等分するのでなく、太陽の年周経路（黄道）を二四等分して、不等速に動く太陽がその点に到達するときを節または中とするもので、節気間の時間的隔たりは等間隔でなくなる。定朔法と相まって、中気を含まない月が二〜三回ある年が生じるので、置閏に新しいルールが必要となる。時憲暦で初めて導入され、日本でもその影響を受けて天保暦で用いられた。

第七節では暦元と積年について述べる。暦元は暦計算の起点となる日時のことで、改暦時から比較的近い過去にとる近距と、天文学的に特別な意味を持つはるか遠い過去に置かれる場合がある。古くは後者が行われた。類似の考えはインドにもみられ、その日時を求めるのに、中国でもインドでも不定方程式を解くことが行われた。暦元からの経過年数が積年である。また、木星の周天周期が一二年にわずかに足りないため、もともとそれを一二年としたことに由来する十二支による紀年との間に生じる齟齬を調整しようとした超辰法にも触れる。本節の内容は、本著作集に収録されない著者の『歴史はいつ始まったか』（中公新書、一九八〇）が参考になる。

第八節は消長法について。第九節に述べる方法によって求められた一太陽年（冬至の瞬間から次の冬至の瞬間まで、あるいは夏至から夏至まで）の変化の話で、授時暦の方法は小刻みに補正する統天暦より劣ることを指摘する。表または髀と呼ばれる一種のノーモン（地面に垂直に立てた棒）で南中時の太陽の影の長さを測り、最短の日が夏至の日、最長の日が冬至の日である。しかし冬夏至はある瞬間のことであって、一太陽年はその瞬間から瞬間までを指す。その瞬間は一般に南中と次の南中の間に位置するが、観測は毎日の南中ごとにしか行えない。そのような一日間隔の観測からその瞬間の日時を求める方法は祖冲之が開発した。

第二章は天球座標のうち、赤道座標系と黄道座標系、及び相互の変換について述べる。

バビロン（メソポタミア）以来、西方ではオリエント・ギリシア・ローマから近世ヨーロッパまで、天を黄道に沿って一二に等分する十二宮が経度方向の位置表現に用いられ、黄道座標系だったが、中国には赤道に沿って一二等分する十二次と二八に不等分割する二十八宿があって、赤道座標系であった。十二次は春秋分点・冬夏至点などが各区分の境界（各次の始点）でなく中央に置かれるのが西方の十二宮と違う。二十八宿は各宿に位置の基準星（距星）

が選ばれ、その星を通る赤経線が境界線とされた。距星は参宿（オリオン座）以外、最後まで変わらなかった。西洋の赤経値・黄経値では近代以降は春分点からぐるりと天を一周するように計られるが、中国ではその星を通る経線と境界にあたる経線の経度の差を用い、二十八宿区分では入宿度と呼ばれた。春分点・冬至点の位置がわからなくても計測できるので、このほうが渾天儀での観測は簡単である。

後漢には黄道座標系も導入されたが、赤道座標系がメインであった。中国で通常の黄道座標のほかに、著者が極黄経・極黄緯と呼んだ特別な座標値が用いられたことの発見は著者の代表的な業績である。日月五惑星の日々の運動の扱いには黄道座標系が便利であり、日周運動等の扱いには赤道座標系が便利である。黄赤道座標系間の変換も行われた。これはおそらく渾天儀上で行われたが、のちには数学的に扱われるようになった。唐代までのことは『隋唐暦法史の研究』に詳しい。本書では授時暦以降のことも論じられる。

月の経路（白道）が黄道（太陽の経路）と異なり、かつ、両者の交点が移動すること、また、現代の月の近地点移動にあたる現象についての中国での知識と扱いも詳しく論じられている。

第三章は日月の運行計算について、不等速運動と歳差がより詳しく論じられる。日月の運行には種々の不等速運動が重なっているが、中国では日月とも現代天文学でいう中心差しか発見されなかった。ギリシア系天文学では遠地点（地動説なら遠日点）を起点にして計算されたが、中国では近地点通過にあたる日から計算する。ヒッパルコスは月の不等速運動のうち中心差を、プトレマイオスは二番目に大きい出差を発見している。

これらの不等速運動を考慮に入れ、平均値で等速に動くと仮定して得られた朔望日時（経朔望）に補正値を加減して定朔望を得る。これらの計算を簡単にするために、特定の日から数えた日数を引数として補正値を示した計算表（立成）があらかじめ作られた。その間の値を求めるのに、皇極暦及び大衍暦以降は補間法が用いられたが、唐代の補間法が、ガウスの公式の三差以上の小さい項を無視したものと一致することを著者は見出した。さらに辺岡の崇玄暦や授時暦の補間法をも扱い、「授時暦における平立定三差の法は、……中国数学の発展から自然に導かれた結果であって、外来の影響は考えられない。……ヨーロッパよりはるかに先んじている」と結んでいる。

第四章は日月食計算。東アジアの暦法の究極の目標は日月食の正確な予報にあるといってもよい。顕著で人々の強い関心を引く現象であるとともに、暦法の正確さを検証するのに格好の材料となるからである。日月食はそれぞれ朔及び望の時に起こるが、黄白道が互いに傾いているため、両者の交点付近で朔又は望になる時しか起こらない。朔望になる位置が交点からどれだけ以内にあれば食が起こるか、いわゆる食限界の問題がまず存在するが、それも含めて、予報のための日月の運行の正確な把握は必須で、前章で扱われた。日食の場合は現代の天文学でいう月の視差が影響する。第一～三節はそれらの一般論で、立体的幾何学モデルなしにこれらを扱った中国の天文学者たちの苦心の跡をたどる。第四節は大衍暦、第五節は宣明暦の計算法を略述する。これらは『隋唐暦法史の研究』に詳しい。

章のタイトルにはそぐわないが、第六節で惑星の位置計算が扱われる。暦法では日月の計算が最も重要であるが、すでに述べたように中国の暦法は天体位置表の体裁を持ち、惑星現象の予報にも力がそそがれた。著者はこれらの研究にあまりかかわらなかったが、いくつかの小論文があって、本著作集第二巻に収められている。特に、馬王堆漢墓から出土した『五星占』（中国研究者のつけた仮名）は発見当時非常な注目を集めたもので、著者も強い関心を寄せた。それらをここで抄録している。『五星占』については本著作集に収録されていない『科学史から見た中国文明』（NHKブックス、一九八二）から大部分を転載している。

1-5　補遺と付録

補遺は初版以降の学界の進展を補ったもの。列挙すると、『殷暦譜』の内容の一部について（2で述べる第一論文執筆時に未入手）／顓頊暦について／随県曽公乙墓出土の二十八宿名入りの漆箱（二十八宿の成立が考古学的に前五世紀までさかのぼれる）／石氏星経星表の観測年代についての前山保勝氏の研究／瞿曇悉達の家系（瞿曇譔墓碑）／符天暦（主に桃裕行の研究に基く）／回々暦の日月位置計算。

付録は、暦法の撰者及び施行年次／初暦の基本定数／五星（五つの惑星）の会合周期。

2　殷代の暦

殷代の暦については、歴代正史に暦法の詳細が記録されているわけではないので、著者も『中国の天文暦法』の中であまり詳しく取り扱っていないが、秦漢の暦法に先んじる春秋戦国・殷周の暦法にも当然関心があった。「殷代の暦法――董作賓氏の論文について」はまだ中国の文献が入手困難で、董の『殷暦譜』も手許にない状態で一九五二年に書かれたもので、それまでに書かれた董の論文に対し批判を加えたものである。

董は殷代の暦法として大小月の区別・置閏法を持つ四分暦が存在したと解釈し、無節置閏法（氏の造語で節気のない月を閏月とする）が行われた、と主張した。また、ついたちは本来の意味の新月（はじめて夕方西の空に見える細い月）の日でなく朔の日であり、年初は、後代のほとんどの暦で用いられた夏正の十二月に当る月を歳首（一月）とする殷正が用いられたとした。これに対し著者は、右の論文で董説の誤りの点・無理な点・根拠薄弱な点を指摘した。また、一九五五年に董氏一派の厳一萍が刊行した『続殷暦譜』の中で、著者の右記論文に対する批判を述べていることに対し、一九五六年に「殷暦に関する二、三の問題」と題して反論を加えた。主な内容は三つで、殷代を通じて最終置閏法が行われ、二十四節気は成立しておらず、無中置閏法も無節置閏法もなかったこと、月初は朔より始めず、新月の観測をもってその日をついたちとしたこと、甲骨文に現れる既生覇は前半月、既死覇は後半月を表すこと、である。

藪内清著作集　第一巻　（全七巻）

二〇一七年十二月三十一日　初版発行

編　者　『藪内清著作集』編集委員会
発行者　片　岡　敦
印刷
製本　亜細亜印刷株式会社

発行所　株式会社　臨　川　書　店
606-8204　京都市左京区田中下柳町八番地
電話（〇七五）七二一―七一一一
郵便振替　〇一〇七〇―二―八〇〇

落丁本・乱丁本はお取替えいたします
定価は函に表示してあります

ISBN978-4-653-04441-3 C3340

〔ISBN978-4-653-04440-6 C3340　セット〕